知识图谱

认知智能理论与实战

王文广◎著

电子工业出版社·
Publishing House of Electronics Industry
北京·BEIJING

内 容 简 介

知识图谱作为认知智能的核心技术正蓬勃发展。本书系统全面地介绍了知识图谱的核心技术，既有宏观整体的技术体系，也有关键技术和算法细节，内容包括：知识图谱模式设计的方法论——六韬法；知识图谱构建中的实体抽取和关系抽取；知识存储中的属性图模型及图数据库，重点介绍了 JanusGraph 分布式图数据库；知识计算中的图论基础，以及中心性、社区检测等经典图计算算法；知识推理中的逻辑推理、几何变换推理和深度学习推理，及其编程实例。最后，本书以金融、医疗和智能制造三大行业的应用场景为例，梳理了知识图谱的应用价值和应用程序形态。

本书既适合人工智能行业从业者和研究人员系统学习知识图谱，也适合一线工程师和技术人员参考使用，并可作为企业管理人员、政府人员、政策制定人员、公共政策学者的参考材料，以及高等院校计算机、金融和人工智能等相关专业师生的参考资料和培训学校的教材。

未经许可，不得以任何方式复制或抄袭本书之部分或全部内容。

版权所有，侵权必究。

图书在版编目（CIP）数据

知识图谱：认知智能理论与实战 / 王文广著. —北京：电子工业出版社，2022.5
ISBN 978-7-121-43299-6

Ⅰ．①知… Ⅱ．①王… Ⅲ．①人工智能 Ⅳ.①TP18

中国版本图书馆 CIP 数据核字（2022）第 067186 号

责任编辑：张　爽
印　　刷：天津千鹤文化传播有限公司
装　　订：天津千鹤文化传播有限公司
出版发行：电子工业出版社
　　　　　北京市海淀区万寿路 173 信箱　　　邮编：100036
开　　本：787×980　　1/16　　印张：28.5　　字数：585 千字
版　　次：2022 年 5 月第 1 版
印　　次：2022 年 10 月第 2 次印刷
定　　价：158.00 元

凡所购买电子工业出版社图书有缺损问题，请向购买书店调换。若书店售缺，请与本社发行部联系，联系及邮购电话：（010）88254888，88258888。

质量投诉请发邮件至 zlts@phei.com.cn，盗版侵权举报请发邮件至 dbqq@phei.com.cn。

本书咨询联系方式：（010）51260888-819，faq@phei.com.cn。

谨以此书，献给
王腾渊、徐雪姣、吕苏娥和王象金
以及逝去的一万三千多个日夜

推荐语

知识图谱是人工智能领域的前沿技术方向，在许多行业具有广泛的应用前景。本书系统介绍了知识图谱基础理论方法，同时提供了丰富的应用实例和代码，真正做到了理论与实践兼顾，对相关领域从业者具有很高的参考价值。

万小军

北京大学王选计算机研究所教授

中国计算机学会自然语言处理专委会秘书长

近年来，知识图谱一直是各通用搜索引擎及面向企业服务的公有云厂商激烈竞争的焦点之一。在概念和理论上，本书对知识图谱模式、内容构建和存储应用等方面内容覆盖全面且讲解深入；在实用性上，本书探讨了很多在企业界已经得到大规模数据验证的有效方法。因此，不论你是想了解知识图谱领域的理论知识，还是正积极准备在该领域大展拳脚，本书都是你不可错过的参考书之一！

于志伟

Staff Software Engineer，Google Search

近年来，知识图谱得到学术界和工业界越来越多的关注，不仅在大规模知识图谱构建与融合、知识问答与推理、图查询与计算一体化，以及各种可解释图神经网络等方面涌现出大量算法创新，而且在金融、医疗、智能制造等诸多行业产生了井喷式的赋能落地。在这样的大背景下，知识图谱的人才培养及各种配套教材就显得十分重要。

文广是知识图谱领域的资深从业者，不仅具备扎实的理论功底，更难能可贵的是，他在图谱落地过程中积累了很多宝贵经验。因此，当文广第一时间告诉我，他打算撰写一本理论结合实践的图书时，我就百分之百地支持并翘首以待这本新书的出版。最近，我有幸在第一时间阅读了本书的不少章节，发现其内容极其翔实，深入浅出，在呈现各种知识时不忘结合案例。

我真诚地向所有致力于知识图谱工作的研发工程师、在校师生，以及各行各业的从业者和决策者推荐此书，相信大家阅读后一定能对知识图谱的价值、技术趋势和应用案例有更全面的了解，并更好地在工作中运用知识图谱。

王昊奋

同济大学特聘研究员、博士生导师

OpenKG 发起人

知识是宝贵的、稀缺的，拥有知识就拥有了竞争力。应用知识图谱这种新的人工智能技术，能够使工程师充分利用企业的集体智慧，提升企业知识的使用效率并激发创新，形成可持续的竞争优势。本书系统介绍了知识图谱技术，既有完备的理论，又很好地融合了作者的实践经验，并提供了大量的应用实例；既是知与行的统一，又是企业应用知识图谱的极佳参考书籍。

乐承筠

微创投资控股有限公司商业发展与项目管理资深副总裁

从人工智能技术诞生开始，知识表示和推理一直是一个核心课题，但因受限于算力和数据而没有重大突破，直到谷歌提出了知识图谱，并成功将其用于改进搜索质量。从此，知识图谱开始得到业界的关注，并随着深度学习技术的蓬勃发展而突飞猛进，开始在不同行业得到广泛应用。市面上不少介绍知识图谱的书籍，或是偏于理论，或是偏于科普。文广的这本书很好地结合了理论和实践，深入浅出，可以帮助工程师、产品经理、AI 技术爱好者等不同行业的人掌握知识图谱的关键技术，并快速用它来解决实际问题，这是一本不可多得的参考书。

Alex Lu

百度商业平台前技术总监

盛大集团前副总裁

知识图谱是人工智能发展的重要基础设施之一。随着知识图谱应用的日益深化，从应用实战角度总结知识图谱的落地经验，对于进一步推广知识图谱技术，以及进一步推动基于知识图谱的行业认知智能发展具有更加重要的意义。本书是作者多年深耕知识图谱行业应用与实践，并持续反思与系统总结的成果，其中不乏犀利独特的视角，多有精彩惊奇的类比。读此书如同与好友品茶论道，愿读者能从中有所启发，有所感悟。

肖仰华

复旦大学教授

知识工场实验室负责人

作为人类知识的最新载体，知识图谱正驱动着人工智能在迈向认知智能的征途中飞速发展。作者以通俗易懂的语言解析了什么是知识图谱，并从全局视角概览了知识图谱技术体系。同时，本书全面介绍了知识图谱构建、存储和应用技术体系，契合人类大脑的知识获取、记忆和使用的方式。

在构建方面，作者以自然语言处理技术为核心介绍了知识抽取；在存储方面，知识图谱的很多技术来源于工程应用实践，本书体现了作者在知识图谱产业中耕耘多年的丰富经验和思考，涵盖了知识图谱构建、存储和应用等方面的内容，理论简炼完备，图示和算法实例丰富，是一本非常实用的知识图谱技术图书，既可以作为高校师生的教科书，也可以作为学术研究和工程应用的参考书。

陈华钧

浙江大学计算机科学与技术学院教授

OpenKG 发起人

知识图谱是认知智能中的一项关键性技术，我们对海量的数据、文本、图像等进行加工提炼，将知识萃取出来填入图网络，并进行充分地挖掘、推理、分析和应用。这个从信息变为数据，然后提炼知识，并最终转化为智慧的过程，有力地促进了人工智能的行业应用。

王文广和他所在的达观数据知识图谱产品团队，一直在负责达观数据知识图谱的产品构建和行业应用，不仅研发了很多图谱算法，也为众多客户解决了工程实践问题。在处理知识图谱落地应用的各类疑难问题中，文广积累了非常丰富的工程实践经验，也对达观知识图谱的产品理念有了更深刻的感悟。在写作本书的过程中，文广仔细查阅了很多行业最新论文，引用了大量相关技术资料，并细致地提供了算法源代码，对大家学习和掌握知识图谱技术有很好的启发。

知识图谱是对人类专家经验的提炼总结，是促进人工智能落地应用的一把金钥匙，是大数据相关产品的核心发动机。我们需要满怀精益求精的底层技术钻研精神、脚踏实地的务实态度，以及一点一滴的积累，才能最终达成知识图谱的成功应用。我相信这也是这本著作创作的初衷和愿景！

陈运文

达观数据董事长

国家"万人计划"专家

本书系统介绍了分布式图数据库的底层逻辑和应用实例；在应用方面，本书不仅完整涵盖知识计算、知识推理等方面的内容，还系统梳理了行业应用场景。

本书内容丰富，视野开阔，语言生动，阅读起来流畅亲切，可见作者王文广先生深厚的技术与文字功底、精湛的专业知识，以及丰富的技术实践。这是一本对知识图谱产业实践非常有价值的教科书及参考书。

陈宏刚

微软亚洲研究院前部门总经理

微软亚洲互联网工程院前资深总监

人工智能正迈向认知智能的发展阶段，而知识图谱为认知智能提供了知识的基础设施，是前沿的技术和研究方向。本书选取了知识图谱核心内容进行讲解，理论和技术体系完整，实践案例丰富。本书通过精粹流畅的语言来描述理论，并配以精心编写的程序实例，为理论与实践搭起了一座桥梁，是一本令人印象深刻的好书，既可作为高校教材，也是工程实践的极佳参考书。

李涓子

清华大学教授

清华大学人工智能研究院知识智能中心主任

十年前，我就对知识图谱在搜索领域产生的影响十分感兴趣，但一直没有机会学习相关的知识。在阅读此书及与作者的交流过程中，我认识到了知识图谱技术的巨大价值，并学习了相关的实现原理与应用方法。本书系统介绍了知识图谱技术，其中的"六韬法"更是令人耳目一新。书中引用了不少文学典籍，令我十分享受整个阅读过程。推荐大家阅读此书，深入掌握知识图谱。

桑文锋

神策数据创始人兼 CEO

《数据驱动：从方法到实践》作者

这是一本难得的关于知识图谱的经典之作。全书高度概括、专业清晰，读下来受益匪浅。作者以深厚的文化底蕴生动描绘了知识图谱技术框架体系，以及与知识图谱相关技术之间的关系，为读者打开了一扇轻松了解知识图谱的大门。人类正在探索和打造与现实世界平行的数字空间（元宇宙），作为人工智能进步阶梯的知识图谱，展示出越来越丰富的应用前景，为我们带来无尽的发展和想象空间。

郭敏

中国平安集团采购管理中心总经理

中国金融学会金融采购专业委员会专家

这是一本从应用实践视角出发，系统介绍知识图谱技术体系和实战经验的书籍。全书不仅完整地涵盖了知识图谱构建、存储和应用技术，而且梳理了大量的知识图谱应用方法和应用场景。本书语言生动流畅，不少见解令人印象深刻。对学生、企业工程师、行业研究者及决策者来说，这是一本不错的参考书。

黄萱菁

复旦大学计算机科学技术学院教授、博士生导师

自然语言处理领域著名学者

序一

《知识图谱：认知智能理论与实战》一书深入浅出地介绍了知识图谱的知识，并且指出"知识图谱是人工智能发展的阶梯"。人工智能的目的在于处理知识，有知识图谱这种形式化的知识表示方式作为阶梯，人工智能当然会取得蒸蒸日上的进步。我同意王文广的这个观点。

早在 1956 年于美国的达特茅斯学院召开的达特茅斯会议上，学者们就提出了"人工智能"的设想，此后人工智能迅速地发展起来。自然语言处理是人工智能的重要研究领域，在自然语言处理的研究中，学者们开始构建自动推理模型对问题进行求解，提出了语义网络、框架、脚本等一系列知识描述的理论和方法。

Sowa 等人在 1983 年提出了"概念网络"，对知识进行描述。根据符号主义的原则，学者们将实体之间的关系局限于"拥有、导致、属于"等特殊的基本关系，并定义了一些在图谱上推理的规则，希望通过逻辑推理的方式实现人工智能。

在这些知识描述理论和方法的基础上，领域专家开始使用人工的方式编写实例数据，建立知识库，这些研究在一些受限的领域获得成功。学者们开始关注知识资源的研究。

互联网出现之后，人们在与自然和社会的交互中创造了大规模的数据，人类社会进入了大数据时代，这些大数据以文字、图片、音频、视频等不同的模态存在。怎样让计算机自动识别、阅读、分析、理解这些庞杂而海量的大数据，从中挖掘出有价值的信息，为用户提供精准的信息服务，成为下一代信息服务的核心目标之一。

2001 年，Tim Berners Lee 提出了语义网的概念，定义了一种描述客观世界的概念化规范，通过一套统一的元数据，对互联网的内容进行详细的语义标注，从而给互联网赋予语义，把网页互联的万维网（WWW）转化为内容互联的语义网。在语义网思想的影响下，亿万网民协同构建了"维基百科"（Wikipedia），促进了知识资源的迅速增长，使知识类型、覆盖范围和数据规模都达到了空前的水平。

1972 年的文献中就出现了"知识图谱"（Knowledge Graph）这个术语。2012 年 5 月，谷歌公司明确提出了知识图谱的概念并构建了一个大规模的知识图谱，开启了知识图谱研究之先河。从此，知识图谱便在自然语言处理的研究中普及开来，成为自然语言处理研究的一个重要内容。

知识图谱用节点（Vertex）表示语义符号，用边（Edge）表示符号与符号之间的语义关系，因而构成了一种通用的语义知识形式化描述框架。在计算机中，节点和边等符号都可以通过"符号具化"（Symbol Grounding）的方式表征物理世界和认知世界中的对象，并作为不同个体对认知世界中信息和知识进行描述和交换的桥梁。知识图谱使用统一形式的知识描述框架，便于知识的分享和学习，因而受到了自然语言处理研究者的普遍欢迎。

自谷歌构建知识图谱，并在 2012 年发布了包含 507 亿个实体的大规模知识图谱以来，不少互联网公司很快跟进，纷纷构建各自的知识图谱。例如，微软建立了 Probase，百度建立了"知心"，搜狗建立了"知立方"。金融、医疗、司法、教育、出版等各个行业也纷纷建立起各自垂直领域的知识图谱，大幅提高了这些行业的智能化水平。Amazon、eBay、IBM、LinkedIn、Uber等公司相继发布了开发知识图谱的公告。与此同时，学术界也开始研究构建知识图谱的理论和方法，越来越多的关于知识图谱主题的书籍和论文被出版和发表，其中包括新技术及有关知识图谱的调查。知识图谱得到了产业界和学术界的广泛认可和关注。

知识图谱技术的发展有着深厚的历史渊源，它源于对人工智能中自然语言的语义知识表示的研究，并经历了互联网信息服务不断深化需求的洗礼，现在已经发展成为互联网知识服务的核心工具。

以语义网络（Semantic Network）为代表的知识表示的相关理论研究，对互联网智能化信息处理的应用实践，以维基百科为代表的网络协同构建知识资源的创举，这些因素共同推动了知识图谱的进一步发展。

目前，大规模的知识图谱有 DBpedia、YAGO、Freebase、Wikidata、NELL、Knowledge Vault等，它们用丰富的语义表示能力和灵活的结构来描述认知世界和物理世界中的信息和知识，是知识的有效载体。

《知识图谱：认知智能理论与实战》一书系统全面地介绍了知识图谱的核心技术，既有宏观整体的技术体系介绍，也深入关键技术和算法细节；既适合作为高等学校人工智能课程的参考资料，也可以作为产业界系统开发的指南。

冯志伟

中国中文信息学会会士

中国计算机学会 NLPCC 杰出贡献奖获得者

2022 年 2 月 10 日

序二

随着数字化日渐成熟，知识图谱的应用正在广泛渗透到 C 端用户生活的方方面面，比如智能搜索。实际上，"知识图谱"概念最早由谷歌在 2012 年提出，它能够在反馈正确结果、给出全面总结、更深入广泛探索三大方面优化搜索效果。再比如电商智能推荐，阿里巴巴从 2017 年开始搭建电商认知图谱，将用户需求表达为图中的节点，并将需求点和电商领域的商品、类目、电商外部的通用领域知识等关联起来，从中挖掘客户的购物偏好和潜在的感兴趣的商品，使客户与商品和场景更好地连接。此外，还有 O2O 领域线上线下生活场景图谱，以美团为例，美团点评从 2018 年开始建立基于知识图谱的美团大脑，在客户、线下店铺和商品及不同的消费场景之间构建知识关联，从而优化客户的使用体验。

在 B 端，知识图谱在企业关联和企业分析方向也有很好的应用。比如对企业的法人或高管、企业之间的投资关系和关联风险进行分析，呈现在图谱上会非常直观。这种方式能够使海量信息以十分有效的方式在短时间内触达使用者。

知识图谱是企业将核心业务竞争能力和隐形数字资产融合形成新发展模式并获得持续竞争优势的关键技术，其应用领域日趋广泛，尤其在金融、医疗、制造等领域应用中发挥了极其重要的作用。王文广的这本书将知识图谱核心内容与深度学习技术融合，体系合理，理论完备，实践丰富，语言深入浅出，是研究与应用知识图谱的优秀参考书。

朱琳

微软人工智能和物联网实验室前首席执行官

微软-仪电人工智能创新院总经理

2022 年 3 月 13 日

前言

编写背景

近些年来，我一直在做计算机视觉、自然语言处理和知识图谱等人工智能领域相关的理论研究和产品开发工作，针对不同行业的业务场景，为企业和机构提供智能化的咨询服务和应用系统。同时，我也与颇多的高校和研究所共同合作，与不同研究方向的老师探讨前沿技术和未来的发展方向。这些工作使我有足够多的机会与不同背景、不同行业、不同工作方向和不同诉求的人进行交流，了解他们对人工智能，特别是知识图谱相关的理论、技术和产品应用等方面的看法和观点。这些不同的见解也促使我对知识图谱理论及其应用进行思考，既有面向未来的理论发展方向，也有面向实践的技术落地应用。

在思考的过程中，我萌生了写书的念头，而持续不断的交流与思考则是鞭策我完成本书的原始动力。一方面，编写技术图书能够让我系统地总结前沿技术和应用实践，梳理以往深度思考的结果；另一方面，我也希望通过此书与更多不同行业、不同研究方向的人们进行交流——有关知识图谱与认知智能的前沿研究成果、未来发展方向，以及技术应用实践等。

在有关知识图谱的交流与思考中，我常常会联想到人类自身是如何学习、记忆和使用知识的。事实上，认知智能本身就希望赋予机器像人类一样的认知能力，特别是与人类一样获得知识和应用知识的能力，而知识图谱则是当前认知智能研究的核心。知识图谱构建、存储和应用知识的机制，与人类学习、记忆和使用知识的机制有诸多共通之处。那么，什么是知识图谱呢？

事实上，不同背景的人们对知识图谱的理解大相径庭。比如，有些人认为带标签的搜索是知识图谱，这与他们见过的搜索引擎和知识库的印象相符合，并且更为高级一些；有些人则认为图数据库就是知识图谱，他们通常使用 Neo4j 或 JanusGraph 等图数据库来存储数据，并使用 Cypher 或 Gremlin 等检索语言实现多跳查询、路径查询等；有些人则认为自然语言处理是知识图谱，他们从语言和文本的角度来看待知识图谱，重点关注了实体抽取、关系抽取、知识的消歧与融合、知识链接、知识问答等；还有一些人认为复杂的逻辑推理才是知识图谱，他们认为知识图谱需要具备时空逻辑演算、一阶逻辑、链接预测等各类规则与算法。

这些角度各异的观点使我想起了我的学生年代。当亲戚和朋友知道我读的是计算机专业时，逢年过节，他们便把电脑的各种疑难杂症都交给我，比如怎么给电脑杀毒、word 怎么用、看电影没声音了怎么办、QQ 号被偷了怎么找回来、斗地主怎样才能一直赢，问题不一而足。他们可能并不完全清楚计算机专业是做什么的，但问题确实都与计算机专业相关。将这些不同的问题进行扩展、综合、归纳、总结和抽象，也能大致得到一个计算机专业的全景图。同样的，将不同行业、背景和研究方向的人对知识图谱的不同看法进行综合、归纳和抽象，大致就是知识图谱的全貌，也是人们对知识图谱在各自领域和方向的期待。**第 1 章将深入探讨什么是知识图谱。**

基于对不同维度的知识图谱的综合，结合神经生物学、认知神经科学和脑科学等学科的粗浅知识，我将**知识图谱技术体系的核心总结为知识图谱的构建、存储和应用**，对应的正是人们对知识的学习、记忆和使用。如果把知识图谱比作认知智能的大脑，那么构建知识图谱的过程就是人们学习知识的过程，知识图谱的存储系统对应于人类大脑中的记忆系统（海马体—前额叶），而知识图谱的应用系统则对应人们对知识的使用（比如回忆、复杂推理等）。人们可以很自然地将知识的学习和使用分离开来，这也是知识图谱致力于实现的目标。经过类比与思考，我认为类似知识图谱这样的认知方法是实现认知智能的关键。未来的知识图谱形态可能与当前有很大的不同，但应当还是这种将知识的获得和使用相分离的模式。

因此，我对当前基于深度学习的超大模型的能力局限性也有了更为清晰的认识。许多人可能认为类似 GPT-3 等超大规模深度学习模型的能力非常强大，同时相比于知识图谱所需要的专业知识或领域经验的支撑，其基于巨量训练样本的端到端的应用更加便捷，效果也非常好。确实，如果不考虑成本、应用场景等限制条件，这么说也不算错。但在现实中，这种方式一方面成本过高，不可接受，比如训练一个 GPT-3 这样的超大规模模型的花费以数千万元计，并且知识是不断更新的（比如原始版本的 GPT-3 不存在新冠病毒相关的知识，需要重新加入相关语料进行训练，方可实现相关应用），随时随地重新训练的成本更是天价；另一方面，许多应用场景的样本量非常少，无法支撑超大规模深度学习模型的训练，而人类在学习知识的时候并不需要大量的样本，这也是诸多学者批评深度学习的关键原因之一。

回到知识图谱技术体系本身。试想人们是如何学习知识的，这有助于我们理解知识图谱模式。**知识图谱模式是指导知识图谱构建、存储和应用的有效工具**，好比人们在学习知识时的大纲——小学、中学及大学中各个不同学科的知识体系。这样的思考促使我更加深刻地认识到知识图谱模式的必要性，我花了许多时间进行实践与思考，并系统总结了与知识图谱模式有关的内容，这些内容体现在**第 2 章**中。当然，构建知识图谱所需的抽取工作，包括实体抽取（**第 3 章**）和关系抽取（**第 4 章**），都属于常规的内容。

在知识图谱的存储系统方面，目前业界所认同的当属图数据库（**第 5 章**）。不过，我倒觉得图数据库并非真正实现认知智能时所采用的存储方式，那时的存储系统更可能是深度学习与图数据库的结合，比如图向量数据库、向量图数据库、神经元数据库，或者别的什么。并且，基于存储系统的变革，未来的知识图谱构建技术和应用也会与现在有所不同。在应用层面，本书总结了目前学术研究和行业实践中最常见的方法，分为知识计算（**第 6 章**）和知识推理（**第 7 章**）进行介绍。知识推理应当是未来认知智能的重点发展方向，也是人类具备强大能力的关键。对于推理理论方面的研究，如果深入本质，则应当是人工智能与认知科学、神经科学、脑科学及哲学等学科的跨学科融合。

事实上，在人类的神经系统和大脑中，知识的学习、记忆和使用并非割裂的，而是有机的一体。同样的，**知识图谱的构建、存储和应用也是相互依赖、相互影响的**。对于一个具体的应用来说，必然涉及知识图谱的构建和存储，否则应用就是无源之水、无本之木。**第 8 章**从实践角度系统总结了行业应用的特点，梳理了金融，医疗、生物医药和卫生健康，以及智能制造三大行业的应用场景。针对知识图谱整体的学术研究还比较少，我在近几年的思考中，认为应当结合人类大脑的情况，将知识图谱的构建、存储和应用作为一个整体进行研究，可能这是真正实现认知智能的一条途径。

上面大致介绍了近年来我对知识图谱的一些思考。知识图谱是认知智能的基石，是现阶段赋予机器一定认知能力的核心技术，但这并不代表未来的知识图谱一定还是现在的知识图谱的样子。知识图谱的前沿理论研究成果、实践应用经验，以及我对知识图谱的思考和总结形成了本书的全部内容。希望本书能够为学术研究和产业落地提供借鉴，为知识图谱乃至认知智能领域的研究人员提供参考，为在产业实践中开发知识图谱系统的工程师提供指导。

"彼节者有间，而刀刃者无厚；以无厚入有间，恢恢乎其于游刃必有余地矣"，祝愿每一位读者都能在知识图谱领域游刃有余！

本书内容

第 1 章对知识图谱做总体性介绍，厘清"知识图谱是什么"的问题，便于读者深入了解知识图谱，学习知识图谱的有关知识，进行知识图谱相关的科学研究，以及在实际场景中应用知识图谱。

第 2 章讲解知识图谱模式的相关内容，并提出设计知识图谱模式的方法论——"六韬法"，系统介绍在实践中如何设计知识图谱模式。知识图谱模式是知识图谱落地应用的基石，因此"六韬法"是为知识图谱应用指明方向的重要方法论之一。

第 3 章和第 4 章的内容与知识图谱构建技术有关，这是与自然语言处理有着大范围交集的技术。

第 5 章重点讲解如何将构建的知识图谱存储起来，其中，图数据库是知识存储的关键技术，本章大多数篇幅都在讲述与图数据有关的知识，包括图数据库的存储模型、完整性约束、事务和查询语言等。

第 6 章和第 7 章从知识图谱应用的角度讲述当前应用最广泛的方法——知识计算和知识推理。其中，知识计算偏向于数学中与图论有关的算法，知识推理偏向于从语义、自然语言处理、表示学习和深度学习的角度介绍基于知识图谱的推理算法。

第 8 章详细介绍面向场景和业务的应用，包括行业共通的若干应用，比如数据与知识中台、智能问答、认知推荐、可视化与交互式分析等，并详细梳理了知识图谱在三大行业（金融，医疗、生物医药和卫生健康，智能制造）中应用最广泛的场景。

"路漫漫其修远兮，吾将上下而求索。"本书既是对知识图谱理论与实践的梳理和总结，也是认知智能理论和实践的起点。随着知识图谱和认知智能的进一步发展，本书会持续改善，更新迭代，在后续版本中精益求精，臻于至善。

本书特色

（1）语言通俗，简单易懂

本书使用通俗的语言准确描述知识图谱的理论、方法、算法和应用经验，使读者快速理解知识图谱技术，即使是没有人工智能专业背景的读者，也能够轻松阅读与学习。使用简洁的语言和代码实例讲解算法，以便读者更快更好地投身于知识图谱领域的研究中，或应用知识图谱来提升生产活动的效率。

（2）体系完整，布局有序

本书完整覆盖了知识图谱各个子领域的概念、方法、算法和应用实践经验，并以模式设计、构建、存储和应用四大板块来组织各章内容，这种布局符合大脑学习、记忆和使用知识的模式，也符合在实践中应用知识图谱的通常做法，能够使读者系统学习并切实领悟知识图谱。

（3）各章独立，主题明确

本着"高内聚，低耦合"的原则，本书各章都相对独立地讲解一个明确的主题。读者不仅可以系统性地学习知识图谱，也可以根据需要选择其中某些章节进行学习。本书不仅适合作为本科生、研究生的知识图谱课程教材，其中的部分章节也适合作为自然语言处理、图数据库、深度学习、知识推理等方面课程的教材或参考资料，还适合用作知识图谱产业实践中的参考资料。

（4）图解细致，实例丰富

本书包含大量精心绘制的插图，对方法、算法、概念等进行深度剖析，帮助读者直观地理解知识图谱相关内容。同时，针对关键算法，本书都提供了完整的例子，对重要的思想和步骤予以翔实的解释。这种图文结合+实例讲解的方式有助于读者更好地进行知识图谱有关的理论研究与产业应用实践。

（5）深入浅出，探本寻源

知识图谱是一门跨多领域和学科的技术，涉及的理论知识体系恢宏。本书力求深入每一个概念、理论和算法的本质，通过推导、解析和阐述，做到条分缕析，便于读者在阅读和学习时厘清思路，理解概念与算法背后的逻辑，并能够引导读者思考，为其投身知识图谱和认知智能研究或产业应用奠定基础。此外，本书在每章开始引经据典，希望用经典思想启迪读者探究认知智能的本源与机理，打开读者的想象空间，激发读者的创新意识。

（6）分享交流，批判探索

本书为读者提供多种交流渠道，不仅支持读者与作者的交流，也支持读者之间的交流。此外，本书会在公众号"走向未来"（the-land-of-future）和 GitHub 仓库"wgwang/kg-book"中适时分享新的研究进展和实践经验。知识图谱正快速发展，可谓日新月异，本书提供的分享交流渠道有助于对这一领域感兴趣的读者相互碰撞思想，批判思考知识图谱技术及其应用，探索认知智能的真谛。

建议和反馈

知识图谱是一项非常前沿的技术，也是一门内容广袤的学科。在本书的编写过程中，我尽力做到准确恰当地描述每一部分技术内容，不过由于本书篇幅较长，涉及领域众多，以及受本人时间、精力和学识所限，疏漏或不当之处在所难免，欢迎广大读者不吝指正。

如果您对本书有任何评论和建议，或者有与知识图谱研究与应用有关的问题，既可以关注公众号"走向未来"（the-land-of-future）与作者交流，也可以关注（Star）GitHub 仓库"wgwang/kg-book"，并在 Issues 中进行交流，还可以致信作者邮箱 kdd.wang@gmail.com 或本书编辑邮箱 zhangshuang@phei.com.cn。

致谢

回首过去一年多的时间，我在工作之余，几乎将所有精力都贡献给了这本书，家庭的打理和儿子的抚育工作大都由妻子徐雪姣和母亲吕苏娥来承担，感谢她们全心全力的支持。

本书的许多内容是我在达观数据的实践经验总结，这离不开达观数据的支持和知识图谱团队的辛勤劳动。感谢达观数据的所有人，特别感谢陈运文博士的大力支持和悉心指点，以及纪达麒、冯佳妮、文辉、贺梦洁、朱宪伟、袁勇、桂洪冠、金克、赛娜、于敬、高翔、纪传俊、张健、张志坚、刘超、徐红、张祖浩、郭翠翠、胡涵诗、李良等人。

本书的许多写作灵感也来自与学术界、产业界的诸多同仁的交流，感谢他们不吝提供真知灼见。感谢张钹院士，其治学风范始终激励着我。感谢冯志伟教授和朱琳女士在百忙之中为本书作序。感谢万小军、于志伟、王昊奋、乐承筠、Alex Lu、肖仰华、陈华钧、陈宏刚、李涓子、桑文锋、郭敏、黄萱菁对我的鼓励和支持，并为本书作推荐语。

感谢在本书成书过程中以及过往的工作和生活中所有为我提供过帮助的人们。

感谢电子工业出版社的工作人员，特别是编辑张爽，感谢他们的热情帮助和建议。

王文广

2022 年 3 月

目录

第 1 章
知识图谱概述

《象》曰："云雷，屯。君子以经纶。"

——《周易·屯》

经过数十年的发展，人工智能技术日趋成熟。在计算智能方面已经发展至巅峰，在简单的自动化计算方面远远超出人类的水平。经过数十年的发展，以深度学习技术为基础的感知智能也日趋成熟，像人脸识别、图像跟踪、缺陷检测等感知智能技术已经广泛应用在人们的生产与生活中，在许多场景中表现得比人类更加优秀。而人工智能的进一步发展，则是认知智能，即模仿人类自身，赋予机器认知推理的能力。当前，研究人员发现，单纯依靠数据、算法和算力的深度学习技术，在解决某些问题时仍力不从心，进而把知识作为第四要素加了进来，形成了一种以知识图谱为核心的崭新的认知智能技术。

本章从实例和理论两个方面概述了什么是知识图谱，并从全局和顶层的视角介绍了知识图谱技术体系，帮助读者全面快速地了解知识图谱，为进一步学习、研究和应用知识图谱奠定基础。"云雷，屯。君子以经纶。"现阶段正是有识之士学习、研究和应用知识图谱的大好时机。

本章内容概要：

- 从实例出发介绍什么是知识图谱。
- 从理论视角讲解什么是知识图谱。
- 全面概述知识图谱技术体系。
- 辨析易与知识图谱混淆的概念。
- 简要介绍人工智能历史，并指出"知识图谱是人工智能进步的阶梯"。

1.1 从李白的《静夜思》开始

"床前明月光，疑是地上霜。举头望明月，低头思故乡。"当你看到这首耳熟能详的诗篇时，也许会诗兴大发，继而吟诵出其他有关明月的诗词。或许其中会有苏轼创作的已传颂千年的《水调歌头·明月几时有》："明月几时有？把酒问青天。不知天上宫阙，今夕是何年。我欲乘风归去，又恐琼楼玉宇，高处不胜寒。起舞弄清影，何似在人间。转朱阁，低绮户，照无眠。不应有恨，何事长向别时圆？人有悲欢离合，月有阴晴圆缺，此事古难全。但愿人长久，千里共婵娟。"

也许你熟悉苏轼的诸多诗词，还会想起《饮湖上初晴后雨·其二》这首诗，并不自觉地背诵出："水光潋滟晴方好，山色空蒙雨亦奇。欲把西湖比西子，淡妆浓抹总相宜。"这是描写西湖的著名诗篇，展现了苏轼的诗思与西湖画意的奇妙结合。这时，你的脑海里也许会浮现出"三步一桃、五步一柳"的苏堤春晓，还有苏堤尽头的雷峰塔。"春雨如酒柳如烟"的西湖三月天，正是泛舟湖上的好时节。巧了，西湖恰是白蛇白素贞、青蛇小青与许仙、法海开始一段传说之地。

也许"欲把西湖比西子"令你想起的不是西湖，而是浣纱的西施。"亭亭袅袅浣纱处，豆蔻梢头遇范蠡"，由此进入了"苦心人天不负，卧薪尝胆，三千越甲可吞吴"的吴越争霸时期，而这只是纵横捭阖、百家争鸣的春秋战国的一角。

如果你恰好又是武侠迷，自然会想起金庸的小说《越女剑》：阿青看到西施之后，喃喃了几声便迅捷远去，只留下一缕清啸。这声音容易令人把仗剑江湖的豪情浪漫与西湖三月天的斜风细雨混在一起。犹如站在宝石山上远眺西湖，湖上的苏堤、曲苑与孤山正在上演着一幕幕烂漫的故事。

宝石山的另一边，则是金庸先生曾任教过的浙江大学。如果此时你恰好正在浙江大学的西溪校区或玉泉校区，想来会有去爬宝石山或逛曲院风荷的冲动……

优秀的诗篇会让我们因时、因地、因人的不同，而产生截然不同的共鸣。我在看到《静夜思》这首诗时，会想到写这本书的某个晚上，儿子王腾渊背诵这首诗的情景；也会想起今年（2021年）天朗气清的中秋月圆之夜，一家人一起用望远镜观看月球的场景。那是腾渊第一次通过望远镜看到月球，好奇又喋喋不休，然后我们讨论他喜欢看的科技绘本，书中有"嫦娥五号"月球探测器、"玉兔号"月球车和"阿波罗 11 号"载人飞船等。

巧的是，今年的 11 月 24 日，"长征五号"运载火箭在位于海南省文昌市的中国文昌航天发射场发射升空，并将"嫦娥五号"运往月球。这是继阿波罗登月计划之后人类最伟大的太空活动之一。更巧的是，"长征五号"运载火箭模型是腾渊最喜欢的玩具之一。当然，小孩子嘛，喜欢的玩具还有很多，比如"长征二号"运载火箭积木、奥特曼玩偶和"歼-20"战斗机模型等。还记得他拼好数百片的"长征二号"运载火箭积木后，兴奋了好多天。

既然谈到了孩子，那自然想说说他的名字"王腾渊"的由来。他出生时，我可是翻遍了好几本古籍。最后从《周易》的"九四，或跃在渊，无咎"中取了个"渊"字，希望他一生无咎幸福。作为父母，望子成龙之心自是存在的，我也希望他能如同梁启超在《少年中国说》一文中所写的那样，成为有朝气、敢作为的中国少年——"红日初升，其道大光。河出伏流，一泻汪洋。潜龙腾渊，鳞爪飞扬。乳虎啸谷，百兽震惶。鹰隼试翼，风尘翕张。奇花初胎，矞矞皇皇。"

写到这里，我又想起了苏轼的《洗儿》："人皆养子望聪明，我被聪明误一生。惟愿孩儿愚且鲁，无灾无难到公卿。"即便是苏轼这位"无可救药的乐天派"，其拳拳爱子之心也同样是望其子"无灾无难到公卿"。而苏轼旷达的人生感悟也许有一部分来自《周易》，并记录在他所著的《东坡易传》中。不过这本著作可能不为大多数人所知，毕竟苏轼的名篇佳作如此之多。

1.2　什么是知识图谱

前面絮絮叨叨了好些零零碎碎的文字，意在激活我们大脑对不同知识之间的联想。知识之间的关联无处不在。古今中外、人文科技、儿女情长、家国大事、现实幻想、奇闻趣事，可谓一切知识之间皆有关联。有些关联乍一看思维跳跃、没有章法，但稍加思索，就会发现其中自有逻辑所在。

知识图谱就是一种对知识间的关联进行建模的方法，目的是将这些关联关系的逻辑显式地表示出来。将上文所提到的知识用网状图（Graph）的方式组织成图 1-1 的形式，就形成了一个知识图谱。也就是说，知识图谱是知识的一种表示形式——一种由知识点及其之间的关联关系组成的网状图。

早在知识图谱出现以前，有识之士就在深入研究人类大脑中知识间的关联关系了。认知科学和脑科学研究的最近成果表明，人类思维活动的机制就是联想，联想的核心则是知识间的联系。哲学家大卫·休谟把人们对知识、观念或知觉之间的联系归结为三类，分别是相似关系（Resemblance）、时空的接近关系（Contiguity in time or place）和因果关系（Cause or Effect）。

以图 1-1 为例，李白的《静夜思》引导人们自然而然地想到月亮（月球），进而想到苏轼的《水调歌头·明月几时有》。在大卫·休谟的理论中，这个过程被认为是相似关系的体现。由苏堤到苏堤尽头的雷峰塔的联想过程，则被认为是时空的接近关系。采用因果关系的例子有"长征五号"运载火箭因为具备强大推力，所以能够逃脱地球引力的束缚；因为"嫦娥五号"在"长征五号"的运送下逃脱地球引力，所以"嫦娥五号"能够到达月球，并进行月球探测。不过，大卫·休谟在他的著作《人类理解研究》中认为，很难证明是否只有这 3 种根本性的关联关系，而这正是哲学、脑科学、神经科学、认知科学、心理学等诸多学科致力于解决的问题。

在偏于实践应用的知识图谱领域，并不过多深究知识间根本性的关联关系。相反，知识图谱容许或需要更加多元、多样、多维的关联关系。在实践中，通常根据场景、业务或应用的需要进行总结梳理。下面以前文和图 1-1 为例做简单说明，通常来说，书籍作品与人物之间的关联关系有如下两种。

- "<作品，谈及，人物>"：表达了书籍作品包含了描绘该人物有关的内容。
- "<人物，写，作品>"：表达了该书籍作品是由该人物撰写的。

这在图 1-1 中都有体现，比如"<水调歌头·明月几时有，谈及，苏辙>"和"<王文广，写，知识图谱>"等。此外，根据场景的需要对知识进行梳理和总结，会导致知识图谱在不同情况下存在差异。领域不同、背景不同、目标不同、应用方向不同，梳理总结的结果都会有所不同。这种差异很难避免，第 2 章将会详细探讨这类问题，并提出相应的方法论和工程模型等途径，尽可能化解困难、减少分歧、扩大共识。

上例中提到的"<水调歌头·明月几时有，谈及，苏辙>"和"<王文广，写，知识图谱>"被称为三元组。三元组正是知识图谱的基本元素。从上述例子可知，三元组表达的是两个知识点之间的关系，因此也常被称为关系三元组。

三元组由三个部分组成，分别为实体、关系、实体，即"<实体，关系，实体>"。有时为了区分两个实体，基于其位置，分别将它们称为头实体和尾实体，即"<头实体，关系，尾实体>"。也就是说，"水调歌头·明月几时有"和"苏辙"都是实体，"水调歌头·明月几时有"是头实体，"苏辙"是尾实体。

进一步的，知识图谱事先梳理总结的知识类型，比如"<作品，谈及，人物>"等，通常被称为关系类型，其组成部分中的"作品"和"人物"被称为实体类型，"谈及"是关系名称。在图 1-1 中，知识图谱就是由无数三元组组成的巨大的图。图的顶点表示实体，也就是一个个的知识点。图的边表示了实体间的关系，也就是知识点与知识点的关联关系。

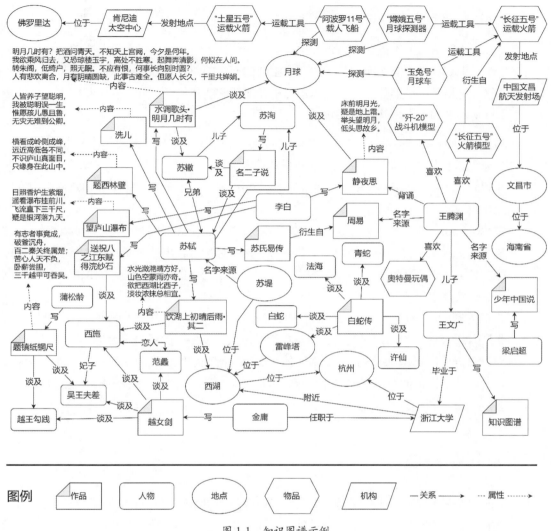

图 1-1　知识图谱示例

图例　作品　人物　地点　物品　机构　——关系——→　┈┈属性┈┈→

刻画一个知识点，不能仅仅用几个字来表示，而要从不同的维度来描绘。比如人物，除有姓名之外，还有出生年月、身份证号码等。在知识图谱中，这些不同维度的描述信息被表示为实体属性。实体属性的表现形式是键值对，即"<属性名，属性值>"。比如实体"苏轼"，其属性有"<生日，1037 年 1 月 8 日>"和"<性别，男>"等。依附于关系三元组上的一系列键值对就是关系属性。关系属性能够让我们从不同的视角来看待关联关系。比如关系三元组"<苏轼，写，水调歌头·明月几时有>"，其属性有"<时间，1076 年>"，用于表示苏轼在 1076 年写了《水调歌头·明月几时有》这首词。对于实体属性，可以对其进行拉平，从而形成形似三元组的形式，并被称为属性三元组。比如"<苏轼，生日，1037年1月8日>"和"<苏轼，性别，男>"等。

至此，知识图谱的基本概念已大致介绍完毕，相信读者对知识图谱有了基本的认识。知识图谱就是由知识点和知识点之间的关联关系所组成的网状的图，是知识的天然表示形式，既便于人类理解，又易于被机器使用。在知识图谱中，实体和实体属性刻画了知识点的内容，关系和关系属性则刻画知识点之间的关联联系。

- 知识点（Knowledge Item）：被组织起来的、用于表示一个抽象的或者具体的事物的信息。知识点通常与其他知识点存在各种各样的关联关系。
- 知识元素（Knowledge Element）：表示组成知识点的基本信息。一个知识点通常由许多元素组成。
- 实体（Entity）：是指一种独立的、拥有清晰特征的、能够区别于其他事物的事物。在信息抽取、自然语言处理和知识图谱等领域，用来描述这些事物的信息即实体。实体可以是抽象的或者具体的。在知识图谱中，知识点表示为实体；在图论、知识存储或图数据库中，实体表示为顶点。
- 关系（Relationship）：实体之间的有向的、语义化的表示。在知识图谱中，知识间的关联及联系表现为关系；在图论、知识存储或图数据库中，关系表示为边。
- 知识图谱（Knowledge Graph）：由实体及实体间的关系所组成的网状的图，每个实体及其关联的属性键值对用于描述知识点，而每个关系及其属性用于表示知识点间的关联关系。

1.3 DIKW 模型

为了进一步深入理解什么是知识图谱并更好地应用知识图谱，我们有必要了解什么是知识。这是一个更加复杂的问题，是哲学、脑科学、认知科学、心理学、计算机科学和人工智能科学等诸多学科致力于厘清的问题。其复杂性在于，一旦涉及知识，必然涉及人们如何看待现实存在的问题、知觉（Perception）的问题，以及思想（Thought）、观念（Idea）和印象（Impression）等问题。针对这些问题的深入探讨非长篇大论不可，并非本书所涵盖的范围。不过，在知识图谱领域，有一个广为接受的模型——DIKW 金字塔模型，DIKW 即数据（Data）、信息（Information）、知识（Knowledge）、智慧（Wisdom）。该模型从计算机、人工智能或知识图谱的视角来看待知识，其结构如图 1-2 所示，它有助于我们理解知识和知识图谱，进而在实践中更好地构建、表示和应用知识图谱。

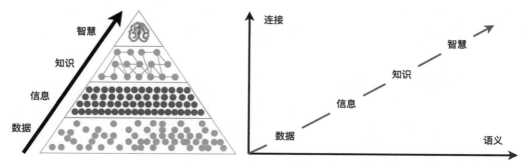

图 1-2 知识的 DIKW 金字塔模型

如图 1-2 左边所示，在 DIKW 模型中，数据是原始的、杂乱无章的，用来表示现实世界中抽象的或具体的事物。数据本身往往是孤立存在的，数据与数据之间没有建立明确关系的连接，也没有清晰明确的结构。通俗地讲，数据就如一盘散沙，除数据本身所呈现的符号之外，并无更多的意义，价值较小。对数据加以清洗、治理、分析，并以一定结构组织起来，就形成了信息。也就是说，信息是数据中重要的、有意义的和有用的那一部分。

通常，信息与信息之间的关联比较弱，但信息自身的层次结构和内容是丰富的，因此我们可以认为信息是一个个点状的知识——知识点。更进一步，深入理解信息，并通过领域实践经验或专家观点将点状的信息进行连接后，能用于决策的信息表示即为知识。即知识是由无数信息（知识点）及其关联关系所构成的网状形态表示。

对数据—信息—知识进行划分的两个关键维度是连接和语义，如图 1-2 右边所示。知识相对于信息，以及信息相对于数据，有两个关键环节。一是领域实践经验，即在实践中对数据或信息进行语义理解，抽象总结成能够为推理决策等思维活动所使用的内容，这是从杂乱无章到规则有序的过程。二是建立信息或知识点之间的连接，连接的关键取决于大脑的思维活动。研究表明，大脑的思维活动体现为联想机制，联想机制的激活过程就是知识点之间通过关联关系不断扩散的过程。具体来说，就是大卫·休谟所总结的 3 种关联关系在联想活动中起作用的过程。

在 DIKW 模型中，智慧表示的是对知识的应用。大脑对知识的应用，其内在表现为思维活动的激活，外在表现为推理决策的过程。同时，知识的应用往往还会产生新的知识，并且思维活动还会将产生的新知识加入已有的知识网络中。在《思考，快与慢》这本书中，大脑被分为负责简单思维的直觉系统和复杂思维的理性系统。直觉系统是无意识、低耗能、反应迅速的，在 DIKW 模型中，直觉系统可以表示为简单直接的知识应用，比如脱口而出的知识。理性系统是复杂的，需要耗费很多能量，并且需要更长的时间进行复杂运算。在 DIKW 模型中，理性系统可以表示为复杂的知识应用，比如逻辑推理和复杂的数学计算等。

1.4 从 DIKW 模型到知识图谱

DIKW 模型可以帮助我们进一步理解什么是知识图谱。把 1.3 节中的 DIKW 模型和 1.2 节中的知识图谱进行比较，很容易找出它们的相似之处。

信息是实体，是孤立存在的有一定层次结构的数据。知识是关系三元组，以及由无数关系三元组组成的知识图谱本身或其子图，是互相关联交织的有明确语义和关联关系的信息。也就是说，知识图谱相当于 DIKW 模型中的知识（K）。从图 1-2 描述的两个关键维度——语义和连接来说，现实存在的抽象的或具体的事物会产生混沌的、杂乱无章的、原始孤立的数据。对数据进行清洗、分析和治理，根据领域实践经验理解数据，并建立知识点内部数据的连接，就形成了信息，其结果体现为实体。进一步运用领域实践经验理解实体（知识点/信息）之间的关联关系，并在实体之间建立合适的、符合实际情况的、语义化表示的关系，其结果体现为知识图谱。在知识图谱领域，这个过程被称为知识图谱构建，即从原始数据到已处理的信息，再到互相关联的知识的过程。

也就是说，在 DIKW 模型中，从数据到信息，进而到知识的过程，就是从混沌到有序、从杂乱无章到结构清晰、从原始孤立到交织互联的过程，也就是知识图谱的构建过程。DIKW 模型中的智慧（W）是指对知识的应用，核心在于联想机制的激活。在知识图谱中，智慧体现为对知识图谱的应用。具体来说，就是基于知识图谱的各种模型、算法，以及针对具体应用场景的业务规则、逻辑推理等，比如知识计算、知识推理、知识问答和辅助决策等。直觉系统对应于简单应用，在知识图谱领域，体现为对知识的直接利用，比如知识检索、知识探索等；理性系统对应于复杂运算，在知识图谱领域，对应于需要经过复杂运算过程的知识应用，比如知识计算、知识推理等。

在 DIKW 模型中，如果把原始的杂乱无章的数据称为非结构化数据，把已经治理过的、有层次结构的、规则有序的信息称为结构化数据，那么知识图谱的构建就是把非结构化数据和结构化数据转化成知识图谱的过程，知识存储是以图的形式将知识点及其关联关系保存起来的过程，基于知识图谱开发出的应用则是形成智慧的过程。这就是知识图谱领域常用的表述方式。知识图谱的构建、存储和应用的全流程如图 1-3 所示。

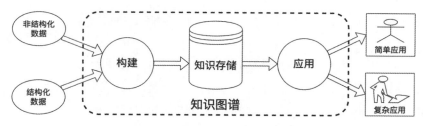

图 1-3　知识图谱的构建、存储和应用的全流程

从图 1-3 来看，知识图谱的含义有所变化，其关注点不仅仅包括知识本身，还包括与知识的生产、表示、存储和应用有关的方法、技术、应用程序和流程等。在实践中，人们在提及"知识图谱"时，有时指的是用图来表示的知识，即 1.2 节中对知识图谱的定义；有时指的是生产、表示、存储和应用知识的技术，即图 1-3 虚线框所包含的部分。这里借用逻辑学的两个名词——"内涵"和"外延"——来厘清"知识图谱"的定义。

- 知识图谱的内涵：由实体及实体间的关系所组成的网状的图，表示的是知识本身。包括所有由实体及其属性组成的知识点，以及由关系及其属性组成的知识点之间的关联关系的总和。
- 知识图谱的外延：即生产知识（知识图谱构建）、表示知识（知识图谱存储）和应用知识（知识图谱应用）有关的方法、技术、模型、算法、应用程序、流程等的总和。

正如同人们在使用"水果"一词时，想表达的既可能是水果的内涵——即水果的固有属性，也可能是水果的外延——具备水果特征的一个或多个个体。在本书及绝大多数使用知识图谱的场景中，"知识图谱"这 4 个字既可能表达知识图谱的内涵，即知识本身；也可能表达知识图谱的外延，即知识及与知识图谱的构建、表示存储和应用有关的技术。在遇到"知识图谱"一词时，读者根据上下文情景进行判断即可，并且这种判断是容易的，一般不会混淆。

1.5　知识图谱技术体系

如图 1-3 所示，知识图谱技术是知识生产、知识表示存储和知识应用等众多技术的总和。这类似于，搜索引擎是信息的爬取采集、信息存储和信息检索等多种技术的总和。因此，很难用简单的一种技术来描述知识图谱或搜索引擎技术的全部。知识图谱技术体系如图 1-4 所示，其中包含产生知识、存储知识和应用知识等多方面的技术。"赋机器以智慧"是这些技术的共同目标。机器实现智慧的直接方式是应用知识，也就是知识图谱应用技术。应用的基础则是知识已经存在，否则应用也无从谈起，而知识的存在是以知识图谱构建技术和存储技术为支撑的。

根据实践经验，在图 1-3 的基础上，将图 1-4 所示的知识图谱技术体系划分为五个部分。其中，知识图谱构建技术、知识图谱存储技术和知识图谱应用技术是三大核心部分，这与图 1-3 所示的流程保持一致。第四部分是知识图谱模式设计与管理，它与知识图谱的构建、存储和应用都有关系，是指导知识图谱构建、存储和应用的顶层设计。第五部分是用户接口与界面，通常与具体的场景、业务相关，是机器与人类的交互界面，也是现阶段知识图谱价值的直接体现。

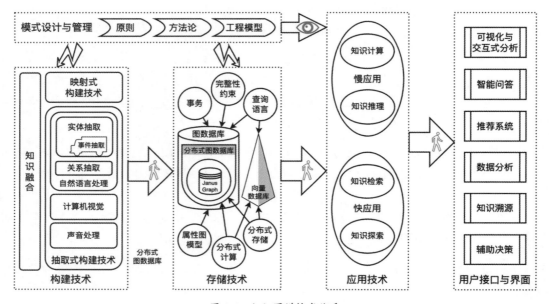

图 1-4　知识图谱技术体系

众所周知，哲学上有三大终极问题：

- 我是谁？
- 我来自何处？
- 我去向何方？

这三大问题驱使着人们进行思考与感悟。知识图谱同样也有三大终极问题，也许思维活跃的读者已经将其与哲学的三大终极问题联系在一起了，它们涉及知识的产生、存储与表示及应用，即

- 知识是什么？
- 知识从哪来？
- 知识到哪去？

1.5.1　知识图谱模式设计与管理

知识图谱模式有点类似于哲学，它是知识的知识，是知识图谱的元知识。这如同一个人在问自己"我是谁"时，会涉及抽象的人与具体的人。而知识图谱模式与知识图谱本身，正是这种抽象与具体的关系。知识图谱模式设计与管理要解决的核心问题是"知识是什么"。

不可否认，有些人可能希望知识图谱具备一切知识，但这很难，就像人无法全知全能一样。许多例子都可以说明这一点。比如，本章开篇提到的《静夜思》，中国人几乎都可以不假思索便脱口而出，但绝大部分的法国人、德国人、意大利人或巴西人却根本不知晓这首诗；再比如，我们每个人身上都具有 FAM175A 基因，但知道它具有什么特点、功能和作用的人却寥寥无几，绝大多数人对它既不了解，也不关心。同样的，现阶段的知识图谱要具备全面又深入的知识，既不经济，也不现实。

因此，为了更好地构建和应用知识图谱，首先要搞清楚知识图谱需要什么样的知识，即解决"知识是什么"这个问题，也就是设计合适的知识图谱模式，并在后续的构建和应用中持续管理、维护与更新。这就如同人们在问"我是谁"时，是想明晰自我认知。

知识图谱模式设计和管理是一个需要大量领域实践经验参与的、持续性的过程，而非一次性的工作。在图 1-4 中，知识图谱模式设计和管理考虑了以下三方面的内容。

- 原则：即知识图谱模式设计的基本原则。
- 方法论：即如何设计一个合适的知识图谱模式，进行经验总结。
- 工程模型：从工程实践的角度出发，从过往经验中总结出来的最佳实践模型。

第 2 章将深入探讨与知识图谱模式有关的内容，既包括知识图谱模式是什么，也包括如何设计知识图谱模式的原则、方法论和工程模型等内容。

1.5.2　知识图谱构建技术

知识图谱构建技术解决的核心问题是"知识从哪来"。当确定了知识图谱模式之后，知识图谱构建技术就会源源不断地将数据转换为知识，如同人类一样不断地学习和汲取知识。知识图谱的构建过程就是根据知识来源选择合适的技术，实现从数据到知识的转换。在图 1-3 中，将知识来源分为非结构化数据和结构化数据，相应的，知识图谱构建技术可以分为映射式构建技术和抽取式构建技术。

如果知识的源头是结构化数据，那么通过设定一系列的规则或逻辑，对数据进行过滤和变换，即可将其转化为符合知识图谱需要的知识。因而，从结构化的源头数据到目标知识的构建技术称为映射式构建技术。映射式构建偏向于传统的数据治理、ETL 或大数据分析等技术，通常根据结构化数据源和目标知识图谱的要求，设定、配置或编写一系列的规则来实现。

如果知识的源头是非结构化数据，则需要更为复杂的处理，才能够将其转化为符合知识图谱需要的知识。这个从非结构化源头数据到目标知识图谱的构建过程中用到的技术被称为抽取式构建技术，其核心是从非结构化数据源中提取实体和关系。非结构化数据可以分为文本、图像和声音，相应的处理技术有自然语言处理（Natural Language Processing，NLP）、计算机视觉（Computer Vision，CV）和声音处理（Speech Processing）技术。

通常，知识的来源多为文本，现阶段常见的知识图谱也大多是基于文本的。即使在多模态知识图谱中，图像、视频和语音等多媒体通常用于展示，而没有参与到检索、计算和推理等环节中。因此，狭义的抽取式构建技术往往指从非结构化文本中抽取实体和关系来构建知识图谱，其核心就是自然语言处理。

不过，人类知识的来源不只有文本，也包括视觉和声音。以本章开篇例子中所提到的月亮为例，人们看到的"月亮""月球"或相关的文字，高挂天空的明月或弦月等物理的月亮，通过望远镜看到的崎岖不平的月球表面，月亮或月球有关的图片及影视视频，月亮的卡通形象和符号，以及听到的"月亮""Moon""Luna"等不同语种的声音等，都能被关联到同一个知识点"月球"上。从根本上说，人类的知识来源是来自多种感知器官的，是多媒体的。知识图谱也应当包含这些多媒体的知识来源，因而，广义的抽取式构建技术应当包含对图像、视频和声音等知识的提取。受限于计算机的算力和人工智能的算法能力，当前知识图谱中知识的主要来源还是文本，图像、视频和声音等方面的内容较少。图 1-4 展示了广义知识图谱的构建技术，具体包含以下内容。

- 声音：人工智能细分领域的声音处理技术，比如语音识别、语音情感识别、声纹识别、说话者识别等。
- 图像和视频：人工智能细分领域的计算机视觉与图像处理技术，比如语义分割、物体检测、图像/视频分类、人脸识别、物体跟踪、视频理解、行为识别、场景解析/理解、图像/视频情感识别等。
- 文本：人工智能细分领域的自然语言处理技术，比如机器翻译、实体抽取、文本分类、情感分析、命名实体识别、关系抽取、事件抽取、依存分析、语义角色标注、形态分析、分词、主题模型等。

在图 1-4 所示的构建技术中，还有一个技术领域是知识融合。和抽取式构建技术类似，知识融合也分为狭义的知识融合和广义的知识融合。

狭义的知识融合是指对相同知识点的不同文字描述的融合，往往涉及同义词、近义词、缩略词，以及不同语言之间的翻译等。以月亮为例，狭义的知识融合会将"月亮""月球""婵娟""明月"，以及"Yueliang"（拼音）、"Moon"（英语）、"La Lune"（法语）、"Luna"（意大利语）、"La Luna"（西班牙语）、"Mond"（德语）、"Луна"（俄语）等多种表达形式融合为一个实体。

广义的知识融合不仅需要满足狭义的知识融合要求，还需要融合多媒体、向量等表现形式。同样以月亮为例，在文字之外，还需要对月亮的照片、卡通样式的月亮、🌙、🌚、☽、☾、与月亮有关的影视、不同的人用不同语言朗读"月球"的声音等进行融合。当前，深度学习盛极一时，文字、图像和声音的表示学习已经令人习以为常，其输出结果一般是高维向量。广义的知识融合往往还致力于对"月球"的不同向量表示进行融合，并将图像、声音、文字也融合到一起。

基于人工智能和知识图谱技术发展的现状，当前主流的知识图谱的表示形式仍以文本为主。本书受限于篇幅，在知识图谱构建技术方面偏向于介绍狭义的知识图谱构建技术。第 3 章和第 4 章分别详细介绍了实体抽取和关系抽取的内容，这是与文字有关的抽取式构建技术的核心，其理论基础是自然语言处理和计算语言学（Computational Linguistics）。

1.5.3　知识图谱存储技术

就像人类的知识会存储在大脑中，并能随时随地使用一样，知识图谱存储技术的目的是给知识一个安身之地，以便随时随地供机器使用，其中包括对实体及其属性的存储，以及对关系及其属性的存储。也就是说，知识图谱存储技术要解决的核心问题是如何存储实体和关系，其本质是计算机科学中的信息存储，属于数据库技术范畴。

图 1-4 的存储技术部分描述了与知识图谱存储有关的多个方面的内容，包括数据库技术领域的几个基本问题——数据模型、事务、完整性约束和查询语言等。其中，属性图模型用于对知识图谱这种图结构的数据进行建模，是研究知识图谱存储的物理存储和逻辑存储的关键和核心。常见的图数据库就是建立在属性图模型之上的数据库，是一种致力于优化图结构数据的海量存储和高效查询的存储方式。并且，许多基于属性图模型的数据库完全匹配了知识图谱有关的各种概念，是知识图谱存储的天然选择，比如图 1-4 中的 JanusGraph 等。

如果知识图谱规模不大，实体和关系都比较少，那么简单的图数据库完全能够胜任。但如果遇到包含数以亿计的实体和以百亿计的关系的知识图谱时，就需要分布式图数据库了。此时的知识图谱存储还涉及分布式计算技术和分布式存储技术，这是两个关系非常紧密又有所不同的技术方向，属于大数据学科的研究范畴。在图 1-4 中，JanusGraph 就是一个支持分布式存储和计算的图数据库。

在图数据库之外，一种新兴的数据库——向量数据库也值得关注。这是在深度学习日趋成熟，因对向量的存储和检索需求激增而形成的一个全新的细分数据库领域。向量数据库主要用于存储、索引和管理深度学习所产生的向量数据，核心的功能是高效检索与给定向量最相似的结果。以两张表示月亮的图片 A 和 B 为例，经过深度学习模型所学习的向量表示 v_A 和 v_B 几乎不可能一样，那么从向量数据库中检索图片 A 所对应的向量 v_A 的最相似向量 v'_B，就是向量数据库要实现的核心功能。当前，向量数据库刚刚起步，远未成熟，是一个初生但前景远大的研究领域。

众所周知，图数据库存储的知识（比如文本）是精确的，而通过深度学习技术所学习到的知识的向量表示是不精确的，这可能更接近于人类大脑并不精确的知识存储方式。随着深度学习技术的发展，文本、图像和声音的表示学习日趋成熟，知识的向量表示所涉及的范围也愈加广泛。向量数据库因此被开发出来并逐渐流行。虽然当前的知识主要是文本，基于文本本身的检索和应用非常成熟，图数据库等存储方法足以胜任，但随着多媒体、多模态知识图谱的发展，越来越多的图像、视频和声音等知识参与到知识的检索、探索、计算、推理等应用中，向量数据库会逐渐展现出巨大的优势。随着技术的进一步发展，未来也许会出现知识的精确表示方法——文本表示，以及知识的模糊表示方法——向量表示的融合。这意味着，未来的知识图谱存储应当是，图数据库和向量数据库以某种方式深度融合后的新型数据库（也许可以称为向量图数据库或图向量数据库）。这种向量和文本融合的知识存储方向也是值得探索与研究的。

第 5 章将详细介绍知识图谱存储技术——主要是图数据有关的内容，包括属性图模型、完整性约束、事务和查询语言等，对分布式存储和分布式计算也做了相应的介绍。第 5 章还全面介绍并深度解析了 JanusGraph 分布式图数据库，为想直接利用图数据库来存储和检索知识图谱的读者提供指引。此外，第 5 章还介绍了当前流行的其他图数据库，供读者做图数据选型时参考。鉴于向量数据库刚刚开始并未成熟，本书没有做过多介绍，有兴趣的读者可以自行查阅相关资料。

1.5.4 知识图谱应用技术

中国的历史源远流长，不同时代有着不同的社会治理情景，古人留给我们许多珍贵的经验之谈。比如，在元杂剧《庞涓夜走马陵道》中，有一句非常有名的谚语"学成文武艺，货与帝王家"。如果将"文武艺"比作知识图谱所代表的知识，那么"货与帝王家"就是知识图谱的应用。知识图谱如果仅保存在图数据库而没有任何应用，那就如"深山隐士"一般，即使才高八斗、学贯中西，对社会和人类的价值也不大。同样的，知识图谱如果仅存在于图数据库或向量数据库中，其价值也未必有多大。在 DIKW 模型中，正是知识的应用产生了智慧，它强调的是可执行的应用。"可执行"是价值的体现，知识图谱的可执行应用恰恰是解决"知识到哪去"的问题，即知识的去向，也就是价值的体现。这一点与哲学三大终极问题中的第三个问题殊途同归，即"我去向何方"及其所蕴含着的"我的人生价值在哪里"。

在图 1-4 的技术体系中，知识的应用体现为两部分，一是知识图谱应用技术，二是用户接口与界面。前者是从知识图谱的视角来看待知识的应用技术，后者则是从业务或场景的视角来看待知识的应用方式。更重要的是，后者会组合运用前者来实现所需的功能，这是知识图谱价值最直接的体现。本节着重介绍应用技术，用户接口与界面将在 1.5.5 节中介绍。

回顾一下，《思考，快与慢》这本书将人类大脑分为直觉系统和理性系统，分别对应思维模式的快思考与慢思考。在知识图谱的应用中，也存在类似的理念。或许未来的认知智能恰恰是由类似的"快"与"慢"两种系统组合实现的，并且这两种系统互相关联、互相配合、融为一体。本书借鉴了这两个概念，将知识图谱的应用分为两类，分别是运算简单低能耗的快应用、运算复杂且需要较多计算资源和能耗的慢应用。

（1）快应用

快应用类似于人类大脑的直觉系统，特点是低能耗，反应迅速，直截了当，只能做简单工作。在知识图谱中，知识检索和知识探索是两种"快应用"技术。

知识检索是知识图谱与信息检索的交叉技术。在给定一个输入时，知识检索技术从知识存储系统中快速找到与之相同的或最类似的知识（实体或关系）。

知识探索则类似于大脑中的直接联想活动。通常来说，知识探索可以分为以下 3 种情况。

① 根据一个实体获取所有与该实体直接关联的关系。

② 根据实体和关系，获取关系另一端的实体。

③ 根据两个实体查找实体间的直接关系。

为了实现快的目标，快应用通常会在图数据库系统中建立索引，或者使用搜索引擎技术等。以图 1-1 所示的知识图谱为例，输入"月球"，通过图数据库查询快速找到"月球"实体，并返回该实体及相关的属性，就是知识检索的过程。在"月球"实体的基础上，经"谈及"关系，找到作品《水调歌头·明月几时有》则属于知识探索的过程。

（2）慢应用

慢应用类似于人类大脑的理性系统，特点是高耗能，反应迟缓，迂回曲折，善于做复杂的、需要大量计算或复杂推理的工作。在知识图谱中，知识计算和知识推理是"慢应用"技术。

知识计算是指通过复杂的图算法，从给定的输入找到符合条件的输出。以图 1-1 所示的知识图谱为例，给定两个实体"苏轼"和"王文广"，从知识图谱中找到符合条件的路径联系将这两个实体联系起来。通俗地讲，就是判断两个实体是否有关联，这很常见，其所用到的最短路径算法比较复杂，计算量也大，是一个"慢"的应用。

知识推理是指通过复杂的逻辑推理，经表示学习后的向量/矩阵计算或深度学习模型等方法，从给定的输入中找到符合条件的输出。仍以图 1-1 所示的知识图谱为例，给定两个实体"金庸"和"杭州"，推断金庸是否去过杭州，这是知识推理中最常见的链接预测功能。链接预测本身需要消耗巨大的计算资源，也是一个"慢"的应用。

事实上，慢应用和快应用是可以互相转换的，这点也类似于大脑的直觉系统和理性系统。在人类大脑的思维活动中，如果一个人经过长时间训练，对某个内容非常熟悉，那么他就可以把某个思维活动从理性系统转到直觉系统中，这往往被称为专家直觉或者"第六感"。比如，围棋大师看一眼棋盘就能判断哪一方占优，而普通的围棋爱好者则需要长时间的思考和"数子"才能得出相应的结论。

同样的，在知识图谱中，知识图谱补全的本质就是将"慢应用"转为"快应用"。在图 1-1 所示的知识图谱中，推断金庸是否去过杭州，需要至少两个步骤——"<金庸，任职于，浙江大学>"和"<浙江大学，位于，杭州>"。知识图谱补全利用知识计算或知识推理的方法，为"金庸"和"杭州"两个实体创建一个关系，比如"住在"，当"<金庸，住在，杭州>"这个关系建立起来之后，使用知识检索或知识探索的方法即可得到所需的结果。

第 5 章将介绍图数据库的查询语言，基于图数据库的查询语言容易实现知识检索和知识探索等快应用。第 6 章和第 7 章则介绍了许多慢应用的方法，除知识计算和知识推理的本身的应用之外，基于这些方法还可以实现知识图谱的补全，实现将高频使用的知识，从慢应用转到快应用上，从而提升知识图谱应用的效率和效果，降低能源的消耗。这其实很"人类"，因为人类就是这样喜欢靠直觉判断，而不愿意启动理性系统来做深度思考，即使直觉常常犯错。

1.5.5　用户接口与界面

用户接口与界面是使机器具备智慧的直接表现，也是最能直接体现知识图谱价值的所在。比如，一个具备非常丰富、趋于完善的领域知识图谱提供了智能问答服务，那么它就能够表现得像一位智者一样有问必答，不仅知无不言、言无不尽，还能给出知识的原始出处。这就是机器具备智慧的体现。图 1-4 给出了若干常见的面向用户的应用程序，这些应用往往综合运用了快应用和慢应用中的一个或多个技术，并且契合场景、业务或用户的使用习惯。

用户接口与界面通常有以下应用场景。

- 可视化与交互式分析：俗话说"一图胜千言"，用图表的方式将特定的知识展示出来，更利于人们获取、理解和应用知识。同时，可视化往往和交互式分析在一起，支持通过图形界面的连续交互，实现基于知识图谱的深度应用。
- 智能问答：结合自然语言处理技术，以提问式的方法获取知识，系统会根据问题的需要，综合运用知识检索、知识探索、知识计算和知识推理等知识图谱应用技术，找到答案所需的知识，实现对问题的回答。
- 推荐系统：在特定的场景中，当用户没有主动输入问题或描述信息时，给用户推荐可能有用的知识，比如在智能问答的结果中，推荐答案的关联知识。
- 数据分析：把知识图谱当作高级的数据分析工具来使用。
- 知识溯源：对知识的原始出处进行追溯，进行知识验证，确保知识的正确性。
- 辅助决策：根据业务和场景的需要，将领域实践经验固化为模型或规则，并开发合适的应用程序，辅助决策因场景的不同而千差万别。

第 8 章会详细介绍面向用户的应用程序，包括可视化和交互式分析、智能问答、认知推荐等，还针对应用知识图谱最广泛的三大行业（金融，医疗、生物医药和卫生健康，以及智能制造），分场景介绍了其用户接口和界面的情况。

1.6　知识图谱辨析

《大般涅槃经》中有这样一个故事。

譬如王者，告一大臣："汝牵一象，以示盲者。"尔时大臣受王敕已，多集众盲，以象示之。时彼众盲各以手触。大臣即还而白王言："臣已示竟。"尔时大王即唤众盲各各问言："汝见象耶？"众盲各言："我已得见。"王问之曰："象为何类？"其触牙者，即言象形如芦菔根；其触耳者，言象如箕；其触头者，言象如石；其触鼻者，言象如杵；其触脚者，言象如臼；其触脊者，言象如床；其触腹者，言象如瓮；其触尾者，言象如绳。

这个故事后来被总结为成语"盲人摸象"，即每个盲人所了解的只是大象的一部分。对于大象来说，每一部分固然都很重要，但任何一部分都无法代表大象。对应到知识图谱领域中，也是一样的。知识图谱包含的细分技术众多，因而在知识图谱领域，擅长不同领域的人往往从自身视角出发去阐述知识图谱，比如把图数据库等同于知识图谱。这正如同"其触鼻者，言象如杵"，只知部分，而未能知全局，象鼻并不能代表完整的大象。同理，图数据库也不等同于知识图谱。

1.5 节中介绍的知识图谱技术体系（见图 1-4）致力于让读者能够知全局。苏轼在《题西林壁》中写道："横看成岭侧成峰，远近高低各不同。不识庐山真面目，只缘身在此山中。"即从不同视角看待不同事物的局部，其结果各有不同，不管是岭还是峰，都不等同于庐山。在 1.5 节介绍知识图谱技术体系的基础上，本节进一步从不同视角来看待知识图谱，希望读者能够知道，本节介绍的每一种技术都与知识图谱有交叉，但不是知识图谱技术的全部。这些不同技术与知识图谱间错综复杂的关系如图 1-5 所示，其中每个圈表示一个技术领域。

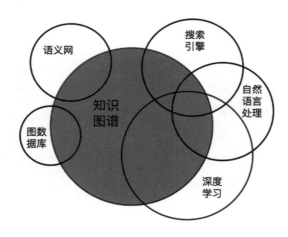

图 1-5　知识图谱与其他技术领域间的关系

1.6.1　知识图谱与自然语言处理

现阶段，知识图谱与自然语言处理的关系最为紧密。这是由于在当前的知识图谱中，知识的来源几乎都与文字有关，而处理文字的人工智能技术就是自然语言处理，并且认知智能本身就和语言强相关。值得一提的是，在学术科研方面，许多算法和模型甚至与自然语言处理融为了一体，难以区分是属于知识图谱，还是属于自然语言处理，或者都是。但知识图谱并不是自然语言处理，自然语言处理自然也不是知识图谱，二者的关系如图 1-6 所示，有交叉，有重叠，也有各自的自留地。当前，在知识图谱中，许多前沿的算法、技术探讨集中在阴影部分，但阴影部分只是自然语言处理和知识图谱的一部分。

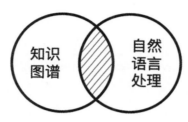

图 1-6　知识图谱与自然语言处理

具体来说，知识图谱与自然语言处理的异同包括如下内容。

- 知识图谱构建：映射式构建技术相对比较简单，学术界几乎没有相关的研究课题，产业界应用又偏向规则，从而相关的讨论比较少。而在抽取式构建中，当前知识的来源几乎都是文本，所用技术自然就集中使用自然语言处理技术上，计算机视觉和声音处理技术都较少用到。因而，从学术研究的视角看，构建知识图谱几乎都与自然语言处理有关；从产业应用的视角看，所遇到的难点也几乎都是与自然语言处理有关的。由此，将知识图谱构建约等于自然语言处理也就不足为奇了。但应记住，这并不正确。

- 知识图谱存储：主要是数据库领域的范畴，会在 1.6.2 节中进行探讨。但在学术研究中，数据库研究人员和自然语言处理研究人员交叉较少。事实上，人工智能领域的学术研究往往较少涉及存储技术，而传统的存储和数据库领域的学术研究也很少涉及认知智能方面的内容。好的方面是，向量数据库的出现正在为双方搭建桥梁，未来跨学科的研究会越来越多。

- 知识图谱应用：知识图谱应用分为知识检索、知识探索、知识计算和知识推理。其中，知识检索继承了搜索引擎的很多技术，而搜索引擎有关的难点和研究热点大多与自然语言处理有关。同时，由于目前的知识主要是文字，使得知识推理的绝大多数研究也直接与自然语言处理有关。

- 知识图谱的用户界面：这其中所涉及的智能问答、推荐系统等，都是与自然语言处理有关的。

综上所述，当前在知识图谱领域，约有大半的研究课题和应用难点都与自然语言处理有关。

因此，我们很容易将知识图谱和自然语言处理搞混，甚至产生"知识图谱就是自然语言处理子学科"的错觉。不过，幸运的是，我们只要一览图 1-4、图 1-5 和图 1-6，就能够清醒过来。而且，随着多模态知识图谱、脑科学与知识图谱、向量数据库、神经符号网络等相关的研究越来越多，越来越深，自然语言处理在知识图谱领域的比重会逐渐降低，大家也就越来越不容易将知识图谱和自然语言处理搞混了。

1.6.2 知识图谱与图数据库

把图数据库与知识图谱混淆，认为知识图谱就是图数据库，或者认为图数据库就是知识图谱的大有人在。其根源不难理解，一方面，许多图数据库概念和现行的知识图谱的概念几乎一一对应，比如顶点和实体、顶点标签和实体类型、关系和边等，详细的探讨见第 5 章；另一方面，许多图数据库厂商也宣传自己在做知识图谱，有意或无意地混淆二者。事实上，从前面的介绍中可以知道，图数据库为知识图谱提供的是存储功能、知识探索功能和部分的知识检索、知识计算功能。这是因为，数据库技术要解决的问题就是如何高效地存取数据，并且图数据库也是目前存储知识图谱的最佳方法。当然，图数据库不仅可以给知识图谱提供存储功能，也可以为其他数据提供存储功能。

图数据库和知识图谱的关系有一个很好的类比，就是关系数据库和搜索引擎。虽然关系数据库也提供了检索功能，但几乎没人会认为关系数据库就是搜索引擎。毕竟关系型数据库在模糊检索、全文检索等方面的能力聊胜于无，而搜索引擎则专注于此。同样的，如图 1-5 所示，图数据库不是知识图谱，知识图谱也不是图数据库，二者有交叉但并不等同。在实践中，知识图谱会用到图数据库，但知识图谱的核心还包括处理知识的语义关系，而这部分恰恰不是图数据库所擅长的。其实相比于图数据库，知识图谱还是与自然语言处理的关系更紧密些。

1.6.3 知识图谱与语义网络

知识图谱是从语义网络（Semantic Network）[①]衍生出来的。事实上，在深度学习这一波人工智能技术发展起来之前，人工智能领域的研究人员试图通过语义网络对知识的连接进行建模，并以复杂的逻辑试图实现类似于人一样的推理能力。语义网络是一种将知识与逻辑紧密结合的知识表示方式，知识图谱则是在以深度学习技术为核心的人工智能技术发展起来之后，重新审视"语义网络"，并取其精华、弃其糟粕而形成的。因而，如图 1-5 所示，知识图谱和语义网络

---

① 有别于语义网 Semantic Web。

也不完全等价，二者有较大的交集，有一定的传承关系。事实上，知识图谱充分利用了语义网络中所积累的已结构化知识、推理逻辑和各种基础设施，第 2 章会详细探讨相关内容。不过，随着认知科学、脑科学和深度学习等的进一步发展，未来的知识图谱可能会与过去的语义网络有更大的差异。"人事有代谢，往来成古今"，认知智能的星辰大海刚刚开启，作为知识图谱的研究人员应当朝前看，进一步发展并应用知识图谱。至于语义网络，则留给历史吧。

1.6.4　知识图谱与搜索引擎

知识图谱和搜索引擎的关系也挺复杂，从图 1-5 中就能看出来，几个圆圈之间有着复杂的重叠部分。在日常交流中，我也经常发现，有些人会简单地认为知识图谱就是搜索引擎，或者说，是一个高级一点的搜索引擎。这也容易理解，知识图谱在被谷歌提出来时，就是要解决搜索知识的精准度问题。这个方法现在也被称为语义搜索或者智能问答，是知识图谱最常见的应用，第 8 章中会对其进行探讨。不过，知识图谱和搜索引擎本质上是不同的事物，体现在如下方面。

- 搜索引擎致力于信息的便捷获取，而知识图谱则致力于基于知识的关联、推理和决策。
- 搜索引擎提供了非结构化数据的检索这样的强大能力，而知识图谱则把非结构化数据作为知识的来源，知识需要经过抽取、萃取、关联和融合之后才能成为知识图谱的一部分。
- 搜索引擎可以利用知识图谱提供高级的语义搜索，针对关键词或问句直接给出答案，知识图谱会利用搜索引擎相关技术实现知识的快速检索。
- 搜索引擎和知识图谱都会用到自然语言处理技术。
- 搜索引擎和知识图谱都会用到深度学习技术。

1.6.5　知识图谱与深度学习

知识图谱和深度学习倒很少被混淆，不过二者的关系仍然值得专门一提。在知识图谱中，大量使用了深度学习技术来实现知识图谱的构建和应用。更重要的是，随着深度学习的发展、神经符号学的兴起、向量数据库的逐渐成熟，未来的知识图谱可能会呈现出与当前迥异的形态，比如知识图谱、深度学习、神经符号学和向量数据库的深度融合，从而实现类似于人类大脑的新一代的知识表示、存储和推理的方法。

1.7　知识图谱是人工智能进步的阶梯

"书籍是人类进步的阶梯"，在延续至今的相当长的时间内，书籍都是人类传承知识的最高效、最便捷的方式。而当人们认真审视知识图谱和书籍的相似之处时，就会发现它们具有非常有趣的相似之处。

- 书籍的制作、书籍本身和书籍的使用是分离的，人们阅读书籍时并不需要理解书籍是怎么生产的。知识图谱也是致力于知识的生产（知识图谱构建）、表示（知识存储）和应用（知识图谱的应用，如知识计算、知识推理等）的分离。这是知识图谱区别于专家系统的关键点之一。专家系统则是前一波人工智能发展浪潮的关键技术。
- 书籍里的知识是可以迁移的，同一个知识点在不同书籍上的表示是一样或类似的。知识图谱也致力于知识的可迁移性，使得相同的知识在不同的场景应用中保持一致。这点正是当前以深度学习为代表的人工智能技术所欠缺的，不同模型中同一个知识点往往表示（比如向量）不同，并且很难关联起来。

人工智能发展至今，其目标可以总结为"深入地对现实本质的理性理解"和"提供更加自动化智能化的工具"，前者是"理解世界"的范畴，后者则是"改造世界"的范畴。而作为认知智能代表性技术的知识图谱和书籍，是沉淀知识、传承知识和应用知识的关键，是人类致力于理解世界和改造世界的重要工具。而且，在人工智能从感知智能向认知智能发展的征途上，知识图谱及其相关技术所发挥的作用，犹如促进人类文明发展的造纸术和印刷术一样。因此，借用"书籍是人类进步的阶梯"这句话，我把"知识图谱"称为"人工智能进步的阶梯"，这也正是本节的标题"知识图谱是人工智能进步的阶梯"的由来。

事实上，人工智能的进步并非线性的，其中的起起伏伏使得人工智能的研究人员能够不断总结经验，修正发展的方向。进而，人工智能的发展如同一波更比一波高的滚滚浪潮，应用愈加智能，影响范围也愈加深远。明鉴历史，从人工智能算法对知识的应用视角，简要描绘人工智能发展简史，将其分为 5 个发展阶段，如图 1-7 所示。由此会发现，知识始终是人工智能进步的关键要素。预见未来，对于人工智能的发展进步来说，人类实践经验所总结和发现的知识始终是不可或缺的。因而，承载人类实践经验的知识图谱为人工智能持续进步提供了阶梯。这恰是本节的标题"知识图谱是人工智能进步的阶梯"的另一个由来。

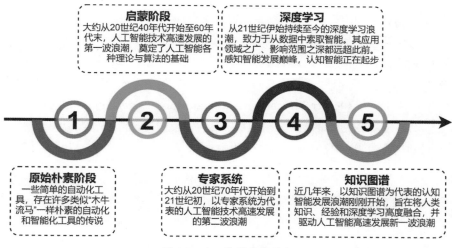

图 1-7　人工智能发展简史

1.7.1　明鉴历史

在中外历史上，人类一直都钟情于设计并制造能够辅助人们自动完成某些工作的机械。在文明发展的早期，受限于技术，可能无法实现很多自动化的工具，但不乏由此而形成的传说轶闻。"牛马皆不水食，可以昼夜转运不绝也"，诸葛亮的"木牛流马"或许是其中最具代表性的故事之一。但直到 1950 年，著名的"图灵测试"才由艾伦·图灵（Alan Turing）在其论文 *Computing Machinery and Intelligence* 中提出。而"人工智能"（Artificial Intelligence）一词是在 1956 年的达特茅斯会议上，由以约翰·麦卡锡（John McCarthy）为代表的人工智能的先行者们提出的，并在此后逐渐形成了一门新的学科。自 20 世纪 50 年代起，人工智能开始高速发展，其过程虽然有起伏与波折，但不可否认的是，人工智能给整个社会带来了影响深远的生产力变革。

早期的人工智能集中在基础理论和算法的建设工作上。神经网络和深度学习的最基本元素——神经元（Neuron）是在 1943 年提出的。同年被提出的控制论（Cybernetics），是现代所有自动化机器设备、机器人和无人驾驶等的理论基础。直到 1957 年，研究者才实现了最基本的浅层神经网络——线性的感知机（Perceptron）。现阶段流行的深度学习就是在这种基础的浅层网络中发展起来的。此后的 20 世纪 60 年代，一方面，数学上的贝叶斯理论开始应用到人工智能领域，并实现了贝叶斯推断和预测；另一方面，出现了第一个专家系统 Dendral——这是一个在此后 30 年中占据了人工智能半壁江山的技术领域。Dendral 是树状算法（Dendritic Algorithm）的简称，是一个模拟有机化学专家的决策过程和解决问题思路的专家系统，由 Lisp 编程语言编写。Lisp 是在专家系统中被广泛使用的语言，由人工智能专家约翰·麦卡锡在 1958 年创建。而专门用于对逻辑和知识进行编码的编程语言 Prolog 创建于 1972 年。在自然语言处理、专家系统、语义网等领域中，Prolog 广泛用于开发与推理相关的人工智能应用。深度学习及大量其他人工智能算法的基石——反向传播算法也同样在 20 世纪 70 年代被提出，其数学基础是 1970 年提出的反向积累自动微分（Reverse Accumulation Automatic Differentiation），这也是现代许多深度学习框架实现优化算法的数学依据。随即在 1973 年，反向传播算法就被应用于解决参数优化问题，并在 1974 年被应用到神经网络参数优化中。

20 世纪 80 年代则是专家系统发展如火如荼的年代。专家系统的核心是模拟人类专家的决策过程和解决问题的能力，使用逻辑编程语言（如 Prolog 等）对知识和应用逻辑进行编码。由于其强大的能力，在一些细分领域能够达到专业人士处理问题的水平，各种商业专家系统如雨后春笋般出现。据统计，在 20 世纪 80 年代的财富 500 强企业中，有三分之二的企业在应用专家系统来解决实际业务问题，甚至基于专家系统的无人驾驶也崭露头角。专家系统发展的巅峰事件无疑是 1997 年深蓝（Deep Blue）和国际象棋大师加里·卡斯帕罗夫（Garry Kasparov）的巅峰对决。在这次对决中，深蓝以 3.5:2.5 的比分险胜。这种举世瞩目的事件再一次出现，当属 20 年后的 AlphaGo 了。专家系统的发展促进了人们对知识和知识应用的关注，并由此发展了本体（Ontology）和语义网络（Semantic Network）。语义网络概念本身可以追溯到 1956 年，但直到 20 世纪 80 年代才得到显著的发展。这一部分原因可能是 20 世纪 80 年代初（约 1984 年）本体概念的引入，但最重要的还是得益于专家系统的繁荣。本体和语义网络的核心是对知识及知识应用逻辑的梳理，将知识的层次结构和逻辑推理深度耦合。自 20 世纪 80 年代起，许多知名语义网络库或本体库就开始创建并延续至今，比如 CYC（1984 年）、WordNet（1985 年）等。由此进一步发展，出现了资源描述框架（Resource Description Framework，RDF）、语义网（Semantic Web）、网络本体语言（Web Ontology Language，OWL）和 SPARQL 查询语言等工具。这些工具最终由 W3C 牵头，作为 Web 3.0 的核心进行了标准化。在此过程中，更多的本体库被创建，比如基因本体（Gene Ontology，GO）、SUMO（Suggested Upper Merged Ontology）、GFO（General Formal Ontology）、DOLCE（Descriptive Ontology for Linguistic and Cognitive Engineering）、COSMO（Common Semantic Model）、DBpedia、Freebase、YAGO（Yet Another Great Ontology）、WikiData 等。2012 年，谷歌为了提升其搜索引擎的服务体验，发布了谷歌知识图谱。自此，一个新的领域出现，并逐渐发展成为认知智能的关键技术。

20 世纪 80 年代专家系统的繁荣，以及语义网络和本体库的兴起，都在预示着知识在人工智能中所起的关键作用。多年的经验被总结成一句话，即"知识获取、知识表示和知识应用是人工智能系统的三个基本问题"。但专家系统的沉寂则预示着知识和推理逻辑耦合在一起存在着诸多严重的问题。

- 不利于迁移，即同一套知识很难实现不同的用途。
- 缺乏灵活性，当知识发生变化并需要修改知识时，还需要修改应用逻辑，对知识的应用方要求甚高，并可能导致无法继续使用。
- 每个专家系统的应用领域异常狭窄，推理机制完全依赖于专家经验的积累以及对这些经验的编码实现。
- 知识获取困难。

事实上，本体库就是朝着减少逻辑规则、更注重于知识本身的方向发展。知识图谱则进一步隔离了知识获取、知识表示存储和知识应用。

在专家系统沉寂，本体研究逐渐兴起的时候，虽然"深度学习"（Deep Learning）这个名词还没出现，但许多相关的技术研究已经在开展。比如，在深蓝击败国际象棋大师卡斯帕罗夫的1997年，LSTM已经在默默无闻地发挥作用。当今在知识推理中表现神勇的图神经网络（Graph Neural Network），也早在2004年就被应用到当时的模式识别问题上。而后的2006年，后来获得了图灵奖的杰弗里·辛顿（Geoffrey Hinton）在其深度信念网络（Deep Belief Network）的论文中提出了深度学习的概念。随即，深度学习在语音识别、图像识别、自然语言处理等感知智能领域"大杀四方"，获得了巨大的成就。比如，在2014年的人脸识别评测中，基于深度学习的人工智能就超越了人类的水平，今天这项应用更是无处不在。历史总有点相似的感觉，当年专家系统的巅峰代表是人工智能深蓝击败了国际象棋大师，而使深度学习备受全球瞩目的，依然是它和人类在智力游戏上的对决。2017年，在中国乌镇互联网大会上，人工智能代表AlphaGo与世界围棋竞技排名第一的柯洁对战，最终AlphaGo以3∶0的绝对优势大获全胜，没有留下半点回旋余地。不过历史并不是简单的重复，与专家系统不同的是，深度学习并没有就此偃旗息鼓，而是继续攻城略地。2018年，以BERT模型为代表，人工智能在阅读理解评测上胜过人类。2019年，人工智能在多人竞技游戏中打败了人类顶尖选手。2020年年底，以AlphaFold为代表的人工智能在结构生物学的应用上取得了重要成果，解决了50多年来的"蛋白质折叠问题"。而在2021年年底，深度学习在数学领域取得了重大进展——帮助数学家证明定理，比如用于辅助证明拓扑学中的纽结理论等。这让人想起了第一个人工智能程序——逻辑理论家（Logic Theorist）。这是一个编写于1956年的逻辑推理程序，能够证明《数学原理》①第二章前

---

① 罗素与其老师怀特黑德合编的书籍。

52 个定理中的 38 个定理。而 1956 年，正是"人工智能"这个词汇诞生的年份。

1.7.2 预见未来

19 世纪伊始，正当人们认为物理学大厦已经落成，只需动动纸和笔即可妙算玄机、洞察一切世间规律之时，有识之士则看到了不一样的机会。"动力学理论断言了光和热都是运动的方式，但现在这优雅而清晰的理论被两朵乌云遮蔽而朦胧黯淡起来了。"（The beauty and clearness of the dynamical theory, which asserts heat and light to be modes of motion, is at present obscured by two clouds.）开尔文爵士在 1900 年 4 月 27 日的演讲"预见"了经典物理学之外量子力学和相对论的创立。同样的，近几年，在深度学习如火如荼发展的同时，许多研究人员开始发出声音并探讨深度学习的不足之处，具体列举如下。

- 不可解释性始终是深度神经网络模型的局限，"黑盒子"的问题未能有效解决。而任何风险承受力低的场景的决策都需要解释推理过程。
- 越来越大的模型和越来越多的数据的结合固然可以使效果更好，但大模型意味着高耗能、不经济，也无法真正应用于实际业务。
- 健壮性差，无法抗干扰。典型的例子是，如果图像增加些微的不可见噪声，就会使模型无法识别，而人所看到的图像则没有发生变化。这可能是从巨量数据学习出的深度学习模型的另一个固有缺陷。
- 模型无法迁移。通过一大批数据耗费巨额成本所训练的模型，换个场景或应用方式则骤然失效，因此造成巨大的资源浪费。
- "废料进，废料出"（Garbage in, garbage out），如果数据有问题，深度学习所学的模型也不可用。
- 灵活性差。当发现模型的问题时，无法只修正其中一处而不影响其他。这意味着难以在应用中有针对性地修正错误，进而难以达成持续完善智能化应用的目标。
- 深度学习模型往往需要大量数据来训练模型。但有时候数据是难以获取、成本高昂甚至不切实际的。即使诞生了如少样本（few-shot）、单样本（one-shot）、零样本（zero-shot）等诸多学习方法，也并不能很好地解决数据缺乏的问题。

这种种问题，根本原因在于深度学习是自动从数据中训练出来的，并没有加入人类的知识与经验，而人类智慧的核心就是对知识的应用。因此，近些年来，许多研究人员开始着手研究深度学习与知识的结合，而知识图谱就是其中最关键的领域。

前面提到，人工智能在"理解世界"和"改造世界"两方面发挥着关键作用。在理解世界方面，通过构建知识图谱和运用人们熟知的符号来表示知识，一方面能够帮助人们理解世界，另一方面，知识图谱应用本身就实现了"人工智能"的理解世界。人类对知识的获取（教育/学习过程）和知识的应用（使用过程）是可以分离的，而此前的专家系统和深度学习都没有很好地做到这一点。知识图谱取其精华、去其糟粕，正致力于将知识的生产、存储表示和应用的分离，进而推进知识图谱与深度学习的融合，由此实现以下功能。

- 对同一知识的多种使用，可以将知识用在不同的业务场景中。这和人类一样，只要学会了某个知识，就可以将它用到任何需要的场景中。
- 使用同一套知识进行原因解释与结果分析，这也和人类一样，在解释导致结果的原因或者分析原因所导致的结果时，用的是同一套知识。
- 实现知识的传承，这和人类的教育工作类似，相同的知识可以进行代际传承。

也就是说，知识图谱试图模拟人类应用知识的思路。不仅在解决问题时提供经验和知识的支撑，提供推理和决策支持，还提供了知识的传承。因此，可以把知识图谱称为基于知识的人工智能。知识是人类认知的关键因素，同理，知识图谱也是认知智能的关键因素。

"天下没有免费的午餐"，科技的进步也没有。为了突破现阶段深度学习所带来的不可解释性、缺乏灵活性、脆弱的抗干扰和较高的应用成本等局限，并促进人工智能的进一步发展，我们值得为此付出相应的努力。

1.8 本章小结

知识图谱是一项新生的技术，正在蓬勃发展中，许多人对知识图谱并不了解，本章致力于帮助读者理解知识图谱是什么。

1.1 节和 1.2 节通过实例介绍了什么是知识图谱，1.3 节和 1.4 节从理论的角度介绍什么是知识，并由此引申出知识图谱，进一步帮助读者理解什么是知识图谱。在 1.5 节中，从"知识是什么""知识从哪来"和"知识到哪去"这三个问题出发，全面介绍了知识图谱的技术体系，帮助读者快速了解知识图谱技术体系的全貌，以此启发读者更加深入地思考什么是知识图谱，并为读者学习后续章节提供全局视角。

1.6 节致力于辨析与知识图谱相关的几个概念，包括自然语言处理、图数据库、语义网络、搜索引擎和深度学习等。这些概念在学术研究和产业实践中经常被混为一谈，分清它们之间的异同点，有助于更好地研究和使用知识图谱。

1.7 节以简短的篇幅回顾了人工智能的发展历史，并指出"知识"在人工智能进一步发展中的重要性。由此引出知识图谱在认知智能的关键位置——知识图谱是人工智能进步的阶梯。

知识图谱和认知智能是初生的事物。在学术研究方面，大量的难题有待解决；在产业落地方面，许多应用场景有待挖掘。正如同《周易》中的"屯卦"所勉励的一样，有志之士投身知识图谱和认知智能正当其时。

第 2 章

知识图谱模式设计

其安易持，其未兆易谋；其脆易泮，其微易散。为之于未有，治之于未乱。合抱之木，生于毫末；九层之台，起于累土；千里之行，始于足下。

——《道德经》

知识图谱模式是知识图谱的上层知识，也是知识图谱构建、存储和应用的基础，犹如万丈高楼的地基、参天大树的根基。如果知识图谱模式设计得不好，既可能加大知识图谱构建的难度，也可能导致知识图谱应用时进退失据、左支右绌。所谓根深才能叶茂，设计一个好的知识图谱模式，能在知识图谱的构建、存储和应用中事半功倍。

　　本章从实践出发，阐明什么是知识图谱模式，剖析如何设计好知识图谱模式，为知识图谱的应用打好根基。正所谓"为之于未有，治之于未乱"，不能等楼摇晃了再推倒重建，也不能等到知识图谱应用出现问题时再返工从头开始。

本章内容概要：

- 阐明什么是知识图谱模式。
- 辨析模式与本体的异同。
- 总结模式设计的三大基本原则。
- 六韬法——业内首次提出的知识图谱模式设计的方法论。
- 六韬法应用工程模型——瀑布模型与螺旋模型。

2.1 知识图谱模式

知识图谱是由实体以及实体间的关系所构成的网络，是人类和机器都能够使用的知识表示方法，图 2-1 是一个音乐知识图谱实例。

知识图谱的基本元素是表示知识的实体和三元组。

- 实体（Entity）：是指一种独立的、拥有清晰特征的、能够区别于其他事物的事物。在信息抽取、自然语言处理和知识图谱等领域，用来描述这些事物的信息即实体。
- 关系（Relationship）：是对实体间联系的有向的语义化表示。
- 三元组（Triplet）：也称关系三元组，是指描述实体间有向关系的一种表示方法，因其表现形式<头实体，关系，尾实体>包含 3 个具有明确语义的词汇而被称为三元组。在语义网时代，三元组又称谓词逻辑 SPO 语句<主语（Subject），谓词（Predicate），宾语（Object）>。

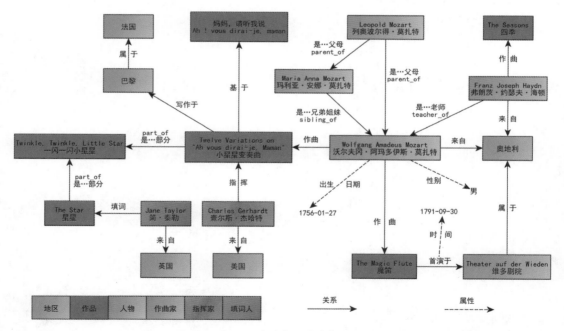

图 2-1　音乐知识图谱实例

在图 2-1 所示的音乐知识图谱中，"小星星变奏曲"是一个实体，"沃尔夫冈·阿玛多伊斯·莫扎特"也是一个实体，这两个实体间的关系为"作曲"，用三元组表示为"<沃尔夫冈·阿玛多

伊斯·莫扎特，作曲，小星星变奏曲>"。

　　单纯用实体名称来描述事物并不完整，就像在介绍人时，除了介绍名字，还会介绍相应的年龄、职业、性别、兴趣爱好等。同样的，对于实体来说，用键值对<属性名，属性值>的方式从多视角描述实体的不同维度的特征，即实体属性。例如实体"沃尔夫冈·阿玛多伊斯·莫扎特"，其属性有 "<出生日期，1756-01-27>""<性别，男>"等。实体属性有时也用三元组来表示，即属性三元组，比如<沃尔夫冈·阿玛多伊斯·莫扎特，性别，男>"。

　　进一步的，实体"小星星变奏曲"和实体"沃尔夫冈·阿玛多伊斯·莫扎特"是有区别的，属于不同类型的知识。在图 2-1 中，分别用"作品"和"作曲家"这两个语义化的标签来标识这两种不同类型的实体，这种语义化的标签叫作实体类型。即实体"小星星变奏曲"对应的实体类型为"作品"，实体"沃尔夫冈·阿玛多伊斯·莫扎特"的实体类型为"作曲家"。

　　对于相同实体类型的实体来说，用来表示特征的维度也往往是一样的，即实体属性的键值对中的属性名相同。也就是说，可以用实体类型中的属性名列表来表示一类实体的共同的多维特征。

- 实体类型（Entity Type），又称概念（Concept）、类（Class）、类型（Type）等，是描述一类共享相同特性、约束和规范的事物集合的语义化标识。依附于实体类型的属性名列表进一步描述了这类事物的多维特征。

　　从实体类型角度挖掘知识图谱中的关系，可以推演出以"<头实体的实体类型，关系，尾实体的实体类型>"来抽象地描述一系列的关系三元组，即关系类型。和实体一样，关系也可以有键值对"<属性名，属性值>"形式的属性，用来描述实体间关系的多维特征。以关系三元组"<魔笛，首演于，维多剧院>"为例，可以用属性"<时间，1791-09-30>"描述首演的时间。因此，关系类型的属性名列表可以用来表示关系类型自身的多维特征。

- 关系类型（Relationship Type），是描述实体类型间关系的一种三元组表示方法，是对一类事物与另一类事物间的关系的抽象，是以三元组<头实体类型，关系，尾实体类型>为表现形式的一类规范。依附于关系类型的属性名列表描述了关系类型自身的多维特征。

　　将实体类型、实体类型的属性名列表、关系类型及关系类型的属性名列表汇总到一起，构成了对知识图谱的语义化的规范，即知识图谱模式。

- 知识图谱模式（Knowledge Graph Schema），简称模式（Schema），也称类图谱（Class Graph）或概念图谱（Concept Graph），是面向知识图谱内容的一种抽象的、语义化的且概念化的规范。在知识图谱模式中，实体类型以语义化的方式对实体进行分类，关系类型则以语义化的方式对关系三元组进行分类。实体类型的属性名列表和关系类型的属性名列表则是对实体类型和关系类型的多维特征的表示。在语义网中，知识图谱模式往往也被称为本体（Ontology），表示知识的概念化的规范。

知识图谱模式是一种语义化的规范，是用于指导知识图谱构建、存储与应用的上层知识、概念与分类，是在一定范围内具有共识的语义化分类。在定义了知识图谱模式后，根据知识图谱是否有对应的模式，可以将其分为模式受限知识图谱和模式自由知识图谱。

- 模式受限知识图谱（Schema Constrained Knowledge Graph）是指知识图谱的内容（实体、关系和属性）满足对应的知识图谱模式的语义化约束。即实体受模式中的实体类型的约束，实体的属性键值对的属性名必须在实体类型的属性名列表中，两个实体间的关系也要符合关系类型的约束，关系上的属性键值对的属性名也必须在关系类型的属性名列表中。
- 模式自由知识图谱（Schema Free Knowledge Graph）是指知识图谱中不对内容（实体、关系和属性）进行语义化的约束，任意信息和知识皆可为实体、关系和属性。

开放式或通用的知识图谱通常是模式自由的，其特点是知识量大、以实体为主、关系简单，比如从百科构建通用的知识图谱，搜索引擎所用的知识图谱等。领域应用的知识图谱往往是模式受限的，其特点是实体类型丰富、关系复杂，领域知识与实践经验沉淀为知识图谱，知识推理和知识应用也较为复杂，比如金融投研知识图谱、军事情报知识图谱、失效模式知识图谱、故障排查知识图谱、临床医学知识图谱等。本书的后续章节中如无特别说明，都是指应用于具体领域、行业或场景的模式受限知识图谱。

对图 2-1 的音乐知识图谱进行抽象，并适当增加一些人们日常所熟知的概念，可以得到图 2-2 所示的音乐知识图谱模式。其中，"人物""地区""作品"等是模式中的实体类型，而"<人物，来自，地区>""<人物，是……父母，人物>""<作品，首演于，地区>""<地区，属于，地区>"等则是关系类型。

实体类型可以附带一些属性，以属性名列表的形式来定义。比如"人物"类型的属性名列表有"【出生日期，性别】"等。"继承自"是一种特殊的关系，表达了实体类型之间的继承关系，如同人类子女会继承父母的基因一样，子实体类型会继承父实体类型的属性。例如，图 2-2 中的"<音乐家，继承自，人物>"表述了"音乐家"是一种"人物"的概念，在模式中蕴含着"音乐家"拥有所有"人物"的属性，也就是"音乐家"也有"【出生日期，性别】"等属性。

有一些算法能够利用像"继承自"这类特殊的关系来实现有价值的推理。对于关系类型，也可以有属性名列表来描述更多的特征，例如关系类型"<作品，首演于，地区>"可以有属性名列表"【时间，票价，评价】"等。另外，从图 2-2 也可以看到，实体类型间可以存在多种的关系，并且实体类型与其自身也可以存在一种或多种的关系。

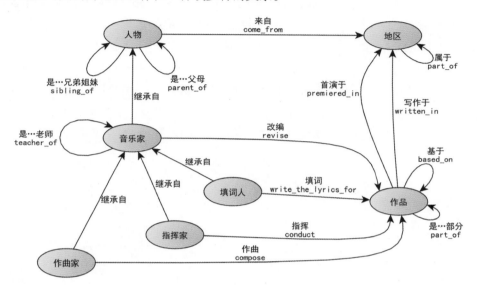

图 2-2　音乐知识图谱模式示例

2.2　模式与本体

本体在 20 世纪 80 年代初专家系统蓬勃发展时期被引入到人工智能领域，成为后来被称为"语义网"（Sematic Web）技术栈的核心概念之一，并由此发展出一系列的理论及相应的应用工具。本体的核心目标是通过定义一组领域内的概念和类别，以及它们之间的关系来组织信息和知识。本体被广泛应用在知识图谱领域，与知识图谱模式所表达的概念大同小异。此外，许多知识图谱也在大量借鉴或引用各行各业成熟的本体。不过，这两者之间有着明显的区别。本体更多地追求知识的本质，而知识图谱模式则偏向于产业应用。本体往往不仅包含知识本身，还包含许多推理逻辑；而知识图谱模式则关注知识本身，与推理逻辑相分离。

2.2.1　本体

"本体"和"本体论"都翻译自"Ontology"，在本书的不同上下文中，会使用这两个略有不同的术语，以更好地表达相应的含义。通俗地理解，本体指一系列概念、关系和推理规则组成的集合，比如基因本体；本体论指与本体相关的理论，比如哲学上与知识论、宇宙论等对应的本体论。

本体论最早是哲学中的词汇，是形而上学的一个分支，其研究对象是万物本质和现实本质，即万物和现实的基本特征，与之对应的有知识论、宇宙论等分支。在信息学、人工智能和知识工程等学科兴起之后，"存在"和"现实"就是能够被表示的事物，本体被用于对事物进行描述，定义为"概念化的规范"（specification of a conceptualization）。用语言描述事物时通常带有一定的随意性，而通过概念来识别事物蕴含了对事物正式且明确的表述，使用规范化的思想来理解和描述事物。如图 2-3 所示，人们使用语义化的概念来识别事物，而本体在用语言描述事物时也援引了概念，这个过程就是对事物的描述进行概念化的规范。

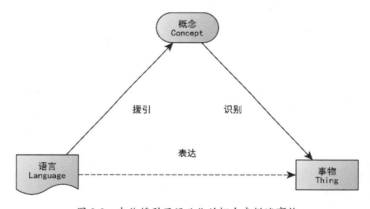

图 2-3　本体援引了语义化的概念来描述事物

在语义网中，本体是指通识的或一定范围内具有代表性的、语义明确的词汇表和形式化公理的集合。形式化公理包含了词汇的约束、词汇间的逻辑关系和推理规则等。知识图谱采纳了这种对本体的定义。通俗地讲，本体是对事物的描述，在特定领域中表示概念的分类和关系等。对于知识图谱来说，这些事物可能是物理的，比如桌子、房子、昆虫、动物、植物等；也可能是虚拟的，比如艺术作品、神话人物等。

在本体中，使用类（class）和实例（instance）等术语来表示事物，其所表达的含义近似于模式中的"实体类型"和"实体"。类的描述中往往会有一组共享相同特性的约束，也就是"实体类型"的属性名列表。在本体中还存在一系列的形式化公理，这个形式化公理的一部分是特殊的"关系类型"，用来表示事物间明确的联系，另一部分则是推理规则，用来表示知识的应用逻辑等。

2.2.2 模式与本体辨析

模式和本体是对相同事物的不同表达，是一体两面的关系。模式更多地偏向于工程实践和应用落地，而本体则更多地追求知识的本质。我们可以简单地认为在知识图谱应用领域通常使用"模式"这个术语，而在语义网和哲学领域更倾向于使用"本体"这个术语；在面向知识应用的时候更多使用"模式"，而在追求研究知识本质的时候则使用"本体"。在大致认为"模式"和"本体"是同一事物的前提下，它们有如下一些区别。

（1）使用场合

- 模式是面向知识应用的，往往在知识图谱应用相关的场合下使用。
- 本体是追求知识本质的，往往和语义网、哲学、语言学、心理学等紧密相关。

（2）设计动机

- 模式设计通常是从解决具体的一系列问题出发的，带有明确的应用目标，需要考虑到场景和应用。比如，音乐知识图谱的模式可能是音乐网站为了更好地让用户了解音乐家、音乐作品，提供更加友好的服务而设计的；政策知识图谱模式的作用是分析政策对产业和企业的影响；失效模式知识图谱模式的目的是服务于制造业的质量与可靠性工程等。
- 本体设计通常是从如何客观描述事物的存在出发的，其目标通常是使用形式化的、明确的语言来描述一定范围内的所有客观事物及其形式化公理。通常来说，本体设计不考虑具体的问题，其重点在于为更大的用户群体厘清某个领域的知识与概念。比如，古典音乐本体期望描述古典音乐的方方面面，元素周期表旨在对人类所认识的物质元素进行完整的描述。

（3）数据与逻辑

- 模式更接近于数据模型，用于描述语义化和知识化的数据。模式虽然面向具体的问题和场景应用，但其本身是纯粹地对知识进行规范描述，并不包括应用逻辑、规则等。因此，模式与数据库领域的数据字典、数据模型等表述比较一致，有时可以直接应用于图数据的数据模型中。
- 本体则可能包括知识、推理规则和应用逻辑。除了对知识本身的描述，本体往往还包含以形式化公理存在的应用逻辑和推理规则等。用于描述和处理本体的语言 OWL 本身就是从描述逻辑发展而来的。

（4）通用性

- 模式通常优先考虑场景、业务和相关应用的共识，然后才会考虑更大范围内的共识。
- 本体则不仅考虑领域内的共识，往往还会考虑与其他领域本体或基础本体的复用。

（5）约束强弱

- 模式是对数据的描述，几乎没有数据之外的逻辑约束。比如，三元组"<沃尔夫冈·阿玛多伊斯·莫扎特，来自，中国>"满足图 2-2 的模式"<人物，来自，地区>"的约束，但显然，莫扎特并不来自中国。
- 本体通常是带有形式化公理的，从而能够对本体的内容有更强的约束。对于理想的本体来说，"<沃尔夫冈·阿玛多伊斯·莫扎特，来自，中国>"不能满足本体的形式化公理的约束，因为众所周知，莫扎特不来自中国。但在实际应用中，要识别出所有这些众所周知的"常识"是非常难的，正是这点限制了本体的应用范围和发展前景。元素周期表就是非常好的本体，它完整且精确地描述了人们认知范围内的所有化学元素。

在实际应用中，模式和本体这两个术语的使用存在大量的交集。若要简单地区分二者，可以说本体是"丰满的理想"，追求对知识本质的表达，希望通过本体来描述一个领域甚至全部的知识；模式是"骨感的现实"，在有限的资源下，它更好地面向领域、行业和场景来表达知识，实现知识化的应用。在大多数情况下，可以直接忽略上述这些差别，将模式视作分离了推理规则的本体即可。

2.3 本体概论

本体被引入到计算机、信息技术和人工智能领域可以追溯到 20 世纪 80 年代专家系统蓬勃发展的时期。本体将人类知识和相关的应用逻辑表示为易于被计算机使用的形式，进而为专家系统赋能。其核心是在一定领域范围内，用于表示概念的词汇表和表示逻辑的形式化公理的集合。不过，不同的人对本体的定义略有不同，有的侧重于概念化——知识及知识的层次结构等，有的侧重于规范化——致力于一定范围内的通用性，有的则侧重于形式化——认为本体是一种用于解释和应用知识的逻辑理论。不过，如果抛开这些不同的侧重点，重点关注相同的部分，那么能够更容易看清本体与知识图谱模式的异同。

2.3.1 本体的构成要素

本体构成要素指的是构成本体的基本元素，包括个体（实例）、类（概念、对象类型）、属性、关系、规则、公理等。

（1）实例（Instance）：也称个体（Individual），是本体的底层对象，类似于知识图谱中的实体，是类或概念所实例化出来的对象。本体通常不包含实例，但本体的目的之一是提供一种对个体进行概念化分类的方法。

（2）类（Class）：也称概念（Concept）或类型（Type），在知识图谱模式中被称为实体类型，是描述了一组共享相同特性、约束和语义规范的对象集合的术语。实例或个体即为类的实例化的对象。从分类学的角度来看，类是对事物进行分组和抽象，是从某种角度描述了个体集合的概念。本体的基础元素就是类，并且本体中的类可以包含其他类，或被其他类包含，这正是本体中的子类、父类（或超类）的概念。比如在本体建模中，如果短语"每个 A 都是 B"是有意义并且正确的，那么 A 是 B 的子类，通常使用子类（subclass of 或 is a）语句来声明这种相互依赖关系，进而对类的层次结构进行建模。

在本体中，通常会有一个根类——事物（Thing），用来表示对事物的标准描述或者对一切"存在"的抽象，而所有其他类都是从"事物"延伸出来的。类的一些例子如下。

- 人物：表示人（比如"苏轼"）或虚拟的人（比如"孙悟空"）等。
- 交通工具和汽车："交通工具"包含了"汽车"，"汽车"是"交通工具"的子类。
- 数据类型：表示各种各样的数据类型，比如 Schema（见 2.3.5 节）定义了 13 种基本数据类型（见图 2-5），每一种数据类型（如 Text）都是"数据类型"的子类。

（3）属性（Attribute 或 Property）：类可能具有的属性、特征、特性、参数、描述等。属性通常和属性值关联在一起，属性值会为某个数据类型所约束。

（4）关系（Relationship）：类与类、概念与概念之间可能存在的关联关系。本体中非常关键的一点就是关系的存在，这也是本体区别于词汇表的最明显之处。本体强大的表达能力本质上来自于所定义的关系。在常见的本体中，会定义"is-a"或"subclass-of"这样的关系，从"事物"这个顶点开始，形成树状结构，比如 Schema 和通用语义本体 COSMO 等。本体中也会定义更多类型的关系，如基因本体 GO 定义了多种关系，形成了网状结构。

（5）规则（Rule）：基于类、属性和关系等元素来描述逻辑推断的语句。对本体和语义网的研究与框架逻辑（Frame Logic，F-Logic）的研究不可分割，而框架逻辑在本体中使用规则来表达。

（6）公理（Axiom）：是指采取某种逻辑形式的断言或规则所共同构成的理论。本体的公理包括了经推理器（Reasoner）推导出的断言。公理通常以内涵限制的方式来表达本体，从而形成了逻辑理论，目的是捕捉与某一概念化相对应的预期模型，并排除非预期模型。公理和类、属性、关系、规则等元素共同构成了概念化的规范。

2.3.2 本体分类

过去数十年间，大量的本体被构建出来。为了方便大家认识、理解和应用这些本体，研究人员从看待本体的不同视角出发，对本体进行分类。本节介绍其中两个最常见的分类方法。其一是从知识的应用范围角度，将本体分为基础本体和领域本体。基础本体致力于对人类通用的知识进行建模，领域本体则对特定领域的知识进行建模。其二是从形式化的角度，将本体分为轻量级本体和重量级本体。前面提到，有的研究人员认为本体应当注重形式化，即使用丰富且完善的公理和规则来建模知识，这就是重量级本体，其追求的目标是确保本体所涵盖的知识能够满足人们的预期。轻量级本体则类似于知识图谱模式，更加侧重于概念化，即知识和知识的层次结构。

（1）基础本体和领域本体

- 基础本体（Foundation Ontology，FO）：也称上层本体（Upper Ontology），是对现实世界普遍适用的通识进行建模，其中通常收录了适用于多个不同领域的共有的或核心的概念和术语。比如 2.3.5 节中提到的 Schema 和 COSMO 等。基础本体通常对现实事物的内在本质进行建模，更多是面向普遍的、通用的、泛在的事物，通过研究这些事物的共同起点来支持广泛的、跨领域的语义互操作性（semantic interoperability），与哲学上的本体研究对象更为接近。

- 领域本体（Domain Ontology，DO）：对特定领域的或者现实世界的一部分的事物、知识进行建模，比如生物学、遗传学、金融领域、制造业等。其内容是适用于特定领域的概念、术语、属性和关系，以及相应的规则和公理等，比如 2.3.5 节中提到的金融行业业务本体 FIBO、基因本体 GO 等。领域本体通常会根据应用场景有选择地进行建模，其内容并不追求跨领域的兼容性和语义互操作性，与模式的概念更为接近。

在实际应用中，领域本体和基础本体并非割裂的。通常来说，如果要设计或创建一个领域本体，那么基础本体是很好的起点，可以从基础本体中提取适合本领域的概念、术语、属性和关系等知识，作为该领域本体的初始元素集合。基础本体也会从不同的领域本体中吸收各种概念、术语等，从而不断完善基础本体。

（2）轻量级本体和重量级本体

根据公理和规则的丰富程度，本体可以分为重量级本体和轻量级本体。

- 重量级本体：大量使用公理和规则来建模知识和限制领域语义的本体被称为重量级本体。重量级本体的公理和规则非常丰富，在很大程度上来保证本体中所包含的知识是符合人们认知的"正确"的知识。重量级本体的劣势在于其构建成本非常高。
- 轻量级本体：很少或根本没有使用公理和规则来建模知识和澄清领域中概念含义的本体称为轻量级本体。轻量级本体构建成本较低，往往从领域词汇表开始稍微扩展即可完成构建，大量已经存在的本体都是轻量级本体。

在 2.2 节中探讨了模式与本体的区别，从是否拥有丰富的公理和规则来说，模式就是轻量级本体，而重量级本体则更接近于哲学层面本体的定义。在语义网发展的早期，专家系统是人工智能的主导流派，那时对重量级本体的应用较为深入；而在深度学习快速发展的今天，数据驱动成了主流，轻量级本体的应用范围更加广泛。

2.3.3　资源描述框架 RDF

资源描述框架（Resource Description Framework，RDF）是一个基础且通用的数据模型，用于表示语义网的资源信息，其目标是支持在语义网上有效地创建、交换和使用资源。RDF 是语义网的基础，在图 2-4 所表示的语义网技术栈中处于底层和基础的位置。RDF 模式（RDF Schema，RDFS）和网络本体语言（W3C Web Ontology Language，OWL）都建立在 RDF 之上。

知识图谱的基本元素三元组也可以用 RDF 来表示。RDF 中的三元组<资源，属性，属性值>构成一个语句（Statement），这个语句也可以用于表示 SPO 语句<主体，谓词，客体>、知识图谱三元组<头实体，关系，尾实体>或模式关系类型<头实体类型，关系，尾实体类型>等。清单 2-1 是 RDF 的例子，主体（资源）"定风波·莫听穿林打叶声"通常用 URI "https://example.org/定风波·莫听穿林打叶声"来表示，"author"（作者）、"year"（年份）等则是谓词（属性），对应的客体（属性值）为"苏轼""1082"等。

除 XML 表示形式之外，RDF 还有 Turtle、JSON-LD 和 N-Quads/N-Triples 等不同的表达形式。

清单 2-1　RDF 的例子

```
<?xml version="1.0"?>
<RDF>
```

```
<Description about="https://example.org/定风波·莫听穿林打叶声">
  <author>苏轼</author>
   <year>1082</year>
      <content>三月七日，沙湖道中遇雨。雨具先去，同行皆狼狈，余独不觉，已而遂晴，故作此。
莫听穿林打叶声，何妨吟啸且徐行。竹杖芒鞋轻胜马，谁怕？一蓑烟雨任平生。
料峭春风吹酒醒，微冷，山头斜照却相迎。回首向来萧瑟处，归去，也无风雨也无晴。
      </content>
  </Description>
</RDF>
```

RDFS 是对 RDF 的扩展，用于支持对本体的描述，其在语义网中的位置如图 2-4 所示。相比 RDF 的通用性来说，RDFS 预定义了 rdfs:Class、rdfs:Resource 和 rdf:Property 等原语来定义类、资源和属性，同时预定义了一系列的谓词（或属性）来描述资源间的关系或约束，如 rdf:type、rdfs:subClassOf、rdfs:subPropertyOf、rdfs:domain、rdfs:range、rdfs:comment 等。

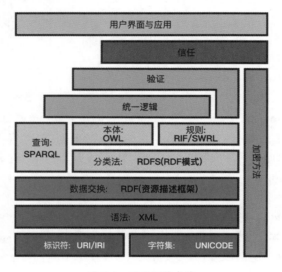

图 2-4　语义网技术栈

2.3.4　网络本体语言 OWL

OWL 是一种建立在 RDF 和 RDFS 之上的语义网本体语言（见图 2-4），旨在表示关于事物、事物组和事物间关系的丰富而复杂的知识。OWL 是一种深度依赖于描述逻辑（Description Logics）的语言，其所表达的知识可以为计算机程序所用，例如，验证知识的一致性或发现潜在的知识等。OWL 用一组中心术语（通常称为词汇表）及其明确的含义来描述某个领域的知识。除了一个简明的自然语言定义，一个术语的含义还可以通过说明这个术语与其他术语之间的相互关系来描述。此外，OWL 中通常还包含大量的公理、规则等断言，并可以使用适当的推理机（Reasoner）来基于当前知识推断出潜在的新知识。

OWL 是一种基于 RDF/XML 格式的声明性语言，它用描述逻辑来表达事物和状态，使用国际化资源标识符（Internationalized Resource Identifiers，IRIs）来描述资源，使用规则交换格式（Rule Interchange Format，RIF）来描述规则。当前流行的版本是 2012 年发布的 OWL2。OWL2 本身并不是一种编程语言，而是一种知识表示语言，是用于表达、交换和推理领域知识的方式。清单 2-2 是 OWL2 的一个例子，其内容来自 COSMO，其中以"#$"开头的词汇表示本体中概念或类。

清单 2-2　OWL2 的一个例子

```
<owl:Class rdf:ID="FinancialOrganization">
  <rdfs:subClassOf rdf:resource="#Organization"/>
  <rdf:type rdf:resource="#OrganizationType"/>
  <rdfs:comment>#$FinancialOrganization is a specialization of #$Organization.
Each instance of #$FinancialOrganization is primarily or significantly engaged in
the #$FinancialIndustry or whose activities focus on that industry.  Instances of
both #$CommercialServiceOrganizations (e.g., banks and brokerage houses) and
#$NonProfitOrganizations (e.g., #$InternationalMonetaryFund) may be instances of
#$FinancialOrganization.  Specializations of #$FinancialOrganization include
#$BankOrganization, #$FinancialExchange, and #$InvestmentOrganization.
        Corresponds to noun sense 1 of 'financial organization' in WordNet:
          1. financial institution, financial organization, financial
organisation - (an institution (public or private) that collects funds (from the public
or other institutions) and invests them in financial assets)
  </rdfs:comment>
  <guid>bd590577-9c29-11b1-9dad-c379636f7270</guid>
  <wordnet>financial organization</wordnet>
  <wnsense>financial organization1n</wnsense>
  <wordnet>financial organisation</wordnet>
  <wnsense>financial organisation1n</wnsense>
  <wordnet>financial institution</wordnet>
  <wnsense>financial institution1n</wnsense>
</owl:Class>
```

OWL2 使用了 RDF 和 RDFS 的表达方式来表示知识的基本概念，清单 2-2 展示了来自 COSMO 本体的"金融机构"（FinancialOrganization）类（owl:Class），使用 RDFS 预定义的关系"rdfs:subClassOf"来表示与父类"机构"（Organization）的关系，使用"rdfs:comment"对类进行注释和说明。

2.3.5　知名本体介绍

本节介绍一些知名本体，有助于读者更好地理解什么是本体，同时在设计知识图谱模式、构建知识图谱，以及开发知识图谱应用程序时，这些本体也是重要的知识来源和参考。事实上，过去的数十年间，在本体相关的研究和应用的发展进程中，成百上千的本体被构建和公开。在设计知识图谱模式时，充分复用这些本体是一个明智的行为。在 2.5 节所介绍的"六韬法"中有专门的一个环节来讲述"复用"。熟悉这些知名的本体，也有助于理解和应用"六韬法"。

1. Schema 和 CNSchema

Schema 是一个基于协作性社区（schema.org）活动构建的本体，是一个广泛应用于互联网、网页、电子邮件和其他领域的结构化的数据模式。Schema 本体涵盖了实体类型、关系、属性、数据类型等术语的词汇表，并可以通过一个文档化的扩展模型来扩展 Schema。目前有大量应用程序在使用 Schema 来提供丰富的、可扩展的体验。CNSchema（cnschema.org）是 Schema 的中文翻译。

Schema 本体是由一组按层次结构组织的"类型"（Type）组成的，每个类型都与一组属性相关联。Schema 中对"类型"更常见的命名是"类"（Class）。截至 2022 年年初，Schema 包含有 890 个类、1447 个属性、15 个数据类型、83 个枚举类型和 445 个枚举成员（见链接 2-1）。其中，15 个数据类型的层次组织见图 2-5（包括 DataType 本身）；792 个类中位于第一层级的 10 个类为 Action、BioChemEntity、CreativeWork、Event、Intangible、MedicalEntity、Organization、Person、Place 和 Product，如图 2-6 中的方框所示。

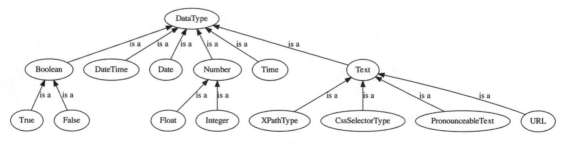

图 2-5　Schema 中的数据类型

在 Schema 中，类是支持多继承的层次结构，子类会继承所有父类的属性，图 2-6 是教育机构（EducationalOrganization）和乐曲（MusicComposition）的例子。表 2-1 和图 2-6 的 MusicComposition 的例子可以说明属性的继承（subclass of）关系。MusicComposition 继承自 CreativeWork，而 CreativeWork 继承自 Thing，从而 MusicComposition 的属性分别包括乐曲自身

的属性，比如作曲家（composer）和首演事件（firstPerformance）；来自创意作品（CreativeWork）的属性，比如获奖（award）和组成部分（hasPart）等；以及来自事物（Thing）的属性，比如名称（Name）和 URL 等。教育机构则是多继承的，同时继承自"机构"（Organization）和"市政建筑物"（CivicStructure），而 CivicStructure 又继承自"地点"（Place），这表明教育机构同时具备这三者的特点和属性。教育机构进一步细化，则有大学、中学、小学、幼儿园等。

表 2-1　Schema 中 MusicComposition（乐曲）的属性

类　别	属　性	预期类型	描　述
Properties from MusicComposition	composer	Organization	The person or organization who wrote a composition, ……
		Person	
	firstPerformance	Event	The date and place the work was first performed.
	includedComposition	MusicComposition	Smaller compositions included in this work ……
	iswcCode	Text	The International Standard Musical Work Code for ……
	lyricist	Person	The person who wrote the words.
	lyrics	CreativeWork	The words in the song.
	musicArrangement	MusicComposition	An arrangement derived from the composition.
	musicCompositionForm	Text	The type of composition ……
	musicalKey	Text	The key, mode, or scale this composition uses.
	recordedAs	MusicRecording	An audio recording of the work.
			Inverse property: recordingOf
Properties from CreativeWork	about	Thing	The subject matter of the content.
			Inverse property: subjectOf
	abstract	Text	An abstract is a short description that summarizes ……
	……	……	……
	author	Organization	The author of this content or rating. Please note that author
		Person	is ……
	award	Text	An award won by or for this item. Supersedes awards.
	hasPart	CreativeWork	Indicates an item or CreativeWork that is part of this ……
			Inverse property: isPartOf
	version	Number	The version of the CreativeWork embodied by a specified
		Text	resource.
Properties from Thing	alternateName	Text	An alias for the item.
	name	Text	The name of the item.
	……	……	……
	sameAs	URL	URL of a reference Web page that unambiguously ……
	url	URL	URL of the item.

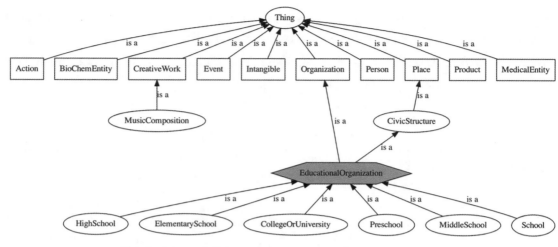

图 2-6　Schema 中的 EducationalOrganization 和 MusicComposition

2. 通用语义模型 COSMO

通用语义模型（Common Semantic Model，COSMO）是一个基础本体，旨在收录所有语义原语（Semantic Primitive），利用这些原语能够从逻辑上明确说明任何领域本体的元素的含义，从而实现不同领域本体或模式中的不同表达之间的转换和语义互操作性，并为任何实体提供逻辑规范。"语义原语"是指那些不能用本体中已经存在的概念的组合来表示的概念。

通过 COSMO 的基础本体（FO）来表示的知识，能够准确、自动且广泛地进行通用语义互操作，并用于从逻辑上描述不在 FO 中的任何更复杂概念的预期含义。任何特定的领域本体，都能够利用 COSMO 的部分元素或其组合来表示更复杂的、适用于本领域的本体元素。

截至 2022 年年初，COSMO 词汇表中包含了超过 12000 个最常用的英语词汇，以及超过 10000 个次常用词汇，一共有 26399 个类，1362 个属性和关系，64760 个类之间的继承关系（见链接 2-2）。COSMO 试图通过复杂的关系来构建基础术语间的联系，并以此来反映现实。以"金融机构"（FinancialOrganization）为例，COSMO 的定义是"金融机构是一种专业化的机构，每一个金融机构的实例都主要或显著地从事金融行业或其活动集中于该行业"，详见清单 2-2 的 rdfs:comment 部分。

此外，CSOMO 也说明了"FinancialOrganization"与"Financial Institution""Financial Organisation"等词汇表达相同的意思。图 2-7 展示了"金融机构"（FinancialOrganization）在 COSMO 本体中的位置，其中，金融机构是"机构"（Organization）的一个子类，而机构本身不仅直接继承 Thing 的类，还继承自多个其他父类，包括 GenericLocation、MentalObject、Authority、

CollectiveAgent 和 GenericAgent 等，这些父类反映了"机构"不同方面的特点。而继承自金融机构的"做市商"（MarketMaker），除具有机构类的特点外，还有来自"商业"（Business）的一些特点。总的来说，COSMO 试图对通识中重要的事物进行建模，并通过不同的关系来反映事物的不同特点。因此，COSMO 本体所提供的术语、关系、属性等，对领域本体的构建和知识图谱模式设计都具有非常重要的作用。

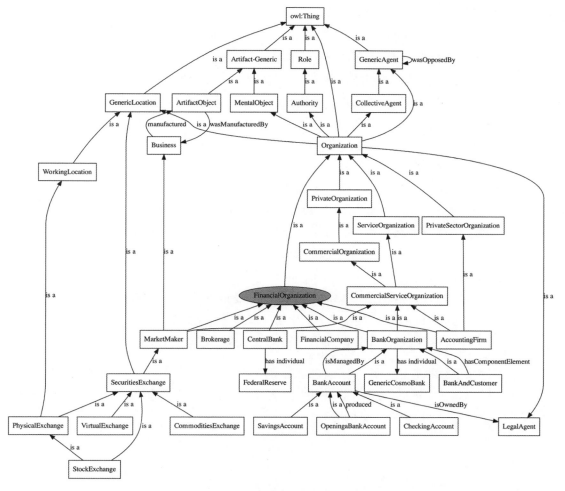

图 2-7　FinancialOrganization 在 COSMO 本体中的位置

3. 基因本体 GO

基因本体（Gene Ontology，GO）提供了一个框架和一组概念来描述来自所有生物体的基因产物的功能。它是专门为支持生物系统的计算表示而设计的，以独立于物种的方式描述基因产物的细胞成分（cellular component）、分子功能（molecular function）和生物过程（biological process）。GO 中标注了特定基因产物和概念之间的关联，并描述了基因的功能。此外，GO 项目还提供了本体的标注工具和开发工具，以便研究人员的访问和检索。

- 细胞成分是基因产物在细胞结构中发挥功能的位置。细胞成分可以是细胞区室（cellular compartments），比如"线粒体"（mitochondrion）；也可以是稳定的大分子复合体（macromolecular complexes），比如"核糖体"（ribosome）。与 GO 的其他方面不同，细胞成分类指的不是过程，而是细胞解剖学。

- 分子功能是指由基因产物进行的分子水平的活动。分子功能术语描述在分子水平上发生的活动，如"催化"（catalysis）或"转运"（transport）。GO 分子功能术语表示的是活性（activity）本身，而不是执行动作的实体（分子或复合物），并且不指定动作发生的位置、时间或上下文。分子功能通常是由单个基因产物（即蛋白质或 RNA）执行的活动，但也可以由多个基因产物组成的分子复合物执行。"催化活性"（catalytic activity）和"转运活性"（transporter activity）是广义的功能术语；"腺苷酸环化酶活性"（adenylate cyclase activity）或"Toll 样受体结合"（Toll-like receptor binding）则是狭义的功能术语。为了避免混淆基因产品名称和它们的分子功能，GO 分子功能常常被附加上"活性"一词。

- 生物过程是指由多种分子活性完成的较复杂的过程或"生物程序"。"DNA 修复"（DNA repair）和"信号转导"（signal transduction）是宽泛的生物过程术语；而"嘧啶核碱生物合成过程"（pyrimidine nucleobase biosynthetic process）和"葡萄糖跨膜转运"（glucose transmembrane transport）则是具体的生物过程术语。请注意，生物过程并不等同于路径。目前，GO 并不试图表示完整描述路径所需的动力学或依赖性。

GO 中定义了类的基本要素（见清单 2-3）、可选要素（见清单 2-4）和 5 种关系类型（见清单 2-5）。截至 2022 年年初，GO 包含 43789 个有效的类，其中，细胞成分 4183 个、分子功能 11177 个、生物过程 28429 个（见链接 2-3）。

清单 2-3　GO 定义的类的基本要素

1. 唯一标识符（GO ID）：比如"GO:0022607"
2. 名称（label）：比如"cellular component assembly"
3. 方面（namespace）：细胞成分、分子功能和生物过程中的哪一种，比如"biological process"
4. 定义（Definition）：元素的描述、信息来源的参考等，比如"The aggregation, arrangement and bonding together of a cellular component"
5. 与其他元素的关系：比如"'part of' some 'cellular component biogenesis'"

清单 2-4　GO 定义的类的可选要素列表

　　1.备用 ID（Alternate ID）：一般来自两个或多个元素合并为一个元素时，将所有术语的 GO ID 保留下来所形成的，比如"GO:0071844"

　　2.同义词（Synonyms）：紧密相关的可替代的字词或短语，表示名称与同义词范围所赋予的同义词之间的关系。GO 同义词的范围有 4 种，分别是精确（Exact）、广义（Board）、狭义（Narrow）和相关（Related）。比如"has_exact_synonym 'cell structure assembly'"

　　3.与其他数据库或本体库的交叉引用

　　4.注释

　　5.子集

清单 2-5　GO 所定义的 5 种关系列表

1. is a/has subclass/subclass of：表示继承
2. part of/has part：表示组合
3. regulates：调节
4. negatively regulates：负向调节
5. positively regulates：正向调节

　　图 2-7 以"cellular component assembly"为例，展示了 GO 中 is a、part of 和 regulate 等关系。"cellular component assembly"相关的属性或要素见清单 2-3 和清单 2-4 的相关内容。

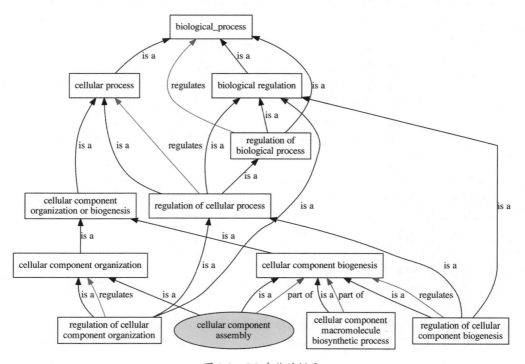

图 2-8　GO 本体的例子

4．金融行业业务本体 FIBO

金融行业业务本体（Financial Industry Business Ontology，FIBO）定义了金融业务应用感兴趣的事物和事物间的联系集合。FIBO 由企业数据管理委员会（Enterprise Data Management Council，EDMC）主办和赞助，用 OWL 语言开发，并以多种格式发布。FIBO 充分利用了 OWL 的描述逻辑，确保了每个 FIBO 概念都得以明确描述，并且人和机器都可以阅读。FIBO 的目标是在金融业务数据构件的描述中，提供独立于数据构件的精确含义。具体而言，FIBO 包含构建、扩展及集成金融业务应用所需的实体和关联信息。

截至 2022 年年初，FIBO 包含基础（Foundations，FND）、业务实体（Business Entities，BE）、金融业务与商业（Financial Business and Commerce，FBC）、业务流程（Business Process，BP）、公司行为与事件（Corporate Actions and Event，CAE）、借贷（Loans，LOAN）、证券（Securities，SEC）、衍生品（Derivatives，DER）、市场数据（Market Data，MD）、指数和指标（Indices and Indicators，IND）十大领域一共 1915 个类（Class），655 种属性。表 2-2 总结了 FIBO 十大领域的内容（见链接 2-4）。

表 2-2　FIBO 十大领域本体的介绍

标识	名　称	说　明
FND	基础	定义了支持其他领域实体所需的通用概念，包括人员、组织、场所、合同等概念和关系。对于 BE、FBC、IND 和 SEC 等领域来说，合同是非常重要的基础概念
BE	业务	业务实体领域定义了用于数据治理、互操作性和有关业务实体的监管报告的业务概念。其范围涵盖金融行业公司、监管机构，以及其他与金融服务领域相关的行业参与者等一系列的业务和法律实体。包括一般法律实体；公司结构、所有权和控制权、企业的主要执行角色；政府和政府实体、非政府组织、国际组织、非营利组织等职能实体；特定于公司、合伙企业、私人有限公司、独资企业和信托的概念
FBC	金融业务与商业	金融业务和商业领域涵盖许多金融领域的共同业务概念，如贷款、证券和公司行为，包括产品和服务、金融中介机构、注册人和监管机构，以及金融工具和产品
CAE	公司行为与事件	公司行为和事件领域涵盖证券存续期间可能发生的事件和行为，包括有关股票发行、分割、股息等的公告，以及与投资者和监管机构相关的更一般的商业事件
BP	业务流程	业务流程领域定义了诸如证券发行和交易工作流等的金融流程的本体，是使用事件、活动和控制流的基本语义原初概念表示的流程模型。比如证券发行过程模型，提供了能够表示依赖于证券发行过程的参考数据概念。交易过程语义为证券和衍生品交易的时间维度提供了基础
LOAN	借贷	借贷领域提供了一个在各种市场类别的借贷合约中通用概念模型，包括但不限于商业、小企业、汽车、教育和抵押贷款。与借贷合约相关的高级概念包括不同角色的各方的义务、信贷和风险、担保协议，以及 HMDA 特定贷款的附加细节

标识	名 称	说 明
SEC	证券	证券域提供了包括但不限于交易所交易证券和基金等金融工具的概念模型。涵盖了与证券分类、识别、发行和证券注册，以及股票、债务工具和基金等相关的高级概念
DER	衍生品	衍生品领域涵盖了衍生品所共有的许多概念，包括但不限于期权、期货、远期、掉期和其他各种衍生品
MD	市场数据	市场数据领域包含了表示金融工具、借贷和基金等市场数据所表示的概念，例如资产债务和资产池的价格、收益率和分析等
IND	指数和指标	指数和指标领域涵盖了市场指数和参考利率，包括经济指标、外汇、利率和其他基准，报价利率，就业率等经济指标，以及股票指数、债券指数、信用指数等支持一篮子证券所需的报价指数等

　　以 FBC 中的类"金融机构"（financial institution）为例，FIBO 对它的定义为：金融服务提供者，从公众和其他机构收集资金，并将这些资金投资于金融资产（如贷款、证券、银行存款和创收财产）的政府机构或私人拥有的实体。（a financial service provider identified as either a government agency or privately owned entity that collects funds from the public and from other institutions, and invests those funds in financial assets, such as loans, securities, bank deposits, and income-generating property.）（见链接 2-5）。可以对比清单 2-2 的 COSMO 对金融机构的定义，同时 FIBO 说明其同义词为"金融中介"（financial intermediary）。图 2-9 是"金融机构"在 FIBO 中的情况，可以看出它充分考虑了金融服务或金融中介业务的特点对每个类进行描述，是描述诸如"存款机构"（depository institution）和"投资银行"（investment bank）等金融中介机构的类。前面在 COSMO 本体中也用了"金融机构"的例子，从定义可以看出二者并不一样，COSMO 中的金融机构更广义一些，而 FIBO 中的金融机构则是更狭义的金融中介机构的代名词，比较图 2-9 和图 2-7 也可以发现其中的异同。

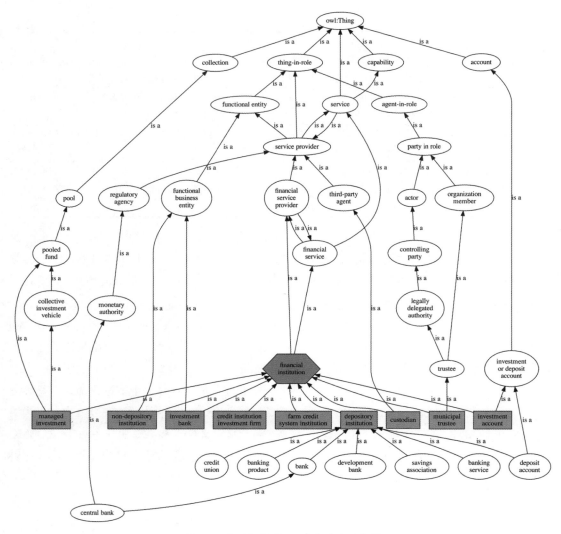

图 2-9 金融机构在 FIBO 本体中的位置

2.4 模式设计的三大基本原则

《几何原本》从人们所公认的事实出发，抽象出若干不证自明的公理，通过形式逻辑推理的方法来研究几何图形和几何世界的性质，构建了庞大繁复、逻辑严密的几何体系，为人们认识世界、理解世界和改造世界提供理论知识和行动指导。受此启发，本书也尝试在知识图谱模式设计中梳理一些基本原则，并进一步引申出模式设计的方法论，为研究知识图谱和具体场景的知识图谱应用提供指导。

2.4.1　赋予一类事物合适的名字

每个孩子出生时，父母会为孩子取一个寓意美好的名字，伴随其一生。当一个产品被研发和设计出来时，工程师也会为产品取一个易于理解和传播的名字，伴随产品的全生命周期。人们日常遇到的每一类事物，大到恒星、行星等天体，小到昆虫、草木等生物，都会被赋予一个合适的名字，以方便我们在交流沟通中使用他们。秉承同样的原则，在模式设计中，知识图谱所处理的每一类事物都应被赋予合适的名字，即概念或实体类型的名称。进一步的，我们希望这个名字能够表达一类事物所具有的共同特征。这正如图 2-3 所示，利用抽象出来的合适的名字来识别一类事物，而人们正是使用这些名称来表达它们。

有时为一类事物取名很容易，因为所对应事物在领域或场景内为大家所公认，其标准也相当清晰；有时取名会存在一些麻烦，因为存在一些模棱两可的情况。如同父母为孩子取名时会绞尽脑汁来满足各方面的美好寓意一样，为实体类型取名也同样要关注名字所蕴含的寓意，即名字的**语义**。所取的名字应尽量语义清晰、易于理解和没有歧义，最好使领域或场景内的相关各方都能够一目了然。此外，取名还应考虑**外延**和**颗粒度**两个方面的内容。

- 外延：外延是对名字的理解，具体到实体类型的名称，也就是该实体类型所实例化的实体应该对应哪些事物。在取名时，要充分考虑外延，如果外延有变，名字也许就得重新考虑了。比如对于"人物"这个实体类型，人们通常不会对"孙悟空和莫扎特属于【人物】类型"这样的断言产生混淆，也就是说当一个知识图谱要处理的"事物"包括孙悟空和莫扎特时，定义实体类型为"人物"是清晰的、易于理解的。但当知识图谱中有"哆啦 A 梦"时，"人物"这个实体类型的名称是否合适，可能就有待商榷了。同理，在图 2-2 的模式中有一个"音乐家"的实体类型，宋词大家"苏轼"是否属于音乐家呢？这可能就要探讨了。一方面，人们通常不认为苏轼是一个音乐家，特别地，"苏轼"可是出了名的"不协音律"；另一方面，苏轼的大量诗词被配上乐曲后成为众所周知的歌曲，"音乐家"中的很多"填词人"的作品未必有苏轼被配乐的词多。
- 颗粒度：在具体的场景中，颗粒度的关注点在于对事物的分类范围是否合适。在某种程度上，实体类型是对知识图谱中的事物进行分类，并且实体类型支持继承关系，进而对事物的分类逐级细化，形成实体类型树。比如"机构"可以进一步细分为"金融机构""教育机构"等；金融机构还能进一步细分，比如在图 2-7 的 COSMO 中可以进一步细分为"做市商""经纪机构""银行机构"等，在图 2-9 的 FIBO 中则进一步细分为"投资银行""托管机构""存款机构"等，"存款机构"还能进一步细化为"银行""储蓄联合体"等。COSMO 和 FIBO 对金融机构的细化并不完全相同，这也说明在不同的场景下，实体类型的定义、外延和颗粒度都可能是不同的，要依据场景的需求来设计。对实体类型的细化除考虑颗粒度本身之外，也要慎重考虑继承关系本身。在图 2-2 的模式中，"填词人"继承自音乐家是否就一定是合适的呢？比如在某个场景中，把李白、苏轼、李清照等人物都归类为"填词人"，那么"填词人"是直接继承自"人物"，还是继承自"音乐家"更合适呢？在具体场景中，关于颗粒度及颗粒度细化中的继承关系都是需要进行深入讨论的。

"赋予事物合适的名字"这个原则乍一看很简单，但在具体场景的应用中应全面考虑语义、外延和颗粒度，这可能存在各种麻烦和反复之处，并且没有"银弹"，无法用单一的思路来解决所有遇到的问题。

知识图谱模式设计的第一个原则是，赋予一类事物合适的名字，并把这个名字作为实体类型、概念或者类的名称。在赋予名字时要充分考虑其语义、外延与颗粒度，从而使得名字能够清晰无歧义地表达这一类事物的共同特征。

2.4.2　建立事物间清晰的联系

事物之间的联系是普遍存在的，也是客观存在的，这是知识图谱适用于处理各类事物，并有助于解决现实中问题的精髓所在。众所周知，在图 2-1 的音乐知识图谱中，"沃尔夫冈·阿玛多伊斯·莫扎特"和《小星星变奏曲》之间存在某种联系，并且《小星星变奏曲》和法语民谣《妈妈，请听我说》也存在某种联系。知识图谱要能够很好地处理场景中的各类问题，首先要为模式中所包含的各实体类型（概念）搭建联系。

事物与事物之间的联系是普遍和客观的，但这并不代表我们能够很容易地为它们建立联系，这是因为事物间的联系同时也具备多样性和条件性。也就是说，事物之间的联系并不唯一，在不同的条件下、不同的上下文中、不同的场景和业务需求中，事物间的联系是可变的，是可以不同的。比如"维多剧院"和"维也纳"之间的联系，既可以是图 2-1 所表示"属于"，也可以是"位于"。这取决于在场景中是把"维多剧院"和"维也纳"都当成同一类型的实体（如图 2-2 中的地区），并把实体间的关系定义为"局部—整体"的"属于"关系；还是把"维多剧院"当成另一种类型的实体（比如建筑物），并用"位于"来表示两者间的关系。

事物之间的联系可能是模糊的，比如图 2-1 中的《小星星变奏曲》和法语民谣《妈妈，请听我说》之间的关系；也可能是难以描述的，比如图 2-1 中的歌词《星星》和乐曲《小星星变奏曲》之间的关系，或者大家所熟悉的歌曲《但愿人长久》的词（苏轼的词《水调歌头·明月几时有》）和曲之间的关系。那么，这两首歌的词曲之间的关系是否相同呢？

虽然事物间的联系是普遍的、客观的，但也是多样的、有条件的、模糊的。这些特点为知识图谱模式设计带来的指导意义如下。

事物联系的普遍性和客观性决定了为实体类型之间建立关系是可行的；而事物间的多样性、条件性和模糊性则表明建立实体类型间的关系是可变的。因此，知识图谱模式设计第二个原则是，为既定的场景梳理出事物间清晰的联系，并进一步抽象成模式中的关系类型。

也就是说，设计图谱模式需要站在场景的角度，将客观存在的联系抽象出来，并用清晰的语言将其表达出来。由于事物间的联系本身是可变的，在梳理清晰的关系类型时，应充分考虑如下两方面的内容。

- 针对场景，为实体类型、概念或类别间搭建起符合场景需要的联系，并能够描述清楚这个联系所表达的内容。
- "联系"或"关系"本身也是一个"事物"，根据第一个原则赋予合适的名字，考虑其语义、外延和颗粒度。

比如在图 2-2 中，"填词人—作品""指挥家—作品"及"作曲家—作品"之间分别是什么关系呢？所表达的内容包含哪些？应该取什么名字（比如"创作"）呢？指挥家在指挥乐队演奏时，是否包含创作成分？能否将"指挥家"（查尔斯·杰哈特）指挥乐队演奏一个"作品"（《小星星变奏曲》）的关系归类到"人物—创作—作品"中呢？这些问题并没有统一的答案，只要在具体场景中能够说明清楚，并且场景业务的关联方都一致认可即可。

2.4.3　明确、正式的语义表达

设计模式的第三个原则是，使用明确的、正式的语义表达。本体中使用了复杂的符号体系（RDFS、OWL 等）。在具体场景的模式设计时，通常可以借鉴本体的如下要点。

- 约束：即明确的数据类型、数据取值范围等。
- 可视化：可视化能够帮助业务关联方全面、完整和直观地理解模式。
- 文档化：在场景或领域中，对实体类型、关系、属性、数据类型等进行明确的描述，并且要求相关方对文档的理解是一致的。

- 应用：应尽量明确使用知识图谱的应用范围，正式地表述清楚所涉及的推理规则、应用逻辑、算法、模型等。

总结一下：知识图谱模式设计的第三个原则是，对所设计模式应给予明确约束和应用范围，并使用可视化、文档化的方法来确保业务关联方能够一致和无歧义地理解模式。

2.5 六韬法

知识图谱模式设计并不是一件容易的事情，一方面需要全面深入地理解领域业务知识，另一方面需要能够理解知识图谱。在实践中，往往是领域业务专家和知识图谱专家一起来理解业务，抽象出业务的上层知识，并设计合适的模式与场景中的具体应用相结合，以便机器和人们都能理解和使用知识图谱。本节将模式设计的基本原则进一步具体化，梳理出能够指导知识工程化应用的模式设计方法论——"六韬法"。六韬法旨在指导知识图谱实践中与模式设计相关的工作，降低门槛，减少弯路，推进知识图谱应用的普及。

六韬法，是目前系统总结知识图谱模式设计的首个方法论，其名字来自先秦时期的兵法典籍《六韬》。《六韬》分《文》《武》《龙》《虎》《豹》《犬》六卷，系统地讲述了军事战略、战术和战场等方面的内容，为后来的治国理政和军事斗争等提供了指导。模式设计的"六韬法"同样从场景、复用、事物、联系、约束、评价 6 个角度来介绍设计知识图谱模式应充分考虑的 6 个方面的内容，为参与知识图谱模式设计的相关各方提供有效的指导。

如图 2-10 所示，认知科学中的基本认知模型表明，个人或组织（由一系列个人组成的集合）做事的动机与其所处的环境相互作用，产生了一系列的行动，得到了相应的成果，并产生了一系列能够反馈到动机和环境的影响。用这个模型来分析知识图谱模式设计，通常的范式如下。

- 业务方或需求方有基于知识图谱的应用需求，比如知识积淀与获取、故障归因分析、辅助决策、质量与可靠性工程、金融投资风险监测、满足监管机构对反洗钱的要求等，这些需求形成"设计模式"的动机。
- 用于构建知识图谱的数据与信息，基于知识图谱的各种应用、业务，受知识图谱正面或负面影响的相关方等，是"设计模式"所处的环境。
- 动机与环境的相互作用形成"场景"。在六韬法中，场景中最关键的任务是"认知对齐"，即参与各方应该一致地理解"动机"和"环境"。
- 此后的"复用""事物""联系"和"约束"4 个环节是基于场景的"行动"，其目标是设计一个适合于场景的知识图谱模式，而所设计出来的模式就是"成果"。

- 最后"评价"所设计的模式，评估成果所产生的影响，其影响最终"正反馈"或"负反馈"到原始的"动机"和"环境"中，并进一步影响到下一个循环。

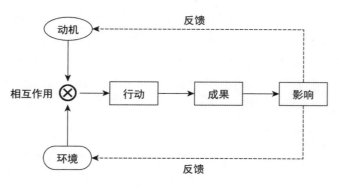

图 2-10　认知模型

在模式设计中，我们通常会遇到两种截然相反的逻辑思维模式——演绎法和归纳法，体现在模式设计中分别为"自顶向下"和"自底向上"两种思路。六韬法建议根据实际情况进行选择，既可以使用"自顶向下"的演绎法，也可以使用"自底向上"的归纳法，还可以将两种方法混合使用。

- 演绎法：又称自顶向下方法，指从知识或经验出发，直接设计出模式。演绎法通常要求参与人既是知识图谱的专家，又是业务的专家，即复合型人才。这种方法能够较快地完成模式的设计。
- 归纳法：又称自底向上方法，指从数据或例子出发，从中总结和抽象出模式。归纳法通常要求参与人从熟悉数据或例子开始，不断地总结和抽象，最终设计出知识图谱模式。这种方法对参与人的要求相对没那么高，稍微了解知识图谱的业务专家或者对业务有所了解的知识图谱专家也能做好模式设计。但这种方法可能需要多次的迭代和较长的时间来梳理和总结。

在实践中通常混合使用演绎法和归纳法，两种方法优势互补，数据和经验相互渗透。在场景中根据过往的经验，复用已有的资源，快速设计出一个基础模式，然后根据数据和例子不断地梳理和总结、扩展与完善，最终完成整个知识图谱模式的设计。比如在图 2-2 的模式中，最开始"人物"仅细化到"音乐家"这个层级，然后在梳理数据中发现还需要区分作曲家、填词人、指挥家、歌唱家等。这样可以通过对"人物"实体类型进行细化，扩充已有的模式，使所设计的模式趋于完善。

2.5.1 场景

在六韬法中，"场景"是指所设计的知识图谱模式的服务范围，一般包括用于构建目标知识图谱的结构化数据和非结构化数据、知识存储的方式要求，以及基于目标知识图谱的各类应用。"场景"是动机和环境不断相互作用的结果。在场景阶段，最关键的目标是对齐认知，即通过交流实现清晰明确地描述动机、一致无歧义地理解环境，对齐参与各方对动机和环境的认知，并明确地表述出来，形成相应的文档。具体如下。

- 数据、信息和知识的范围，包括生产、存储、更新、利用和淘汰等。
- 业务和应用，包括需求清单、效果预期、应用列表、要解决的目标问题等。
- 技术的边界，即技术能够解决的问题和不能解决的问题，以及人工参与的程度等。
- 系统的运维和知识的运营，即所构建的知识图谱能够持续发挥价值的条件，以及知识的新陈代谢等。

比如对于设计一个音乐理论研究场景的知识图谱模式来说，需要清晰地认识以下问题。

- 初始动机是什么？是为音乐理论教学服务，还是研究音乐的源流与流派，或者是在研究人工智能与艺术的跨领域结合时选了音乐理论知识图谱作为一个试点，又或者是多方复杂动机的一个结合点？
- 音乐研究中会涉及哪些方面的知识？可能有哪些方面的应用？
- 音乐理论研究会包括哪些类型的音乐？包含哪些与音乐相关的人物？在应用中是否需要对人物进行角色划分？对音乐人物会有哪些方面的研究？以具体的例子来说，对莫扎特有哪些关注点？
- 有哪些音乐作品之间的关系是需要关注的？
- 具体地，对《魔笛》和《四季》会研究什么？
- 是否要包含乐理？
- ……

常见的对齐认知和明晰场景的方法有头脑风暴、问题清单、调查问卷、多方会议、相关方之间一对一交流等。任何一种方法都不是完美的，综合运用多种方法能更好地实现认知的对齐。在这个过程中，不同的人往往会因背景、立场、知识储备等的不同而发生分歧、产生冲突。不必担心分歧和冲突的发生，解决这些分歧和冲突是对齐认知的必然过程。同时还可能因此激发出创造性思维，为后续阶段提供更好的思路。在明晰场景、对齐认知时，应当充分探讨形式与实质、成本与效果，内部与外部，近期、中期与远期，特例与普遍，应用友好型和数据友好型，正面思维和逆向思维，一次性使用和持续运营等各方面的内容。总的来说：知识图谱模式设计要从清晰明确地定义场景开始，其目标是解决因背景、立场、知识储备等的不同而产生的分歧与冲突，对齐参与各方对场景的认知。

分歧和模糊之处总是存在的，在"场景"阶段要优先处理主要矛盾，抓大放小，对琐碎的细枝末节可以暂时放一放。此外，各方对场景的认知也不会是一成不变的，要避免陷入教条主义、做刻舟求剑的事情。

2.5.2 复用

完全从零开始设计模式并不是一个好方法，就像厨师做菜并不从种菜开始。有很多已经存在的数据和知识都可以"拿来"使用，即在模式设计中，要充分考虑复用，"站在巨人的肩膀上"进行模式设计。

在"场景"阶段通常会对所涉及的数据进行收集、研究和理解，其中包含着模式设计所需的大量的经验和知识，比如数据库的表结构、领域或业务词汇表等。同时在过去数十年间，互联网上有大量公开的相关知识存在，比如本体、词汇表、辞典与百科等。充分考虑复用，就是要充分挖掘已经存在的知识，并将其应用到模式设计中，给模式设计一个高的起点和好的开始，从而提升模式设计的效率与质量。充分考虑复用，借鉴已有的知识，还能够提升模式所覆盖范围的全面性，减少分歧，使得在持续迭代中能够更快更好地实现预期目标。

1. 领域词汇表

领域词汇表是场景所在的领域中重要的术语列表，通常包括重要的概念、属性及相应的定义，有些词汇表还包括各种背景介绍，与其他领域的关联与区别等。模式设计的核心之一就是抽象出场景范围内所处理事物相关的概念和类型。领域词汇表往往包含这些概念或类型的词汇。充分利用领域词汇表，一方面能够全面了解领域概念或类型的范围，另一方面能够在取名时更符合场景内相关方的表达习惯。

领域词汇表通常表现为领域词典、辞典、词库、术语列表、双语术语对照表（如中英、中德、中日等）、数据字典、术语手册、百科全书等。场景相关方所整理出来的术语列表、缩略语表、多语种对照词汇表等也是领域词汇表的重要组成部分。专业数据库、办公自动化系统、财务软件、CRM、ERP、MRP、MES、PLM 等各种不同系统的使用手册，以及数据库的数据字典、元数据、主数据等也包含大量可以用于模式设计的词汇表。

获得领域词汇表后，应当进一步思考并将其转化为实体类型、关系类型、属性名，形成概念化的、形式化的、规范化的、正式的和明确的表达。在此过程中，明确以下问题有助于实现这个转化过程。

- 词汇是描述一个事物、一个概念，还是一类事物？
- 所指代的事物或者事物类别是否包含一些属性？
- 词汇所描述的现实（虚拟的或物理的）是什么？
- 词汇之间是否存在一些联系？这些联系能用哪些词汇来表达？
- 有哪些词汇是同义词？选择哪个词汇来表示实体类型、关系类型或属性名更合适？
- ……

以图 2-1 和图 2-2 的音乐知识图谱为例，《外国音乐辞典》是一个领域词汇表来源，例如要将"作品"进一步细化成不同的音乐类型的作品，"协奏曲""大协奏曲""独奏协奏曲"等词条名就是表示实体类型的很好的词汇。又比如在"沃尔夫冈·阿玛多伊斯·莫扎特"的词条中，梳理出词汇列表（如清单 2-6 所示），可以用于构建如图 2-1 所示的知识图谱，并进一步利用归纳思维来抽象成图 2-2 的模式。

清单 2-6　音乐词汇表

奥地利
作曲家
出生于
萨尔茨堡
其父
利奥波德·莫扎特
小提琴家
作曲家
作品
歌剧
《魔笛》
乐队
《布拉格》
交响曲

小夜曲
进行曲
协奏曲
室内乐
钢琴奏鸣曲

2. 基础本体和领域本体

互联网上存在的大量已经构建好的、开放的本体是模式设计复用的重要来源，包括来自基础本体中与场景相关的部分，以及与场景契合的领域本体等。基础本体通常包括了通用的、普遍的知识，可以复用其中与场景相关的内容。图 2-11 是 COSMO 中与音乐相关的一部分，在设计音乐知识图谱时，复用这些内容有助于快速设计模式。比如对图 2-2 的模式来说，可以根据图 2-11 进一步将"作品"细化为"流行音乐"（PopularMusic）和"古典音乐"（ClassicalMusic）等，而古典音乐还可以进一步分为"交响乐"（Symphony）、"协奏曲"（Concerto）和"歌剧"（Opera）等，流行音乐则可以分为"爵士乐"（JazzMusic）、"民谣"（FolkMusic）和"说唱音乐"（RapMusic）等。另外，在设计模式时，还有一些关系也能复用或参考。比如借鉴图 2-11 中"歌唱"（Singing）是"歌剧"的"子事件"（hasSubEvent）关系，在音乐知识图谱模式中，可以设计出作品间存在的"组成"（part of）或"子事件"关系，用来表示图 2-1 中作品"星星"与作品"一闪一闪小星星"的关系。

领域本体是某个领域知识的集合，比如金融领域的 FIBO 和生物医药领域的 GO。互联网中还有更多不同领域的公开发布的本体存在，比如 OpenKG 是一个中文的开放知识图谱社区，其中发布了大量的领域知识图谱或领域本体。在设计音乐知识图谱模式时，音乐本体（The Music Ontology）是能够直接复用的一个来源。它提供了比 COSMO 更加丰富的音乐领域的实体类型和关系等知识。图 2-12 是来自音乐本体中的部分内容，在对"音乐家"进一步细化时，可以借鉴图 2-12 的内容，将音乐家细化为"作曲家"（composer）、"指挥家"（conductor）、"音响师"（sound engineer）等。此外图 2-12 中的"乐队（music group）"表述了多个音乐人物的组合，复用这个概念能够进一步完善音乐知识图谱模式。

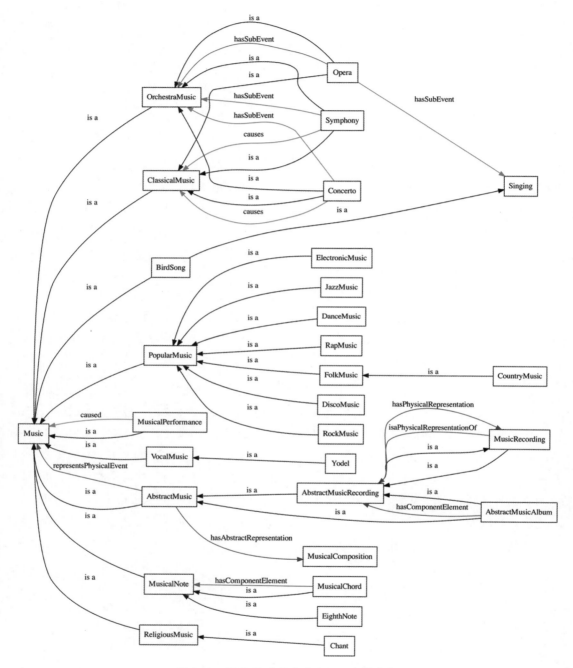

图 2-11　COSMO 关于音乐（Music）的本体

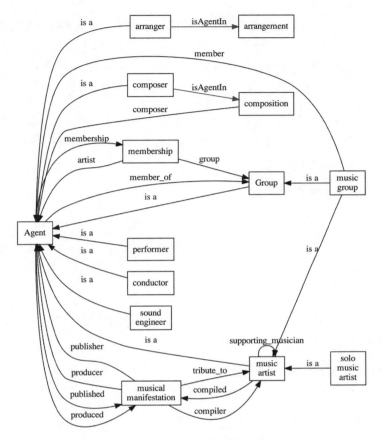

图 2-12　来自音乐本体中的部分类和关系

　　总的来说，大量已经存在的本体是知识宝库，充分复用这些本体或本体中的部分类、概念和关系，对设计模式的帮助是巨大的。

2.5.3　事物

　　哲学上认为"存在即能被描述"，其隐含的意思是，一切的事物都是能够被描述和表达的。在文字被发明以前，结绳记事可能是最早用来描述事物的方法，文字的发明（甲骨文等）则被认为是人类文明的标志。四大发明中的造纸术和印刷术进一步改进了对事物的描述方法，传到欧洲后成为促成文艺复兴的关键因素。电视广播和互联网的发明进一步把事物描述、信息传递和知识传播的方法推到一个新的高度。如今，知识图谱是描述事物的新方法，一方面，它更加易于被人们理解；另一方面，机器能够利用这些知识来实现人工智能中更高层级的认知智能。

"存在即能被描述"给出了事物能够被描述的观点，如何去描述事物则是另一个范畴，事实上，清晰、明确、无歧义地描述事物是一件困难的事情。知识图谱模式设计的核心和基础就是设计好实体类型，也就是在场景所设定的范围内，用实体类型来清晰、明确和无歧义地描述一类事物，也包括了在基本原则中所介绍的语义、外延和颗粒度等内容。

在模式设计中，最核心和最基础的环节是定义合适的实体类型，来清晰、明确和无歧义地描述一类事物。具体地，充分考虑实体类型名称的语义、外延和颗粒度，同时使用实体类型的属性名列表来描述这一类事物的共同的多维特征。

在定义实体类型中，其流程通常包括如下步骤。

（1）对事物的分类：厘清在场景中需要处理哪些类型的事物。在实践中，所遇到的事物可以是物理的，也可以是抽象的；可以是现实存在的，也可以是存在于观念或幻想中的。在对事物进行分类时，理想的情况是实现不相交的分类，不过往往很难达到理想的状况，模糊、交叉和模棱两可的情况总是存在的。

（2）对事物类别的命名：充分考虑命名的语义、外延和颗粒度。在实践中有类名、类别名称、概念等不同的说法，其本质都是用于描述一类事物。

（3）抽象出合适的特征：以属性名列表的方式来描述事物的多维特征。属性名同样适合前述的命名规则，即要考虑语义、外延和颗粒度等。

（4）"如无必要，勿增实体"：在定义实体类型过程中，实体类型并不是越多越好，而是在满足需求的情况下，实体类型适量即可。同样的，在确定实体类型的属性列表时，也不是越多或越复杂越好，而是在能够满足需求的情况下，简洁的属性列表反倒更好。

（5）事物是演化和发展的：事物会随着时间的推移而发生变化，所以实体类型和属性名列表并非是固定的、不变的，而是会演化和发展的。

以图 2-2 的模式为例，在构建音乐知识图谱中，"人物"和"作品"就是对与音乐相关的事物的分类，这是在音乐这个场景中首先需要厘清的内容。"人物"这个范围非常广泛，为了更加明确地描述与音乐有关的人物，需要进一步明晰这部分人物的特征，定义外延和颗粒度合适的实体类型，并赋予一个语义化的名称"音乐家"。在"复用"阶段，有一些已有的知识可以充分利用起来，"音乐家"可以进一步细化为"作曲家""指挥家""音响师""填词人"等，作品也可以进一步细化为"流行音乐""古典音乐"等。然后，梳理每个实体类型的属性列表，比如"人物"的属性有"出生日期""性别"等，"作品"的属性则有"发表时间""版本""摘要"等。

接着，根据流程中第 4 步，进一步评估所定义的实体类型是否都是必要的，比如"作品"是否有必要细化成"古典音乐""流行音乐"等，再进一步，"古典音乐"是否需要细化成"交响乐""协奏曲"和"歌剧"等，"协奏曲"是否还可以进一步细化成"大协奏曲""独奏协奏曲"等。

实体类型区分得越细，对于下游的应用来说会越方便，但在构建知识图谱的时候遇到的困难则会越多。这里的权衡就是根据"如无必要、勿增实体"的原则，权衡在场景的需求中是否需要这么细致地划分类型。如果场景中的研究对象是音乐家在音乐领域的贡献，那么可能需要对音乐家不断细分，而对作品本身则可以粒度大些；但如果需要研究作品本身，可能作品就需要更加细化，比如能够区分"大协奏曲"和"独奏协奏曲"等。另外，在设计知识图谱模式时，需要考虑当前场景及近期需求，但并不建议考虑远期的和完美的情况。因为事物本身就是在演化和发展的，需求也会随着时间的推移而发生变化，为远期的、不确定的需求而设计非常复杂的模式，并因此付出过高的成本，未必合适。

模糊、交叉和模棱两可的情况也总是存在的。在图 2-2 中，人物的划分就有很多可以探讨的点，比如莫扎特既会作曲又会演奏，比如有人既会唱歌又会作曲作词。而像"李白""苏轼"等人物的作品被配乐后形成歌曲，那他们是否算"填词人"呢？是否还要增加一个实体类型"诗人"呢？进一步的，"诗人"是像"填词人""歌唱家"一样继承自"音乐家"，还是直接继承自"人物"呢？这些问题并不是只有唯一的答案，在一个具体的场景下，在当下的一段时间内，场景相关方通过各种方法达到一致的意见，并由此定义合适的实体类型即可。切记，完美是不存在的，解决当下的问题才是重点。

2.5.4 联系

事物间是普遍联系的，知识图谱以关系来为事物间的普遍联系进行建模，即在任意两个实体间可以建立任意的关系。在"事物"阶段已经定义了场景所需的所有实体类型，这些实体类型描述了场景内所关心的事物。在模式设计中，通过定义关系类型来为场景内的事物间的普遍联系进行建模。关系类型是指使用某种语义化的词汇及其属性描述两个实体类型所表示的事物间的联系，即<头实体类型，关系，尾实体类型>。这个定义本身并没有对关系进行任何限定，这一方面能够在场景中为联系建模带来很高的自由度，为所需要的任意联系进行建模；另一方面也带来了难题和分歧，需要经过多方探讨来确定。

全面地梳理所有实体类型所描述的事物间的联系，并根据场景和应用的需要，定义关系类型。具体地，以<头实体类型，关系，尾实体类型>的方式语义化地描述联系，并梳理出依附于关系类型的属性名列表，用来描述关系类型的多维特征。

在模式设计中，关系类型依赖于实体类型，这有助于在定义关系类型时缩减范围。通常，梳理和定义关系类型的流程如下。

（1）依次选取实体类型列表中的每一个实体类型。

（2）全面梳理该实体类型与其自身的关系。

（3）全面梳理该实体类型与所有其他实体类型的关系。

（4）对每个关系进行探讨，赋予一个合适的关系名称。关系名称需要能够明确表达所对应的事物间联系，并且在场景相关方中能够有一致的表达。

（5）对每个关系的特征进行总结，形成该关系类型所对应的属性名列表。属性名列表要能明确描述该关系类型的特征，并且在场景相关方中能够有一致的表达。

（6）将定义好的关系类型可视化，对每一个关系类型及其对应的属性名列表进行评估，确定其必要性。"如无必要，勿增实体"也适用于定义关系类型及其属性名列表，如果场景中对某个关系类型或其属性在可预见的一段时期内都没有需求，则可去掉。

在第 2 步和第 3 步中，梳理实体类型间的关系，可以考虑以下两方面的内容。

- 是否是事物间所客观存在的联系？
- 是否是场景中业务或应用所需要的？

在定义关系类型的时候，也需要充分"复用"已有的知识。这些可复用的关系广泛地存在于基础本体、领域本体、各类词汇表、辞典和百科中。同样的，场景内所涉及的大量已结构化的数据及其数据字典，也是值得参考和复用的。如果某些联系是场景内相关方所约定俗成的，那么应当优先使用。在遇到模糊的或模棱两可的情况时，让相关方共同参考会议讨论能够快速地达成一致的意见。

"继承"（inheritance）和"组合"（composition）是两种基本的且广泛存在的事物间联系，在模式设计中可以充分考虑实体类型间的继承和组合关系。

在 2.5.3 节中提到了"继承"，实体类型不断细化就形成了继承关系，完整的继承关系形成了族谱一样的树形层次结构。事实上，继承是对人类自身遗传的研究和建模，很多领域也大量使用继承关系。比如，面向对象设计与编程就使用"继承"对事物进行建模。同样的，大量的本体中也有继承关系，具体的表现为"is a""has subclass""subclass of""是""属于""祖先""后代""父类""子类"等关系。比如，这些关系就广泛存在于前面介绍的 Schema（图 2-6）、

COSMO（图 2-7）、GO（图 2-8）和 FIBO（图 2-9）等知名本体中。

　　"组合"是另一种用来构建层次结构的关系，也是现实世界客观存在的关系，表达了整体与部分的关系。"组合"关系通常表现为"has a""part of""has part""组合""组成""是……部分"等形式。比如，汽车是由包括发动机、底盘、轮胎、座椅等在内的各种子系统或零部件组成的，二维图形（如三角形、四边形等）是由点和边组成的，一个地区（如上海市）是由更小级别的多个地区（浦东新区、黄浦区等）组成的，视频是由视觉部分和声音部分组成的。在很多本体中也存在组合的关系。基因本体所定义的 5 种基本关系中就有一个"part of"或"has part"，其表达的就是"组合"的关系，比如"微管"（microtubule）是组成"轴丝"（axoneme）的一部分，而"轴丝"又是组成"细胞骨架"（cytoskeleton）的一部分。同样的，"组合"关系大量存在于面向对象设计与编程中，这也说明了"组合"和"继承"一样，是事物间联系的基本范式。在图 2-2 的音乐知识图谱中，多个"作品"可以"组合"成另一个"作品"，比如由词和曲两部分组合形成的歌曲，又比如"歌剧"由"表演""舞蹈""歌唱"和"乐曲"等多个部分组成。

　　在使用关系名称来描述事物间联系之上，还可以使用属性来描述关系的多维特征。和实体类型的属性一样，关系类型也是用属性名列表来表示不同维度的特征，并且在实例化关系的时候，以附属于关系的键值对<属性名，属性值>来表示。比如在金融投资领域的知识图谱中，有"<机构，投资，机构>"这样的关系类型，其属性可能包括"【时间，轮次，金额，是否领投】"等。又比如在图 2-2 的模式中，"<作品，首演于，地区>"这个关系类型可以有"【时间，海报】"属性等。利用属性名列表能够对事物间的联系进行更多的特征表达，从而带来更加丰富的知识。

2.5.5　约束

　　完成了实体类型和关系类型的定义之后，整个模式设计基本完成。如果以造房子类比，那么就是造好毛坯房了。但毛坯房要能够住人，通常还需要完成一些工作，包括对房子进行装修、家具布置和装饰等。要真正完成知识图谱的模式设计，除了定义实体类型和关系类型，还有一些工作要做，也就是对模式进行一些"约束"工作。

　　根据世界运行的客观规律、场景和业务的需要等，确定知识图谱模式中各实体类型、关系类型的约束，从而更精确地描述事物及事物间的联系。

　　对模式的约束，通常包括数据类型、取值范围和权限控制三大部分的内容。数据类型和取值范围是对实体类型和关系类型所拥有的属性值部分进行约束，而权限控制则是对实体类型和关系类型本身进行约束。

1. 数据类型

属性值的数据类型可以分为简单类型和复杂类型。简单类型是在程序设计中常见的各种数据类型，比如整数、字符串等。常见的简单数据类型如下。

- 字符（Character）：表示单个字符的类型，比如单个字母、汉字或其他语言的符号。Unicode 是最常用的字符集，能够表示常见语言种几乎所有的字母、汉字、符号、表情等。

- 字符串（String）：表示由多个字符组成的字符序列，比如名称、标题等。通常用字符串来表示至多数百个字符的短文本。

- 文本（Text）：表示由任意多的字符组成的文本，通常用来表示段落或篇章的文字序列。相比于字符串，文本类型通常表示较长的字符序列，比如几千、几万，甚至数十万字符的文本。文本类型通常还会进一步细化，比如 URL、URI、HTML、XPath 等特殊格式的文本。

- 数值（Number）：用来表示各种数字的类型，一般包括整数、小数、浮点数等。

- 整数（Integer）：用来表示整数的数字类型，通常有 int、long 等能够表示不同上限的类型，有时也用来表示任意大的整数的类型。整数通常还分为无符号整数和有符号整数，无符号整数只能表示 0 和正数。如果能够知道某个属性值不可为负数，那么使用无符号整数是非常合适的，这一方面带来了隐形的校验，另一方面用同样的比特数能够表示更大的数值。

- 浮点数（Float）：用来表示浮点数类型的数字。浮点数在计算机内表示是不精确的，并且通常分为单精度（Float）和双精度（Double）等。这里要注意浮点数和需要精确表示的十进制小数（分数）之间的区别。

- 十进制小数（Decimal）：也称分数，是能够精确表示小数的类型。与浮点数相比，在计算机内表示 Decimal 通常会更复杂，但很多场景下需要精确表示带有小数的数值时，需要使用这种类型。比如，在银行业务中，表示存款余额的数值就不能使用浮点数表示，而要使用十进制小数来表示。

- 复数（Complex）：用来表示复数的数值，是一种特殊的复杂类型。有些编程语言支持复数类型的运算，从而能够在一些科学和技术相关的知识图谱中发挥着重要的作用。

- 布尔类型（Boolean）：用来表示真（True）或假（False）的二值类型。

- 时间类型（DateTime）：用来表示时间的类型，通常会细分为日期（Date）、时间（Time）、日期时间（DateTime）、时间戳（Timestamp）和时间间隔（TimeInterval）等。

- 空间类型（SpatialDataType）：用来表示空间位置的数据类型，通常包括坐标（Coordinate）、经纬度（Latitude and Longitude）、墨卡托方位（Universal Transverse Mercator，UTM）、

空间几何形状（GeoShape）等。

- 二进制数据（Binary）：可以存储任意数据，包括各种各样的二进制文件，比如图片（JPG、PNG、BMP 文件等）、文档（PDF、docx、pptx、xlsx、DWG 等）、声音（MP3、WebM、AAC 等）、视频（MP4、FLV、WebM 等），以及各种专有的文件或数据等。二进制数据类型通常可以按照文件的类型对其进一步细化。

- 通用唯一标识符（UUID）：一个特殊的类型，用于表示全局唯一的标志。通常指 128 位的标识符，使用形式为 8-4-4-4-12 的 32 个十六进制字符来表示（包含 32 个十六进制数字、4 个连字符），例如 "3d18f74c-8af8-462e-bebd-25da4a28ad80"。

复杂类型是简单类型的组合，如列表、集合和字典等。常见的复杂数据类型如下。

- 列表（List 或 Array）：表示由多个有序、简单的数据类型的元素组成的集合。在一个列表中允许有相同值的元素，并且列表的顺序很重要。不同顺序的列表，即使其元素一样，也是两个不同的列表。此外，有些列表的元素可以是不同的简单类型，而有些列表要求所有元素的类型是一样的。

- 集合（Set）：集合类型类似于数学中的集合的概念，表示由无序的、其值相异的多个简单数据类型的元素组成的集合。一个集合内的元素不允许有相同值，其顺序是不重要的，通常元素数据类型是相同的。另外，如果顺序是重要的，那么应当扩展集合为有序集合（Sorted Set）。

- 字典（Dict 或 Map）：字典类型是由键值对组成的无序的集合。其中，关键词（key）往往是字符串类型；值（value）则可以是前面提到的简单数据中的任意一个类型。在允许嵌套的情况下，字典元素中的值还可以是字典本身或其他复杂类型。

- 元组（tuple）：元组是若干个简单类型的元素的固定组合。比如键值对（两元组）、三元组、四元组、五元组等。元组和前面 3 个类型不同的是，元组中的元素是不可变的。

复杂数据类型的进一步扩展是其元素为复杂类型本身，即复杂数据类型的嵌套。嵌套会导致约束变得非常复杂，所以实践中应当避免出现复杂数据类型的嵌套。对属性的数据类型的约束，不仅可以进行一定程度的合法性检查，而且在知识推理中也起着重要的作用。

2. 取值范围

取值范围的约束通常是根据事物的客观特点及在特定场景下事物和联系所表现的合理范围对模式进行限制。取值范围的约束能够进一步缩小数据类型对取值的约束范围。比如，考试分数的取值范围是 0~100 的整数，概率值的取值范围是 0~1 的小数等。还有一些约束是客观事实，比如中国有 34 个省级行政区，汽车轮子的形状是圆的，欧几里得几何空间下三角形的内角和是 180 度等。另一些取值范围的约束则是根据场景而确定的，比如虽然中国有 34 个省级行政区，但针对具体某个场景来说，可能其取值范围只有 10 个，而不是全部的 34 个。

取值范围的约束通常和比较运算符、逻辑运算符等配合使用实现对约束的检查。下面列举了常见的约束类型。

- 枚举类型约束：限制取值范围为枚举列表，比如中国的省级行政区列表、国家列表、性别列表、学位列表、月份等。枚举类型所对应的数据类型包括但不限于字符、字符串、数值等。
- 数值类型的取值上下限：通过设定数值（包括整数、小数、浮点数、复数等）的上下限来实现约束。这种约束通常可以使用比较运算符来进行比较。比如，对于百分比的约束为"[0, 100]"的浮点数。
- 日期时间类型的约束：可以限制为过去的日期时间、未来的日期时间、日期时间的上下限等。
- 文件类型：通过对应于文件系统的 URI 来表示，或者存储文件本身的二进制数据。文件类型的限制可能需要通过特定的方法来对取值范围进行约束，比如图片、PDF 等；需要探测文件头获取文件信息等，比如 JSON 文件、XML 文件、Pickle 文件等；需要通过相应的文件内容进行校验。
- 字符串约束规则：通过一些标准化的或场景特定的规则对字符串进行约束。比如 URL、域名、电子邮件、中国人的名字、手机号码、机动车识别号、身份证号码等。
- 多个取值约束条件的组合：分段约束或多个约束条件的组合。比如对于时间类型来说，必须是未来一年内的时间，就是多个条件的组合；又比如取值范围为"(0, 10)"或者"[100, 200]"等。
- 跨属性约束：对于同一个实体类型或关系类型的多个属性同时进行约束或条件约束。跨属性约束是指两个或多个属性的值的某种运算满足特定的条件，比如 URL 和域名，需要保证 URL 属性的值中的域名部分等于域名属性的值。条件约束是指属性 A 满足某种条件下的属性 B 需要满足的约束，比如实体类型为"费用报销"，"成本中心类型"属性的值为 a 的条件下，"报销额度"属性的值上下限分别为 300 和 0。

3. 权限控制

权限控制是对广义资源的受众进行访问限制，以控制资源的知悉范围。模式设计是为具体场景中的知识图谱提供上层抽象，而在实践中知识图谱或其元素会遇到控制知识的触达范围的情况，限制用户只能访问被允许或授权访问的知识。故而在模式设计时，要考虑根据实体类型或关系类型来控制访问的范围，或者考虑为具体的知识条目来控制访问范围的方法。

权限控制的通用方法是基于角色的访问控制（Role-Based Access Control，RBAC）。在模式设计时，可以考虑如何赋予实体类型或关系类型的权限，以使得应用程序能够根据这些权限来控制用户的访问。

2.5.6　评价

评价是对所设计的模式进行评估，并判断是否达到预期，包括是否满足场景中业务的需求、是否能够支撑场景中规划的应用、是否满足一定时期的持续运营，以及是否能够支持知识图谱的演化与发展，等等。

在评价阶段，通常关注评价指标的设定，根据所设定的评价指标来评估图谱模式，对模式进行实例化构建知识图谱，并针对所实例化的知识图谱进行评估等。

1. 评价指标

- 复杂度：知识图谱模式的复杂度通常使用实体类型数量、关系类型数量，以及平均的属性数量、平均每个实体类型的关系数量来评估。数值越大，则图谱模式越复杂。
- 功能满足度：功能满足度从场景中所列举的应用出发，考虑所设计的图谱是否覆盖计划中的应用功能列表。通常，对功能清单中的每一项功能进行评估，并使用三星法（1——不满足，2——部分满足，3——完全满足）或五星法（1——完全不满足，2——大部分不满足，3——中等水平，4——大部分满足，5——完全满足）来评价，然后求所有功能的平均分。分数越高，则功能满足度越好。
- 规范性：评估实体类型、属性名和关系名称等的语义、外延和颗粒度是否适当。通常应当考虑名称是否规范、是否是业内常用的说法、是否有违背逻辑的地方等维度。规范性评估的是场景内的相关方对模式中所涉及的命名是否有一致的理解。规范性越好，则未来遇到的分歧就越少。
- 可读性：场景中所涉及的相关方是否容易理解模式的内容。知识图谱是同时面向机器和人类使用的，可读性指标用于评价人们在使用知识图谱模式时是否会因其晦涩难懂而产生障碍。
- 可扩展性：如果业务发生变化，当前的知识图谱模式是否还能够支持相应的应用？通常从业务的演化历史中梳理出若干业务变化的状态，并评价当前的知识图谱模式能否支持这些状态下的业务应用。

- 可运营性：评估是否支持知识图谱持续运营的指标。通常来说，场景内的知识会不断地进行新陈代谢，所设计的模式要能够支持知识的淘汰与更新。

总的来说，知识图谱模式的评价偏主观。在实践中，根据上述所列举的维度设定合适的评价指标，并在模式设计过程中和完成后对其进行评估，以确保所设计的模式能够符合预期。

2. 实例化构建知识图谱

实践是检验真理的唯一标准。对所涉及的模式进行实例化，构建一定规模的知识图谱，然后通过场景的应用来评估，是最直接、最有效的方式，其过程如下。

（1）使用真实的例子来实例化模式，构建符合所设计模式的知识图谱。

（2）结合场景的应用目标来评审知识图谱中实体、关系、属性，以及相应的约束是否合理。

（3）评估知识图谱是否能够很好地支撑场景所计划的应用，是否达到业务方预期的目标等。

2.6 模式设计的工程模型

六韬法是将设计知识图谱模式的过程分解为 6 个不同的环节。在知识图谱应用实践中，从六韬法的 6 个环节可以衍生出多种模式设计的工程模型，为工程应用提供切实可行的指导。进一步地，依据这些工程模型来开发各种管理工具，以在知识图谱的模式设计中提升效率和有效性。下面介绍适用于简单场景的瀑布模型和适用于复杂场景的螺旋模型。

2.6.1 瀑布模型

瀑布模型是模式设计中最简单的模型，是对"六韬法"的直接应用。如图 2-13 所示，瀑布模型从需求出发，依次通过六韬法的 6 个环节来设计知识图谱模式，自上而下，如同多级瀑布一样逐级下落。为了能够良好地实现预期的目标，瀑布模型在每个阶段有相应的成果要求，并形成相应的文档。文档应当通过相关方的评审，确保各方保持一致的认知，并且在每个阶段中，各相关方对所设计的知识图谱模式应当有一致的、无分歧的理解。

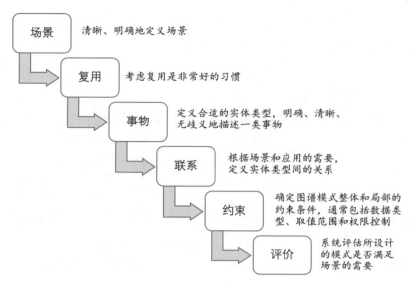

图 2-13　瀑布模型

（1）场景：从业务需求出发，以场景描述的形式将数据、业务和应用需求梳理清楚。用户故事是用来描述场景的良好方式，辅以真实的例子能够更好地使各方对齐理解。同时，在描述场景时，应尽量全面、清晰和明确，避免模糊。对有分歧和冲突的地方，应当通过头脑风暴、会议或其他方式进行处理。最终，形成理解一致、无歧义的《场景描述说明书》。

（2）复用：根据《场景描述说明书》，调研可复用的知识，包括词汇表、基础本体中与场景有关的部分、领域本体，以及场景中已存在的各类结构化数据及其数据字典、百科、辞典等。着重调研与场景有明确关系的概念、类、类别、专业术语等，其他各种对设计模式有帮助的知识也应当纳入调研的范围，同时应当考虑英语等其他语种的可复用知识。调研的结果形成《可复用的知识清单》。

（3）事物：根据《场景描述说明书》定义实体类型及每个实体类型的属性名列表。在这个过程中，应当充分复用《可复用的知识清单》中的知识，对每个实体类型或属性名进行解释和示例，确保各方对实体类型和属性名的理解是一致的、无歧义的。实体类型名称及其属性名称的同义词应当列举出来。如果来自复用的知识，应当注明复用的来源。"事物"阶段的成果形成《实体类型设计说明书》。

（7）联系：根据《场景描述说明书》和《实体类型设计说明书》定义关系类型，并梳理关系类型的属性名列表。在这个过程中，应当仔细对每个实体类型与其自身或其他实体类型间的关系进行考察和充分的讨论，尽量复用《可复用的知识清单》中的知识，应当对同义词进行说明，并对复用的知识注明来源。"联系"阶段的成果形成《关系类型设计说明书》。

（5）约束：根据《实体类型设计说明书》和《关系类型设计说明书》，全面地审阅每一个实体类型或关系类型的属性，并根据《场景描述说明书》和事物的客观规律确定约束，赋予属性值合适的数据类型、取值范围和权限控制等。对于不是显而易见的约束，应当注明约束的背景和条件。在约束阶段的成果应当包含《实体类型设计说明书》和《关系类型设计说明书》的内容，形成《知识图谱模式详细设计说明书》，该文档为模式设计的最终文档。

（6）评价：根据《场景描述说明书》设定合适的评价指标，并对《知识图谱模式详细设计说明书》所记录的模式进行全面的评估和评审，形成《知识图谱模式设计评估报告》。

瀑布模型是非常简单的模型，整个模式设计生命周期分阶段进行，每个阶段形成相应的文档，用文档的形式来保证相关的各方能够对齐认知。在瀑布模型中，应当在每个阶段对文档进行评审，评审的目标是解决分歧，确保理解一致。评审结论或报告应当附加到相应的文档后面，保持完整的记录。瀑布模型的优点是对每个阶段的成果进行检查，并且当一个阶段完成后，相关方只需要关注后续阶段即可。当然，由于瀑布模型极其简单，对于复杂的知识图谱模式来说，难免会出现缺失和遗漏，无法完全满足业务、场景或应用的需求，进而带来返工等风险。

2.6.2　螺旋模型

螺旋模型是对瀑布模型的改进，迭代地应用"六韬法"来设计出复合预期的知识图谱模式，是一种风险较低的敏捷模型。在面对复杂的业务需求时，螺旋模型并不毕其功于一役，而是如图 2-14 所示，通过迭代应用六韬法的 6 个环节，实现从有缺失和遗漏的知识图谱模式到逐渐完善，并最终设计出符合需求的、更加规范和更具扩展性的知识图谱模式。

对于大型复杂的知识图谱模式来说，困难是多方面的，一方面来自很难定义清楚场景本身，另一方面在于设计实体类型和关系类型时难免会有遗漏。此外，由于其复杂性，争议与分歧往往更多，对齐认知的障碍也更多。螺旋模型更适合用于大型模式的设计中，应对上述困难，并设计出符合预期的模式。

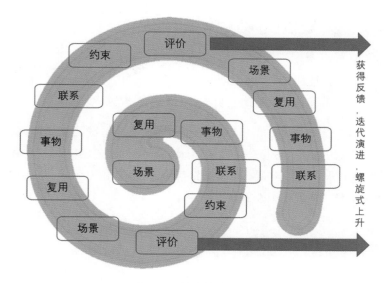

图 2-14　螺旋模型

螺旋模型的特点如下。

- 多次迭代能够促进相关各方对场景、模式和知识图谱本身的理解趋于一致。
- 允许在模式设计过程中，需求和应用有所变更。
- 允许业务和应用方多次反馈来完善对场景的定义。
- 多次迭代实现更充分的复用。
- 实体类型和关系类型的定义能够考虑得更全面。

螺旋模型也不是没有缺点的，在应用模型中可能存在随意变更需求、无休止地争论、完美主义盛行等各种风险。在应用螺旋模型进行模式设计时，需要明确严格地控制流程，在每个阶段中控制范围，切勿陷入琐碎的细节或钻牛角尖的状态，确保高效获得成果。螺旋模型的每一次迭代都应该被认真对待，每一次迭代的成果都弥足紧要，同时应当控制迭代的次数，确保时间、人力和金钱等成本在预算范围之内。

与瀑布模型一样，在应用六韬法的 6 个环节中，应当形成相应的文档，分别为《场景描述说明书》《可复用的知识清单》《实体类型设计说明书》《关系类型设计说明书》《知识图谱模式详细设计说明书》和《知识图谱模式设计评估报告》。

与瀑布模型的差别在于，螺旋模型由于迭代地应用六韬法，多次的迭代会导致每个阶段的文档形成相应的版本，因此需要有好的版本管理手段来管理和维护螺旋模型中的文档。一般有以下两种做法来实现对文档的版本管理。

（1）使用类似 docx 等二进制的文档，每次迭代需要有明显的标记，比如第一次迭代使用黑色表示，而第二次迭代使用红色表示修改的部分等。这种方法的难点在于定义合理的标记，可以尝试使用修订模式来标注每次迭代的版本与上一个版本的差异。

（2）使用版本控制系统（如 git）来管理文档和追踪每次迭代的变化，这时需要选择如 Markdown 一样的可追踪的文件格式（而非如 docx 一样的二进制格式）来编写文档。这种方法的好处是，类似 git 一样的版本控制系统非常成熟，功能也很强大，但使用 Markdown 等格式来编写文档对于大部分人来说不太友好。

2.7 本章小结

知识图谱模式之于知识图谱，如同地基之于高楼大厦，它是决定知识图谱工程化应用成功与否的关键环节。知识图谱模式一方面能够指导知识图谱的构建，实现从已有的结构化、半结构化和非结构化数据中构建符合业务需要的知识图谱；另一方面，能够让人们了解知识图谱的复杂程度，有助于在知识存储、知识计算、知识推理和知识应用中正确地选型。

但设计一个良好的模式并非易事，本章从工程实践出发，系统地介绍了知识图谱模式，提出了业内首个知识图谱模式设计的方法论——六韬法，并以六韬法为基础介绍了切实可行的模式设计工程模型——瀑布模型和螺旋模型。六韬法和模式设计的工程模型旨在为知识图谱模式设计提供系统化的指导，克服实践中的障碍，打好知识图谱构建和应用的基础，降低知识图谱应用实践的风险，提高过程的可控性，并最终实现基于知识图谱的认知智能应用落地。

2.1 节系统地介绍了知识图谱模式，明确定义了实体类型和关系类型。2.2 节介绍了知识图谱模式与本体两个概念之间的异同，提出了"模式和本体是一体两面，模式偏向于工程落地，而本体更多地追求知识的本质"的观点。2.3 节简洁地介绍了本体相关的知识和一些知名的本体。互联网上公开发布的基础本体和领域本体是六韬法中"复用"环节的宝贵资源。

2.4 节介绍了与知识图谱模式设计相关的三大基本原则，2.5 节系统地介绍了六韬法的 6 个环节——场景、复用、事物、联系、约束和评价。最后的 2.6 节，以切实可行、指导工程实践为出发点，介绍了两种工程模型——适用于简单模式的瀑布模型和适用于复杂模式的螺旋模型。在瀑布模型中提出了六韬法的各个环节的成果应当以文档化的方式呈现，在螺旋模型中提出了对文档进行版本管理的观点和方法。

知识图谱是一个非常新的领域，当前的主要研究集中在知识图谱构建和应用的算法和模型上。从工程实践的角度系统梳理知识图谱构建、存储和应用相关的内容非常少见，指导如何设计知识图谱模式方面的内容则几乎没有。本章首次系统介绍了知识图谱模式设计的方法论和工程模型，抛砖引玉，以期业界对此有更多的研究，形成完整的知识图谱工程化理论。

第 3 章
实体抽取

实验家像蚂蚁，只会采集和使用；推论家像蜘蛛，只凭自己的材料来织丝成网。而蜜蜂却是采取中道的，它从庭园和田野的花朵中采集材料，并用自己的能力加以转变和消化。

——弗朗西斯·培根《新工具》

The men of experiment are like the ant, they only collect and use; the reasoners resemble spiders, who make cobwebs out of their own substance. But the bee takes a middle course: it gathers its material from the flowers of the garden and of the field, but transforms and digests it by a power of its own.

——Francis Bacon *The New Organon*

"读遍好书，有如走访著书的前辈先贤，同他们促膝谈心，而且这是一种精湛的交谈，古人向我们传授的都是他们最精粹的思想。" 从这段话中不难看出，书籍记载了人类大量的知识精粹，为人类的文明进步源源不断地提供养料。同理，作为人工智能领域中记载和处理知识的核心技术，知识图谱也在为认知智能的发展提供养料。而知识图谱本身的知识来源就是人类文明中所积淀的知识，这些知识的载体通常为书籍等非结构化数据。知识图谱构建技术就像辛勤的蜜蜂一样，采集汇聚各种记载知识的数据，将其作为材料，并通过其核心的能力加以转变和消化，最终形成知识图谱中的知识。知识图谱构建技术的核心能力就是实体和实体抽取。

本章全面系统地介绍了实体和实体抽取的概念，以及当前广泛应用的各种实体抽取方法的理论及其编程实践。

本章内容概要：

- 阐明什么是实体与实体抽取。
- 系统介绍评价实体抽取效果的方法。
- 详细介绍实体抽取的四大类方法的理论。
- 深入浅出地讲解各类方法的理论及其编程实践。

3.1 实体、命名实体和实体抽取

自中美贸易战、科技战以来，有一个词语进入了大众的视野，即"实体清单"。美国商务部将中国多个企业、机构、学校和个人加入实体清单中，禁止美国企业及会用到美国技术的企业与实体清单内的实体进行交流和交易，企图借此打压中国科技的进步。在实体清单中，既有华为、中芯国际、大疆创新等企业，也有中国电子科技集团公司第十四研究所、中国航空工业集团公司、北京航空制造工程研究所等机构，还有北京航空航天大学、哈尔滨工业大学等高校，以及朱洁瑾、周振永、赵刚、尹兆等个人（姓名为音译）。实体清单中的实体，与知识图谱中要处理的实体有共通之处。在知识图谱中，上面提及的"公司""机构""学校"和"人物"等就是实体类型。当然，知识图谱中的实体要远比美国商务部给出的实体清单中的实体范围更加广泛和通用。下面援引第1章的实体定义。

实体（Entity）：是指一种独立的、拥有清晰特征的、能够区别于其他事物的事物。在信息抽取、自然语言处理和知识图谱等领域，用来描述这些事物的信息即实体。实体可以是抽象的或者具体的。

通常来说，实体拥有一系列的属性，是对实体的多维度、多视角的描述。进而，通过比较实体属性，可以识别实体的异同。实体类型可以认为是对实体的一种分类，也就是拥有某些共同特点的实体集合的抽象。已经被分类到某个实体类型的实体，通常也称为命名实体（Named Entity），比如"张三"是一个"人物"类型的命名实体。进一步的，在不同场景下，同一个实体的实体类型可能不同，比如"浙江大学"既可以是"学校"类型，也可以是"机构"类型，还可以是"地理位置名称"类型。

在1996年的第六届消息理解会议（Message Understanding Conference - 6，MUC-6）上，命名实体的概念被引入信息抽取领域，此后被自然语言处理、问答系统和知识图谱等领域采用。在 MUC-6 会议上，为了确定当时的信息抽取技术具有实用性、领域独立、短期内就能够高精度自动化执行的功能，MUC 组委会提出了"命名实体"任务。该任务要求从文本中识别出所有的人物名称（人名）、组织机构名称（机构名）和地理位置名称（地名），以及时间、货币和百分数的表述。识别这6个类型的实体就是经典的、狭义的命名实体识别任务。

在知识图谱兴起和流行的进程中，为了适应更为通用的知识应用，知识图谱领域的研究人员扩展了命名实体的概念。依托于知识图谱的模式，实体类型的数量可多达成千上万。命名实体的概念也完全脱离了最初的局限的定义，依据知识图谱所在的领域、所处理的业务及所处的场景的需要，可以适当地调整实体类型的定义。在实践中，实体不一定是对物理事物的表述，也可以是对虚拟事物的表述。比如"经济指标"类型的实体"CPI"、人物或者组织机构发表的"观点"类型的实体、某个领域权威人物发表的"言论"类型的实体，在制造业质量和可靠性工程中的"失效事件"类型的实体，以及在各类机械与电子电器设备制造领域中的"性能"类型的实体等。

命名实体识别（Named Entity Recognition，NER）是指从非结构化的文本中识别出符合定义的实体，并将其分类到某个恰当实体类型中。在知识图谱领域，广义的命名实体识别通常又称为实体抽取。实体抽取和命名实体识别使用相同的技术，因此二者可以相互替代使用。下面用一个例子来说明实体抽取。这是嫦娥五号从月球"挖土"顺利返回后，新华社 2020 年 12 月 17 日发表的一篇报道节选。

12 月 17 日凌晨，嫦娥五号返回器携带月球样品，采用半弹道跳跃方式再入返回，在内蒙古四子王旗预定区域安全着陆。

随着嫦娥五号返回器圆满完成月球"挖土"，带着月球"土特产"顺利回家，北京航天飞行控制中心嫦娥五号任务飞控现场旋即成为一片欢乐的海洋，大家纷纷欢呼、拥抱，互致祝贺。

探月工程总指挥、国家航天局局长张克俭宣布："探月工程嫦娥五号任务取得圆满成功！"

假定这段文本是来自某个知识图谱的非结构化数据源，知识图谱中包含如下一些实体类型：人物、观点、机构、地点、方法、时间、物体等。那么从这段文本中识别出的实体（见表 3-1），并将其分类为某个具体的实体类型的过程就是实体抽取。

表 3-1　实体抽取的例子

实　　体	实体类型
12 月 17 日凌晨	时间
嫦娥五号	物体
半弹道跳跃	方法
内蒙古四子王旗	地点
国家航天局	机构
张克俭	人物
探月工程嫦娥五号任务取得圆满成功！	观点

从这个例子中可以看出，"实体"所表达的内容或事物是非常广泛的，根据具体场景或业务的需要，一些较长的文本片段也可以定义为实体，比如表 3-1 中的"观点"类型的实体。实体类型的定义和知识图谱模式中的实体类型的定义是一致的。

自 MUC-6 会议上提出了实体抽取的任务之后，各种实体抽取的方法如雨后春笋般出现。最早的实体抽取方法是基于规则的，即由拥有深厚业务经验和语言学知识的专家编写抽取规则来抽取实体。基于规则的实体抽取方法，其效果完全依赖人工编写的规则，往往具有规则烦琐、泛化能力差、成本高、总体效率低等局限性。接着，机器学习和统计学习的方法被改造，用于实现知识抽取，这些方法通常采用较为通用的大量特征，致力于让模型从大量的样本中学习出特征的模式，从而实现高效和泛化能力强的实体抽取。近年来，随着深度学习技术在自然语言处理领域的广泛使用，基于深度学习的知识抽取方法逐渐成为主流，其最显著的特点是不需要人工选择特征，而是让模型从样本数据中同时学习特征和模式（pattern），相比于之前的方法，该方法效果更好、效率更高、泛化能力更强。

在实践中，少样本的情况一直存在，比如标注成本高导致标注的数量少、具体某个场景下某些类型的文档数量少，或者某些低语料语言天然缺少大量样本等。为了解决少样本的问题，弱监督学习的实体抽取方法也被广泛研究。因在 2017 年战胜围棋竞技世界排名第一的柯洁，人工智能程序 AlphaGo 跨界出圈，其使用的深度强化学习也被用于实体抽取中。通常将实体抽取任务建模为马尔可夫决策过程（Markov Decision Process，MDP），并使用深度强化学习来优化模型。其中，关键的工作在于精心设计状态和动作，选择或定义合适的回报函数，并使用深度学习来构建价值网络或策略网络等。除了直接使用深度强化学习进行实体抽取，深度强化学习还常被用来处理训练样本、自动标注样本的噪声处理等。此外，因实际业务需要，为了达到更好的效果，实际使用的实体抽取往往会配合使用多种方法。"不管黑猫白猫，能抓住老鼠的就是好猫"，在实践中切记不要贪恋"前沿算法"或"先进模型"，而要因时、因地、因场景、因条件选择合适的方法。

3.2 基于规则的实体抽取

基于规则的方法是最早用来抽取实体的方法，并且在许多场景下，它至今仍然是很好的选择。基于规则的方法相对简单，精心设计的规则能够达到较高的可靠性和精确度，并可以快速产生效果。同时，规则编写得好坏依赖于工程师是否深入理解业务、拥有丰富的语言学知识，以及是否精通计算语言学等，不同工程师所编写的规则的完备性和合理性差距巨大，效果良莠不齐。因此，好的规则需要既精通计算语言学又精通业务的跨领域专家来编写，成本较高，并且往往只适用于特定的场景或解决特定的问题，泛化能力差，系统的移植成本高。

3.2.1 基于词典匹配的实体抽取方法

词典匹配是一种最简单的基于规则的实体抽取方法。在具有业务词典的场景下，比如地名词典、各领域专名词典、机构内部的词汇表、业务系统或办公系统的数据库等，通过词典匹配从文本中抽取实体非常高效。词典匹配方法的第一步是使用分词器（tokenizer）对文本进行分词，将文本转化成词元（token）的序列，将词元序列与词典进行匹配，获得实体。常用的算法有前向最大匹配、后向最大匹配，以及双向最大匹配等。在进行词典匹配时，往往会用到 Tire 树。

Tire 树，也称前缀树或字典树，其特点是一个节点的所有子节点都有相同的前缀。如图 3-1 所示，上半部分是一个由金融学的缩略语词典构建的前向匹配的 Tire 树。从根节点出发到达中间节点或叶子节点的一条路径所经过的所有节点构成一个缩略语，比如 ROI 是投资回报率（Return on Investment），而 ROIC 是资本回报率（Return on Invested Capital），ROC 是变动率（Rate of Change），ROCE 是已动用资本回报率（Return on Capital Employed）等。图 3-1 的下半部分是一个用中国省市县等行政区划数据构建的后向匹配的 Tire 树。从根节点出发到达叶子节点的一条路径所经过的所有节点构成了一个反向的行政区划名称，比如反向的"广东省"——"省东广"。这两个有关 Tire 树的例子说明了一个道理：基于规则的方法需要对数据本身足够了解，往往是该领域的专家才能设计出合理的规则，从而更好地进行实体抽取。

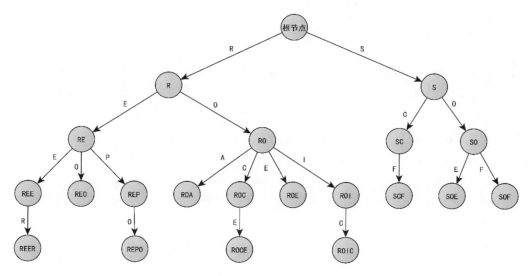

图 3-1　Tire 树示例

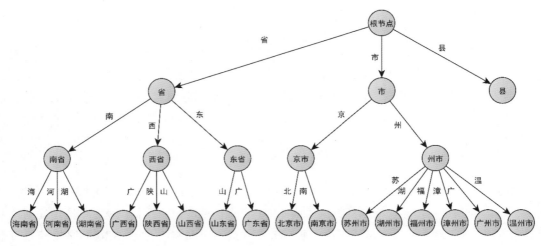

图 3-1 Tire 树示例（续）

通过编程实现 Tire 树本身并不难，也有很多开源库可以直接使用，比如大部分的分词库都包含 Tire 树的实现。此外，对于中文来说，很多分词库都支持词典导入的功能。将词典导入分词库中，利用分词库将实体词完整切分出来，再进行词典匹配，可以更简单、更便捷地实现基于词典匹配的实体抽取。比如，Jieba 分词库是 Python 语言下一个非常好用的分词库，并且被移植到了 Java、C++、Go 等多种编程语言中。

3.2.2　编写正则表达式抽取实体

使用正则表达式（Regular Expression，RegEx）编写规则是最常见的一种实体抽取方法。几乎任何编程语言都支持通过正则表达式从文本中搜索一个或多个指定的模式，实现提取信息，因此使用各种编程语言的工程师都容易上手。在实体抽取技术发展的早期，主流的方法就是用正则表达式实现的，并且至今仍然广泛使用。比如，在比较正式的新闻、书籍、论文等文章中引用其他文章时，会使用书名号将文章的标题给括起来，这时使用正则表达式抽取文章的标题，能够取得非常好的效果。另外，像手机号码、车牌号、时间、日期、电子邮件、域名和网址等具有明显特征的文本，使用正则表达式来抽取也是很方便的。清单 3-1 是提取电子邮件的例子，清单 3-2 是提取书名（文章名）的例子。

清单 3-1　使用正则表达式提取电子邮件地址（Python 语言）

```
1.  import re
2.
3.  regex_email = re.compile(
```

```
 4.    r"([-!#$%&'*+/=?^_`{}|~0-9A-Z]+"
 5.    r"(?:\.[-!#$%&'*+/=?^_`{}|~0-9A-Z]+)*"
 6.    r'@(?:[A-Z0-9](?:[A-Z0-9-]{0,61}[A-Z0-9])?\.)+'
 7.    r'(?:[A-Z0-9-]{2,63}(?<!-)))', re.IGNORECASE)
 8.
 9.    s = '''
10.    在阅读本书时有任何问题或建议，欢迎联系 kdd.wang@gmail.com。
11.    '''
12.
13.    regex_email.findall(s)
```

清单 3-2　使用正则表达式提取书名（Python 语言）

```
1. import re
2. s = '''
3. 为加强对商业银行通过互联网开展个人存款业务的监督管理，维护市场秩序，防范金融风险，保护消
费者合法权益，银保监会办公厅、人民银行办公厅近日联合印发了《关于规范商业银行通过互联网开展个人存
款业务有关事项的通知》（以下简称《通知》）。
4. '''
5. re.findall(r'《[^《》]+》', s)
```

3.2.3　基于模板的实体抽取方法

基于模板的实体抽取方法则是另一种常见的方法。这个方法通常用在有一定结构的文本中，特别是基于模板自动生成的文档或网页中，举例如下。

- 制式合同，如基金开户合同、银行开户合同、保险合同等。
- 财务报表，如企业财务报表，上市公司财务报告等。
- 制造业质量与可靠性领域的格式化文档，如 FMEA、8D 分析报告等。
- 互联网上的通过结构化数据生成的大量文本，如电商商品信息、企业工商信息、金融信息媒体、百科等。

对这样结构化或半结构化的文本进行实体抽取，基于模板的方法是非常有效的。XPath（XML Path Language）是一种定位元素并抽取实体的工具，通常用在网页中。以"国家企业信用信息公示系统"网站为例，页面如图 3-2 所示，利用简单的程序语句"xpath('//div[@id="primaryInfo"]')"即可获取"营业执照信息"部分的内容（见清单 3-3），然后利用表格模板实现实体抽取，比如法定代表人等。

图 3-2　利用结构化数据根据模板生成的网页例子①

清单 3-3　XPath 的输出结果，是一个 html 格式的表格

```
1.  <div id="primaryInfo" class="tabin mainContent">
2.   <div class="details clearfix">
3.    <div class="classify">营业执照信息</div>
4.    <div class="overview">
5.     <dl>
6.      <dt class="item"> 统一社会信用代码：</dt>
7.      <dd class="result"><!--这里还需要添加业务逻辑 -->9111000071093123XX
</dd>
8.     </dl>
9.     <dl>
10.     <dt class="item_right">企业名称：</dt>
11.     <dd class="result" title="国家电网有限公司">国家电网有限公司</dd>
12.    </dl>
13.    <dl>
14.     <dt class="item"> 注册号：</dt>
15.     <dd class="result"><!-- 这里还需要添加业务逻辑 -->100000000037908</dd>
```

---

① 内容来自"国家企业信用信息公示系统"，2020-12-28。

```
16.        </dl>
17.          <dl>
18.            <dt class="item_right">法定代表人：</dt>
19.            <dd class="result">毛伟明</dd>
20.          </dl>
21.          <dl>
22.            <dt class="item">类型：</dt>
23.            <dd class="result">有限责任公司(国有独资)</dd>
24.          </dl>
25.          <dl>
26.            <dt class="item_right">成立日期：</dt>
27.            <dd class="result">2003 年 05 月 13 日</dd>
28.          </dl>
29.          <dl>
30.            <dt class="item">注册资本：</dt>
31.            <dd class="result">82950000.000000 万人民币</dd>
32.          </dl>
33.          <dl>
34.            <dt class="item_right">核准日期：</dt>
35.            <dd class="result">2020 年 02 月 07 日</dd>
36.          </dl>
37.          <dl>
38.            <dt class="item">营业期限自：</dt>
39.            <dd class="result">2017 年 11 月 30 日</dd>
40.          </dl>
41.          <dl>
42.            <dt class="item_right">营业期限至：</dt>
43.            <dd class="result"> </dd>
44.          </dl>
45.          <dl>
46.            <dt class="item">登记机关：</dt>
47.            <dd class="result">北京市市场监督管理局</dd>
48.          </dl>
49.          <dl>
50.            <dt class="item_right">登记状态：</dt>
51.            <dd class="result">存续（在营、开业、在册）</dd>
52.          </dl>
53.          <dl class="item info-dl all">
54.            <dt class="item">住所：</dt>
55.            <dd class="result" title="北京市西城区西长安街 86 号">北京市西城区西长安街
86 号</dd>
56.          </dl>
57.          <dl class="item info-dl all">
58.            <dt class="item">经营范围：</dt>
```

```
59.        <dd>输电（有效期至 2026 年 1 月 25 日）；
60.            供电（经批准的供电区域）；
61.            对外派遣与其实力、规模、业绩相适应的境外工程所需的劳务人员；
62.            实业投资及经营管理；
63.            与电力供应有关的科学研究、技术开发、电力生产调度信息通信、咨询服务；
64.            进出口业务；
65.            承包境外工程和境内国际招标工程；
66.            上述境外工程所需的设备、材料出口；
67.            在国（境）外举办各类生产性企业。（企业依法自主选择经营项目，开展经营活动；
68.            依法须经批准的项目，经相关部门批准后依批准的内容开展经营活动；
69.            不得从事本市产业政策禁止和限制类项目的经营活动。）</dd>
70.        </dl>
71.      </div>
72.    </div>
73.  </div>
```

lxml 是一个非常成熟 Python 语言库，可以用来进行 XPath 抽取。基于模板的方法存在其固有的缺点，即模板极度依赖于数据源。当数据源的文件格式发生变化时，基于模板抽取的方法就可能失效。因此，在采用基于模板的方法进行实体抽取时，往往需要持续维护模板本身。

3.3 如何评价实体抽取的效果

在使用了某种方法抽取了一批实体后，如何判断抽取的效果呢？这就需要设计合适的评价指标，实现对算法的效果评价。对于实体抽取，通常的评价指标包括准确率（accuracy）、精确率（precision）、召回率（recall）和 F1 分数（F1-score）。事实上，这些也是机器学习和深度学习的各种任务中常用的指标，定义非常相似。本节给出了这些评价指标在实体抽取任务中的定义，并在后续章节的机器学习算法和深度学习算法的相关实例中使用。

对于实体抽取任务来说，有如下定义。

L：所有实体类型的集合，$l \in L$ 表示某一个实体类型。

$|A|$：表示集合 A 中元素的数量。

y：所有抽取出来的实体的集合，包含实体标签，即抽取的（实体、实体类型）对的集合。

$\hat{y}$：所有标注的实体的集合，包含实体标签，即标注的（实体、实体类型）对的集合。

y_l：所有抽取出来的实体类型为 l 的实体的集合。

$\hat{y}_l$：所有标注的实体类型为 l 的实体的集合。

$y \cap \hat{y}$：表示所有识别正确的实体，即标注的实体和抽取的实体是相同的，实体类型也是同一个。

$y \cup \hat{y}$：表示所有识别出来的实体和所有标注的实体的汇总的集合，即标注实体（实体、实体类型）对集合和抽取（实体、实体类型）对集合的并集。

$y_l \cap \hat{y}_l$：表示实体类型为 l 的所有识别正确的实体，即实体类型为 l 的标注实体和抽取出的实体是相同的那部分的集合。

- 准确率：是直观的效果评估指标，指所有正确抽取出来的实体占所有实体（包含错误抽取出来的实体，以及标注的但没抽取出来的实体）的比例，在样本比较均衡的情况下，能够很好地衡量方法的效果好坏。

$$accuracy = \frac{|y \cap \hat{y}|}{|y \cup \hat{y}|} \tag{3-1}$$

微观（micro）评估指标不考虑实体类型之间的差别，评估的是总体的效果，定义如下。

- 精确度：指正确识别出来的实体占所有识别出来的实体的比例。这个指标衡量了所有识别出来的实体的正确比例，也就是说，高的精确率表示识别出来的实体的正确率更高。

$$p = \frac{|y \cap \hat{y}|}{|y|} \tag{3-2}$$

- 召回率：是指正确识别出来的实体占所有标注的实体的比例。这个指标衡量了所有标注实体中有多少被正确识别出来，也就是说，高的召回率表示大多数的实体可以被正确识别出来。

$$r = \frac{|y \cap \hat{y}|}{|\hat{y}|} \tag{3-3}$$

- F1 分数：是对精确率和召回率的加权调和均值，F1 分数能够很好地反映实体抽取方法的效果，但无法直观地给出解释。

$$F1 = 2 \times \frac{p \times r}{p + r} \tag{3-4}$$

宏观（macro）评估指标考虑了不同实体类型之间的差别，分别对每个实体类型进行评估，然后对所有的实体类型求平均。这个指标不仅评估了总体的效果，还评估了方法对不同实体类型的效果，定义如下。

- 精确度：对每个实体类型分别计算精确度，然后求所有实体类型的精确度的平均值作为整体的精确度。

$$p_l = \frac{|y_l \cap \hat{y}_l|}{|y_l|} \tag{3-5}$$

$$p = \frac{1}{|L|} \sum_{l \in L} p_l \tag{3-6}$$

- 召回率：对每个实体类型分别计算召回率，然后求所有实体类型的召回率的平均值作为整体的召回率。

$$r_l = \frac{|y_l \cap \hat{y}_l|}{|\hat{y}_l|} \tag{3-7}$$

$$r = \frac{1}{|L|} \sum_{l \in L} r_l \tag{3-8}$$

- F1 分数：对每个实体类型分别计算 F1 分数，然后求所有实体类型的 F1 分数的平均值作为整体的 F1 分数。

$$F1_l = 2 \times \frac{p_l \times r_l}{p_l + r_l} \tag{3-9}$$

$$F1 = \frac{1}{|L|} \sum_{l \in L} F1_l \tag{3-10}$$

加权（weighted）评估指标不仅考虑了不同实体类型之间的差别，分别对每个实体类型进行评估；还考虑了每个实体类型所标注的实体的数量，按照每个实体类型的实体数量占所有实体的数量的比例进行加权。这个指标综合考虑了方法对每个实体类型的抽取效果，以及每个实体类型对总体效果的影响情况，定义如下。

- 精确度：对每个实体类型分别计算精确度，然后求所有实体类型的精确度的加权平均值作为整体的精确度，权重为每个实体类型中的实体占全部实体的比例。

$$p = \frac{1}{|\hat{y}|} \sum_{l \in L} |\hat{y}_l| \times p_l \tag{3-11}$$

- 召回率：对每个实体类型分别计算召回率，然后求所有实体类型的召回率的加权平均值作为整体的召回率，权重为每个实体类型中的实体占全部实体的比例。

$$r = \frac{1}{|\hat{y}|} \sum_{l \in L} |\hat{y}_l| \times r_l \tag{3-12}$$

- F1 分数：对每个实体类型计算 F1 分数，然后求所有实体类型的 F1 分数的平均值作为整体的 F1 分数。

$$F1 = \frac{1}{|\hat{y}|} \sum_{l \in L} |\hat{y}_l| \times F1_l \qquad (3-13)$$

3.4　传统机器学习方法

机器学习是研究如何通过使用经验和数据来持续和自动地改善计算机算法性能的技术。通常，通过训练数据学习出符合数据分布的规律，形成模型，并应用到未知的数据样本中，用于做预测或决策。在本章中，将机器学习分为传统机器学习和深度学习两部分，分别介绍相应的实体抽取方法。

传统的有监督机器学习算法被广泛应用在实体抽取上，其基本原理如下。

（1）将文本划分为词元序列。

（2）对每个词元进行分类，分类到某一个具体的实体类型（实体类型数量记为 N），或者不是任何一个实体类型。

- 二分类算法：遍历每个实体类型，用二分类算法判断每个词元是否属于当前的实体类型，通常有"一对其余"和"成对分类"两种方法。
- 多分类算法：用多分类算法直接判断词元属于哪一个实体类型，或者不属于任何一个实体类型。多分类算法的分类数量为 $N+1$。

基于上述原理，机器学习中的分类算法都可以用来进行实体抽取。

决策树是最常见的分类算法，也是最早被用于实体抽取的机器学习算法之一。决策树是根据特征构建的树形分类器，具有可解释性、计算量小、速度快等特点，契合实体抽取早期计算力较弱的情况，应用很广泛。用于实体抽取的决策树的叶子节点表示对应的类别，中间节点表示特征或特征的组合。通常采用有监督机器学习的方法来构建决策树，包括 ID3、C4.5、分类回归树（Classification and Regression Tree，CART）等学习方法。

在深度学习之前，支持向量机（Support Vector Machine，SVM）是使用最为广泛的一种分类算法，它是一种广义线性模型。支持向量机的目标是学习出一个超平面，将数据按期望分开。原始的支持向量机仅适用于数据为线性可分的情况，但线性分类器能力有限，许多应用需要比线性分类器更强的表达能力。为了适应非线性的假设空间，支持向量机使用核函数（Kernel Function）来处理非线性数据。其基本原理是，对于在原始空间中线性不可分的问题，通过选择合适的核函数，将数据映射到高维空间，并在高维空间中进行分类。

墨瑟定理（Mercer's Theorem）是判定一个函数是否可以作为支持向量机的核函数的充要条件。常见的核函数有多项式核（Polynomial Kernel）、高斯径向基核函数（Gaussian Radial Basis Function，Gaussian RBF）、拉普拉斯径向基核函数（Laplace Radial Basis Function，Laplace RBF）、双曲正切核（Hyperbolic Tangent Kernel）、ANOVA RBF、Sigmoid 核、小波核（Wavelet Kernel），等等。

事实上，使用了核函数的支持向量机比浅层神经网络的能力更强。在 21 世纪初深度学习兴起之前，支持向量机是使用最广泛的一种机器学习算法，那时，实体抽取领域也常用支持向量机。原始的支持向量机是一个二分类器，而实体抽取则是多分类器，有两种方法可以将 SVM 改造成多分类的情况，即"一对其余"（one-vs-rest）和"成对分类"（pairwise）。"一对其余"构建 $N + 1$ 个分类器（N 为实体类型数量），逐一使用每个分类器判断当前样本是否属于当前分类器所关联的类别（实体类型）。"成对分类"则构建 $N * (N + 1)/2$ 个分类器，逐一使用每个分类器判断当前样本属于该分类器所关联的两个类别中的哪一个类别，并选择当前样本被归类到最多次的那个类别作为最终分类结果。

虽然支持向量机的能力很强，应用十分广泛，但在实体抽取领域，概率图模型（Probabilistic Graphical Model，PGM）却是使用最多的方法。概率图模型会对带有依存关系的序列进行建模，是将概率论和图论相结合的机器学习方法。概率图模型的典型算法有朴素贝叶斯（Naïve Bayes，NB）、最大熵模型（Maximum Entropy）、隐马尔可夫模型（Hidden Markov Model，HMM）和条件随机场（Conditional Random Field，CRF）。

3.4.1　概率图模型

概率图模型是概率分布的图表示模型，节点表示随机变量，节点之间的边表示随机变量之间的某种关系。如果两个节点没有边相连接，则表示两个随机变量之间是条件独立的。如图 3-3 所示，节点 A、B、C 等是随机变量，A 和 B 之间存在某种关系，而 A 和 C 之间则是条件独立的。

概率图分为有向图和无向图。有向图通常称为贝叶斯网络，无向图则称为马尔可夫网络。

在图 3-3 中，左边是有向图，表示贝叶斯网络 $p(A,B,C,D,E) = p(A)p(B|A)p(F|B)p(D|B)$

$p(C|F)p(E|C,D)$。有向图的边表示条件概率，即随机变量之间存在概率明确的依赖关系。由于有向图表示了随机变量之间的概率依存关系，如果图中存在环，则会使概率关系出现异常，故而概率图中的有向图通常是有向无环图（Directed Acyclic Graph，DAG）。朴素贝叶斯和隐马尔可夫模型都可以用有向图来表示，下文会详细介绍。

在图 3-3 中，中间是无向图，表示马尔可夫网络$p(A,B,C,D,E,F) = \frac{1}{Z}\prod_X \Psi_X(X)$，概率图中的无向图通常用团（clique）来表示，每个团用一个势函数（Potential Function）来表达。团和势函数通常可以通过因式分解（factorization）得到。无向图通过因式分解所形成的图又称因子图（Factor Graph）。

一个无向图的因式分解往往有多种结果，在图 3-3 中，右边是其中一种分解方法$p(A,B,C,D,E,F) \propto \Psi_1(A,B)\Psi_2(B,C)\Psi_3(C,D,E)\Psi_4(E,F)$。最大熵模型和条件随机场则是无向图模型的典型代表，下文会详细介绍。另外，有向图在因式分解后，也可以用因子图来表示。

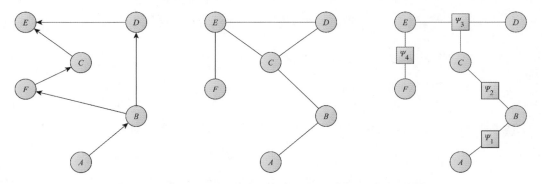

图 3-3　概率图，左边是有向图，中间是无向图，右边是因子图

3.4.2　朴素贝叶斯模型

朴素贝叶斯模型是最简单的概率图模型，是贝叶斯理论和严格的条件独立性假说在机器学习领域的应用。朴素贝叶斯模型有着坚实的数学理论基础支撑，对模型的推断结果解释性很强，并易于理解，在许多场景中非常有价值。朴素贝叶斯模型假设各个特征之间相互独立，这是一个非常严格的条件，在实际应用中，特征之间完全独立的情况非常罕见。因而，这个假设本身是 Naïve（天真的、不切实际的、因缺少阅历和实战经验而原始淳朴的），这也是朴素（Naïve）贝叶斯名称的由来。

不过，从实际应用来看，即使各个特征之间并不是完全的条件独立，朴素贝叶斯依然表现出色，应用效果可圈可点。朴素贝叶斯的特点是训练和推断效率很高，即使使用超大规模训练集和大量的特征，速度依然很快。此外，朴素贝叶斯的另一个特点是，当数据规模较小时，因为它更能满足特征之间的条件独立性，因此效果比其他模型更好。所谓"实践是检验真理的唯一标准"，这也是朴素贝叶斯模型能够流行的原因所在。

在实体抽取的应用上，朴素贝叶斯也是最早被使用的方法之一。在 2001 年的论文 *Information Extraction by Text Classification* 中，Kushmerick 等就用朴素贝叶斯方法从文本中抽取电子邮件地址，用于解决电子邮件中的地址更换（change of address）的问题。电子邮件地址更换是很常见的操作，广泛存在于名片管理、简历管理、合同管理等应用场景中，因而该论文的方法具有普遍的借鉴意义。

在朴素贝叶斯模型中，输入为 n 维向量 $\boldsymbol{x} = (x_1, x_2, \cdots, x_n)$，输出为类别 y，那么作为分类器的模型来说，就是在已知特征向量 $\boldsymbol{x}$ 的情况下预测每一个类别条件概率 $p(y|\boldsymbol{x})$，并且每个类别 $p(\boldsymbol{x})$ 本身是一个常数。为了求解 $p(y|\boldsymbol{x})$，根据贝叶斯定理有

$$p(y|\boldsymbol{x}) = \frac{p(y)p(\boldsymbol{x}|y)}{p(\boldsymbol{x})} \propto p(y)p(\boldsymbol{x}|y) \tag{3-14}$$

而对于特征本身，根据条件概率的链式法则，有

$$\begin{aligned} p(\boldsymbol{x}|y) &= p(x_1, x_2, \cdots, x_n|y) \\ &= p(x_1|y)p(x_2|x_1, y)p(x_3|x_2, x_1, y) \cdots p(x_n|x_{n-1}, \cdots, x_2, x_1, y) \end{aligned} \tag{3-15}$$

基于朴素贝叶斯模型中的条件独立性假说，假设所有输入的 n 维向量 $(x_1, x_2, \cdots, x_n)$ 之间条件独立，有

$$p(x_i|y, x_j) = p(x_i|y), \quad \forall i \neq j \tag{3-16}$$

从而

$$\begin{aligned} p(\boldsymbol{x}|y) &= p(x_1, x_2, \cdots, x_n|y) \\ &= p(x_1|y)p(x_2|y)p(x_3|y) \cdots p(x_n|y) \end{aligned} \tag{3-17}$$

将式（3-17）代入式（3-14），就得到了朴素贝叶斯的分类模型

$$\begin{aligned} p(y|\boldsymbol{x}) &\propto p(y)p(\boldsymbol{x}|y) \\ &= p(\boldsymbol{x}, y) \\ &= p(y)p(x_1|y)p(x_2|y)p(x_3|y) \cdots p(x_n|y) \end{aligned} \tag{3-18}$$

基于式（3-18），即可得到一个常见的说法——朴素贝叶斯模型是一个依赖于联合概率分布的模型。用有向图和因子图来表示朴素贝叶斯模型，如图 3-4 所示。

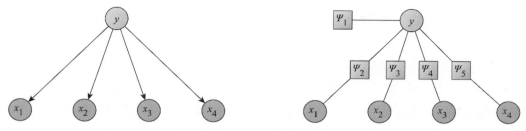

图 3-4　朴素贝叶斯模型的有向图和因子图表示

3.4.3　最大熵模型

最大熵模型是另一种经典的概率图模型，常用在机器学习的分类任务中，也是最早被用于实体抽取的算法之一。在传统机器学习领域中，最大熵模型具有效果好、准确率极高、复杂性高、难度大的特点。同时，最大熵模型也是理解条件随机场模型的基础，而条件随机场是实体抽取中用得最多的模型，甚至被应用到许多深度学习模型中。

基于最大熵模型框架开发的基于对象的实体识别架构，具有非常强的通用型，给定合适的语料，即可将它迁移到不同的场景中。这种使用不同语料即可迁移的通用性思想和当今的深度学习理念很一致。在最大熵模型中，通常利用多种多样的通用特征实现实体抽取，这也是其得以迁移的原因。这些特征包括单词的大写特征、词汇特征、篇章结构特征、数字特征等。此外，最大熵模型还可以结合业务有关的先验知识，进一步提升效果。比如，使用领域词典作为先验知识，输入最大熵模型中。在 2006 年发表的论文 *Named Entity Recognition for Astronomy Literature* 中，Tara Murphy 等用最大熵模型抽取了 43 个类别的天文学实体。在专业性很强的天文学领域中，最大熵模型能够很好地抽取出类别多、专业术语复杂、有大量的缩写、特殊符号及数学表达式等特点的实体。对于知识图谱的构建来说，这是一个非常值得借鉴与参考的案例。

在原理上，最大熵模型和朴素贝叶斯略有区别。最大熵模型是一个基于条件概率的模型。最大熵模型的理论基础是最大熵原理（Principle of Maximum Entropy）：如果根据不完全信息来推断一个概率分布，那么唯一的无偏假设是在满足拟合已知信息的条件下的尽可能均匀（uniform）的概率分布，即在拟合已知信息的约束下熵最大的那个概率分布。对于自然语言处理和知识图谱领域常见的实体抽取任务来说，最大熵模型就是求出满足训练样本的概率分布的条件下熵最大的概率分布。

为了求解熵最大的概率分布，从条件熵出发：

$$H(y|\boldsymbol{x}) = - \sum_{(\boldsymbol{x},y) \in Z} p(y,\boldsymbol{x}) \log p(y|\boldsymbol{x}) \tag{3-19}$$

其中，Z是所有$\boldsymbol{x}$的集合X和所有y的集合Y的组合$Z = X \times Y$，表示所有可能的组合，而不仅是训练集中的组合。最大熵模型的基本假设是，在尽可能匹配训练语料的概率分布的情况下，条件熵$H(y|\boldsymbol{x})$最大，数学表达式为

$$\tilde{p}(y|\boldsymbol{x}) = \operatorname*{argmax}_{p(y|\boldsymbol{x}) \in \ddot{P}} H(y|\boldsymbol{x}) \tag{3-20}$$

其中，$\ddot{P}$是所有符合训练语料的概率分布的集合，$\tilde{p}(y|\boldsymbol{x})$是最大熵模型的求解目标。

接下来从训练语料出发，定义一系列的二值特征函数$f_j(\boldsymbol{x}, y)$，$1 \leqslant j \leqslant J$，特征函数的输入是模型的输入变量$\boldsymbol{x}$和模型的输出类别变量$y$，特征函数的输出是 0 或 1，分别表示是否拥有特征f_j。数学表达式为

$$f_j(\boldsymbol{x}, y) = \begin{cases} 1 & \text{，如果输入样本}\boldsymbol{x}\text{符合某个模式和输出类别为}y \\ 0 & \text{，其他} \end{cases} \tag{3-21}$$

特征函数通常由非常有经验的专家来定义，这也是传统机器学习中特征工程的工作内容。特征工程的好坏、特征函数定义是否合理，直接影响到模型最终的效果。

特征函数f_j的期望值可以从样本中计算出来，即在训练集中的所有样本对$(\boldsymbol{x}, y)$中，符合特征函数的为 1，不符合特征函数的为 0，故而

$$\ddot{E}(f_j) = \sum_{(\boldsymbol{x},y) \in T} \ddot{p}(\boldsymbol{x}, y) f_j(\boldsymbol{x}, y) = \frac{1}{N} \sum_{(\boldsymbol{x},y) \in T} f_j(\boldsymbol{x}, y) \tag{3-22}$$

其中，T为训练集，$N = |T|$表示训练集T的样本数量，$\ddot{p}(\boldsymbol{x}, y)$表示符合训练集的经验分布，也就是说，期望值是训练集中符合特征函数f_j的样本的占比。

对于模型的分布（不仅是训练集，还包括模型空间的所有可能，训练集可以被认为是模型空间所有样本的抽样），特征的期望值是

$$E(f_j) = \sum_{(\boldsymbol{x},y) \in Z} p(\boldsymbol{x}, y) f_j(\boldsymbol{x}, y) = \sum_{(\boldsymbol{x},y) \in Z} p(\boldsymbol{x}) p(y|\boldsymbol{x}) f_j(\boldsymbol{x}, y) \tag{3-23}$$

在自然语言处理或知识抽取中，通常假设训练集是从模型的样本空间中无偏抽样得到的，即$p(\boldsymbol{x}) \approx \ddot{p}(\boldsymbol{x})$。其中，$\ddot{p}(\boldsymbol{x})$是训练集中输入部分$\boldsymbol{x}$的经验分布，那么

$$E(f_j) = \sum_{(\boldsymbol{x},y) \in Z} \ddot{p}(\boldsymbol{x}) p(y|\boldsymbol{x}) f_j(\boldsymbol{x}, y) \tag{3-24}$$

条件熵近似为

$$H(y|\boldsymbol{x}) \approx - \sum_{(\boldsymbol{x},y) \in Z} \ddot{p}(\boldsymbol{x})p(y|\boldsymbol{x})\log p(y|\boldsymbol{x}) \tag{3-25}$$

由最大熵模型的基础原理中可知，最终求解出来的最大熵模型的概率分布 $p(\boldsymbol{x},y)$ 要符合已知训练集的概率分布 $\ddot{p}(\boldsymbol{x},y)$。也就是说，在训练集中，最终求解出来的模型的特征期望值也要和式（3-22）相同，于是有

$$E(f_j) = \ddot{E}(f_j)，\ 当 (\boldsymbol{x},y) \in T \text{时} \tag{3-26}$$

将式（3-22）和式（3-24）代入式（3-26），得到模型的约束等式

$$\sum_{(\boldsymbol{x},y) \in T} \ddot{p}(\boldsymbol{x})p(y|\boldsymbol{x}) f_j(\boldsymbol{x},y) = \sum_{(\boldsymbol{x},y) \in T} \ddot{p}(\boldsymbol{x},y) f_j(\boldsymbol{x},y) \tag{3-27}$$

在实际使用中，用训练集的输入样本 $\boldsymbol{x}$ 代替模型的样本空间，但保留所有的类别 Y。也就是说，对于每个 $\boldsymbol{x} \in T$[①]，都要考虑所有的分类类别，不管 $(\boldsymbol{x},y)$ 是否在 T 集合内。在实际中，通过 $\boldsymbol{x} \in T$ 构造大量的负样本来实现，经过这个处理，可得

$$E(f_j) \approx \frac{1}{N} \sum_{\boldsymbol{x} \in T} \sum_{y \in Y} p(y|\boldsymbol{x}) f_j(\boldsymbol{x},y) \tag{3-28}$$

作为分类类别集合的 Y，其数量通常是有限的，因此式（3-28）的 $E(f_j)$ 能够被高效地计算出来。另外，由条件概率的定义，可以得到最大熵模型的约束条件还有

$$p(y|\boldsymbol{x}) \geqslant 0 \qquad \forall \boldsymbol{x},y \tag{3-29}$$

$$\sum_{y \in Y} p(y|\boldsymbol{x}) = 1 \qquad \forall \boldsymbol{x} \tag{3-30}$$

到此，式（3-20）所表示的最大熵模型可以被理解成由式（3-27）、式（3-29）和式（3-30）所约束的最优化问题。模型的目标分布 $\tilde{p}(y|\boldsymbol{x})$ 就是这个约束最优化问题的解。求解这个问题，需要用到约束优化理论中的拉格朗日乘子。对于每个特征函数 f_j，引入拉格朗日乘子 λ_j，并定义拉格朗日函数 $\Lambda(p,\boldsymbol{\lambda})$ 为

$$\Lambda(p,\boldsymbol{\lambda}) = H(y|\boldsymbol{x}) + \sum_j \lambda_j \left(E(f_j) - \ddot{E}(f_j) \right) + \lambda_0 \left(\sum_{y \in Y} p(y|\boldsymbol{x}) - 1 \right) \tag{3-31}$$

---

① 这里的 $\boldsymbol{x} \in T$ 表示在 T 中的样本仅考虑 $\boldsymbol{x}$ 的部分，而去除了 y 的部分。下同。

固定$\boldsymbol{\lambda}$，求$p(y|\boldsymbol{x}) \in \ddot{P}$下的无限制的拉格朗日函数$\Lambda$的最大值，记$\Lambda$的最大值为$\Omega$，相应的$p$记为$p_{\boldsymbol{\lambda}}$，则有

$$p_{\boldsymbol{\lambda}} = \underset{p(y|\boldsymbol{x}) \in \ddot{P}}{\operatorname{argmax}} \Lambda(p, \boldsymbol{\lambda}) \tag{3-32}$$

$$\Omega(\boldsymbol{\lambda}) = \Lambda(p_{\boldsymbol{\lambda}}, \boldsymbol{\lambda}) \tag{3-33}$$

其中，式（3-20）中求$\tilde{p}(y|\boldsymbol{x})$的问题被称为原始问题（primal problem），而式（3-33）求解$\Omega(\boldsymbol{\lambda})$的问题则被称为对偶问题（dual problem），$\Omega(\boldsymbol{\lambda})$也被称为对偶函数（dual function）。由库恩塔克（Kuhn-Tucker）定理可知，通过求解$\Omega(\boldsymbol{\lambda})$，即可得到原始问题最大熵模型的分布$\tilde{p}_{\boldsymbol{\lambda}}(y|\boldsymbol{x})$。通过简单的微积分求解可得

$$H(y|\boldsymbol{x}) = -\sum_{(\ddot{x},y) \in Z} \ddot{p}(\boldsymbol{x})p(y|\boldsymbol{x}) \log p(y|\boldsymbol{x}) \tag{3-34}$$

$$\frac{\partial}{\partial p(y|\boldsymbol{x})} H(y|\boldsymbol{x}) = -\ddot{p}(\boldsymbol{x})(\log p(y|\boldsymbol{x}) + 1) \tag{3-35}$$

$$\sum_j \lambda_j \left(E(f_j) - \ddot{E}(f_j) \right) = \sum_j \lambda_j \left(\sum_{(\boldsymbol{x},y) \in Z} \ddot{p}(\boldsymbol{x})p(y|\boldsymbol{x})f_j(\boldsymbol{x},y) - \sum_{(\boldsymbol{x},y) \in Z} \ddot{p}(\boldsymbol{x},y)f_j(\boldsymbol{x},y) \right) \tag{3-36}$$

$$\frac{\partial}{\partial p(y|\boldsymbol{x})} \sum_j \lambda_j \left(E(f_j) - \ddot{E}(f_j) \right) = \sum_j \lambda_j \ddot{p}(\boldsymbol{x})f_j(\boldsymbol{x},y) \tag{3-37}$$

对式（3-31）两边求偏微分，将式（3-35）和式（3-37）代入式（3-31），从而得到

$$\frac{\partial}{\partial p(y|\boldsymbol{x})} \Lambda(p, \boldsymbol{\lambda}) = -\ddot{p}(\boldsymbol{x})(\log p(y|\boldsymbol{x}) + 1) + \sum_j \lambda_j \ddot{p}(\boldsymbol{x})f_j(\boldsymbol{x},y) + \lambda_0 \tag{3-38}$$

令$\frac{\partial}{\partial p(y|\boldsymbol{x})} \Lambda(p, \boldsymbol{\lambda}) = 0$，求$p_{\boldsymbol{\lambda}}$，即

$$-\ddot{p}(\boldsymbol{x})(\log p(y|\boldsymbol{x}) + 1) + \sum_j \lambda_j \ddot{p}(\boldsymbol{x})f_j(\boldsymbol{x},y) + \lambda_0 = 0 \tag{3-39}$$

$$\ddot{p}(\boldsymbol{x})(\log p(y|\boldsymbol{x}) + 1) = \sum_j \lambda_j \ddot{p}(\boldsymbol{x})f_j(\boldsymbol{x},y) + \lambda_0 \tag{3-40}$$

$$\log p(y|\boldsymbol{x}) = \sum_j \lambda_j f_j(\boldsymbol{x},y) + \frac{\lambda_0}{\ddot{p}(\boldsymbol{x})} - 1 \tag{3-41}$$

对式（3-41）两边取指数，即可得到

$$p(y|\boldsymbol{x}) = \exp\left(\sum_j \lambda_j f_j(\boldsymbol{x}, y)\right) \cdot \exp\left(\frac{\lambda_0}{\ddot{p}(\boldsymbol{x})} - 1\right) \qquad (3-42)$$

从式（3-30）的约束条件可知，对任何 $\boldsymbol{x}$ 来说，所有类别的概率和都等于 1，即 $\sum_{y \in Y} p(y|\boldsymbol{x}) = 1$，将式（3-42）代入式（3-30），得到

$$\sum_{y \in Y}\left[\exp\left(\sum_j \lambda_j f_j(\boldsymbol{x}, y)\right) \cdot \exp\left(\frac{\lambda_0}{\ddot{p}(\boldsymbol{x})} - 1\right)\right] = 1 \qquad (3-43)$$

从而有

$$\exp\left(\frac{\lambda_0}{\ddot{p}(\boldsymbol{x})} - 1\right) = \frac{1}{\sum_{y \in Y}\left[\exp\left(\sum_j \lambda_j f_j(\boldsymbol{x}, y)\right)\right]} \qquad (3-44)$$

将式（3-44）代入式（3-42），即可得到拉格朗日函数式（3-31）在式（3-27）、式（3-29）和式（3-30）的约束条件下的最优化解。同时，将 p_λ 代入 $\Omega(\boldsymbol{\lambda}) = \Lambda(p_\lambda, \boldsymbol{\lambda})$，可得 Ω：

$$p_\lambda(y|\boldsymbol{x}) = \frac{1}{Z_\lambda(\boldsymbol{x})} \exp\left(\sum_j \lambda_j f_j(\boldsymbol{x}, y)\right) \qquad (3-45)$$

$$Z_\lambda(\boldsymbol{x}) = \sum_{y \in Y} \exp\left(\sum_j \lambda_j f_j(\boldsymbol{x}, y)\right) \qquad (3-46)$$

由于指数的累加可以转化成指数之间的连乘，式（3-45）又可以写成

$$\begin{aligned} p_\lambda(y|\boldsymbol{x}) &= \frac{1}{Z_\lambda(\boldsymbol{x})} \exp\left(\sum_j \lambda_j f_j(\boldsymbol{x}, y)\right) \\ &= \frac{1}{Z_\lambda(\boldsymbol{x})} \prod_j \exp\left(\lambda_j f_j(\boldsymbol{x}, y)\right) \end{aligned} \qquad (3-47)$$

从式（3-47）可以看出，特征函数的指数 $\exp\left(\lambda_j f_j(\boldsymbol{x}, y)\right)$ 的连乘是最大熵模型 $p_\lambda(y|\boldsymbol{x})$ 的一种因式分解。概率图模型中的无向图模型通过因式分解，可以表示成势函数的因子图。这里的势函数是特征函数的指数，即

$$\Psi_j = \exp\left(\lambda_j f_j(\boldsymbol{x}, y)\right) \qquad (3-48)$$

最大熵模型无向图和因子图的表示如图 3-5 所示，其中右边的因子图中用了 3 个特征函数。

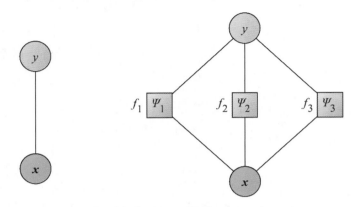

图 3-5　最大熵模型的无向图和因子图表示

3.4.4　隐马尔可夫模型

隐马尔可夫模型是一种基于马尔可夫随机过程（Markov Process）的统计模型，广泛应用于热力学、统计力学、物理学、化学、经济学、金融学、信号处理、信息论和机器学习中。在机器学习领域，隐马尔可夫模型是一种处理序列问题的有效算法，也是一种有向图模型。在深度学习兴起之前，隐马尔可夫模型被广泛应用于语音识别、分词、词性标注、手写文字识别、手势识别、生物信息学等领域。隐马尔可夫模型很早就被用于从文本中抽取实体，在前深度学习时代，它的应用广泛程度仅次于条件随机场的实体抽取方法。特别是在中文实体抽取上，隐马尔可夫模型在很长时间里扮演着重要角色，主要原因是它的计算量较少，能够很好地解决中文的歧义问题，同时实现起来也比较简单。

从原理上看，隐马尔可夫模型是对朴素贝叶斯模型的扩展。用于分类的朴素贝叶斯模型，其目标是分类任务所对应的类别，表现为单值变量。如果扩展朴素贝叶斯中的目标为序列，即 $\boldsymbol{y} = (y_1, y_2, \cdots, y_n)$，就得到了一个从序列输入求解其序列输出的模型：

$$p(\boldsymbol{y}, \boldsymbol{x}) = \prod_{i=1}^{n} p(y_i)\, p(x_i|y_i) \tag{3-49}$$

上式中的目标序列 $\boldsymbol{y}$ 是互相独立的，这与朴素贝叶斯的独立性假说一致。但通常情况下，目标序列之间是有关联的。如果假设目标序列的每个元素只与前一个元素有关，即著名的马尔可夫假设 $p(y_i|y_{i-1}, y_{i-2}, \cdots, y_1) = p(y_i|y_{i-1})$，那么基于此对式（3-49）稍作修改，就可以得到式（3-50）的隐马尔可夫模型。

在隐马尔可夫模型中，y是隐状态序列，x是观测序列，$p(y_1|y_0) = p(y_1)$是初始状态概率，$p(y_i|y_{i-1})$为状态转移概率，$p(x_i|y_i)$是发射概率（emission probabilities）。隐马尔可夫模型通常会涉及 3 个问题——评估问题、学习问题和解码问题。这里主要关注解码问题和学习问题。解码问题使用维特比方法，从已知的观测序列x求解目标状态y；学习问题则是利用已知的观测序列x和状态y来求解参数，即学习出$p(y, x)$。

$$p(y, x) = \prod_{i=1}^{n} p(y_i|y_{i-1})p(x_i|y_i) \qquad (3-50)$$

隐马尔可夫模型也是典型的有向图模型，图 3-6 上半部分是有向图表示，下半部分是因子图表示，不同的因子对应式（3-50）的不同部分。其中：

$$\begin{aligned}
\Psi_i &= p(x_i|y_i) \\
\Phi_i &= p(y_i|y_{i-1}) \\
\Phi_1 &= p(y_1|y_0) = p(y_1)
\end{aligned} \qquad (3-51)$$

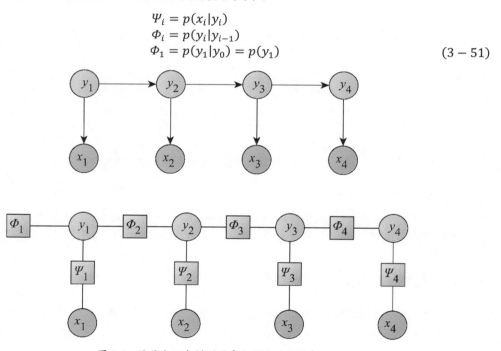

图 3-6　隐马尔可夫模型的有向图和因子图表示

隐马尔可夫模型可以看成对朴素贝叶斯模型的扩展，即预测目标从单变量到序列的扩展，从因子图中可以很明显地看出来这个特点。朴素贝叶斯模型（上半部分）和隐马尔可夫模型（下半部分）的因子图表示如图 3-7 所示。通过对比图 3-7 的虚线框部分，可以非常直观和明显地看出隐马尔可夫和朴素贝叶斯这两个模型的异同。

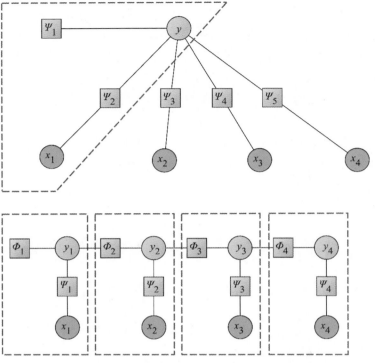

图 3-7　朴素贝叶斯模型和隐马尔可夫模型的因子图表示

　　如果朴素贝叶斯模型和隐马尔可夫模型的输入变量和输出变量的维度都是一维的，即单变量的情况，那么其概率模型是一致的。并且，隐马尔可夫模型中的每一个单独的y_i，也是类似于朴素贝叶斯模型的。

3.4.5　条件随机场

　　条件随机场是最常用的实体抽取方法之一，是一种无向概率图模型，能够高效处理完全的、非贪婪的、有限状态的推断和训练，特别适合于自然语言处理领域的分词、词性标注及实体抽取等任务。早期由于算力不足，条件随机场的结构复杂，计算量较大，应用的广泛性略逊于隐马尔可夫等模型。近些年来，随着算力的快速增加，成本降低，条件随机场逐渐成为实体抽取和其他序列标注任务（比如生物信息学中的序列分析等）的基准方法。即使在深度学习及预训练模型广泛使用的今天，条件随机场仍然是一个好的基准模型。事实上，在许多序列建模任务（包括实体抽取、语义角色标注等）的深度学习的模型中，条件随机场是最常用的解码方法。这是由于条件随机场能够从全局视角计算词元之间的依赖关系，从而获得最佳效果。

正如隐马尔可夫模型是朴素贝叶斯模型从单值到序列模式的扩展，条件随机场模型则是最大熵模型从单值到序列模式的扩展。但与线性序列结构的隐马尔可夫模型不同的是，条件随机场并不局限于线性序列结构，而是任意序列的结构。不过对于知识抽取来说，输入和输出本身都是线性序列，使用和隐马尔可夫模型类似的线性序列结构就能够满足知识抽取场景的需求，这就是著名的线性链条件随机场（Linear-chain CRF）。下文会用条件随机场来指代线性链条件随机场。

隐马尔可夫模型从朴素贝叶斯模型扩展开始，类似地，条件随机场从最大熵模型式（3-45）和式（3-46）扩展输出位序列，即给定输入序列或称观测序列 $\boldsymbol{x} = (x_1, x_2, \cdots, x_n)$，输出序列或标记序列 $\boldsymbol{y} = (y_1, y_2, \cdots, y_n)$，条件随机场的目标是构建条件概率分布 $p(\boldsymbol{y}|\boldsymbol{x})$，即

$$p_\lambda(\boldsymbol{y}|\boldsymbol{x}) = \frac{1}{Z_\lambda(\boldsymbol{x})} \exp\left(\sum_j \sum_i \lambda_j f_j(y_{i-1}, y_i, \boldsymbol{x}, i)\right) \tag{3-52}$$

$$Z_\lambda(\boldsymbol{x}) = \sum_{\boldsymbol{y} \in Y} \exp\left(\sum_j \sum_i \lambda_j f_j(y_{i-1}, y_i, \boldsymbol{x}, i)\right) \tag{3-53}$$

其中，$p_\lambda(\boldsymbol{y}|\boldsymbol{x})$ 的指数连加可以写成指数间的连乘，即

$$\begin{aligned}p_\lambda(\boldsymbol{y}|\boldsymbol{x}) &= \frac{1}{Z_\lambda(\boldsymbol{x})} \prod_i \exp\left(\sum_j \lambda_j f_j(y_{i-1}, y_i, \boldsymbol{x}, i)\right) \\ &= \frac{1}{Z_\lambda(\boldsymbol{\lambda})} \prod_i \Psi_i(y_{i-1}, y_i, \boldsymbol{x}, i)\end{aligned} \tag{3-54}$$

其中，

$$\Psi_i(y_{i-1}, y_i, \boldsymbol{x}) = \exp\left(\sum_j \lambda_j f_j(y_{i-1}, y_i, \boldsymbol{x}, i)\right) \tag{3-55}$$

注意，这里的条件随机场的输出序列中，y_i 只依赖于 y_{i-1}。回到条件随机场的概率图表示，条件随机场是无向图模型，如图 3-8 上半部分所示。而无向图可以通过因式分解成因子图表示，式（3-54）和式（3-55）是其中的一种因式分解方法，对应于图 3-8 的下半部分。

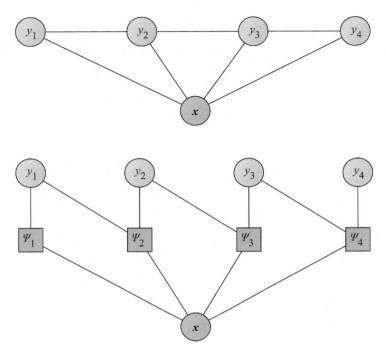

图 3-8 条件随机场的无向图和因子图表示

条件随机场是最大熵模型的序列扩展，从概率图的因子图表示可以直观地比较。从最大熵模型式（3-45）开始，假设将所有特征函数汇总到一个势函数中，有

$$\Psi = \exp\left(\sum_j \lambda_j f_j(\boldsymbol{x}, y)\right) \qquad (3-56)$$

对比条件随机场因式分解后的式（3-55）所示的势函数，可以看出条件随机场的输出序列中的某一个具体变量y_i是依赖于$(\boldsymbol{x}, y_{i-1}, y_i)$的指数函数，与最大熵模型从$\boldsymbol{x}$依赖于$y$一样。直观上可以认为$(\boldsymbol{x}, y_{i-1})$是依赖于$y_i$的最大熵模型。图 3-9 是条件随机场和最大熵模型的因子图表示的直观比较，从因子图的表示中可以直观看出，从条件随机场的输出序列的一个变量的角度来看，就像输入为$(\boldsymbol{x}, y_{i-1})$的最大熵模型。图中左边（条件随机场）$\Psi_2$的角色直观上类似于右边（最大熵模型）$\Psi$的角色。

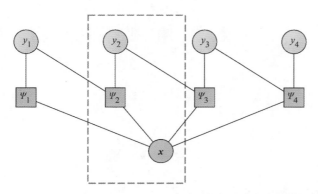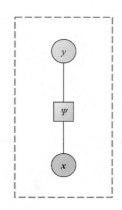

图 3-9　条件随机场和最大熵模型的直观比较

指数的累加可以转化为指数之间的连乘，进一步对式（3-55）进行转化，即得

$$
\begin{aligned}
\Psi_i(y_{i-1}, y_i, \boldsymbol{x}) &= \exp\left(\sum_j \lambda_j f_j(y_{i-1}, y_i, \boldsymbol{x}, i)\right) \\
&= \prod_j \exp\left(\lambda_j f_j(y_{i-1}, y_i, \boldsymbol{x}, i)\right)
\end{aligned}
\tag{3-57}
$$

用因子图表示式（3-57），即图 3-10 的左边部分，它是对条件随机场的另一种解释。为了更有条理和清晰地展示，图中仅对 Ψ_2 进行转化，序列中的其他变量是类似的。结合图 3-7 的最大熵模型因子图（图 3-10 的右边部分）进行直观比较，易于理解式（3-57）所表达的含义。

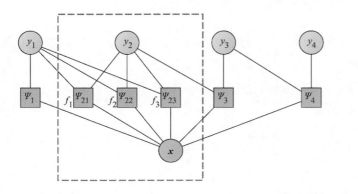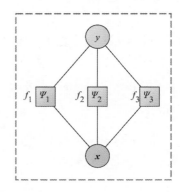

图 3-10　条件随机场的另一种解释（左边）与最大熵模型（右边）的比较

最后，图 3-11 总结了朴素贝叶斯、隐马尔可夫模型、最大熵模型和条件随机场的关系，概率图的因子图表示有助于我们直观理解这 4 个模型的关系。

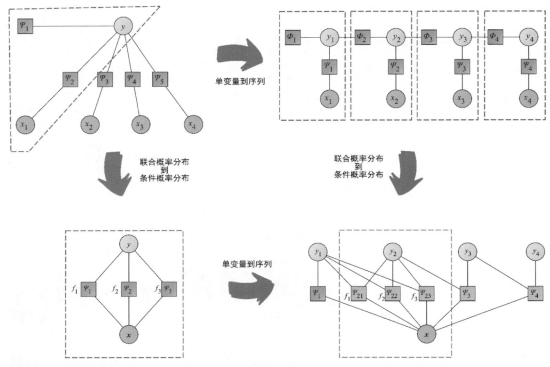

图 3-11　朴素贝叶斯、最大熵模型、隐马尔可夫模型和条件随机场的因子图表示，以及不同模型之间的关系

3.4.6　标记方法

使用机器学习或深度学习方法抽取实体，本质上是一个序列标注的问题。序列标注是指使用算法为每个元素打上标记，实现模式识别任务。对于实体抽取任务来说，就是给每个词元打上了能够标识相应的实体类型的标记。常见的标记方法有 IO、BIO、BIEO 和 BIESO，分别介绍如下。

（1）IO：Inside-Outside 的首字母缩写，"I-实体类型"表示该词元是某个实体的一部分，"O"表示不是任何实体类型。

（2）BIO：Begin-Inside-Outside 的首字母缩写，"B-实体类型"表示该词元是某个实体的起始部分，"I-实体类型"表示该词元是某个实体的其余部分，"O"表示不是任何实体类型。有时也写作 IOB。

（3）BIEO：Begin-Inside-End-Outside 的首字母缩写，BIO 的意思同上，"E-实体类型"表示

某个实体的结束词元，"I-实体类型"则表示除起始词元和结束词元之外的其他部分。有时也写作 IOBE。

（4）BIESO：Begin-Inside-End-Single-Outside 的首字母缩写，BIEO 的意思同上，"S-实体类型"表示某个单独词元就是一个实体，有时也写作 IOBES。另外，BIESO 也有如下别名。

- BIEOU（Begin-Inside-End-Outside-Unigram），其中 U 等价于 S。
- BILOU（Begin-Inside-Last-Outside-Unigram），其中 L 等价于 E。
- BMEWO（Begin-Middle-End-Word-Outside），其中 M 等价于 I，W 等价于 S。

使用 4 种不同的标记方法对同一个样本"11 月 03 日长征五号在文昌发射场点火升空"进行标记，如表 3-2 所示。通过这个例子，我们可以很容易理解不同标记方法的异同。在标记中，后缀"DT"表示日期时间，"OBJ"表示物体，"LOC"表示地理位置名称。

表 3-2　使用 4 种不同标记方法对同一个样本进行标记的示例

文本	IO	BIO	BIOE	BIESO
11	I-DT	B-DT	B-DT	B-DT
月	I-DT	I-DT	I-DT	I-DT
03	I-DT	I-DT	I-DT	I-DT
日	I-DT	I-DT	E-DT	E-DT
长	I-OBJ	B-OBJ	B-OBJ	B-OBJ
征	I-OBJ	I-OBJ	I-OBJ	I-OBJ
五	I-OBJ	I-OBJ	I-OBJ	I-OBJ
号	I-OBJ	I-OBJ	E-OBJ	E-OBJ
在	O	O	O	O
文	I-LOC	B-LOC	B-LOC	B-LOC
昌	I-LOC	I-LOC	E-LOC	E-LOC
发	I-LOC	B-LOC	B-LOC	B-LOC
射	I-LOC	I-LOC	I-LOC	I-LOC
场	I-LOC	I-LOC	E-LOC	E-LOC
点	O	O	O	O
火	I-OBJ	B-OBJ	B-OBJ	S-OBJ
升	O	O	O	O
空	O	O	O	O

3.4.7 用 CRF++进行实体抽取

从头开始实现一个条件随机场的工作量很大，不过有许多现成的工具可以使用，这样在实践中会方便许多。在这些工具中，CRF++是最知名且最经典的。接下来，使用 CRF++来演示如何使用机器学习的方法进行实体抽取。其中关键的一点是选择合适的标记方法来生成训练语料。

CRF++是通过开放源代码发布的，可以从网上下载源代码，根据说明进行编译即可。有些操作系统带有预编译好的程序，可以直接使用。通常来说，下载 CRF++源码并解压缩后，进入目录执行清单 3-4 中的命令即可编译。

清单 3-4　编译 CRF++

```
./configure -prefix=/your/install/path
make
make install
```

有时不方便安装，那么可以选择编译静态的 CRF++程序，如清单 3-5 所示。在运行 configure 命令时，增加相应的参数，然后在当前目录找到两个编译好的文件 crf_learn 和 crf_test，并复制到指定的目录即可。

清单 3-5　静态编译 CRF++

```
./configure LDFLAGS="-static"
make
```

编译好 CRF++程序后，即可用 crf_learn 和 crf_test 这两个命令训练模型，并进行实体抽取。训练模型需要特定格式的训练语料，训练语料是指将文本划分为词元序列，对每个词元序列赋予一个标记。带标记的词元序列需要转化成 CRF++能够识别的格式。清单 3-6 是 CRF++训练语料的格式说明，可以使用 3.4.6 节中介绍的任意一种标记方法，清单 3-7 是使用 BIO 标记方法标记的训练语料示例。

清单 3-6　CRF++训练语料的格式说明

```
多列多行的文本
列的个数固定，除空行外，所有行的列数保持一样，在实体抽取任务中保持两列即可
列之间用空白符（空格或 Tab）分隔
每行一个带标记的词元，第一列为词元本身，第二列及其往后为词元标记
可以用空白行表示句子或段落的分隔
```

清单 3-7　CRF++训练语料，使用 BIO 标记方法

```
12 B-DATE
月 I-DATE
```

```
17 I-DATE
日 I-DATE
, O
嫦 B-PER
娥 I-PER
五 O
号 O
返 O
回 O
器 O
在 O
内 B-LOC
蒙 I-LOC
古 I-LOC
四 B-LOC
子 I-LOC
王 I-LOC
旗 I-LOC
安 O
全 O
着 O
陆 O
。 O
```

在训练语料准备好后，模型训练就"万事俱备，只欠东风"——"特征工程"了。在传统机器学习中，特征工程是指选择合适特征来训练模型，是决定模型效果好坏的最关键的一环。在前文介绍最大熵模型和条件随机场模型的原理解析时提到，特征函数就是依靠特征工程完成的。在 CRF++ 中，特征函数以特征模板的形式体现。因此，使用 CRF++ 进行实体抽取的最核心的工作是构造合适的特征模板。在实践中，往往要根据数据的情况，设计多个特征模板，并根据所训练模型的测试效果选择其中表现最好的一个。

在 CRF++ 的特征模板文件中，每一行是一个特征模板，对应一个特征函数。特征模板的宏 "%x[row,col]" 表示一个输入的词元，row 表示当前词元的相对位置，col 表示当前行的列。清单 3-8 中是 CRF++ 特征模板中关于宏的例子和解释。

清单 3-8　CRF++特征模板中关于宏的例子和解释

```
12 B-DATE
月 I-DATE
17 I-DATE
日 I-DATE
, O
```

```
嫦  B-PER          <--- "%x[-11, 1]/%x[-10, 1]"    表示 "B-PER/I-PER"
娥  I-PER          <--- "%x[-11, 0]%x[-10, 0]"     表示 "嫦娥",
五  O
号  O
返  O
回  O
器  O
在  O              <--- "%x[-4, 0]"                          表示 "在", "%x[-4, 1]" 表示 "O"
内  B-LOC
蒙  I-LOC
古  I-LOC          <--- "%x[-1, 0]"                          表示 "古"
四  B-LOC          <--- 当前位置 "%x[0,0]"            表示 "四", %[0,1]  表示 "B-LOC"
子  I-LOC          <--- "%x[0,0]/%x[1,0]"                 表示 "四/子"
王  I-LOC
旗  I-LOC          <--- "#%x[0,0]%x[1,0]%x[2,0]%x[3,0]#"  表示 "#四子王旗#"
安  O              <--- "%x[3,0]/%x[3,1]"                 表示 "安/O"
全  O
着  O
陆  O
。  O
```

特征模板有两种类型，分别由字母 "U" 和 "B" 表示。字母 U 表示 Unigram，即一元模型；B 表示 Bigram，即二元模型。这里的 U 特征函数中只考虑当前的标签，对应于特征函数 $f_j(y_i, \boldsymbol{x})$；B 表示特征函数中考虑了当前标签和前一个标签，对应于特征函数 $f_j(y_{i-1}, y_i, \boldsymbol{x})$。使用模板宏 <%x[-1,0]%x[0,0]>表示输入 $\boldsymbol{x}$ 的二元模型，即 $\boldsymbol{x}$ 中的二元模型 (x_{k-1}, x_k)，与 B 所表示的输出标签的二元模型不同。通常，模板文件中用 B 表示模型中考虑了前一个标签，而在 U 中表达输入的各种情形，包括输入 $\boldsymbol{x}$ 的二元模型和多元模型等。在实践中，根据场景调整合适的特征模板文件，使用 CRF++ 进行实体抽取的特征工程工作，完整的特征模板文件示例见清单 3-9。

清单 3-9　CRF++ 的特征模板文件

```
# Unigram
U01:%x[-2,0]
U02:%x[-1,0]
U03:%x[0,0]
U04:%x[1,0]
U05:%x[2,0]
U06:%x[-2,0]/%x[-1,0]/%x[0,0]
U07:%x[-1,0]/%x[0,0]/%x[1,0]
U08:%x[0,0]/%x[1,0]/%x[2,0]
U09:%x[-1,0]/%x[0,0]
U10:%x[0,0]/%x[1,0]
```

```
# Bigram
B
```

公开的命名实体识别的语料有很多，都可以用来做实体抽取算法效果的实验。比如，人民日报标注语料、中文信息协会语言与知识计算专委会（CCKS）举办的评测中发布的实体抽取的语料等都是非常经典的语料。在实际场景的实体抽取中，则根据业务需求对语料进行标注，然后用程序转化成 CRF++的输入格式文件。在训练语料和特征模板文件准备好之后，即可用CRF++训练一个模型。如清单 3-10 所示，crf_learn 是 CRF++用来训练模型的程序；参数 tpl 是特征模板文件，其中使用了清单 3-9 所示的模板文件；train.txt 是训练语料，其中的片段见清单3-7；model-crf 是 crf_learn 输出的训练好的模型文件。

清单 3-10　用 crf_learn 训练模型

```
./crf_learn  -a CRF -p 32 ./tpl ./train.txt model-crf
```

在使用 crf_learn 训练模型时会输出一些信息，例子见清单 3-11，不同版本的 CRF++的输出略有不同。其中，iter 表示迭代次数，terr 表示标签级错误比例（错误的标签/所有的标签），serr表示句子级别的错误比例（错误的句子数量/全部句子数量，句子在训练语料中用空白行隔开），其他参数可参考 CRF++的文档。

清单 3-11　用 crf_learn 训练模型的日志信息

```
iter=363 terr=0.00020 serr=0.00502 act=25411498 obj=18979.07784 diff=0.00008
iter=364 terr=0.00020 serr=0.00499 act=25411498 obj=18978.06300 diff=0.00005
iter=365 terr=0.00020 serr=0.00490 act=25411498 obj=18976.57020 diff=0.00008
```

训练完成后，会生成模型文件 model-crf。crf_test 程序使用该模型文件进行实体抽取，使用方法见清单 3-12。其中，-m 参数用于指定前面训练好的模型，test-data.txt 表示待抽取的文本，每行一个词元，句子或段落之间用空行分隔。程序 crf_test 默认为标准输出，可以重定向到文件中。crf_test 输出的内容格式和训练语料一样。使用简单的程序可以提取 crf_test 所抽取出来的实体，见清单 3-13。

清单 3-12　用 crf_test 进行实体抽取

```
crf_test -m model-crf test-data.txt > test-results.txt
```

清单 3-13　从 crf_test 的输出结果中提取实体列表（使用 Python 语言）

```
1.  def get_entities(fname):
2.      '''适用于BIO标记方法'''
3.      entities = {}
4.      tokens_of_entity = []
```

```
5.        type_of_entity = None
6.     with open(fname) as f:
7.         for line in f:
8.             line = line.strip()
9.             if not line:  # 空行、句子或段落分割
10.                continue
11.            token, label = line.split('\t')
12.            if label == 'O':  # 不属于任何实体的词元
13.                continue
14.            if label.startswith('B'):
15.                print(tokens_of_entity, type_of_entity)
16.                if tokens_of_entity:
17.                    if type_of_entity in entities:
18.                        entities[type_of_entity].append(
19.                            ''.join(tokens_of_entity))
20.                    else:
21.                        entities[type_of_entity] = [
22.                            ''.join(tokens_of_entity)]
23.                tokens_of_entity = [token]
24.                # B-type, 比如 B-ORG 表示 ORG 类型
25.                type_of_entity = label[2:]
26.                continue
27.            if label.startswith('I'):
28.                # I-type, 比如 I-ORG 表示 ORG 类型
29.                assert label[2:] == type_of_entity
30.                tokens_of_entity.append(token)
31.    return entities
```

一切看起来都很好，但抽取出实体之后，如何评价模型的效果呢？3.3 节详细介绍了各种评价指标。下面用微观 F1 分数和宏观 F1 分数来评价模型的好坏。scikit-learn 是一个强大的机器学习工具包，不仅提供了各类机器学习的模型，也提供了评估模型结果的方法库，其中就有 F1 分数的计算方法。清单 3-14 展示了使用 scikit-learn 工具评估模型效果的方法。

清单 3-14　使用 scikit-learn 工具包评估模型效果

```
1.  from sklearn.metrics import f1_score
2.  def evaluate_tags(fname_groundtruth, fname_test, avg='micro'):
3.      '''fname_groundtruth: 标注的样本;
4.      fname_test: 测试结果
5.      两个文件的格式与训练语料的格式一致'''
6.      with open(fname_groundtruth) as f:
7.          gt = [i.split('\t')[-1] for i in f.read().split('\n')]
8.      with open(fname_test) as f:
```

```
9.          preds = [i.split('\t')[-1] for i in f.read().split('\n')]
10.     return f1_score(gt, preds, average=avg)
```

在实际应用中，我们通常并不关心每一个词元的标记，特别是不关心不属于任何实体类型的"O"标记，而关心抽取出来的对应于每一个实体类型的实体列表。这很好理解，比如人名"苏轼"（<苏，B-PER>，<轼，I-PER>，<在，O>）标记成"苏轼在"（<苏，B-PER>，<轼，I-PER>，<在，I-PER>），合理的准确率是 0，而不是 2/3。为了更好地评估模型效果，首先利用清单 3-13 中的程序从结果文件中提取实体列表，并用清单 3-15 中的方法，用 Python 语言实现 3.3 节中宏观 F1 分数的计算方法。使用宏观 F1 分数是为了考虑到每种实体类型的情况。

清单 3-15　按所抽取的实体计算宏观 F1 分数（使用 Python 语言）

```
1.   def evaluate_entities(gt, preds):
2.       '''计算根据类别加权的宏观 F1 分数'''
3.       f1s = []
4.       for cate in gt.keys():
5.           y = set(gt[cate])
6.           y_hat = set(preds[cate])
7.           y_i = y.intersection(y_hat)
8.           p, r, f1 = 0, 0, 0
9.           if y_i:
10.              p = len(y_i) / len(y)
11.              r = len(y_i) / len(y_hat)
12.              f1 = 2 * (p * r) / (p + r)
13.          f1s.append(f1)
14.      return sum(f1s) / len(f1s)
```

清单 3-16 是前面例子所使用的语料库的评估结果，通常，按实体进行评估的 F1 分数要比按标签评估的 F1 分数小一些。

清单 3-16　实验中的评估结果

```
# 按标签评估模型的效果，评估方法见清单 3-14
micro F1: 0.9784599304719275
macro F1: 0.8970103545053194
# 按实体评估模型的效果，评估方法见清单 3-15
ORG F1: 0.7078972407231209
PER F1: 0.6439135381114903
LOC F1: 0.7443298969072165
Macro F1: 0.6987135585806094
```

3.5 深度学习方法

深度学习（Deep Learning）是指应用多层神经网络从大量的数据中学习出规律和知识，并进行预测和决策，是近年来驱动人工智能蓬勃发展的核心技术。神经网络（Neural Network），也称人工神经网络，是对生物神经网络的模仿而发展起来的一系列的机器学习算法的总称。深度学习中常见的神经网络结构有前馈神经网络（Feed-Forward Neural Network）、卷积神经网络（Convolutional Neural Network，CNN）、循环神经网络（Recurrent Neural Network，RNN）、深度信念网络（Deep Belief Network，DBN）、残差网络（Residual Network）、图神经网络（Graph Neural Network，GNN）、注意力网络（Attention Network）、变换器网络（Transformer）等。这些网络结构存在诸多变种，同时，不同网络结构之间也可以组成新的更加复杂的网络。这些网络结构在不同的领域、场景、条件下各有优劣。深度学习是当前人工智能所有细分领域用得最多的技术，自发展至今，在计算机视觉、语音识别、数据挖掘、辅助决策、生物医药、科学研究、自然语言处理和知识图谱等领域被广泛使用，并取得巨大的成果。在自然语言处理和知识图谱领域，深度学习也取得了优秀的研究成果，在许多场景下，它比其他方法有着显著的优势。在具备较多标注数据的情况下，基于深度学习的实体抽取方法已经成为主流。

3.5.1 基于深度学习的通用实体抽取框架

虽然实体抽取中使用的神经网络结构多种多样，但是万变不离其宗，这些方法都可以抽象为三层的通用神经网络架构，如图 3-12 所示。从输入文本开始，第一层是嵌入层，其功能是将组成文本的词元序列转化成向量表示，为中间的编码层提供向量形式的输入；第二层是编码层，通过各种复杂的网络结构学习输入文本所蕴含的结构和语义，并将所学习出来的向量表示输出给解码层；第三层是解码层，按照目标任务对向量进行解码，输出每个词元的标签。这里的词元标签通常是每个词元的标记符号，比如图 3-12 中的 "B-KG" 或 "O" 等，标记方法见 3.4.6 节。

嵌入层用于将输入的词元序列转化为稠密向量表示。分词器会将输入文本切分成词元序列，并通过映射转化成词元 id 序列。词元 id 序列并不适用于各种神经网络的运算，因此需要用某种方式将词元 id 转化成向量，这个方法称为嵌入（Embedding）。嵌入来自拓扑学，是一个与流形（Manifold）相关的概念，通常指将高维表示嵌入低维的空间中。事实上，在机器学习中，词元 id 通常使用独热编码（One-Hot Encoding），从而其向量维度等于词表中词的数量。对于中文来说，独热编码的维度往往高达数万维或数十万维，英文等语言甚至能高达数百万维，而词元嵌入则将其降低到数十维或数百维。词元的嵌入通常有两种做法，分别是词嵌入和字嵌入，区别在于分词器在分词时是按词切分还是按字切分。

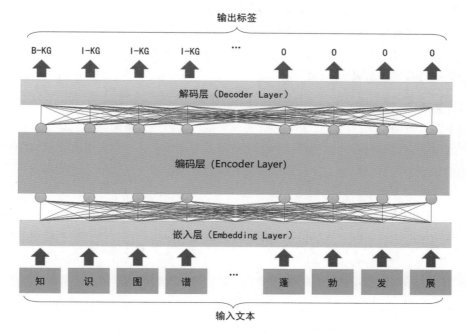

图 3-12　基于深度学习的实体抽取方法的通用神经网络架构

　　嵌入层可以使用其他程序或方法预先训练好的数据，并在模型中直接使用查表的方法来实现嵌入运算。这个方法通常被称为预训练的"词向量"或"字向量"。嵌入层也可以在模型训练过程中学习出来，通常被称为"跟随训练"。预训练通常会利用大规模语料的无监督学习来训练模型，从而得到更加全面的语义，在大多数情况下效果会更好。自从 2013 年 Word2vec 开启了预训练模型在自然语言处理方面的应用以来，预训练的方法和模型层出不穷，GloVe（Global Vector）、ELMo（Embeddings from Language Model）、BERT（Bidirectional Encoder Representations from Transformer）、ERNIE（Enhanced Language Representation with Informative Entities）、GPT3（Generative Pre-trained Transformer 3）、盘古 α 是一些典型代表。这些预训练的模型都可以作为查找表，用在实体抽取网络架构的嵌入层中。有些模型也会将多个词元嵌入相加（＋）或拼接（⊕，concat）使用，从而获得更好的效果，比如针对一批语料，用 Word2vec 分别训练出字向量和词向量，在模型中将字向量和词向量拼接使用。一些模型也会有一些特殊的嵌入，比如变换器网络会用到位置嵌入（Position Embedding）和片段嵌入（Segmentation Embedding）。

编码层通过不同的网络结构进一步学习输入文本，理解文本所蕴含的语义，并针对目标任务进行适配。嵌入层中的每个词元对应一个向量，而编码层将整串输入文本编码为一个适应当前任务目标的语义向量。编码层的网络结构非常丰富，卷积神经网络、循环神经网络、前馈网络、残差网络、注意力网络、变换器网络、图神经网络及其各种组合都可以用在编码层，从而学习出更好的输入文本的语义向量。其实，深度学习蓬勃发展、日新月异的关键，就在于研究者不断创建的更有效的编码层网络结构。

从许多案例中，我们都可以看出编码层的变化多端。在经典的 BiLSTM-CRF 模型中，编码层使用的双向长短期记忆网络（BiLSTM），可以对输入文本进行双向的语义编码，从而能够理解文本序列由前向后和由后向前的结构和语义依赖，效果非常好，它在事实上成为序列建模领域评测中的深度学习基准模型。在计算机视觉和图像处理领域使用非常广泛的卷积神经网络，在编码层中也被广为使用，CNN-CRF 就是用标准卷积网络来编码文本的例子。迭代扩张卷积网络（Iterated Dilated Convolutional Neural Networks，ID-CNN）能够在编码中获得更大的感受野，从而捕捉远距离的语义关联，在实体抽取架构编码层中可以得到比标准卷积网络更好的效果。复合多种网络对文本编码也是常见的做法，BiLSTM-CNN-CRF 和 CNN-LSTM-CRF 是叠加了卷积网络和循环网络的模型，在各自的适用场景中都取得了不错的效果。

注意力机制常常用来改善原有网络结构的效果。卷积注意力网络（Convolutional Attention Network，CAN）是其中一种用法，是指在标准的卷积网络的卷积窗口内部，使用注意力机制来捕捉中心词元与周边词元的语义关系。另一种经典的做法是使用全局注意力捕捉 BiLSTM 或 BiGRU 网络中的全局语义信息，进一步改善双向循环网络的效果。注意力机制的使用巅峰当属变换器网络，它完全使用自注意力机制来捕捉文本的语义关系，效果远超前面几种模型。变换器网络由于具有杰出表现，除用在自然语言处理领域之外，近年来还广泛用于计算机视觉、语音识别等众多其他领域，并成为这些领域中最先进的（State of the Art，SOTA）模型。基于变换器网络所实现的预训练模型，比如 BERT、ERNIE、GPT-2、GPT-3 等，成了自然语言处理领域的各种任务中关键的网络结构。

随着图神经网络的发展，各种图神经网络结构也被应用于实体抽取，具有代表性的网络结构有图卷积网络（Graph Convolutional Network，GCN）和图注意力网络（Graph Attention Network，GAT）等。图卷积网络结合了卷积网络的思想和图的特点，从当前节点及其所有邻接节点中捕捉信息。图卷积和平面卷积的差别是，无限维的图无法使用平面卷积的平移不变性实现，从而另辟蹊径，从图的热传播模型出发而设计了离散卷积，即对邻接节点的信息进行聚合。图注意力网络参考了图卷积网络的思想，使用注意力机制改造了邻接节点的聚合方法，在很多场景下能够得到更好的效果。关于图神经网络，在第 7 章中还会有更深入的介绍。

编码层的核心是深入理解文本的语义和结构，学习出表示该文本的向量，并输出给解码层，解码层根据目标任务对向量进行解码。在实体抽取任务中，解码层的任务是解码出每个词元的标签。解码层最常用 3.4.5 节介绍的条件随机场算法。条件随机场的优点是能够利用文本序列的全局概率信息，从全局视野看待文本序列的前后依赖，因而获得更好的效果，这几乎是解码层的标准用法。解码层的另一种常见的方法是 softmax，它也常用在各种多分类任务中。在 BERT 等各种大型预训练模型被大量使用之后，越来越多的模型使用 softmax 代替条件随机场来实现实体抽取任务的解码，其优点是所需的算力更少、计算效率更高、响应更迅速。

维特比（Viterbi）是一种利用动态规划思想来解码的方法，在深度学习之前，被大量应用于隐马尔可夫模型中，解决语音识别、序列标注和实体抽取等任务的解码问题。当前，在深度学习模型上也会使用维特比进行解码。不过相比于条件随机场和 softmax，解码层使用维特比算法还比较罕见。指针网络（Pointer Network，PtrNet）是最新出现的一种网络结构，也可以用在实体抽取模型的解码层上。

3.5.2　BiLSTM-CRF 模型

BiLSTM-CRF（双向长短期记忆网络-条件随机场）模型在实体抽取任务中用得最多，是实体抽取任务中深度学习模型评测的基准，也是在 BERT 出现之前最好用的模型。在使用 CRF 进行实体抽取时，需要专家利用特征工程设计合适的特征函数，比如 CRF++中的特征模板文件。BiLSTM-CRF 则不需要利用特征工程，而是通过 BiLSTM 网络自动地从数据（训练语料）中学习出特征，并通过 CRF 计算标签的全局概率信息对输出词元序列进行解码，得到对应的标签序列。这正是深度学习方法相比于传统机器学习方法所具有的巨大优势。深度学习方法将算法人员从琐碎的特征工程中解放出来，专注于深度神经网络结构的创新，进而形成正向循环，推动了人工智能近年来的高速发展。

图 3-13 描绘了 BiLSTM-CRF 模型的总体情况。在嵌入层，将输入文本序列"11 月 03 日长征五号在文昌发射场点火升空"通过分词器转化为词元序列，嵌入层将词元转化为向量。在编码层使用了 BiLSTM，即使用前向 LSTM 和后向 LSTM 分别对输入文本从前往后及从后往前进行编码，学习出文本的语义向量和结构，最后经由 CRF 计算全局概率信息来解码输出的标签序列。解码层就是一个线性链条件随机场。

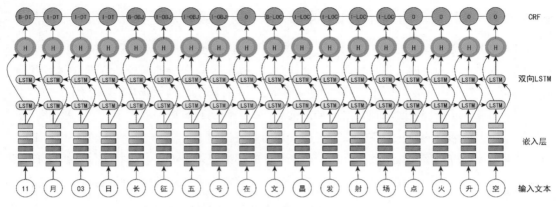

图 3-13　BiLSTM-CRF 模型示意图

1. BiLSTM 详解

BiLSTM-CRF 模型的基础组件包括长短期记忆（Long-Short Term Memory，LSTM）网络和条件随机场。条件随机场的详细介绍见 3.4.5 节。LSTM 网络是对普通循环神经网络的改进，其目的是在序列建模中解决长距离依赖的问题。从 1997 年的初版开始，LSTM 网络在深度学习发展过程中不断优化，并成了深度学习中最经典的基础模型之一。LSTM 网络由基本的 LSTM 单元（LSTMcell）组成。在 LSTM 网络演进的过程中，LSTM 网络基本单元的细节有些变化，不同的模型中结构细节可能会略有不同。这里选择了 PyTorch 和 PaddlePaddle 在实现 LSTMCell 时用的方法，该方法与 1997 年的原始论文或其他一些论文的实现方式略有不同，不过各个版本的核心思想是一致的，在实际业务应用中不受影响，除非是竞赛或评测等追求极致的情况。

LSTM 网络单元的内部结构如图 3-14 所示，模型的数学表达式见式（3-58）~式（3-63）。由于 LSTM 网络是循环神经网络，图 3-14 所示的是 LSTM 网络中某一次具体的展开，其中虚线部分即为 LSTMCell。而式（3-58）~式（3-63）所表示的是 LSTM 网络的模型，从而图 3-14 和式（3-58）~式（3-63）的符号略有不同。其对应关系如下：式中的 x 对应图中的 x_j，式中的 h 对应图中的 h_{j-1}，式中的 c 对应图中的 c_{j-1}，式的 h' 对应图中的 h_j，式中的 c' 对应图中的 c_j。LSTM 网络单元的具体实现可以参考 PyTorch 的 "torch.nn.LSTMCell" 和 PaddlePaddle 的 "paddle.nn.LSTMCell"。

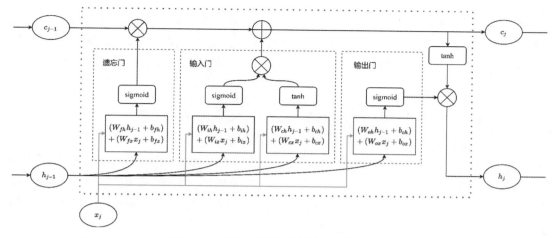

图 3-14   LSTM 网络展开的内部结构示意图

$$f = \text{sigmoid}(W_{fx}x + b_{fx} + W_{fh}h + b_{bh}) \tag{3-58}$$

$$i = \text{sigmoid}(W_{ix}x + b_{ix} + W_{ih}h + b_{ih}) \tag{3-59}$$

$$g = \text{tanh}(W_{cx}x + b_{cx} + W_{ch}h + b_{ch}) \tag{3-60}$$

$$o = \text{sigmoid}(W_{ox}x + b_{ox} + W_{oh}h + b_{oh}) \tag{3-61}$$

$$c' = f \otimes c + i \otimes g \tag{3-62}$$

$$h' = o \otimes \text{tanh}(c') \tag{3-63}$$

LSTM 网络单元通过 3 个不同的组件实现对输入序列数据的处理，并实现其长短距离的记忆机制。这 3 个不同的组件分别是遗忘门、输入门和输出门。

- 遗忘门实现了对记忆中的信息的遗忘处理，即决定了记忆中不重要和被丢弃的信息，式（3-58）表示了其计算过程。
- 输入门实现了对新信息的处理，并决定了需要记忆哪些信息（式（3-62））。这些信息既包括要记住的全新信息（式（3-59）），也包括对旧的信息的更新（式（3-60））。
- 输出门对输入信息进行处理，决定输出哪些信息。输出信息包括网络对当前输入的处理（式（3-61）），还会根据记忆中的信息对当前信息进行修正（式（3-63））。式（3-63）所代表的部分表征了 LSTM 网络中的中长期记忆对当前输出的影响，是解决长距离依赖的关键部分。

LSTM 网络本质上模拟了人类大脑记忆的短期记忆和长期记忆的逻辑，通过精巧的设计巧妙地解决了处理序列时长距离信息的丢失问题。在文本序列中，有些词元具有多种语义，会因为句子中距离该词元很远的其他词元而有不同的含义。LSTM 网络能够较好地解决这个问题，在很长一段时间里，都是序列建模中最常用的，并且是在效果与计算量的均衡上表现最好的深度学习模型。

BiLSTM-CRF 是基于 LSTM 单元构建的双向 LSTM 网络。双向的意思是对序列从头到尾和从尾到头分别建模，其优势是在文本序列中，既能实现后面文本对前面文本的依赖，也能实现前面文本对后面文本的依赖。在 BiLSTM 之前，需要有一个嵌入层将文本转化为向量，有两种转化方法，分别是在训练模型的同时训练出词元的向量表示，以及使用预训练的词元向量。预训练的方法有 Word2vec、Glove 等。使用预训练模型的好处是，词元向量可以从大规模的文本中学习出更好的语义表示，有更强的泛化能力。

2. 用 BiLSTM-CRF 进行实体抽取

利用各种深度学习开发框架都能够很方便地实现 BiLSTM-CRF 模型。这里选择用 PaddlePaddle 框架来实现（见清单 3-17），其他框架（比如 PyTorch、TensorFlow 等）的实现过程与此过程非常相似。

清单 3-17　利用 PaddlePaddle 实现的 BiLSTM-CRF 模型

```
1.    from paddle import fluid①
2.    def build_bilstm_crf(sents, labels, vocat_size, embed_size):
3.        # 嵌入层，将词元 id 转换为词元向量
4.        x = fluid.layers.embedding(input=sents,
5.            size=[len(word2id), embed_size],
6.                dtype='float32', is_sparse=True)
7.        # 所有的 dropout 都是为了训练时减少过拟合的操作
8.        x = fluid.layers.dropout(x, 0.2)
9.        # 前向 LSTM 网络，其中的 sigmoid 和 tanh 等可以参考图 3-15 相应的部分
10.       forward_h, forward_c = fluid.layers.dynamic_lstm(input=x,
11.           size=hidden_size, gate_activation='sigmoid',
12.           cell_activation='tanh', candidate_activation='tanh')
13.       # 反向 LSTM 网络
14.       backward_h, backward_c = fluid.layers.dynamic_lstm(input=x,
15.           size=hidden_size, is_reverse=True)
16.       # 将前向 LSTM 和后向 LSTM 的输出拼接起来
17.       concat_b_f = fluid.layers.concat([forward_h, backward_h], axis=1)
```

① PaddlePaddle 2.2 版本提示未来版本会放弃 fluid 模块，但其他模块还没有提供与 CRF 有关的实现，所以示例中仍然使用 fluid 模块。

```
18.        outputs = fluid.layers.dropout(concat_b_f, 0.5)
19.        # 线性变换
20.        emission = fluid.layers.fc(size=num_labels, input=outputs)
21.        # 线性链 CRF 层
22.        crf_cost = fluid.layers.linear_chain_crf(input=emission, label=labels,
23.            param_attr=fluid.ParamAttr(name='crfw', learning_rate=0.01))
24.        avg_cost = fluid.layers.mean(x=crf_cost)
25.        # CRF 解码器，预测时使用，获得相应的输出标签序列
26.        crf_decode = fluid.layers.crf_decoding(input=emission,
27.            param_attr=fluid.ParamAttr(name='crfw'))
28.        return avg_cost, crf_decode
```

针对清单 3-17 中代码的具体说明如下。

● 第 4 行的函数 fluid.layers.embedding 对应图 3-12 和图 3-13 中所表示的嵌入层，这里使用了跟随训练。

● 第 9 行和第 12 行的函数 fluid.layers.dynamic_lstm 是 LSTM 网络模型。其中，size 为 LSTM 单元中隐变量 h 的大小；3 个参数 gate_activation='sigmoid'、cell_activation='tanh'、candidate_activation='tanh' 是图 3-14 描绘的 LSTM 单元对应的激活函数；函数返回 LSTM 单元中的 h（foreward_h 和 backward_h）和 c（foreward_c 和 backward_c）对应图 3-14 最右边的输出 h_j 和 c_j；前向和后向直接使用参数 is_reverse 来表示，默认为 False，表示前向 LSTM；如果设置为 True，则表示后向 LSTM。

● 第 14 行的函数 fluid.layers.concat 把前向 LSTM 和后向 LSTM 拼接起来，并用第 17 行的全连接网络来融合前向和后向 LSTM 的输出，得到了输入文本所对应的词元序列的向量表示，即图 3-13 中的 "H"。

● 第 19 行的函数 fluid.layers.linear_chain_crf 是线性链条件随机场的实现，即通过线性链条件随机场计算概率，构建模型。第 23 行的函数 fluid.layers.crf_decoding 对条件随机场进行解码，获得与输入词元序列对应的标签序列。在深度学习模型中，如果使用条件随机场，那么标准的做法是协同使用 linear_chain_crf 和 crf_decoding。

PaddlePaddle、PyTorch 或 TensorFlow 等深度学习框架都提供了封装好的各种网络结果和运算单元等，构建深度学习模型、训练和应用都非常简单、方便。

在构建好模型之后，使用 fluid.optimizer.Adam 配合训练数据，将模型训练出来，即可使用模型。仍然使用前面 CRF++ 的语料，按字切割词元，切割方法和 CRF++ 一样，没有做任何细致的调优工作，即可得到比 CRF++ 更好的效果，如清单 3-18 所示。

清单 3-18　BiLSTM-CRF 的评估结果

```
# 按标签评估模型的效果，评估方法见清单 3-14
micro F1: 0.9811656061366083
macro F1: 0.898904590453497

# 按实体评估模型的效果，评估方法见清单 3-15
ORG F1: 0.7134987384356603
PER F1: 0.6315694527961515
LOC F1: 0.7558362989323844
Macro F1: 0.7036348300547321
```

3.5.3　预训练模型用于实体抽取

预训练模型是指用无监督学习或多任务学习的方法从大规模语料中训练出来的通用模型。其基本逻辑是，如果一个模型是基于足够大且通用（或领域内通用）的数据集训练出来的，那么这个模型能够充分学习出这个数据集分布的特征和规律。因此，预训练模型已具备了通用的知识（或者领域内通用的知识），从而能够更好地实现模型的预期目标。

在使用预训练模型时，有两种方法。

- 一是直接使用原有模型的网络结构，并载入预训练模型，然后使用新的数据对模型进行微调（Fine-tuning）。
- 二是为特定任务构建的深度神经网络结构中包含预训练模型的网络结构，在训练时载入预训练模型，并冻结对应网络结构的参数训练。

预训练模型最早曾在计算机视觉领域大放异彩，并在事实上成为标准的应用模式。在自然语言处理方面，预训练模型可以追溯到 2013 年的 Word2vec。此后的几年，出现了一些知名的模型，如 GloVe、Fasttext、ELMo 等。但直到 2018 年年底 BERT 出来之前，自然语言处理领域的预训练模型都不温不火。BERT 因其具备强大的结构和语义理解能力，迅速引爆了自然语言处理领域。自此之后，文本领域的预训练模型层出不穷，比如 GPT-3、盘古 α、ERNIE、ALBERT、RoBERTa、DistilBERT、BigBird、XLNet、XLM、MobileBERT 等，并像在图像领域一样逐渐成为事实上的标准应用模式。实体抽取本身也是自然语言处理的一个细分领域，几乎所有的预训练模型都可以应用于实体抽取任务上。时至今日，在许多场景的实体抽取任务中，预训练模型都发挥着关键的作用。

1. 预训练模型用于实体抽取

从图 3-12 中的实体抽取通用架构出发，很容易总结出预训练模型的两种用法。

- 预训练模型应用于嵌入层，把预训练模型当成通用的词元嵌入来使用。
- 预训练模型直接取代嵌入层和编码层，即把预训练模型作为实体抽取神经网络模型的主体网络结构，仅在解码层对实体抽取任务进行适配。这其实是预训练模型结合微调的典型应用。

这两种使用方式都很常见。以 BERT 为例，常见的模型如下。

- BERT-BiLSTM-CRF：把 BERT 当作预训练的词元嵌入来使用，本质上是 3.5.2 节介绍的 BiLSTM-CRF 模型。不过，相比于直接训练或者使用 Word2vec 的词向量，BERT 的优势在于，从大规模语料训练出来的词元向量能够获得更为丰富的语义和结构信息，因此效果更好。
- BERT-softmax 和 BERT-CRF：这两个模型都是直接将 BERT 作为主体的神经网络结构，并采用 softmax 或条件随机场解码实现实体抽取。在训练模型时，有时会完全冻结 BERT 模型，BERT 本身不参与训练，而仅仅训练解码层的 softmax 或 CRF。此外，有时仅冻结部分 BERT 层，甚至完全不冻结 BERT 层，使用特定任务的语料对 BERT 的部分或全部层进行微调。

在实践中，这两种方法都很容易实现，并且没有证据表明哪种方法一定更好，因此一般根据经验在实际应用中加以选择。并且，上述 BERT 的应用方式可以很容易地迁移到 BERT 类似的网络架构中。知名的 Python 库 Transfomers 致力于为开发人员提供更便捷的预训练模型应用，在后面的实例中还会对其进行介绍。读者如果有预训练模型的应用需求，可以参考或直接使用 Transfomers 来实现。

2. BERT 模型详解

BERT 事实上已成为预训练模型的集大成者，目前几乎所有流行的预训练模型都是从 BERT 衍生出来的。因此，深入理解 BERT 网络结构非常有助于研究与应用基于预训练模型的实体抽取。截至 2021 年年底，BERT 的主体结构变换器网络更是几乎横扫自然语言处理、计算机视觉和语音处理等领域，在众多任务中独占鳌头。因此，理解 BERT 可以为研究和应用人工智能奠定坚实的基础。

BERT 是模拟了人类对语言的认知的双向语言模型，属于掩码语言模型（Masked Language

Model，MLM）。比如，对于"一枝红杏出墙来"这句话，将其一部分掩盖住后，原句变为"一枝红█出墙来"，如何判断"█"掩盖的部分？人们能够自然地意识到"█"掩盖的是"杏"。为了让算法能够像人一样"猜出"被掩盖的部分，掩码语言模型应运而生。

BERT 利用了掩码语言模型的思想，在训练模型时，用掩码标识符所取代训练语料的文本（表现为词元序列）中一定比例（原始论文为 15%）的词元。比如，模型的输入"寄[mask]于天地，渺沧海[mask]一粟。"BERT 模型训练的目标是让算法猜出被掩盖的词元——"蜉蝣"和"之"。具体训练时还有一些细节，即在被抽取出来的掩码部分中，80%被替换为掩码标记符（猜），10%被替换为随机词元（纠错，事实上，人类的纠错能力也很强，通常能自觉地进行纠错，比如在小说中看到"一枝红杏出墙来"，很多人可能不会发觉到错字），另外 10%保持原有的词元。

BERT 还表示具体的神经网络结构，是一个能够实现掩码语言模型的特定的网络结构。BERT 使用著名的变换器网络的编码器结构。变换器网络的编码器是一种双向语言模型，其核心结构是多头自注意力（multi-head self-attention）机制。"多头"是指用线性变换网络将输入投射成多个子空间的版本，每个版本分别计算自注意力，然后将其拼接回来。模型通过不同的子空间学习出文本中不同方面的关注点，得到更好的语义和结构的向量表示。同时，"多头"还对BERT 建模长距离依赖发挥着关键的作用，并增强了模型训练的并行计算效率。"自注意力"表示输入文本序列中每个词元与文本序列自身所有词元的注意力关系。自注意力的直观表示如图3-15 所示，图中展示了"今"字和文本序列"苏东坡：一个惊艳古今的有趣灵魂"中所有文字的注意力关系。

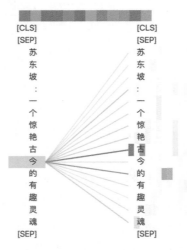

图 3-15　自注意力的直观表示

图 3-16 和式（3-64）展示了自注意力的具体计算方法，其中 Q、K 和 V 表示同一个输入向量。

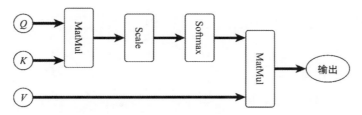

图 3-16　多头注意力机制中的注意力计算方法

$$f(Q, K, V) = \text{softmax}\left(\frac{QK^{\text{T}}}{\sqrt{d_k}}\right)V \tag{3-64}$$

直观来说，Q、K 和 V 是同一个句子，通过向量乘积获得词元之间的关系矩阵并归一化后，作用于输入句子自身。多头注意力机制将"多头"和"自注意力"两种方法组合，其计算过程如图 3-17 所示。

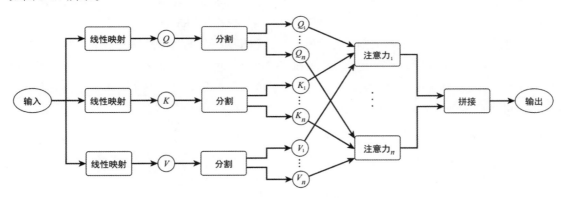

图 3-17　多头自注意力机制的计算过程

在多头注意力机制之外，为了实现语言序列中不同词元位置具备不同语义，BERT 引入了位置嵌入（Position Embedding）。事实上，位置嵌入实现了类似 RNN 或 LSTM 等网络结构的序列建模功能。相比于 LSTM，使用位置嵌入能够更好地实现 GPU 的并行计算，为大规模预训练模型实现高效训练提供必不可少的基础支撑。同时，BERT 模型精巧地设计了"上下句预测"任务，比如判断"春色满园关不住"和"一枝红杏出墙来"是合理的上下句，而"回首向来萧瑟处"和"一枝红杏出墙来"则不是合理的上下句。为了实现上下句表达，BERT 模型引入了区分上下句的片段嵌入（Segmentation Embedding）。片段嵌入除了用于上下句预测，在具体任务中还可以用于阅读理解（Reading Comprehension）、问答（Question Answering）等任务。比如在问答任务中，上下句分别表示问题和答案。如图 3-18 所示，BERT 在嵌入层对位置嵌入、片段嵌入和传统的词元嵌入进行相加。

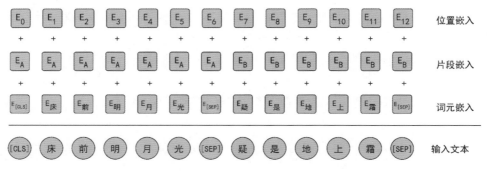

图 3-18　BERT 的嵌入层，由位置嵌入、片段嵌入和词元嵌入相加得到

在设计巧妙的复杂结构之上，BERT 使用了大量的语料进行训练，得到了 BERT 的预训练模型。利用 BERT 预训练模型，并在具体任务上进行微调，在十多个自然语言处理任务中达到了最高的水平，并在当时（2018 年）斯坦福问答数据集（Stanford Question Answering Dataset，SQuAD）的评测任务中第一次超越了人类专家的评估水平。BERT 的成功证实了，通过大规模语料集进行无监督的训练能够大幅提升自然语言处理相关任务的效果。这开启了自然语言处理技术的新纪元，并由此开始了深度学习技术在自然语言处理和语义理解上的"军备竞赛"，目标是：更大的模型，更多的语料，更强的算力，更好的效果！图 3-19 总结了近年来预训练模型参数规模的增长情况，可以看出增长速度之快。

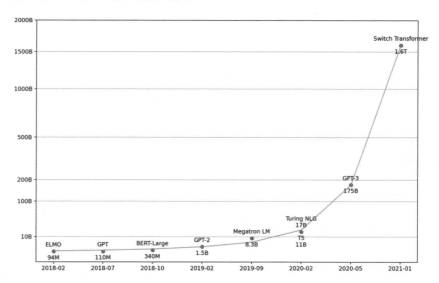

图 3-19　预训练模型参数规模的增长情况

3. BERT 模型的代码实现

在 BERT 的论文 *BERT: Pre-training of Deep Bidirectional Transformers for Language Understanding* 发表的同时，Google 也发布了模型代码和预训练模型。时至今日，各种版本及各个机构发布的预训练模型非常多，各种改进的模型也层出不穷。下面基于 Google 发表的原始论文来详细解析 BERT 的实现。

模型中使用了注意力机制，图 3-16 和图 3-17 描绘了多头自注意力机制的实现方法，基于 TensorFlow 框架的实现代码如清单 3-19 所示。其中，使用不带激活函数的全连接网络实现线性映射，使用 reshape 和 transpose 实现分割多头。在代码中加入 dropout 是为了使训练过程减少过拟合，增强训练效果。

清单 3-19　多头注意力机制的 TensorFlow 实现

```
1.  import math
2.  import tensorflow as tf
3.
4.  def transpose_for_scores(input_tensor, batch_size,
5.      num_attention_heads, seq_length, width):
6.      ```这个函数实现了多头注意力机制中从"一头"到"多头"的转化，直观理解就是：
7.          对每个词元来说，将一个 num_attention_heads*width 维的向量转化为
8.      num_attention_heads 个 width 维的向量```
9.      output_tensor = tf.reshape(input_tensor,
10.         [batch_size, seq_length, num_attention_heads, width])
11.     output_tensor = tf.transpose(output_tensor, [0, 2, 1, 3])
12.     return output_tensor
13.
14. def attention_layer(input_tensor_2d, num_attention_heads,
15.     size_per_head, batch_size, seq_length):
16.     ```input_tensor: [batch_size*seq_length, width]矩阵（2 维张量）
17.     num_attention_heads*size_per_head==hidden_size,
18.     通常，预训练的 BERT 模型会标明 hidden_size 和 num_attention_heads
19.     ```
20.     # 输入张量通过全连接网络进行线性映射并转化到多头子空间中，得到图 3-18 中的 Q、K、V
21.     q_layer = tf.layers.dense(input_tensor_2d,
22.             num_attention_heads * size_per_head, name="query")
23.     k_layer = tf.layers.dense(input_tensor_2d,
24.             num_attention_heads * size_per_head, name="key")
25.     v_layer = tf.layers.dense(input_tensor_2d,
26.             num_attention_heads * size_per_head, name="value")
27.     q_layer = transpose_for_scores(q_layer, batch_size,
28.             num_attention_heads, seq_length, size_per_head)
```

```
29.    k_layer = transpose_for_scores(k_layer, batch_size,
30.            num_attention_heads, seq_length, size_per_head)
31.    v_layer = transpose_for_scores(v_layer, batch_size,
32.            num_attention_heads, seq_length, size_per_head)
33.    # 通过 Q 和 K 的点乘（dot product）、缩放和 softmax 计算得到注意力分数
34.    attention_scores = tf.matmul(query_layer, key_layer, transpose_b=True)
35.    attention_scores = tf.multiply(attention_scores,
36.            1.0 / math.sqrt(float(size_per_head)))
37.    attention_probs = tf.nn.softmax(attention_scores)
38.    # 原始实现的注释说这个 dropout 有点奇怪，但这确实是原始论文实现中使用的
39.    attention_probs = tf.nn.dropout(attention_probs, keep_prob=0.9)
40.    # 将注意力分数和 V 相乘得到输出
41.    ctx_layer = tf.matmul(attention_probs, value_layer)
42.    # 拼接多头注意力的结果
43.    ctx_layer = tf.transpose(ctx_layer, [0, 2, 1, 3])
44.    ctx_layer = tf.reshape(ctx_layer,
45.        [batch_size * seq_length, num_attention_heads * size_per_head])
46.    return ctx_layer
```

在实现了多头注意力机制后，BERT 编码层（也是变换器网络的编码器部分）的实现就非常简单了。BERT 编码层的内部网络结构如图 3-19 所示，其中多头自注意力机制的实现见清单 3-19，线性映射使用全连接网络 tf.layers.dense，层归一化使用了 tf.contrib.layers.layer_norm，非线性映射使用了激活函数为 gelu 的全连接网络。另外，网络中的两个"+"表示残差飞线连接。BERT 编码层的代码实现如清单 3-20 所示。

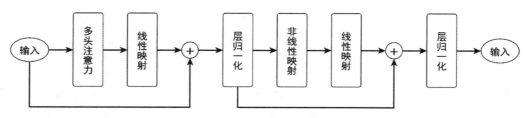

图 3-19 BERT 编码层的内部网络结构

清单 3-20 BERT 模型的编码层，也是变换器网络的编码器部分

```
1.  def transformer_model(input_tensor, hidden_size=768, num_hidden_layers=12,
2.      num_attention_heads=12, intermediate_size=3072,
3.      hidden_dropout_prob=0.1, do_return_all_layers=True):
4.      ```BERT 的核心实现，Transformer 模型的编码器部分，
5.      input_tensor 即图 3-12 所示的三个嵌入和，并通过
6.      一个归一化层后输出，是三维张量，即 batch_size, seq_length, width```
7.      attention_head_size = int(hidden_size / num_attention_heads)
8.      input_shape = get_shape_list(input_tensor, expected_rank=3)
```

```
9.          # width 要和 hidden_size 一样
10.         batch_size, seq_length, width = input_shape
11.         # 转换为矩阵（二维张量）[-1, width]
12.         prev_output = reshape_to_matrix(input_tensor)
13.         all_layer_outputs = []
14.         for layer_idx in range(num_hidden_layers):
15.             layer_input = prev_output
16.             # 第一层的输入是嵌入层的输出，其他层的输入是上一层的输出，然后实现自注意力学习
17.             attention_output = attention_layer(layer_input,
18.                 num_attention_heads, attention_head_size,
19.                 batch_size, seq_length)
20.             # 输出后通过全连接层进行线性变换
21.             attention_output = tf.layers.dense(attention_output, hidden_size)
22.             attention_output = tf.nn.dropout(attention_output, keep_prob=0.9)
23.             # 残差飞线连接和层归一化
24.             attention_output = tf.contrib.layers.layer_norm(
25.                     attention_output+layer_input,
26.                     begin_norm_axis=-1, begin_params_axis=-1)
27.             # 前馈网络，两层的全连接网络
28.             # 将 hidden_size -> intermediate_size -> hidden_size
29.             intermediate_output = tf.layers.dense(attention_output,
30.                 intermediate_size, activation=gelu)
31.             layer_output = tf.layers.dense(intermediate_output, hidden_size)
32.             layer_output = tf.nn.dropout(layer_output, keep_prob=0.9)
33.             # 残差飞线连接和层归一化
34.             layer_output = tf.contrib.layers.layer_norm(
35.                     layer_output+attention_output,
36.                     begin_norm_axis=-1, begin_params_axis=-1)
37.             # 每一层的输出是下一层的输入
38.             # 并且 BERT 需要保留每一层的输出，便于后续不同任务的微调时使用
39.             prev_output = layer_output
40.             all_layer_outputs.append(layer_output)
41.         # 返回结果，BERT 本身是返回所有层的输出的；
42.         # 返回的结果要从矩阵[batch_size*seq_length, width]转化回
43.         # 三维张量[batch_size, seq_length, width]
44.         if do_return_all_layers:
45.             final_outputs = []
46.             for layer_output in all_layer_outputs:
47.                 final_output = reshape_from_matrix(layer_output, input_shape)
48.                 final_outputs.append(final_output)
49.             return final_outputs
50.         else:
51.             final_output = reshape_from_matrix(prev_output, input_shape)
52.          return final_output
```

BERT 模型的网络结构如图 3-20 所示。

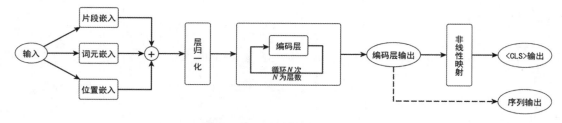

图 3-20　BERT 模型的网络结构

可以看出，BERT 模型会堆叠多层的编码层（即图 3-20 中的编码层所在的框中的 N），通常公开发布的预训练模型中都会标明层数。比如，Google 发布的中文预训练模型的命名是"chinese_L-12_H-768_A-12"，其中 L-12 表示使用了 12 层的编码层，即在图 3-20 中循环 $N=12$ 次。最后一层编码层的输出，就是 BERT 模型序列的输出。同时，BERT 还提供了<CLS>的输出，从最后一层编码层输出中提取序列第一个值，通过带有 tanh 激活函数的全连接网络实现非线性变换，最后得到<CLS>的输出，它可以用在各种分类算法中。清单 3-19 和清单 3-20 列举了 BERT 的核心代码实现，完整的 BERT 实现代码和前面的 BiLSTM-CRF 非常类似，这里不再详细列举。

4. 用 BERT 进行实体抽取实战

BERT 自其诞生之日起，就因为其效果非凡而受到广泛的关注，并在短时间内实现了大范围的使用。各种对 BERT 的改进和优化方法层出不穷，不同机构发布的预训练模型也非常多，并且 BERT 模型的各种配套使用工具也被大量开发出来。这里推荐一个非常有用和易用的 Python 库——Transformers，它提供了一系列常见的预训练神经网络模型，包括 BERT、GPT 等，并且有数十个预训练模型，使用十分方便。Transformers 提供了 PyTorch 和 TensorFlow（2.0 版本及以上）两种框架。下面以 Transformers 库为例来演示如何使用预训练的 BERT 进行实体抽取。

清单 3-21~清单 3-23 使用 PyTorch 深度学习框架和 Transformers 工具库来实现。使用 BERT 进行实体抽取比较复杂，清单 3-21 给出了语料准备的代码，清单 3-22 使用 Transformers 的接口加载并准备好预训练模型，清单 3-23 使用清单 3-21 中的语料进行 BERT 实体抽取训练和测试，最后可以使用清单 3-14 和清单 3-15 所示的评估方法来评估模型结果。

清单 3-21　BERT 进行实体抽取的语料准备

```
1.   import transformers
2.   import torch
3.   from keras_preprocessing.sequence import pad_sequences
4.
5.   # 使用 BERT 的词表实现从字到 id 的转换，这里不使用 tokenizer 来分词
6.   tokenizer = transformers.BertTokenizer.from_pretrained(
7.           'bert-base-chinese')
8.   UNK = tokenizer.vocab['[UNK]']
9.   word2id = lambda w: tokenizer.vocab.get(w, UNK)
10.  id2word = lambda wid: tokenizer.ids_to_tokens[wid]
11.  # 标签的映射
12.  labels = ['O', 'B-PER', 'I-PER', 'B-ORG', 'I-ORG', 'B-LOC', 'I-LOC']
13.  labels_r = dict(enumerate(labels))
14.  labels_d = {v:k for k, v in labels_r.items()}
15.  num_labels=len(labels)
16.  label2id = lambda lbl: labels_d[lbl]
17.  id2label = lambda lid: labels_r[lid]
18.  # 通过上述两个映射关系，将（句子，标签列表）对转化为（词元 id 列表，标签 id 列表）对
19.  # 得到 train_coupus 和 test_corpus，格式为：[([1,3,5,…], [0,0,1,…]), (…), …]
20.
21.  def to_loader(corpus, sampler_cls, batch_size=16, max_seq_len=256):
22.      ```转化为 torch 的 DataLoader，方便训练时使用
23.      由于每个句子长短不一，这里的 mask 用于标明句子的长度
24.      ```
25.      inputs = pad_sequences([txt for txt, lbl in corpus], maxlen=max_seq_len,
26.                      dtype='long', truncating='post', padding='post')
27.      tags = pad_sequences([lbl for txt, lbl in corpus], maxlen=max_seq_len,
28.                      dtype='long', truncating='post', padding='post')
29.      masks = [[int(i>0) for i in ii] for ii in inputs]
30.      inputs = torch.tensor(inputs)
31.      tags = torch.tensor(tags)
32.      masks = torch.tensor(masks)
33.      dataset = torch.utils.data.TensorDataset(inputs, masks, tags)
34.      sampler=sampler_cls(dataset)
35.      dataloader = torch.utils.data.DataLoader(dataset,
36.          sampler=sampler, batch_size=batch_size)
37.      return dataloader
38.
39.  # 训练集是随机抽样的，但测试集是按顺序来的，所以使用了不同的 Sampler
40.  train_dataloader = to_loader(train_corpus, torch.utils.data.RandomSampler)
41.  test_dataloader = to_loader(test_corpus,
42.      torch.utils.data.SequentialSampler)
```

清单 3-22　使用 Transformers 工具加载并准备预训练模型

```
1.  import transformers
2.  import torch
3.
4.  bert_name = 'bert-base-chinese'
5.  # 使用 Transformers 提供的方法加载预训练模型，
6.  # 如果第一次使用该模型，会自动从云端下载模型数据
7.  model = transformers.BertForTokenClassification.from_pretrained(
8.         bert_name, num_labels=num_labels)
9.  # 通常，GPU 显存会不足，这里使用多 GPU 来训练
10. model = torch.nn.DataParallel(model)
11. model.cuda()
12.
13. # 设置需要微调权重的参数
14. param_optimizer = list(model.named_parameters())
15. no_decay = ['bias', 'gamma', 'beta']
16. optimizer_grouped_parameters = [
17.     {'params': [p for n, p in param_optimizer if
18.                 not any(nd in n for nd in no_decay)],
19.      'weight_decay_rate': 0.01},
20.     {'params': [p for n, p in param_optimizer if
21.                 any(nd in n for nd in no_decay)],
22.      'weight_decay_rate': 0.0}
23. ]
24. # 使用 torch 提供的 Adam 优化器来训练（微调）模型
25. optimizer = torch.optim.Adam(optimizer_grouped_parameters, lr=3e-5)
26. # 使用 GPU 来训练
27. device = torch.device("cuda" if torch.cuda.is_available() else "cpu")
28. model.to(device)
```

清单 3-23　BERT 实体抽取的训练和测试

```
1.  # 将模型改成训练模式，开始训练，下面的代码是一个训练周期
2.  model.train()
3.  for step, batch in enumerate(train_dataloader):
4.      b_input_ids, b_input_mask, b_labels = tuple(t.to(device) for t in batch)
5.      output = model(b_input_ids, token_type_ids=None,
6.             attention_mask=b_input_mask, labels=b_labels)
7.      loss = output.loss
8.      loss.sum().backward()
9.      torch.nn.utils.clip_grad_norm_(parameters=model.parameters(),
10.            max_norm=1.0)
11.     optimizer.step()
12.     model.zero_grad()
```

```
13. # 将模型改成评估模式后测试效果，通常微调训练少量几个周期就够了
14. model.eval()
15. predictions , true_labels, input_txts = [], [], []
16. for batch in test_dataloader:
17.     b_input_ids, b_input_mask, b_labels = tuple(t.to(device) for t in batch)
18.     with torch.no_grad():
19.         outputs = model(b_input_ids, token_type_ids=None,
20.                         attention_mask=b_input_mask, labels=b_labels)
21.         logits = outputs.logits
22.     logits = logits.detach().cpu().numpy()
23.     label_ids = b_labels.to('cpu').numpy()
24.     mask_ids = b_input_mask.to('cpu').numpy()
25.     txt_ids = b_input_ids.to('cpu').numpy()
26.     pred_ids = np.argmax(logits, axis=2)
27.     seq_lens = mask_ids.sum(axis=1)
28.     for i, seq_len in enumerate(seq_lens):
29.         pred = pred_ids[i, :seq_len]
30.         gt = label_ids[i, :seq_len]
31.         txt = txt_ids[i, :seq_len]
32.         true_labels.extend(gt)
33.         predictions.extend(pred)
34.         input_txts.extend(txt)
35. # 得到的评估结果都放在 predictions, true_labels, input_txts 中
36. # 可以使用清单 3-14 和清单 3-15 的评估方法来评估模型效果
```

  在评估模型效果时，使用与 CRF++、BiLSTM-CRF 相同的语料，同样使用按字切分词元，利用 4 个 GPU 训练 1 个周期（约 20 分钟），如清单 3-24 所示。从评估结果看，BERT 模型效果明显好于 BiLSTM-CRF 和 CRF++；不过劣势也非常明显，需要大量的计算资源。为了解决资源占用过高的问题，BERT 的改进方法也非常多，比如 ALBERT、DistilBERT 等。

清单 3-24　BERT 进行实体抽取的评估结果

```
# 按标签评估模型的效果，评估方法见清单 3-14
micro F1: 0.9901506943760465
macro F1: 0.9564616033013825

# 按实体评估模型的效果，评估方法见清单 3-15
ORG F1: 0.790990990990991
PER F1: 0.9166666666666666
LOC F1: 0.8307410795974383
Macro F1: 0.8461329124183653
```

  随着计算资源的成本逐年大幅降低，人工智能领域也将像奥林匹克精神一样，追求" 更快的速度、更高的 F1 分数，更强的模型"!

3.6 弱监督学习方法

机器学习和深度学习的方法通常需要大量人工标注的样本训练模型，才能得到预期的效果。大量人工标注样本不仅费用高、时间长，而且为保证正确标注，还需要多次交叉审核验证，因此成本高昂。这决定了在有些场景下，无法提供大量的人工标注样本。为了解决缺少样本的问题，弱监督学习被提出，其中有多种不同的应用方法，对应解决缺少样本的不同情况。

应对人工标注语料成本高的直接方法是使用算法自动标注语料。引导法（Bootstrapping）是典型的方法之一，通常从一些种子实体库或字典出发，借助语法规则或计算语言学相关的知识编写一系列的规则来生成样本，然后使用前述各种方法（比如隐马尔可夫模型、条件随机场等）来训练模型并抽取实体。抽取的结果还可以加入种子库或字典中，通过不断迭代这个过程，实现大规模的实体抽取。基于算法自动标注能够产生大规模语料，但是由于算法本身无法做到百分之百准确，因此生产的语料可能会带有噪声。

解决噪声的方法很多，可以利用算法区分标注数据的质量，从中选择质量高的标注样本；也可以利用算法计算标注数据的精度值，并在实体抽取模型中加入样本精度值的特征；还可以采用多段或者端到端的方法，在无人工标注或少量人工标注数据的情况下实现高精度实体抽取。解决噪声的另一种思路是，假定训练样本本身存在噪声，在此情况下实现高精度的实体抽取。这种思路不仅对算法标注的语料有用，对于人工标注的语料同样适用。这是因为人工标注语料同样会存在问题，特别是在专业领域的标注语料中，问题更加明显。

应对人工标注语料成本高的另一个思路是设法降低标注成本。使用粗粒度标注数据，实现细粒度的实体抽取，是一种较为前沿的思路。比如，标注句子级别，并结合细粒度标注的样本，实现高精度的实体抽取。标注句子级别是指，仅标注句子是否包含需要抽取的实体，而不精确标注要抽取实体的位置、实体类型等。标注句子级别能够大幅加速人工标注速度，从而在相同成本下获得更多的语料。

除标注粗粒度之外，部分标注（Partially Annotation）也是一种流行的做法，即只对一部分词元进行精确标注，而对另一部分词元则用假设代替标注，然后使用深度学习、主动学习或强化学习等技术判断这些被假设标注的词元是否可信。这种假设标注的做法有"不完全标注"和"冗余标注"两种，如图 3-21 所示。其中，"不完全标注"中所有不明确实体的词元标注都记为 O，其本质是标注的遗漏和缺失；"冗余标注"则假设所有不明确实体的词元可能是任意一个实体类型，本质是所有词元"众生平等"。要在部分标注的语料中获得高精度的实体抽取，关键在于对假设中的标注做出筛选，筛选方法和解决噪声的思路基本一致，可以判断词元的假设标注部分是否为真值，或者计算词元的假设标注部分为真值的概率等。

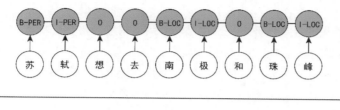

正确标注

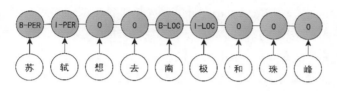

不完全标注

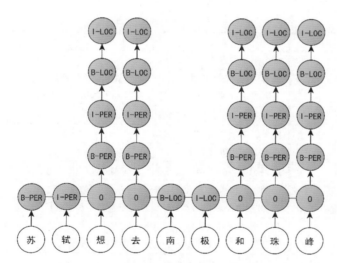

冗余标注

图 3-21　部分标注的方法（使用 BIO 标记）

除了对标注数据的处理，弱监督学习还包括迁移学习和远程监督等。迁移学习是当前人工智能技术发展的热点和重点之一，预训练模型是迁移学习的典型方法。建立在大规模预训练模型之上的少样本学习（few-shot learning）、单样本学习（one-shot learning）和零样本学校（zero-shot learning）是其典型应用方法。迁移学习的另一种应用是生成对抗网络（Generative Adversarial Network，GAN）。生成对抗网络使用生成模型和判别模型，并通过不断进行博弈对抗来优化这两个模型，最终学习出样本的概率分布。远程监督的思想与引导法自动标注样本的思想相同，但远程监督会更多地用在关系抽取或实体-关系的联合抽取上。

3.7 本章小结

实体抽取是自然语言处理的经典任务之一，也是知识图谱构建的核心技术之一，还是关系抽取的基础。同时，实体抽取也常用在日常处理文本的工作中。自 1996 年人工智能研究人员提出实体抽取任务以来，实体抽取技术发展欣欣向荣；特别是 2018 年年底 BERT 出现之后，实体抽取的准确率突飞猛进，这为知识图谱构建提供了坚实的基础。

本章全面介绍了常见的各类实体抽取的方法，并详细介绍了各个类别的代表性方法。实体抽取方法的总结如表 3-3 所示，这些不仅是学术研究中的经典方法，也被广泛应用在产业知识图谱构建的实践中。从实用的角度看，并没有一种方法能够"一统天下"，不管是基于规则的方法、传统机器学习的方法，还是深度学习的方法、弱监督的方法，以及本章未介绍的深度强化学习的方法，都只适合于一些应用场景，而对另一些应用场景无能为力。

表 3-3　实体抽取方法的总结

类　　别	方　　法	特　　点
基于规则的方法	词典匹配	常用于有大量词表的专业领域
	正则表达式	最常用的规则编写方法，正则表达式几乎为所有编程语言所支持，熟悉一种或多种编程语言的工程师很容易根据语言和文本特点编写规则
	模板	常用于有固定结构的文本上，比如由数据库生成的网页、制式合同等
机器学习	决策树	简单、直接，可解释性非常强
	最大熵	复杂，通用性比较强
	支持向量机	广泛用于各类机器学习任务中，在实体抽取上表现不错
	朴素贝叶斯	最简单的概率图方法，可解释，有坚实的数学理论基础
	隐马尔可夫模型	比 CRF 更简单，计算效率高，在低计算资源年代应用非常广泛
	条件随机场	传统机器学习中最常用的实体抽取方法，至今依然是很强的基准方法，并且经常和深度神经网络结合构建深度学习模型，应用非常广泛
深度学习	BiLSTM-CRF	深度学习中最常用的实体抽取算法
	BERT	预训练模型+微调的深度学习方法的典型代表
	其他深度学习模型	模型千千万，百花齐放，各具特色
弱监督学习	自动标注样本	自动生成训练语料，核心在于解决噪声问题
	部分标注样本	降低标注成本
	迁移学习	减少模型所需的训练语料
	远程监督	通常和关系抽取一起使用
深度强化学习	用于实体抽取	将实体抽取建模为马尔可夫决策模型
	用于样本处理	提升样本质量，或者在样本质量存在一定问题的情况下，联合实体抽取模型实现高精度的实体抽取

总的来说，基于规则的方法始终是最简单、最直接有效的方法。即使在深度学习发展如火如荼的今天，依然有不少业务在应用规则抽取实体构建知识图谱。3.2 节介绍了 3 种主流的基于规则的实体抽取方法，并给出了相应的实例。在过去数十年的人工智能发展历史中，传统机器学习技术百花齐放，各种算法争奇斗艳。3.4 节概述了基于传统机器学习的实体抽取方法，在此之上详细解析了概率图模型及其 4 种代表性算法——朴素贝叶斯模型、最大熵模型、隐马尔可夫模型和条件随机场模型，并在最后给出了应用条件随机场的经典工具 CRF++ 进行实体抽取的实例。

深度学习是机器学习的一个子类，是驱动近年来人工智能发展的领导性技术，在实体抽取中自然不可或缺。3.5 节全面介绍了将深度神经网络模型应用于实体抽取的方法，并深入介绍了BiLSTM-CRF 模型和基于 BERT 的实体抽取模型，同时给出了代码实例。事实上，深度学习的模型千千万，在不同业务中可能有不同的最佳模型。不过，BiLSTM-CRF 和基于 BERT 的方法是其中两个最经典的模型，在实践中使用最多。

本章在介绍这些经典算法的过程中，还在 3.3 节中介绍了算法评价指标，以及在 3.4.6 节介绍了实体抽取最常见的 4 种标记方法。"等闲识得东风面，万紫千红总是春"，实体抽取算法犹如万紫千红的春天一样令人眼花缭乱，如果你对这个领域不甚熟悉，或者不知从何下手，那么本章介绍的算法就是一个好的开始。在产业实践中，条件随机场、BiLSTM-CRF 和基于 BERT 的实体抽取方法是 3 个应用最广泛的方法，也是在效果、效率和便捷性等多方面权衡之下最佳的选择。

"蜂采百花酿成蜜"，从各式各样的非结构化数据中抽取出业务所需要的实体，是构建知识图谱关键的一步。本章介绍的实体抽取的经典方法，是进行实体抽取的一个很好的起点。

第4章

关系抽取

一只蝴蝶在巴西轻拍翅膀，可以导致一个月后（美国）德克萨斯州的一场龙卷风。

——蝴蝶效应

现代的神经科学和认知科学研究成果表明，人类大脑的学习、记忆、创新等智力活动都是通过联想机制完成的。联想机制的关键是在大脑中构建的事件之间的关联关系，学习事件之间的预测关系。具体来说，就是在大脑的神经表征之间发展出联系，当新事件出现时，激活与之相关联的之前事件的神经表征，预测未来的事件，并做出合适的行动来响应。事实上，这是生物体经过数百万年的进化所产生的适应性优势，被认为是生物体感知环境中事件因果关系的能力。个体学习事件因果关系的表征，并通过经验调整这种表征，使其与世界的真实因果结构相一致。这种联想理论的外在表现就是望梅止渴的现象和巴甫洛夫的条件反射。比如，当你看到"望梅止渴"四个字时，可能已经嘴角生津，这就是人类大脑自然地进行联想并做出响应的表现。大脑的这种联想机制表明了联系的关键，而这也正是知识图谱被认为是认知智能核心技术之一的缘由。

本章系统全面地介绍在知识图谱中建立知识间联系的方法——关系抽取，这是构建知识图谱的核心技术之一。"万物负阴而抱阳，冲气以为和"，知识间关系的建立，以及由此发生的相互作用，如同蝴蝶轻拍的翅膀带来强风，由此认知智能抟扶摇直上而蓬勃发展。

本章内容概要：

- 阐明什么是关系与关系抽取。
- 详细介绍关系抽取的四大类方法。
- 以典型的案例系统深入地解说每一类方法。

4.1 关系和关系抽取

知识图谱中的关系是指实体间有向的语义化表示的联系，我们通常会以合适的名称来命名关系，这是对现实的一种贴近自然的抽象。例如，人与人之间的父子关系、同事关系、同学关系，人与组织机构的任职关系、创立关系，机器设备与零部件之间的组成关系，药物和疾病之间的治疗关系，等等。

图 4-1 所示是关于国家科学技术奖励的知识图谱，其中就包含了对"中国科学院数学与系统科学研究所的研究员吴文俊院士在 2001 年获得国家最高科学技术奖"这个事实的建模。在图 4-1 的知识图谱中，有"任职于""获得""属于""颁发""作者"等关系。上述事实可建模为"<数学与系统科学研究所，属于，中国科学院>""<吴文俊，任职于，数学与系统科学研究所>""<吴文俊，获得，国家最高科学技术奖>"等几种关系。这里的"吴文俊""数学与系统科学研究所""中国科学院"和"国家最高科学技术奖"是实体，其实体类型分别为"人物""机构""机构"和"奖项"。

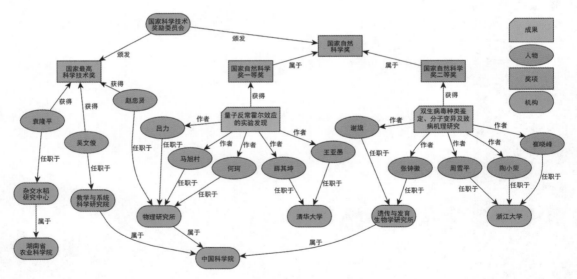

图 4-1　国家科学技术奖励知识图谱

"语义化"和"有向"是知识图谱中关系具备的两个鲜明的特点。"语义化"是指在知识图谱中用明确的语言来表达和描述某个事实或一系列事实，比如 "任职于"描述了一个人在某个组织机构中工作的事实，"是……的父亲"描述了一个人是另一个人的父亲的事实。关系中的这种语义化描述是有方向的，反过来就会出现认知上的错误。

就具体的例子来说，"<吴文俊，任职于，数学与系统科学研究所>"清晰地描述了吴文俊院士在中国科学院数学与系统科学研究所工作这样的事实，反过来表示"<数学与系统科学研究所，任职于，吴文俊>"则是奇怪的。而"<苏洵，是……的父亲，苏轼>"能够清晰地描述了"苏洵是苏轼的父亲"这样的事实，但如果反过来表示"<苏轼，是……的父亲，苏洵>"则要闹出笑话。可以想象一下，在现实中如果把一对父子的关系搞反了，是多么尴尬的事情。

正如例子所示，知识图谱中的关系用三元组"<头实体，关系，尾实体>"来表示，又常被称为关系三元组。很多时候，关系三元组中的关系如同语言学中的谓语（Predicate），而头实体和尾实体则分别是主语（Subject）和宾语（Object），从而也表示为"<主语，谓语，宾语>"（"<Subject，Predicate，Object>"），简称为 SPO 三元组或 SPO 语句。

关系抽取是指从非结构化的文本中抽取出符合事实的关系三元组，即断定两个实体间是否存在某种语义化的有向关系。

关系抽取通常分为两种类型。

- 开放式关系抽取：实体之间可能存在的关系集合没有预先定义，其目的是抽取出能够描述两个实体之间基于某个事实所构成的关系的语义化文本，并用该文本来表示这两个实体间的关系。
- 封闭式关系抽取：有一个预先定义的实体之间可能存在的关系集合，比如知识图谱模式中的关系类型列表，其目的是判断给定的两个实体是否是关系集合中的某一种，或者都不是。

在不特别说明的情况下，本书中的关系抽取都是指封闭式关系抽取，并且关系类型由知识图谱模式限定，相关内容可参阅第 2 章。

在知识图谱中，封闭式关系抽取的关系类型为知识图谱模式所限定，故而关系抽取应当符合以下两个条件。

- 所抽取出来的关系三元组"<头实体，关系，尾实体>"要符合知识图谱模式所定义的关系类型"<头实体类型，关系，尾实体类型>"中的某一种。
- 所抽取出来的关系三元组应当符合对应文本所描述的事实。

在关系抽取中，实体通常已经由第 3 章所描述的方法抽取出来了，每个实体的实体类型及其在文本中的位置已明确。在这种情况下，关系抽取的目标是断定在一定文本范围（句子、段落、篇章等）内两个实体的关系是否属于给定的关系类型集合中的一种。这种先抽取实体，再抽取关系的方法被称为管道（Pipeline）方法。在管道方法中，"头实体"和"尾实体"同时在文本出现的现象被称为共现（Co-occurrence）。在实践中，共现是实现管道方法抽取关系的前提。另一种情况是，仅仅给定一个文本序列，在关系抽取任务中还需要把实体也抽取出来，即实体-关系联合抽取，其内容将在 4.4 节进行探讨。

基于头实体和尾实体在文本中共现的假设，关系抽取实质上可以转化为判断两个实体间是否存在某种预定义好的关系。这看似很简单，但由于涉及语义理解、长距离的语义依赖、跨越一个或多个其他实体干扰等多重因素，要做好并不容易。下面举例说明，假设要从大量文本中构建如图 4-1 所示的国家科学技术奖励知识图谱，其所对应的知识图谱模式（如图 4-2 所示）包含了 7 个简单的关系类型，分别是"<成果，作者，人物>""<人物，获得，奖项>""<人物，任职于，机构>""<成果，获得，奖项>""<机构，颁发，奖项>""<奖项，属于，奖项>"和"<机构，属于，机构>"。当一段并不复杂的文本中出现了多个机构、人物、奖项、成果等实体时，其可能的组合会非常多。

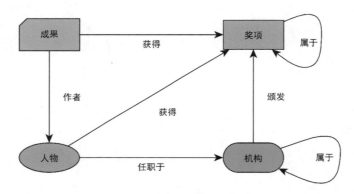

图 4-2　国家科学技术奖知识图谱模式

下面是一篇有关吴文俊院士和袁隆平院士获得国家最高科学技术奖的新闻文本，内容非常清晰、简洁，对于人们来说十分易于理解。这里假设机构、人物和奖项等实体都已经被抽取出来了，那么关系抽取就是要判断这些实体两两之间是否符合图 4-2 所示的知识图谱模式中的某个关系类型。如图 4-3 所示，把实体和对应的实体类型标记在文本上。要抽取的关系用实体间的连线表示，关系名称标在连线的边上。

2001 年 2 月 19 日，中共中央、国务院在北京隆重举行国家科学技术奖励大会。中国科学院数学与系统科学研究所研究员、中国科学院院士吴文俊和湖南杂交水稻研究中心研究员、中国工程院院士袁隆平，由于在基础研究和技术开发及产业化方面做出的卓越贡献，荣获 2000

年度首届国家最高科学技术奖，并分别获得 500 万元奖金。

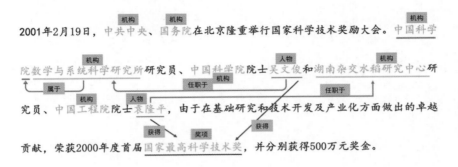

图 4-3　关系抽取的例子

从这篇新闻文本和图 4-3 中分析关系抽取任务。为了分析简单，假定仅对同一句子内的实体间关系进行抽取，而不做跨句子的段落级或篇章级的关系抽取。这篇新闻文本一共有两句，第一句为 "2001 年 2 月 19 日，中共中央、国务院在北京隆重举行国家科学技术奖励大会。" 其中有两个 "机构" 类型的实体 "中共中央" 和 "国务院"。结合知识图谱模式可知，关系抽取的任务就是断定 "<中共中央，属于，国务院>" 或者 "<国务院，属于，中共中央>" 是否成立。在一个文本序列仅存在两个实体的情况下，关系抽取的任务就很简单了。通过语言学可知，这两个机构是并列关系，并非表示上下级的 "属于" 关系，从而可断定上述两个三元组都不成立。在这种情况下，常见的文本分类模型也能处理得较好。

这篇新闻文本的第二句 "中国科学院数学与系统科学研究所研究员、中国科学院院士吴文俊和湖南杂交水稻研究中心研究员、中国工程院院士袁隆平，由于在基础研究和技术开发及产业化方面做出的卓越贡献，荣获 2000 年度首届国家最高科学技术奖，并分别获得 500 万元奖金。" 其中涉及了多个实体类型的多个实体，有 "机构" 类型的实体 "中国科学院数学与系统科学研究所""中国科学院""数学与系统科学研究所""中国科学院""湖南杂交水稻研究中心""中国工程院"，有 "人物" 类型的实体 "吴文俊""袁隆平"，以及 "奖项" 类型的实体 "国家最高科学技术奖"。这些实体间能够组成的符合图 4-2 知识图谱模式约束的关系三元组一共有 37 个，列举在清单 4-1 中。

清单 4-1　符合图 4-2 知识图谱模式的关系三元组列表

1．<"中国科学院数学与系统科学研究所"，属于，"中国科学院">
2．<"中国科学院数学与系统科学研究所"，属于，"数学与系统科学研究所">
3．<"中国科学院数学与系统科学研究所"，属于，"湖南杂交水稻研究中心">
4．<"中国科学院数学与系统科学研究所"，属于，"中国工程院">

5. <"中国科学院"，属于，"中国科学院数学与系统科学研究所">
6. <"中国科学院"，属于，"数学与系统科学研究所">
7. <"中国科学院"，属于，"湖南杂交水稻研究中心">
8. <"中国科学院"，属于，"中国工程院">
9. <"数学与系统科学研究所"，属于，"中国科学院数学与系统科学研究所">
10. <"数学与系统科学研究所"，属于，"中国科学院">
11. <"数学与系统科学研究所"，属于，"湖南杂交水稻研究中心">
12. <"数学与系统科学研究所"，属于，"中国工程院">
13. <"湖南杂交水稻研究中心"，属于，"中国科学院数学与系统科学研究所">
14. <"湖南杂交水稻研究中心"，属于，"中国科学院">
15. <"湖南杂交水稻研究中心"，属于，"数学与系统科学研究所">
16. <"湖南杂交水稻研究中心"，属于，"中国工程院">
17. <"中国工程院"，属于，"中国科学院数学与系统科学研究所">
18. <"中国工程院"，属于，"数学与系统科学研究所">
19. <"中国工程院"，属于，"中国科学院">
20. <"中国工程院"，属于，"湖南杂交水稻研究中心">
21. <"吴文俊"，任职于，"中国科学院数学与系统科学研究所">
22. <"吴文俊"，任职于，"中国科学院">
23. <"吴文俊"，任职于，"数学与系统科学研究所">
24. <"吴文俊"，任职于，"湖南杂交水稻研究中心">
25. <"吴文俊"，任职于，"中国工程院">
26. <"袁隆平"，任职于，"中国科学院数学与系统科学研究所">
27. <"袁隆平"，任职于，"中国科学院">
28. <"袁隆平"，任职于，"数学与系统科学研究所">
29. <"袁隆平"，任职于，"湖南杂交水稻研究中心">
30. <"袁隆平"，任职于，"中国工程院">
31. <"吴文俊"，获得，"国家最高科学技术奖">
32. <"袁隆平"，获得，"国家最高科学技术奖">
33. <"中国科学院数学与系统科学研究所"，颁发，"国家最高科学技术奖">
34. <"中国科学院"，颁发，"国家最高科学技术奖">
35. <"数学与系统科学研究所"，颁发，"国家最高科学技术奖">
36. <"湖南杂交水稻研究中心"，颁发，"国家最高科学技术奖">
37. <"中国工程院"，颁发，"国家最高科学技术奖">

关系抽取任务的目标就是从这篇新闻文本中抽取出图 4-3 所标识的 5 个关系三元组，分别是 "<数学与系统科学研究所，属于，中国科学院>" "<吴文俊，任职于，数学与系统科学研究所>" "<袁隆平，任职于，湖南杂交水稻研究中心>" "<吴文俊，获得，国家最高科学技术奖>" 和 "<袁隆平，获得，国家最高科学技术奖>"。也就是说，要从清单 4-1 所列举的 37 个关系三元组中挑出这 5 个符合这篇新闻文本描述事实的三元组，丢弃其他三元组。

乍一看这个任务并不复杂，但对熟知自然语言处理的人来说，很容易理解其中的多个难点。其一是文本语义理解的长距离依赖问题，从人物实体 "吴文俊" 到他所获得的奖项实体 "国家最高科学技术奖"，中间的文本有点长。同时，中间的文本中还有多个实体，很容易对模型的语义理解造成干扰。而对于"<数学与系统科学研究所，属于，中国科学院>"这样的关系三元组，其关系隐含在语言学的语法结构中，要抽取出这个三元组，完全依赖于能否正确地解析句子的语法结构，以及能否正确地理解定中关系中隐含着机构间的上下级从属关系。关系抽取任务的关键就是解决这些难题，从而更好地理解文本序列的语义信息，识别出文本序列所描述的事实对应的关系。

4.2　基于规则的关系抽取方法

人工编写规则是最早的关系抽取方法之一。领域专家或工程师对文本进行理解，并根据知识和经验储备来编写正则表达式、模板、模式匹配规则等方法，实现关系的抽取。通常，文本序列中的实体已经抽取出来，比如已经从文本序列"李白祖籍陇西成纪（今甘肃秦安县），出生于西域碎叶城，4 岁再随父迁至剑南道绵州"中抽取出人物实体"李白"、地点实体"陇西成纪""甘肃秦安县""西域碎叶城"和"剑南道绵州"。那么以实体对共现为基础，通过简单的规则即可抽取出关系"<人物、祖籍、地点>"。这个规则用语言描述，即

- 从人物实体 PER 后一个词元开始，找到最近的一个地点实体 LOC；
- 如果人物实体 PER 和地点实体 LOC 中间的文本中包含"祖籍"，即可抽取出关系三元组"<人物 PER，祖籍，地点 LOC>"。

根据上述规则，编码实现后即可抽取出"<李白，祖籍，陇西成纪>"。类似的规则在各行各业的专业文档中很常见。在医学领域，药物治疗疾病的关系存在很多常见的表达方法，比如医药专业文献的标题"评价头孢丙烯治疗小儿急性呼吸道感染的临床疗效"，在已经抽取出药物实体"头孢丙烯"和疾病实体"小儿急性呼吸道感染"后，那么通过类似的规则，判断药物实体和疾病实体之间是否包含"治疗"及其同义词，即可实现"<药物，治疗，疾病>"的关系抽取。这种规则易于编写，通过启发式编程、正则表达式配合词典、词表等，即可抽取出相应的关系。

基于规则的另一种做法是编写模板，特别是在有固定结构的网页上，因其往往是通过结构化的数据自动生成的。在第 3 章探讨实体抽取中，3.2.3 节的图 3-2 的例子是通过模板抽取出企业工商信息领域的实体。通过编写关系抽取的模板，同样能够从中抽取出所需的关系。比如对于"<机构，法人，人物>"关系类型，很容易通过模板抽取出关系三元组"<国家电网有限公司，法人，毛伟明>"。模板的编写方法和实体抽取非常类似，可参考 3.2.3 节中相关的介绍。

4.2.1 词法分析与依存句法分析

前面的讨论中提到了关系抽取与自然语言的语法结构存在千丝万缕的关系。关系三元组又称 SPO 三元组，本身就是从句子的主语、谓语和宾语直接映射过来。如果有工具能够很好地解析句子的语法结构，那么基于自然语言的语法结构编写规则来抽取关系就水到渠成了。恰好，自然语言处理领域经过多年的发展，现代的词法分析和句法分析工具已经很成熟了，并成功地被应用到大量的关系抽取上，包括用于构建知识图谱、进行事件抽取与事件分析等。

1. 词法分析

词法分析包括分词、词性标注等自然语言处理领域的基础技术。近些年随着深度学习的发展，词法分析也大量使用了深度学习技术，效果上提升显著，日趋成熟。像 Jieba、LAC（见链接 4-1 和链接 4-2）等分词和词法分析工具已经广为使用，并且效果非常不错，使用起来也非常方便。以 LAC 为例，LAC 有 3 种模式，分别是分词模式"seg"、词法分析模式"lac"和词的重要性分析模式"rank"，清单 4-2 给出了 LAC 的 3 种不同用法的示例。在词法分析模式中，除分词外，还会识别每个词的词性（见表 4-1）。此外，LAC 还会识别常见的 4 种命名实体，分别为人名"PER"、地名"LOC"、机构名"ORG"和时间"TIME"。另外，LAC 也提供了添加词汇（add_word）或载入词表（load_customization）的功能，并支持自定义的词性类型或实体类型。这些功能在基于语法结构的关系抽取中非常有用，可以把已抽取的实体作为词汇添加到 LAC 中，并以相应的实体类型来标注该实体，极大地方便我们基于语法结构来编写抽取规则。另外，在某些专业领域中，可以标注一批语料，通过 LAC 提供的模型训练接口来训练面向特定场景的词法分析模型。

清单 4-2　LAC 用法示例

```
1.  from LAC import LAC
2.
3.  '''
4.  输入：  苏东坡是一个无可救药的乐天派
5.  输出：
6.     tokens: ['苏东坡', '是', '一个', '无可救药', '的', '乐天派']
7.     tags: ['PER', 'v', 'm', 'a', 'u', 'n']
8.     ranks: [3, 0, 1, 3, 0, 3]
9.  '''
10.
11. # 分词模式，仅返回分词结果
12. lac = LAC(mode='seg')
13. tokens = lac.run('苏东坡是一个无可救药的乐天派')
14.
```

```
15. lac = LAC(mode='lac')
16. tokens, tags = lac.run('苏东坡是一个无可救药的乐天派')
17.
18. lac = LAC(mode='rank')
19. tokens, tags, ranks = lac.run('苏东坡是一个无可救药的乐天派')
20.
21. '''
22. 输出：
23.     tokens: ['苏东坡', '是', '一个', '无可救药的乐天派']
24.     tags: ['PER', 'v', 'm', 'LN']
25. '''
26. lac = LAC(mode='lac')
27. lac.add_word('无可救药的乐天派/LN', )
28. lac.run('苏东坡是一个无可救药的乐天派')
29.
```

表 4-1　LAC 中的词性标签

标　签	含　义	标　签	含　义	标　签	含　义	标　签	含　义
n	普通名词	f	方位名词	s	处所名词	nw	作品名
nz	其他专名	v	普通动词	vd	动副词	vn	名动词
a	形容词	ad	副形词	an	名形词	d	副词
m	数量词	q	量词	r	代词	p	介词
c	连词	u	助词	xc	其他虚词	w	标点符号
PER	人名	LOC	地名	ORG	机构名	TIME	时间

2. 句法分析

句法分析又称句子成分分析或者句法结构分析，是自然语言处理领域的基础技术之一。在自然语言处理技术的发展早期，许多学者就对句法分析做了深入的研究，比如自然语言处理领域的宗师级人物 Avram Noam Chomsky 用形式化的方法定义语言，并借用有限状态机对语言的语法进行分析。早在 1957 年，Chomsky 就试图使用语法来描绘精妙的自然语言。在有限状态语言中，他探讨了借由有限状态的马尔可夫过程模型来描述词组结构的模式，提出了转化分析法用于公式化地分析句子，在其代表性著作《语法结构》中体系化地描述了"转换-生成语法"（Transformational-Generative Grammar）。自然语言处理技术的进一步发展发现，寄希望于通过专家定义语法规则来完全地解析自然语言是不现实的，因其存在大量无法解释的情况，也无法根据人类的自然语言而归纳出完善的语法规则。这导致了后来基于统计学习的依存句法分析（Dependency Parsing）的出现。这种方法放弃了对自然语言的完整语法的建模，而试图从大量语料中学习出能够合理解释自然语言的结构，进而达到分析语言的目的，并帮助我们解决现实中的一部分问题。依存句法分析是当前使用最广泛的一种概率语法分析方法，它把句子解析为由词语组成的依存树（Dependency Tree），并标记了词与词之间的关系。依存树是一个满足如下限制的有向图。

- 有且只有一个没有入度的节点，即根节点。
- 除根节点外，其他所有节点只有一个入度。
- 从根节点到任意其他节点的路径有且只有一条。

图 4-4 所示为"苏东坡是一个无可救药的乐天派"这个句子的依存句法分析结果，其中常见的标记和关系类型见表 4-2。

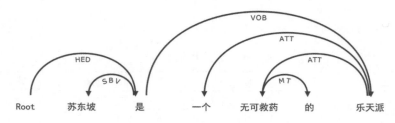

图 4-4　依存句法分析的例子

表 4-2　句法分析中常见的标记和关系类型

标　　记	关系类型	标　　记	关系类型
SBV	主谓关系	COO	并列关系
VOB	动宾关系	DBL	兼语结构
POB	介宾关系	DOB	双宾语结构
ADV	状中关系	VV	连谓结构
CMP	动补关系	IC	子句结构
ATT	定中关系	MT	虚词成分
F	方位关系	HED	核心

一个句子通常由主干和枝叶组成。这个句子的主干成分包括主语"苏东坡"、谓语"是"和宾语"乐天派"，图 4-4 的依存树由主谓关系 SBV——"苏东坡/是"和动宾关系 VOB——"是/乐天派"组成。句子中除主干之外的剩余部分是句子的枝叶，在图 4-4 中的例子中包括了两个定语"一个"和"无可救药的"，它们分别和宾语的"乐天派"组成了定中关系 ATT。进一步的，定语"无可救药的"中的"的"字是虚词，被分割开后，组成了虚词成分关系 MT。

早期的依存句法分析使用了大量的统计学方法，比如概率上下文无关语法，基于有限状态机、隐马尔可夫或最大熵等不同模型的组块分析方法等。随着深度学习的发展，基于深度学习的依存句法分析效果远超传统方法，已是当前主流的方法。DDParser（见链接4-3）是一个效果非常不错的基于深度学习的中文句法依存分析工具，它调用 LAC 对句子进行分词和词性标注，并使用了 Bi-LSTM 结合双仿射（Biaffine）注意力机制的深度学习模型来分析词与词之间的依存关系。

4.2.2　基于语法结构的关系抽取

关系三元组与语言的语法结构关系密切，并且有成熟的词法和句法分析工具，因此基于语法结构的关系抽取逐渐流行。在使用词法分析工具对文本进行分词和词性标注时，通常会将已抽取的实体作为新词添加到词法分析工具中，以确保能够完整地将实体切分成一个整体，并且被标注上合适的"词性"。在此之上，使用句法分析工具解析文本序列的依存句法树，为词与词之间标注合适的语法关系，提取句子的主语、谓语、宾语、定语、状语、补语等语法成分的内容。最后，结合知识图谱模式对实体间的关系的约束，利用语法结构编写合适的关系抽取规则，完成对关系三元组的抽取。

句子"中国科学院院士吴文俊荣获 2000 年度首届国家最高科学技术奖"是图 4-3 所示文本的一个简化版，图 4-5 是使用 LAC 和 DDParser 解析的依存句法树，根据句法结构中的主谓宾可以抽取出三元组<吴文俊，获得，国家最高科学技术奖>。

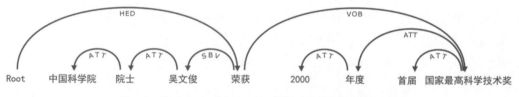

图 4-5　使用 LAC 和 DDParser 解析的依存句法树（一）

以抽取关系类型为"<人物，获得，奖项>"的三元组为例。

（1）根据解析出来的依存句法树，通过主谓关系 SBV 和动宾关系 VBO 的句子成分，能够提取出句子的主语、谓语和宾语，分别得到"吴文俊""荣获"和"国家最高科学技术奖"。

（2）利用同义词典判断"荣获"和"获得"是同义词。

（3）结合"吴文俊"和"国家最高科学技术奖"的实体类型分别是人物和奖项，判断这个句子的主谓宾所组成的 SPO 三元组恰好符合关系类型"<人物，获得，奖项>"。

（4）断定三元组"<吴文俊，获得，国家最高科学技术奖>"是所要抽取的关系三元组。

基于这个例子，可以总结出基于语法结构的关系抽取的步骤，具体如下。

（1）将已抽取实体作为新词，添加到词法分析工具中，词性可设定为实体类型。

（2）对文本序列进行词法分析，确保实体被完整地切分为完整的一个词元，并且正确地将词性标注为实体类型。

（3）结合知识图谱模式或关系类型的约束，确定实体对可能的关系，以及实体对在句子中的句法关系。

（4）基于语法编写规则，抽取能够表达关系的关键词。

（5）通过同义词典、业务词表、语义相似性工具等，判断表达关系的关键词是否与关系类型中描述关系的关键词相匹配。

（6）判断关系三元组是否成立。

这里的难点和关键点在于第 4 步"基于语法编写规则"。若要能够总结出合理的、较为完整的规则集合，要求对语言学有深入的理解，而且需要迭代地分析、归纳和总结才能做好。在第 5 步中，很多场景中都存在同义词表、业务词表、同义词典等，是可以充分利用的。而现代自然语言处理领域也有很多成熟的语义相似度工具，比如基于词向量（Word2vec、GloVe 等）的语义相似度计算工具，基于大规模预训练模型 BERT、GPT 或 ERNIE 的语义相似度计算工具。这些工具使用词向量或预训练模型将文字转化为稠密向量，并通过向量间的距离（欧氏距离、余弦距离、曼哈顿距离、切比雪夫距离、闵可夫斯基距离等）来计算词与词之间是否表达相同的意思。

下面以一个更为复杂的例子来说明，如何通过上述步骤实现基于语法结构的关系抽取。句子"吴文俊和袁隆平两位院士荣获 2000 年度首届国家最高科学技术奖"是图 4-5 所对应的句子的复杂版。把已抽取实体"吴文俊""袁隆平"和"首届国家最高科学技术奖"作为新词加入词法分析工具 LAC 中，词性分别设定为"PER""PER"和"AW"。用 LAC 和 DDParser 对句子进行词法分析和依存句法分析，如图 4-6 所示。

在分析这个依存句法树时，发现主语"院士"并非人物实体，从而不满足关系类型的约束。但进一步分析发现，"院士"有两个定语，其中一个是"两位"，同样不满足关系类型的约束；另一个定语是人物实体"吴文俊"，满足关系类型的约束。至此已抽取出三元组"<吴文俊，获得，国家最高科学技术奖>"。但在审查时发现，并没有抽取出所有的关系三元组。再进一步分析发现，"吴文俊"和"袁隆平"是两个并列关系的词语，并且"袁隆平"也是一个人物类型的实体。根据句法中并列关系的含义，可知"袁隆平"和"吴文俊"一样能够和其后的谓语、宾语结合，形成完整的 SPO 语句。于是，我们完善了规则，并抽取出三元组"<袁隆平，获得，国家最高科学技术奖>"。

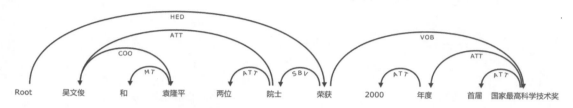

图 4-6　使用 LAC 和 DDParser 解析的依存句法树（二）

根据这个例子，将抽取规则总结如下。

- 从主谓关系 SBV 和动宾关系 VOB 开始。
- 如果谓语和表示关系的词是同义词或者语义接近（比如"荣获"≈"获得"），则继续，否则就停止。
- 检查主语或宾语所标记的实体类型是否满足关系类型的约束，如果是，则获得所抽取的三元组，继续。
- 递归检查主语或宾语是否有并列关系 COO，如果有，则可能还有同类三元组待抽取。
- 递归检查主语或宾语是否有定中关系 ATT，如果有，则定语可能可以代替主语或宾语。
- 获得所抽取的一个或多个关系三元组。

结合 LAC 和 DDParser 工具，用 Python 语言实现上述规则，代码见清单 4-3。通过多个例子的测试和评估可以发现，这个规则运行得还不错。在实践中，基于语法结构的关系抽取应用非常广泛，在很多场景下效果非凡。从新闻标题中抽取关系是常见的场景之一，为了更好地表达某个事实，新闻标题大都经过精心编写。基于语法规则的方法也能很好地从各种公文、邮件标题和内容、金融财报和研报、制造业质量体系中的失效分析报告等正式文本中抽取出关系三元组，应用十分广泛。

清单 4-3　结合语法规则进行关系抽取的例子

```
1.　# 测试用例，通过主谓宾等几个简单的语法结构规则能够实现对复杂句子的理解
2.　# 并抽取出符合<人物，获得，奖项>的关系，s 是一些输入样例
3.　s = '''分量最重的国家最高科学技术奖分别颁给了中国工程院黄旭华院士和中国科学院大气物理研究所曾庆存院士。'''
4.　s = '''上海市新中高级中学校长刘爱国等 57 名教育工作者荣获"上海市园丁奖"称号等'''
5.　s = '''2013 年 9 月 23 日，全国政协常委、中国亿利资源集团董事长王文彪在纳米比亚首都温得
```

和克召开的联合国防治荒漠化公约第十一次缔约方大会期间，荣获联合国颁发的首届"全球治沙领导者奖"'''

```
 6.  s = '''吴文俊和袁隆平两位院士荣获 2000 年度首届国家最高科学技术奖'''
 7.  s = '''华人导演李安凭借《少年派的奇幻漂流》斩获第 85 届奥斯卡最佳导演奖'''
 8.
 9.  # 使用 LAC 分词和进行词法分析
10.  from LAC import LAC
11.  # 使用 DDParser 进行依存句法分析
12.  from ddparser import DDParser
13.  lac = LAC()
14.  ddp = DDParser()
15.
16.  # 将实体识别所识别出的奖项和人名等加入词表
17.  # 确保 LAC 能够正确切分并识别实体及相应的类型
18.  for w, t in [('国家最高科学技术奖', 'AW'),
19.               ('曾庆存', 'PER'),
20.               ('奥斯卡最佳导演奖', 'AW'),
21.               ('上海市园丁奖', 'AW'),
22.               ('全球治沙领导者奖', 'AW')]:
23.      lac.add_word('{}/{}'.format(w, t))
24.
25.  # 分词和词法分析
26.  words, tags = lac.run(s)
27.  deptree = ddp.parse_seg([ words])[0]
28.
29.  # 对所解析出的词构建辅助字典树
30.  d_word,d_rel = {}, {}
31.  for i in range(len(deptree ['deprel'])):
32.      r = deptree ['deprel'][i]
33.      h = deptree ['head'][i] -1
34.      d_word.setdefault(h, [])
35.      d_word[h].append((r, i))
36.      d_rel.setdefault(r, [])
37.      d_rel[r].append((h, i))
38.
39.  # 通过主谓宾的语法结构来实现关系抽取
40.  # 其他语法结构（比如动补关系等）可以根据需要编写相应的规则
41.  # 首先通过主谓关系 SBV 找到所有的谓语，对于谓语，需要根据谓语的语义进行判断
42.  # 包括同近义词、反义词、表示反向的词等
43.  # 比如"颁给"就是"获得"的反向，"荣获""获"是"获得"的近义词等
44.  # 本例不对谓语的词义进行理解与扩展
45.  sbv = d_rel.get('SBV', [])
46.  predicates = []
47.  for h, _ in sbv:
48.      coo = [k for rk, k in d_word[h] if rk == 'COO']
```

```
49.        predicates.append(h)
50.        predicates.extend(coo)
51.
52. # 所需的实体类型列表，用以筛选实体。这个例子中仅实现<人物(PER)，获得，奖项(AW)>的抽取
53. SOtypes = ['PER', 'AW']
54. f_get_rel = lambda x, t: [k for rk, k in d_word.get(x, []) if rk == t]
55. # 从谓语出发，通过 SBV 找主语，通过 VOB 找宾语
56.
57. # 根据依存句法树的特点，通过递归找到所有主语或宾语中相关的实体
58. # 这里包括定中关系、并列关系等
59. # 比如"吴文俊和袁隆平两位院士"中，主语是"院士"
60. # "吴文俊"和"袁隆平"是并列关系的定语，要全部找出来
61. def find_SO(predicate, sotype):
62.        stack = f_get_rel(p, sotype)
63.        stack = set(stack)
64.        results = []
65.        while True:
66.            if not stack:
67.                break
68.            s = stack.pop()
69.            results.append(s)
70.            coo = f_get_rel(s, 'COO')
71.            stack.update(coo)
72.            att = f_get_rel(s, 'ATT')
73.            stack.update(att)
74.        results = [k for k in results if tags[k] in SOtypes]
75.        return results
76.
77. # 构建三元组，这里忽略了根据语义进行反向的变换等规则
78. for p in predicates:
79.        subjects = find_SO(p, 'SBV')
80.        objects = find_SO(p, 'VOB')
81.        if subjects and objects:
82.          for s in subjects:
83.            for o in objects:
84.                print(words[s], words[p], words[o])
```

　　总的来说，由于词法分析和句法分析工具愈加成熟，基于语法结构的关系抽取的方法表现愈加优秀，应用场景也愈加广泛。当然，这种方法也存在一些缺点，比如一旦所用的词法分析或句法分析工具存在问题，可能导致抽取结果中出现较难察觉的错误。同时，要从语法结构中总结出完善的、健壮性强、可扩展性强的规则集合，要求规则编写人员既懂编程开发，还要对语言学本身有较为深入的理解，并能够理解专业领域的业务。此外，规则集也不容易进行跨语

言、跨场景的迁移，难以实现高召回率和高覆盖率。

4.3 基于深度学习的关系抽取方法

随着机器学习和深度学习在自然语言处理领域的深入应用，基于深度学习的关系抽取方法也大量被开发出来。其实，在基于语法结构的关系抽取中所使用的词法分析和句法分析工具已经使用了深度学习的方法。不过这毕竟不是专门用于关系抽取的，还需要依赖于人工根据语言学的语法结构来编写规则，工作量较大，存在前述的一些缺点。专门针对关系抽取的深度学习模型则能从数据中学习出更丰富和完善的规则，效果更佳。

4.3.1 关系分类

自 21 世纪初以来，深度学习技术的应用愈加广泛。在关系抽取上，不管是开放式关系抽取，还是封闭式关系抽取；不管是管道方法，还是实体-关系联合抽取方法，深度学习技术都发挥着关键的作用。在封闭式的关系抽取中，关系受知识图谱模式中关系类型的限定；在管道方法中，文本中的实体已经被抽取出来。在这两个条件的限定下，关系抽取也被称为关系分类（Relation Classification）。

在关系分类中，输入是一个文本序列和已抽取的实体。实体在文本中的位置通常是已经确定的，实体所对应的实体类型也已经明确。这样，关系分类本质上就是一个给定文本序列和实体信息作为输入的分类问题，分类的目标是判断其是否属于所有可能的关系类型之一，或者不是任何一种关系类型。图 4-7 是两个实体类型及其关系的示意图，相应的关系类型包括"<人物，颁发，奖项>""<人物，获得，奖项>"和"<人物，命名，奖项>"。

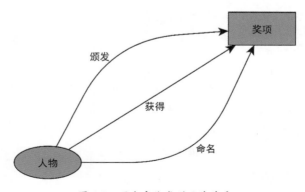

图 4-7　两个实体类型及其关系

以输入文本"中国科学院院士吴文俊荣获 2000 年度首届国家最高科学技术奖"和已抽取的两个实体"<吴文俊，人物>""<国家最高科学技术奖，奖项>"为例，关系分类的目标就是判断其是否属于上述 3 个关系类型中的某一个，或者不是其中的任何一种关系。清单 4-4 给出了完整的输入和输出说明。也就是说，在设计一个关系分类的模型时，可以用到的信息包括如下内容的全部或一部分。

（1）文本序列，通常是通过分词器（Tokenizer）切分后的词元序列。

（2）头实体和尾实体的信息，包括如下内容。

- 实体，通常是所对应的文本片段或者词元序列。
- 实体在文本中的位置。
- 实体的长度，通常是所包含的词元个数。
- 实体所对应的实体类型。

模型设计者可以充分利用这些信息，设计合适的模型来实现分类。在实践中，我们通常会根据知识图谱模式过滤掉不可能存在的关系三元组，这样可以优化模型的效果，提升效率。比如在图 4-2 的知识图谱模式中，就不用考虑两个实体都是人物类型的情况。并且，对于人物与奖项之间的关系，只需要判断关系类型"<人物，获得，奖项>"是否成立即可。这与图 4-7 所示的例子有所差别。在有些场景下，同一个文本序列中的两个实体间可能存在多个关系，这是一个典型的多分类问题。比如在"XX 公司的创始人、董事长兼 CEO……"这样常见的新闻文本中，同时满足"<机构，董事长，人物>""<机构，创始人，人物>"和"<机构，CEO，人物>"3 种关系类型。

清单 4-4　关系分类问题的输入和输出

```
输出：
    实体 1 类型：  "人物"
    实体 1： "吴文俊"
    实体 1 的位置与长度： { "start": 7 , "length": 3}
    实体 2 类型： "奖项"
    实体 2： "国家最高科学技术奖"
    实体 2 的位置与长度： { "start": 20 , "length": 9}
    文本： "中国科学院院士吴文俊荣获 2000 年度首届国家最高科学技术奖。"
输出：
    1 # <人物，获得，奖项>关系
    0 # <人物，颁发，奖项>关系
    0 # <人物，命名，奖项>关系
    0 # 没有关系
```

在厘清关系分类的问题后，大量的基于深度学习的文本分类模型都可以加以改造，用来实现关系分类。文本分类模型的输入通常是一段文本序列，而关系分类的输入则包含实体信息（实体文本、实体类型、实体在文本中的位置、实体文本的长度等）。改造的关键是，如何将额外的实体信息协同文本序列输入模型中，通过深度网络学习出合适的特征，实现对关系的分类。图4-8 给出了常见的基于深度学习的关系分类方法。

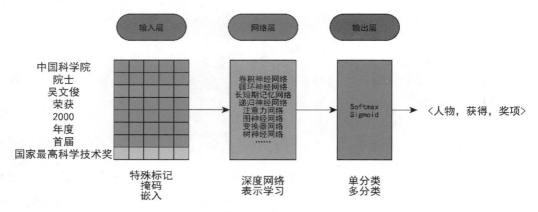

图 4-8　基于深度学习的关系分类方法

其中，将输入层处理文本序列和实体信息的输入总结如下。

（1）文本序列输入和文本分类模型一样，通过字/词嵌入输入模型中。

（2）实体的输入方式如下。

- 在文本序列的起始和结束位置中添加特殊标识符（如符号"#""\001"或"[E1]"等）。
- 通过掩码来标记实体在文本序列中的起始和结束位置。
- 通过位置嵌入输入。
- 通过实体文本的嵌入输入。
- 实体长度可以额外通过嵌入的方式输入。

（3）实体类型的输入方式如下。

- 以文本的形式输入。
- 以使用嵌入的形式输入。

在大规模预训练模型广泛使用之后，关系分类中也使用了大规模预训练模型。在使用 BERT（或类似的预训练模型，如 ERNIE、AlBERT 等）的情况下，常见的文本序列和实体信息的输入方式如图 4-9 所示。网络层可以使用各种深度网络，包括但不限于卷积神经网络、循环神经网络、长短期记忆网络、递归神经网络、注意力网络、变换器网络、图神经网络、树神经网络等，其目的是学习出合适的语义表征，特别是文本序列与实体的交互相关的语义表征。

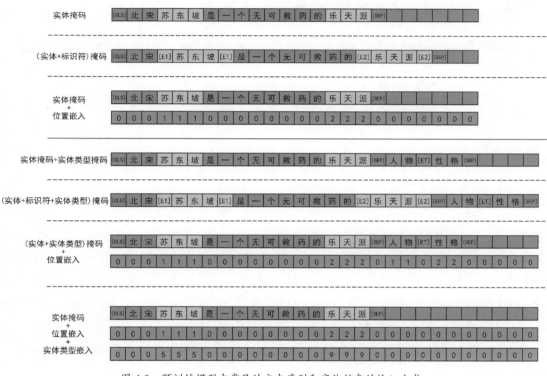

图 4-9　预训练模型中常见的文本序列和实体信息的输入方式

大规模预训练模型本身通过无监督的方式学习了通用的文本和实体的语义信息。在将其用于关系分类时，可以充分利用这些语义信息。从 BERT 中提取文本序列、实体和实体类型的语义向量的方式如图 4-10 所示。通常，下游网络可以使用从"[CLS]"提取输入文本的全局向量，通过最后一层的隐状态提取与实体或实体类型有关的信息等。模型的输出层是 softmax 或 sigmoid，分别用于单分类和多分类的情况。

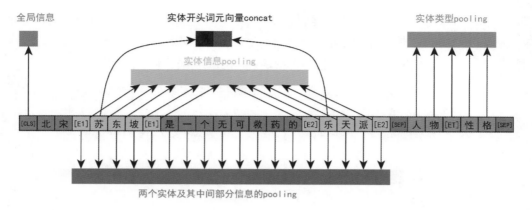

图 4-10　从 BERT 中提取语义向量的方式

4.3.2　基于 BERT 的关系分类

当前，BERT 是大规模预训练模型在自然语言处理领域应用的翘楚，在关系分类中自然也表现非凡。图 4-11 是一个典型的基于 BERT 的关系分类模型。在输入的原始文本中，插入实体的标记"[E1]"和"[E2]"，分别表示了两个实体及其在文本中的位置。在 BERT 中用"[SEP]"隔开了两个句子，在下句中输入了实体类型，其顺序与实体的顺序一致，两个实体类型用记号符"[ET]"隔开。这些信息通过预训练的 BERT 获得相应的语义表征，并使用多个全连接网络来学习出全局语义表征，其中包括以下向量。

- 文本序列的全局语义向量：通过全连接网络 CLS 对从 BERT 中提取的、表示文本序列语义表征的"[CLS]"向量进行学习得到。

- 实体的语义向量：BERT 最后一层输出了词元的语义表征，通过掩码提取实体所对应的所有词元的语义向量，求其平均值作为 BERT 对实体的语义表征向量。全连接网络 ENT 对该向量进行学习，得到实体的语义向量。由于两个实体通常关系紧密，并且其所在的位置先后对实体本身的语义表征没有影响，因而模型中这两个实体使用同一个全连接网络 ENT。比如"XX 公司董事长王五六发表演说"和"董事长王五六代表 XX 公司发表演说"两句所表达的"XX 公司"和"王五六"这两个实体自身的语义是完全一样的，但在文本序列中实体的位置则是互换的。

- 实体类型的语义向量：通过提取 BERT 的下句所有词元的向量，求其平均值，并通过全连接网络 TYPE 学习出实体类型的语义向量。

上述这些向量拼接（concatenate）成一个向量，并通过一个全连接网络 OUT 学习出所有输入的全局语义信息。

最后，使用 softmax 分类器实现对关系的最终分类。

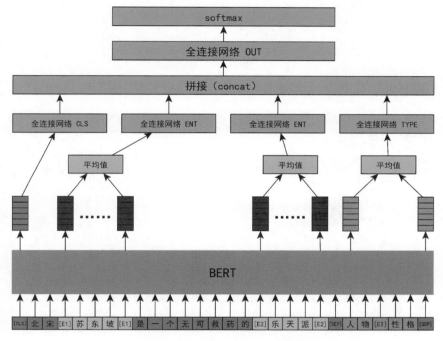

图 4-11　基于 BERT 的关系分类模型

清单 4-5 是用 PyTorch 对上述模型的实现，模型的训练方法参考 3.5.3 节。对于关系分类，通常使用宏 F1（Macro F1）、宏精确率（Macro Precision）和宏召回率（Macro Recall）来评估模型的效果，评价指标的定义和说明参见 3.3 节。使用 scikit-learn 库 metrics 模块可以方便地计算相应的分数，使用方法见 3.4.7 节的清单 3-14。

清单 4-5　基于 BERT 的关系分类模型的 PyTorch 实现

```
1.  import torch
2.  from torch import nn
3.  from transformers import BertModel, BertPreTrainedModel
4.
5.  def average_state(state, mask):
6.      """计算由 mask 指定的输入词元的隐状态的向量的均值，返回一个向量
7.      输入：
8.          state: BERT 最后一层的状态
```

```
9.          mask: 文本片段的掩码，比如实体掩码
10.      """
11.      mask_unsqueeze = mask.unsqueeze(1)
12.      # 求掩码中 1 的个数，也就是掩码所对应的文本片段的词元个数
13.      length_t = mask.sum(dim=1).unsqueeze(1)
14.      # 使用 bmm 按 batch 计算 mask 和 state 的乘法
15.      # 其结果是，由掩码指定的词元所对应的向量求和
16.      sum_t = torch.bmm(mask_unsqueeze.float(), state).squeeze(1)
17.      avg = sum_t.float() / length_t.float()  # broadcasting
18.      return avg
19.
20. class RelationClassification(BertPreTrainedModel):
21.      '''基于 BERT 的关系分类模型'''
22.      def __init__(self, config, dropout_rate, fc_hidden_size=256):
23.          super(RelationClassification, self).__init__(bert_config)
24.          self.config = config
25.          # BERT 模型，可以使用 "bert-base-chinese"，也可以选择其他兼容 BERT 的模型
26.          self.bert = BertModel(config=bert_config)
27.          self.num_labels = bert_config.num_labels
28.          # 初始化全连接网络
29.          self.entity_fc = nn.Sequential(nn.Dropout(dropout_rate),
30.              nn.Linear(bert_config.hidden_size, fc_hidden_size), nn.Tanh())
31.          self.entity_type_fc = nn.Sequential(nn.Dropout(dropout_rate),
32.              nn.Linear(bert_config.hidden_size, fc_hidden_size), nn.Tanh())
33.          self.cls_fc = nn.Sequential(nn.Dropout(dropout_rate),
34.              nn.Linear(bert_config.hidden_size, fc_hidden_size), nn.Tanh())
35.          self.output_fc = nn.Sequential(nn.Dropout(dropout_rate),
36.              nn.Linear(4*fc_hidden_size, self.num_labels))
37.          # 损失函数
38.          self.loss_f = nn.CrossEntropyLoss(reduction='mean')
39.
40.      def forward(self, input_ids, attention_mask, token_type_ids,
41.              labels, e1_mask, e2_mask):
42.          # BERT 的输入 input_ids, attention_mask, token_type_ids 参考第 3 章
43.          # labels 关系分类的目标
44.          # e1_mask, e2_mask 头实体和尾实体的掩码
45.          outputs = self.bert(input_ids, attention_mask,
46.              token_type_ids, return_dict=True)
47.          # 提取 BERT 模型最后一层的隐状态，是文本序列中每个词元的语义表征向量
48.          last_state = outputs.last_hidden_state
49.          # 提取 BERT 模型的 [CLS] 输出，该输出通常表征文本序列的全局语义信息
50.          cls = outputs.pooler_output
51.          # 计算两个实体和实体类型的均值向量
52.          e1 = average_state(last_state, e1_mask)
```

```
53.        e2 = average_state(last_state, e2_mask)
54.        et = average_state(last_state, token_type_ids)
55.        # 对两个实体的向量应用共享参数的全连接网络
56.        e1o = self.entity_fc(e1)
57.        e2o = self.entity_fc(e2)
58.        # 对实体类型和文本序列的全局信息（pooler_output）应用全连接网络
59.        eto = self.entity_type_fc(et)
60.        clso = self.cls_fc(cls)
61.        # 拼接，应用全连接网络并输出
62.        concat_h = torch.cat([clso, e1o, e2o, eto], dim=-1)
63.        logits = self.output_fc(concat_h)
64.        # 应用损失函数 CrossEntropyLoss
65.        loss = self.loss_f(logits.view(-1, self.num_labels),
66.                labels.view(-1))
67.        return loss, logits
```

上述模型在深度学习中并不复杂，值得一提的是，并非所有包含两个实体的文本都对应某一个关系类型，即两个实体间的关系可能不属于任何一种预定义的关系类型。同时，常见的已标注的训练样本并不包含这样的样本（通常称之为负样本），因此在训练这样的模型时，需要精心设计一些规则来构造合适的负样本。一个简单的方法是，在有多于两个实体的输入文本中，将没有明确标注关系的实体对设定为负样本。例如在图 4-3 的例子中，可以构造负样本"<吴文俊，没有关系，湖南杂交水稻研究中心>"。

4.4　实体–关系联合抽取的方法

从文本中先后抽取实体和关系的管道方法没有利用实体和关系间的紧密联系。在基于深度学习方法中，实体抽取和关系抽取的基础都是通过深度网络学习出文本序列的语义表征，而这两个任务的语义表征则是紧密相关的。管道方法将其割裂成两个先后独立的任务，导致可能出现偏差的向量表示，并且存在大量的重复计算。

实体-关系联合抽取的方法在一定程度上解决了这些问题，在一些场景中能够获得比管道方法更好的效果，同时在推断时避免了一些重复的计算量，提升了计算的性能。此外，对于应用方来说，输入为文本序列，输出是抽取出来的实体和关系，既直观，又简洁。

不过，实体-关系联合抽取方法需要在一个模型中同时实现对实体和关系的抽取，模型通常更为复杂。另外，实体抽取的任务更常见，训练语料也更丰富，管道方法中的实体抽取可以充分利用已存在的大量语料来获得更好的效果。将管道方法中的实体和关系分开实现，在实践中

可以灵活地组合使用不同的方法。总的来说，实体-关系联合抽取方法和管道方法各有千秋，可视具体条件进行选择。

4.4.1 实体-关系联合抽取方法

在实体-关系联合抽取的方法中，模型的输入变得简单，就是一个文本序列，和实体抽取、文本分类等自然语言处理任务是一样的。模型的输出则比较复杂，既要将文本序列中的实体抽取出来，还要断定所抽取的实体间是否存在某种关系，以及确定是哪一种关系。因此，实体-关系联合抽取模型可以使用第 3 章和本章中介绍的各类主干网络，比如 BERT 等大规模预训练模型、卷积神经网络、循环神经网络、变换器网络、图神经网络等。

通过这些预训练模型和深度网络，模型学习出了文本序列的语义表征，进而通过精巧设计的输出结构来实现对实体和关系的同时抽取，即标记文本序列中出现的每一个实体及对应的实体类型，同时断定这些实体两两之间是否存在某种预定义的关系。由于关系是有向的，在断定两个实体间的关系时还要判断哪个实体是头实体，哪个是尾实体。清单 4-6 描述了实体-关系联合抽取的输入输出，可见实体-关系联合抽取模型的输出较为复杂。如何能够在一个模型中实现这么复杂的输出，是实体-关系联合抽取模型的关键。

清单 4-6 实体-关系联合抽取问题示例

```
输入：
    文本："中国科学院院士吴文俊荣获 2000 年度首届国家最高科学技术奖。"
输出：
    实体 1："中国科学院"
    实体 1 类型："机构"
    实体 1 的位置：{ "start": 0 , "length": 5}
    实体 2："吴文俊"
    实体 2 类型："人物"
    实体 2 的位置：{ "start": 7 , "length": 3}
    实体 3："国家最高科学技术奖"
    实体 3 类型："奖项"
    实体 3 的位置：{ "start": 20 , "length": 9}
    <实体 1, 实体 2>的关系：没有关系
    <实体 2, 实体 1>的关系：<人物，任职于，机构>
    <实体 1, 实体 3>的关系：没有关系
    <实体 3, 实体 1>的关系：没有关系
    <实体 2, 实体 3>的关系：<人物，获得，奖项>
    <实体 3, 实体 2>的关系：没有关系
```

常见的一种方法是通过巧妙设计出的抽取结果的标记模式，将实体-关系联合抽取转化为序列标注问题，其本质和实体抽取是一样的。如图 4-12 所示，其标记方法类似于 3.4.6 节介绍的 BIESO 标记方法。利用这样的转化，第 3 章所描述的所有实体抽取方法都可以用来实现实体-关系联合抽取。

对于实体抽取来说，BIES 用于标记实体或实体的一部分的词元，O 则用于标记不属于任何实体的词元。比如"北宋苏东坡是一个无可救药的乐天派"，如果按字切分成词元序列，则人物实体"苏东坡"会被标记为"苏：B-PER；东：I-PER；坡：E-PER"，其中 PER 表示人物。

对于实体-关系联合抽取来说，显然需要进一步扩展标记模式，使每一个标记不仅能判断其是否属于哪种类型的实体，还能判断其是否属于某个关系类型；如果属于某个关系类型，还要进一步判断是头实体，还是尾实体。因为在一个复杂的知识图谱模式中，同一个"人物"既可能处于关系类型"<人物，任职于，机构>"，也可能处于"<人物，属于，性格>"，还可能处于"<人物，是……父母，人物>"；而当某个人物实体处于"<人物，是……父母，人物>"中时，还必须判断它是头实体，还是尾实体，这取决于该人物实体是父母，还是子女。

图 4-12 所示为一种扩展方法，其中 O 和实体抽取一样，所标记的词元不属于任何实体。对于是实体或实体一部分的词元来说，是将 BIES 扩展为由 "-" 分割的 3 个组成部分。

- 第一部分为 BIES 中的一个字母，其意义与 3.4.6 节中的描述是一样的。
- 第二部分表示关系类型，比如图 4-12 中的 RSX 表示"<人物，属于，性格>"这个关系类型。如果所抽取实体不处于任何一个关系三元组中，可以设计一个特殊的类型"None"来表示。
- 第三部分用字母 H 表示头实体，T 表示尾实体，即所标记的实体在关系三元组中是处于头实体还是尾实体的位置。如果第二部分是"None"，则第三部分可以省略，或者使用"O"来表示。

这样，图 4-12 中"苏东坡"被标记为"苏：B-RSX-H；东：I-RSX-H；坡：E-RSX-H"，"乐天派"被标记为"乐：B-RSX-T；天：I-RSX-T；派：E-RSX-T"。通过提取程序，可以将其还原为"<苏东坡，乐天派>"属于关系类型"<人物，属于，性格>"，即从文本抽取出了关系三元组"<苏东坡，属于，乐天派>"。

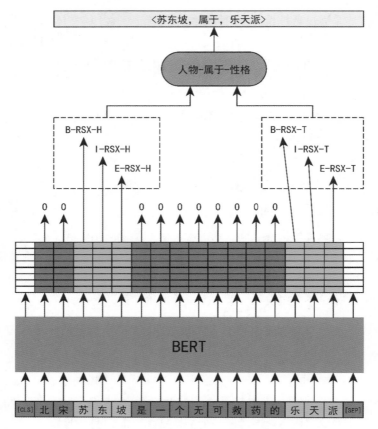

图 4-12　通过巧妙的标记模式，将实体-关系联合抽取任务转化为序列标注任务

　　这种方法通过巧妙的标记模式将实体-关系联合抽取转化为序列标注问题，在实现方面很成熟，并且即使一个实体处于多个关系三元组中，也可以使用多标签的序列标注方法来实现。比如在图 4-3 的例子中，"吴文俊"会同时被标记为"<人物，任职于，机构>"（用 RRJ 表示）和"<人物，获得，奖项>"（用 RHJ 表示）两种关系类型的标签，即"吴：B-RRJ-H B-RHJ-H；文：I-RRJ-H B-RHJ-H；俊：E-RRJ-H B-RHJ-H"。

　　在训练和推断时，也可以利用头实体和尾实体受关系类型的强约束的先验知识，并在解码时进行剪枝，从而获得更好的抽取效果和计算性能。这种方法的劣势也很明显，在知识图谱模式稍微复杂的情况下，关系类型数量较多，导致标记的数量会非常大，对训练语料的要求较高，并且在训练模型时需要较高的技巧性。此外，较多的标记类型也会导致训练语料中出现样本不均匀的问题，稍有不慎则会出现在总体效果还不错的情况下，部分实体和关系类型抽取不出来的情况。

实体-关系联合抽取的另一种做法是，使用主干网络来学习文本序列的语义表征，在此之上进行实体抽取，同时增加一个网络进行关系抽取。在关系抽取网络中，既使用了文本序列的语义表征，也使用了实体抽取的结果。这类模型通常如图 4-13 所示，实体抽取部分本身就是独立的网络，在此之上，将表示实体抽取结果的隐变量提取出来，并使用池化（pooling）等技术提取实体特征向量，和主干网络输出的用于表征文本序列语义信息的向量拼接起来，通过关系分类网络实现关系抽取。

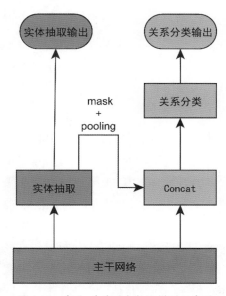

图 4-13　实体-关系联合抽取模型示意图

根据两个实体抽取和关系分类的顺序不同，这种方法又有如下一些细分的思路。

- 先进行关系分类，判断文本序列属于哪个关系类型，然后根据关系类型的头实体类型和尾实体类型来抽取相应的实体。
- 先抽取出所有的实体，再判断这些实体两两之间是否存在某种关系。
- 先抽取出一个实体，根据这个实体和文本序列进行关系分类，如果属于某个关系类型，则根据该关系类型的另一个实体类型来抽取第二个实体。

4.4.2　基于片段预测的实体–关系联合抽取

片段预测（Span Prediction）是将文本序列划分为一系列的片段（span），模型根据任务目标来预测每一个文本片段的标签。近年来逐渐兴起了将片段预测方法应用于命名实体识别、指代消解、阅读理解、问答系统等各种自然语言处理任务中，并获得了较好的效果。比如对于实体抽取，与序列标注方法不同，片段预测是直接通过分类的方法来断定每个片段所属的实体类型，或者不是一个实体。

以"苏东坡是一个无可救药的乐天派"这个文字序列为例，如果设定片段最小长度为 2，最大长度为 4，并且按字切分成词元，那么其候选文本片段有"苏东 苏东坡 苏东坡是 东坡 东坡是 东坡是一 坡是 坡是一 坡是一个 是一 是一个 是一个无 一个 一个无 一个无可 个无 个无可 个无可救 无可 无可救 无可救药 可救 可救药 可救药的 救药 救药的 救药的乐 药的 药的乐 药的乐天 的乐 的乐天 的乐天派 乐天 乐天派 天派"。对上述每一个候选片段进行分类，将"苏东坡"分到"人物"类别，将"乐天派"分到"性格"类别，将所有其他片段分类到"非实体"类别，即完成了实体抽取。进一步地，对已分到某个实体类型的片段进行两两组合，进行关系分类，即实现了实体-关系联合抽取。

基于片段的实体-关系联合抽取在逻辑上简单易懂，现代的深度学习框架也能够非常高效地实现模型。然而这种方法的劣势也很明显，当可能的实体文本长度较长时，候选片段数量膨胀得非常厉害。比如按字切分文本序列时（在 BERT 等各种预训练模型中的通常用法），公司名可能长达 20 个字以上，那么一段 100 个字的文本序列，候选的文本片段将多达 1810 个。由此可知，在不采用任何先验知识的情况下，片段预测方法适合将文本按颗粒度较大的词的方法来切分成词元，并且是预期的实体文本长度较短的场景，这样其候选的文本片段集合不大。不过，在实际应用场景中，往往有丰富的先验知识可以用于生成较小的文本片段候选集，因此这种方法使用起来非常高效，具有很高的实际应用价值。生成文本片段候选集的方法如下。

- 使用分词器分词，并利用词的组合生成文本片段候选集。
- 通过业务词典、领域词表或词典生成文本片段候选集。

图 4-14 所示为一种简易的基于片段预测的实体-关系联合抽取模型，输入为文本序列和文本片段候选集，其中文本片段候选集通过文本序列的掩码集的方式输入模型中。文本片段候选集可根据实际应用场景选择合适的方法来生成。文本序列通过 BERT 或其他预训练模型得到以稠密向量表示的语义表征。

- 文本片段的语义向量：对组成片段的所有词元的对应向量求均值得到，其中词元的向量提取自 BERT 最后一层的隐状态，片段所对应的词元位置通过片段掩码来获得。
- 文本序列的语义向量：用"[CLS]"向量表示。

将文本片段的语义向量和文本序列的语义向量拼接后，通过一个全连接网络来实现实体分类，对应的目标为实体类型或非实体。在实体分类后，过滤掉所有非实体的文本片段，将所有实体构造成实体对列表。在实际应用中，对于所构造的实体列表，可通过实体类型和知识图谱模式进行过滤，减少实体对的数量。提取所构建的实体对的头实体和尾实体的语义向量，与文本序列的语义向量进行拼接，通过一个全连接网络进行关系分类，对应的目标为关系类型或者无关系。

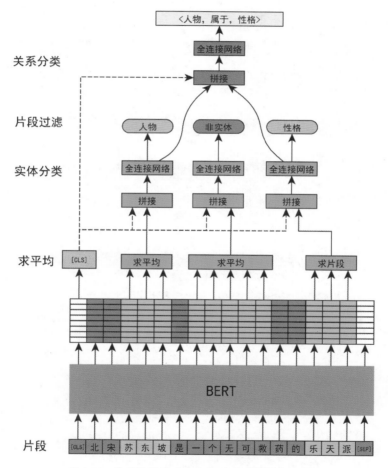

图 4-14　基于片段预测的实体-关系联合抽取模型

　　清单 4-7 是上述模型的 PyTorch 实现，其中，模型的损失函数值是实体分类和关系分类两个有关联的任务各自损失值的和，模型的训练方法参考 3.5.3 节中基于 BERT 的实体抽取模型的训练方法。在清单 4-7 的实现中，假设实体分类和关系分类都是单分类，即一个文本片段最多只能有一个实体类型，两个实体间最多有一种关系。同样的，在训练模型时，也需要考虑负样本的生成，可参考 4.3.2 节中相关的说明。值得一提的是，在进行关系分类时，实体对的来源分为训练和推断两种情况。在训练时，实体对由数据集指定，会根据经验生成合适的正负样本集合；而在推断时，实体对则完全根据实体分类的结果而生成。

清单 4-7　基于片段预测的实体-关系联合抽取模型的 PyTorch 实现

```
1.  import torch
2.  from torch import nn
3.  from torch.nn.utils.rnn import pad_sequence
4.  from transformers import BertModel, BertPreTrainedModel
5.
6.  class ERJointExtraction(BertPreTrainedModel):
7.      def __init__(self, config, num_ent_types, num_rel_types,
8.                      dropout_rate=0.2, hidden_size=256):
9.          super(ERJointExtraction, self).__init__(config)
10.
11.         self.config = config
12.         self.num_ent_types = num_ent_types
13.         self.num_rel_types = num_rel_types
14.         self.bert = BertModel(config)
15.
16.         # 全连接网络，应用于文本片段
17.         self.span_fc = nn.Sequential(
18.             nn.Dropout(dropout_rate),
19.             nn.Linear(config.hidden_size, hidden_size),
20.             nn.Tanh()
21.         )
22.         # 用于片段的实体分类的全连接网络
23.         self.entity_fc = nn.Sequential(
24.             nn.Dropout(dropout_rate),
25.             nn.Linear(config.hidden_size+hidden_size, num_ent_types),
26.         )
27.         # 用于关系分类的全连接网络
28.         self.relation_fc = nn.Sequential(
29.             nn.Dropout(dropout_rate),
30.             nn.Linear(config.hidden_size+hidden_size*2, num_rel_types),
31.         )
32.         # 损失函数
33.         self.loss_entity_fc = nn.CrossEntropyLoss(reduction='none')
34.         self.loss_relation_fc = nn.CrossEntropyLoss(reduction='none')
35.
36.     def forward(self, input_ids, attention_mask, spans_mask,
37.                     spans_num_mask, spans_ent_type, span_pairs,
38.                     span_pair_num_mask, span_pairs_rel_type, infer=False):
```

```
39.          # input_ids 文本序列
40.          # attention_mask 文本序列长度掩码，与 BERT 一致
41.          # spans_mask 实体掩码，即表示属于某个实体的文本片段的掩码序列
42.          # spans_num_mask 表示文本片段或实体个数
43.          # spans_ent_type 片段所对应的实体类型
44.          # span_pairs 关系的头尾两个实体组成的序列，用两个 spans_mask 的 id 表示
45.          # span_pair_num_mask 表示 relations 的长度的掩码
46.          # span_pairs_rel_type 片段对所对应的关系类型
47.
48.      # 获取 BERT 输出
49.      bert_outputs = self.bert(input_ids=input_ids,
50.                  attention_mask=attention_mask)
51.      hidden_state = bert_outputs['last_hidden_state']
52.      pooler_output = bert_outputs['pooler_output']
53.      # 获取片段向量，为组成片段的词元向量的均值
54.      spans_len = spans_mask.sum(dim=-1).unsqueeze(-1)
55.      spans_vec = torch.bmm(spans_mask, hidden_state) / spans_len
56.      # 设置 nan 为 0，对于所有非片段部分文本序列，因为片段长度为 0，导致除 0 得到 NaN
57.      spans_vec[spans_vec != spans_vec] = 0
58.      # 全连接网络
59.      spans_vec = self.span_fc(spans_vec)
60.      # 拼接片段向量和[CLS]
61.      clses = pooler_output.unsqueeze(1).repeat(1, spans_vec.shape[1], 1)
62.      entity_cls_inputs = torch.cat([clses, spans_vec], dim=2)
63.      # 实体分类
64.      ent_logits = self.entity_fc(entity_cls_inputs)
65.      # 实体分类的 loss
66.      if not infer:
67.          ent_loss = self.loss_entity_fc(
68.                  ent_logits.view(-1, ent_logits.shape[-1]),
69.                  spans_ent_type.view(-1))
70.          ent_loss = (ent_loss * spans_num_mask.view(-1)).sum()
71.          ent_loss /= spans_num_mask.sum()
72.
73.      if infer:    # 推断或者评估时
74.          # 获取所有片段的实体类型，完美情况下应该对应 spans_ent_type
75.          # softmax 后最大值的下标，即实体类型
76.          pred_spans_ent_type = ent_logits.argmax(dim=-1) * spans_num_mask
77.          # 实体类型为 0，表示片段为非实体，非实体的 id 可以设定
78.          # 通常设置为 0，方便使用
79.          filter_out_spans_ind = (pred_spans_ent_type == 0)
80.          # 设置片段掩码为 0，即过滤掉所有的非实体片段
81.          tmp_pairs, tmp_marks = [], []
82.          for bi in range(input_ids.shape[0]):
```

```
83.              entity_span_ind = torch.nonzero(
84.                  pred_spans_ent_type[bi] != 0).view(-1)
85.              if entity_span_ind.numel() == 0:
86.                  pred_span_pairs = torch.tensor([[0, 0]], dtype=torch.long)
87.                  span_pair_num_mask = torch.tensor([0], dtype=torch.bool)
88.              else:
89.                  pred_span_pairs = torch.combinations(entity_span_ind)
90.                  pred_span_pairs = torch.cat([pred_span_pairs,
91.                          torch.flip(pred_span_pairs, dims=[1])], dim=0)
92.                  span_pair_num_mask = torch.ones(
93.                          pred_span_pairs.shape[0]).long()
94.              tmp_pairs.append(pred_span_pairs)
95.              tmp_marks.append(span_pair_num_mask)
96.          span_pairs = pad_sequence(tmp_pairs, batch_first=True,
97.                      padding_value=0)
98.          span_pair_num_mask = pad_sequence(tmp_marks,
99.                      batch_first=True, padding_value=0)
100.
101.          # 获取用于关系分类的头实体和尾实体的向量
102.          batch_size = input_ids.shape[0]
103.          ent_pairs = torch.stack([spans_vec[j][span_pairs[j]] for
104.                      j in range(batch_size)])
105.          ent_pairs = ent_pairs.view(batch_size, ent_pairs.shape[1], -1)
106.          # 两个实体和[CLS]全局信息拼接
107.          clses = pooler_output.unsqueeze(1).repeat(1, span_pairs.shape[1], 1)
108.          rel_cls_inputs = torch.cat([clses, ent_pairs], dim=2)
109.          # 关系分类
110.          rel_logits = self.relation_fc(rel_cls_inputs)
111.          # 关系分类的loss
112.          if not infer:
113.          if num_span_pairs.item() != 0:
114.              rel_loss = self.loss_relation_fc(
115.                      rel_logits.view(-1, rel_logits.shape[-1]),
116.                      span_pairs_rel_type.view(-1))
117.              rel_loss = (rel_loss * span_pair_num_mask.view(-1)).sum()
118.              rel_loss /= span_pair_num_mask.sum()
119.              train_loss = ent_loss + rel_loss
120.          else:
121.              train_loss = ent_loss
122.              rel_loss = None
123.
124.      if infer:
125.          return ent_logits, rel_logits, span_pairs, span_pair_num_mask
126.      return ent_logits, rel_logits, train_loss, ent_loss, rel_loss
```

4.5 弱监督学习与关系抽取

基于深度学习的方法在关系抽取上表现出了非常好的效果,但因需要大量地标注数据,导致在实际应用中面临诸多挑战。

- 大量的标注数据需要较高的人力成本和时间成本,往往要耗费数月甚至数年的时间对数据进行收集、清洗和标注。
- 在许多情况下,领域专家才能标注好数据,而专家通常不愿意做这类工作,因此大量标注好的专业数据异常昂贵,超越合理成本而难以得到。
- 在有些场景下可能根本没有大量的样本,比如在一些专业的领域可能只有少量的数百份或数千份文档,但多数深度学习模型需要数万份或更多的标注数据才能达到较好的效果。
- 需求经常会发生变化(比如增加或去除一个实体类型或关系类型等),导致已标注的数据集不完备,无法训练模型,从而需要不断地重新标注数据、修改已标注的数据等。

为了应对这些挑战,弱监督学习应运而生。其目的一是充分挖掘少量已标注样本的潜力,实现少样本下更好的效果;二是通过专家编写业务规则自动生成标注数据,提升专家经验的复用性,降低专业数据的标注成本;三是利用知识库来指导监督标注数据的生成,实现无标注数据下的关系抽取。总之,弱监督学习发展至今,诞生了大量的弱监督学习的关系抽取方法,并在产业界实现了大规模的应用。

4.5.1 引导法

引导法(Bootstrapping)是弱监督学习领域的经典方法之一,其基本原理是通过已有的知识图谱或三元组来指导关系抽取模式的生成。图 4-15 所示的 DIPRE(Dual Iterative Pattern Relation Extraction)方法是最早采用引导法进行关系抽取的。该方法由谷歌的创始人之一谢尔盖·布林(Sergey Brin)在斯坦福大学读书时开发,用于从网页抽取出特定关系的实体对。对于需要抽取的关系,DIPRE 从标注少量的样本开始,在文本集合中查找实体对共现的文本序列集合。根据共现集合中实体上下文的相似信息,生成抽取模式(pattern)。抽取模式举例如下。

- 两个实体对之间的文本中,包含某些关键词。
- 实体在文本序列中的定语具备某些相同的词。

- 通过词频或 TF-IDF 等统计方法统计两个实体间的高得分词语，设定相应的阈值获得高得分词作为该关系类型的特征。

生成抽取模式的方法是编制一个琐碎的规则库，通过这个规则库生成的模式需要具备足够高的精确度。这是因为一个不好的抽取模式能够产生一系列新的坏实体对，而这些坏实体对会在下一次迭代中生成一批错误的抽取模式。如此循环，形成负反馈，导致抽取出越来越多的坏实体对。高精确度可能会导致召回不足，但在很多场景下，这个问题并不突出，因为通过大规模的文本可以补偿低召回率和低覆盖率的不足。

最后，DIPRE 通过判断是否已抽取出足够的实体对，决定是否中止迭代。如果没有达到预设的中止条件，则进入图 4-15 的第 2 步，开始下一次迭代。DIPRE 的关键是编写合适的规则，根据实体对共现的文本序列生成抽取模式。滚雪球法（Snowball）方法是 DIPRE 的进一步发展，它在图 4-15 的基础上进一步明确了实体标记，完善了通用的生成抽取模式和抽取三元组的方法，提出了对生成的抽取模式及所抽取出的三元组进行质量评估的方法，以确保所抽取的三元组的质量。

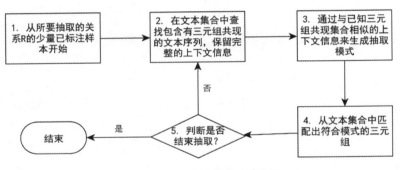

图 4-15　DIPRE 方法的工作流程

滚雪球法对 DIPRE 的改进包括，引入了命名实体识别（NER）模块对实体进行标记，并且在生成抽取模式时将实体类型考虑进去。比如"<机构，位于，地点>"这个模式，在 DIPRE 中会命中全部"XXXX 位于 YYYY"的文本；而在滚雪球法中，则必须要求"XXXX"的实体类型是"机构"，并且"YYYY"的实体类型是"地点"。故而在滚雪球法中，对模式的定义为五元组"<left, tag1, middle, tag2, right>"，其中，left、middle 和 right 是 3 个带权词向量，而 tag1和 tag2 则是共现的两个实体所对应的实体类型。带权词向量由词汇及相应的权重组成，对于每个模式，词汇都是经过精心选择的，从而实现了高精确度和高覆盖度。权重也是通过规则来设置的，通常会将两个实体中间的词汇的权重设置为高于左右两边。此外，滚雪球法还引入了两个关键的环节，分别是抽取模式评估和抽取出来的三元组评估。

1. 抽取模式评估

（1）根据式（4-1）计算抽取模式的置信分数

$$Conf(P) = \frac{P_{\text{position}}}{P_{\text{position}} + P_{\text{negative}}} \tag{4-1}$$

其中，P表示待评估的模式，P_{position}表示该模式所抽取出来的三元组（比如"<上海科技馆，位于，上海市>"）和已知的三元组（比如"<上海科技馆，位于，上海市>"）一致的数量，而P_{negative}则表示抽取出来的三元组（比如"<上海科技馆，位于，杭州市>"）与已知的三元组（比如"<上海科技馆，位于，上海市>"）发生冲突的数量。

（2）根据抽取模式的置信分数，过滤掉低于一定阈值的抽取模式。

2. 三元组评估

（1）利用公式（4-2）计算三元组的置信分数

$$Conf(T) = 1 - \prod_{i=0}^{|P|} \big(1 - Conf(P_i) \cdot Match(C_i, P_i)\big) \tag{4-2}$$

其中，$P = \{P_i\}$指抽取出三元组T的所有抽取模式的集合，C_i是由抽取模式P_i在抽取出三元组T时所用到的上下文信息，其匹配度为

$$Match(C, P) = \begin{cases} l_C \cdot l_P + m_C \cdot m_P + r_C \cdot r_P & \text{实体类型匹配} \\ 0 & \text{其他} \end{cases} \tag{4-3}$$

其中，l、m和r分别表示左边、中间和右边的上下文带权词汇向量。

（2）根据三元组的置信分数，过滤掉低于一定阈值的三元组。

滚雪球法是引导法中最经典的一个模型，其全部过程如图 4-16 所示。它也是远程监督方法的雏形。

引导法中最令人诟病的一点是，如果无法保证所生成的抽取模式能够抽取出足够精确的三元组，那么整个系统将会出现"一错再错"的错误传播负反馈模式，从而导致所抽取出来的三元组出现大量的错误。滚雪球法利用抽取模式评估和三元组评估两个阶段，丢弃了糟糕的、有较大概率抽取出错误的三元组的抽取模式和三元组本身，从而在一定程度上避免了"一错再错"的发生。此外，所有的引导法都对初始种子非常敏感，如果初始种子不好，很容易导致结果快速收敛到一个很小的集合中，并在此后的迭代中"空转"——无法抽取出新的三元组。

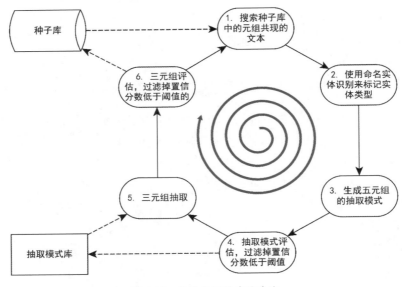

图 4-16 关系抽取的滚雪球法

4.5.2 远程监督

远程监督（Distant Supervision）则是对引导法的进一步发展，使用机器学习模型代替基于规则的方法。其基本假设是：在用来进行远程监督的知识图谱中的三元组"<头实体，关系，尾实体>"中，如果实体对"<头实体，尾实体>"存在于某个文本序列中，那么这个文本序列就能够表达相应的关系。基于这个假设，我们能够用已存在的知识图谱实现对训练语料的自动标注。

当然，这个假设并不一定成立，比如"<甲公司，创始人，王五>"是某个知识图谱中的一个关系三元组，并存在一个包含"甲公司"和"王五"的文本序列"王五在甲公司发表了一场精彩的演讲"。显然，这个文本序列无法表达"王五"与"甲公司"的关系。但如果按照前述假设，模型或规则就很有可能从另一个文本序列"张三在甲公司发表了一场精彩的演讲"中抽取出"<甲公司，创始人，张三>"。但张三是甲公司邀请的嘉宾，"<甲公司，创始人，张三>"是一个错误的三元组。远程监督方法的关键就在于寻找合适的方法来避免上述错误的发生，使得在基于已有知识图谱进行远程监督生成训练样本的情况下能够具备好的抽取效果。

在远程监督中，分段卷积神经网络（Piecewise Convolutional Neural Networks，PCNN）结合多实例学习（Multi-Instance Learning）是一个经典的远程监督的关系抽取方法，如图 4-17 所示。分段卷积神经网络的输入包含以下三部分。

- 输入文本序列的词嵌入。
- 词元相对于头实体的相对位置嵌入，以每个词元与头实体的距离为特征。
- 词元相对于尾实体的相对位置嵌入，以每个词元与尾实体的距离为特征。

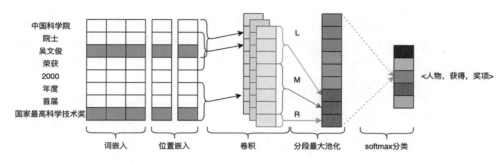

图 4-17　分段卷积神经网络

输入后使用多个卷积核进行卷积运算，获得不同方面的深度特征。对卷积运算的结果执行分段最大池化运算，这是模型称为分段卷积神经网络的关键所在。前面在介绍滚雪球法时提到，文本序列会被头实体和尾实体分割为三部分 L、M 和 R。分段最大池化是指对文本序列的 L、M 和 R（对应图 4-17 中的 L、M 和 R）特征向量分别执行最大池化操作，获得每个部分的最显著特征。将不同卷积核和分段最大池化所获得的特征拼接到一起，作为全局深度语义特征，经由 softmax 分类器来实现关系分类。

从模型本身并不能看出远程监督的所在，如果使用大量的人工标注样本来训练 PCNN 模型，则此模型是一个典型的关系分类模型。但模型的输入依赖于具备某个关系的实体对，我们可以通过对已有知识图谱的远程监督自动生成样本来训练模型。根据前面的分析，这必然会存在错误数据样本的问题。多实例学习是解决这个问题的方法之一。

在多实例学习中，通过在大规模文本中搜索实体对共现的文本集合被称为一个包（bag），包中每一个包含头实体和尾实体的文本序列则是一个实例（instance）。多实例学习将包的正样本定义为"包中至少有一个实例是正确的"，而如果一个包中的所有实例都是错误的，则该包为负样本。基于多实例学习的 PCNN 从源头上对前述的假设进行弱化，即对于一系列包含头实体和尾实体的样本，其中只有一部分是正确的即可，从而极大地弱化了通过知识图谱远程监督生成的训练语料中错误样本负反馈。这种方法从基础假设上就比较接近真实场景的数据情况，从而获得了巨大的成功。

PCNN 本身是受滚雪球法等引导法启发而发展出来的一种关系分类模型，但远程监督并不局限于这一类。前述的基于深度学习的关系分类方法，以及其他更多被用于文本分类或关系分类的深度学习模型，都可以被改造并结合多实例学习来实现基于远程监督的关系抽取。

4.5.3　弱监督学习与 Snorkel

不管是引导法，还是远程监督，其本质都是利用了关系抽取的特点来部分地解决没有大规模训练语料的问题。随着弱监督学习的持续发展，诞生了一种弱监督学习的范式，实现了对如下情形的归纳和抽象。

- 结合专家规则启发式地生成训练样本。
- 通过知识图谱远程监督来生成训练样本。
- 充分利用业务规则、业务词表或领域词典来自动标注样本。

这种范式实现了向人工智能模型注入领域知识。这有点类似于二十世纪七八十年代的专家系统（Expert System），通过专家整理知识库和编写规则来实现人工智能。但弱监督学习系统并非简单地重复专家系统的方法，而是致力于将领域知识与专家规则和深度学习模型结合起来，充分发挥二者的优势，以实现更低成本、更高效率、更好效果的人工智能。Snorkel（见链接 4-4）是基于上述原理，由斯坦福大学开发的一个开源工具。它通过领域专家编写标注函数（Labelling Functions）来生成标注数据，代替领域专家直接标注数据。不过对于专家所编写的标注函数，不管如何精心设计，由于自然语言变化多端，都会存在大量的错误情况。

为了解决这个问题，如同滚雪球法对抽取模式的评估一样，Snorkel 会对标注函数的准确性加以评估。具体来说，就是通过不同标签函数所生成的标注数据进行交叉验证来判别标注函数的可靠性。从实践来看，如果具备足够多的标注函数，交叉验证的方法能够很准确地评估各个标注函数的效果。此外，标注函数之间无法完全独立，往往存在某种相关性。通过对标注函数的相关性进行建模，并对其加以利用，也能够改善所生成的标注数据的准确性。

机器学习和深度学习等模型是从数据中学习出其内在的概率分布，进而实现对未知数据的预测。同样的，蕴含着人类专家经验的标注函数也存在某种内在的概率分布，Snorkel 利用标注函数的准确性和标注函数间的相关性等特征，将其建模为生成式模型（Generative Model）——生成式标注模型（Generative Labeling Model），并利用标注模型来生成标注数据。标注模型能够融合不同标注函数的优势，生成更高质量的标注数据，相比于使用原始的标注函数直接生成标注语料，其准确性得以大幅提升，从而使弱监督学习变得切实可行。

图 4-18 描绘了 Snorkel 弱监督学习系统的工作方式。其输入包括两部分，一是文本序列集合，二是标注函数集合。

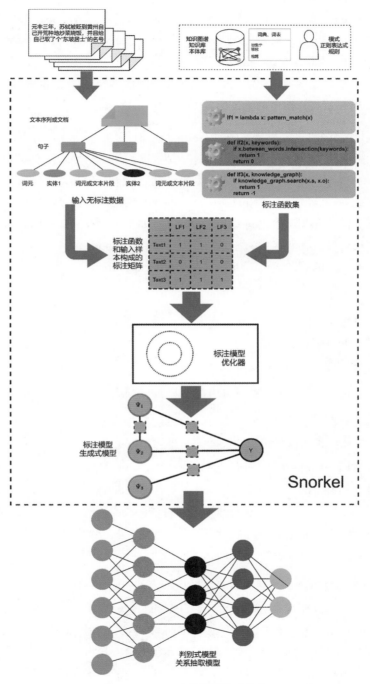

图 4-18　Snorkel 弱监督学习系统

- 文本序列集合：对文本数据的处理形成了具备上下文语义信息的层次结构，包括实体、实体在文本中的位置、通过分词处理文本序列后形成的文本片段和句法结构等。
- 标注函数集合：由专家编写的、用于生成标注语料的标注函数，包括基于语言本身的标注函数、基于业务规则的标注函数、基于知识图谱远程监督的标注函数，以及基于业务词表、词典和相关知识库的标注函数等。

Snorkel 利用标注函数集合和文本序列集合自动标注构建标注矩阵，并据此评估标注函数的准确性和标注函数间的相关性。在实践中，评估结果能够用于指导人类专家对标注函数进行优化。接着，Snorkel 使用一个最大似然优化器训练出生成式标注模型。优化器的损失函数使用了特别设计的噪声感知经验风险值（Noise-aware Empirical Risk），并使用随机梯度下降来完成对标注模型的训练。由于标注函数之间并不完全独立，如果优化器能够对标注函数间的相关性加以利用，那么能够有效改善所生成的标注数据的质量。在 Snorkel 中，定义了如下 4 种依赖关系，并且对标注函数间的关系建模为依赖图（Dependency Graph）。

- 相似的（similar）。
- 互补的（fixing）。
- 增强的（reinforcing）。
- 互斥的（exclusive）。

优化器在训练标注模型时会对标注函数依赖图加以利用，从而更准确地生成标注语料。

利用优化器训练出来的标注模型，将文本序列集合作为输入，自动生成相应的概率标签，构建训练语料。这样的训练语料也被称为概率性训练数据（Probabilistic Training Data），概率性训练数据可以直接用于训练各种判别式模型（Discriminative Model）。在关系抽取任务中，这个判别式模型就是我们需要的关系抽取模型，比如前面介绍的 PCNN、4.3.2 节介绍的基于 BERT 的关系分类模型等。另外，Snorkel 本身并不限制自动标注语料的形式和内容，标注模型生成的训练语料也可以用于训练其他类型的判别式模型，包括 4.4 节介绍的实体-关系联合抽取模型，以及第 3 章介绍的各种实体抽取模型等。

在实践中，Snorkel 这样的范式具有极高的应用价值。比如在医学场景中，要阅读并标注好专业的医学文献，并由此获得大量的语料，这并不现实。一方面，由于普通人无法很好地理解这些专业文献，需要专业的医学工作者（比如医学院的学生或者医生等）来标注这些医学文献，因此标注成本过高；另一方面，专业文献本身蕴含着大量的知识和规则，并且可转化为启发式规则、正则表达式或模板。此外，以标注函数为承载方式的知识和规则是可积累与复用的，并且能够通过迭代不断地完善，因此从长期来看，成本得以均摊而被大幅降低，以便满足不断变化的数据需求。在实践中，通过与医学工作者进行交流，将相应的领域知识、经验法则和业务规则等编写为标注函数也是可行的。此外，相比于枯燥而重复的标注数据，与数据工程师交流或者直接编写标注函数，都是更具挑战性和创造性的工作，也更为这些专家所认可。其他诸如金融、航空航天、汽车工业、船舶制造、在线教育、古籍文献、半导体与大规模集成电路、化学工业等领域，也是同样的道理。

总的来说，越是专业的知识与经验，越是需要将其变成可复用、可迭代、可逐渐完善的宝库——以"模型"或"标注函数"为承载方式，而非以无法扩展的标注数据为承载方式。这也是以 Snorkel 为代表的数据工程和弱监督学习的价值所在——这里我将编写标注函数或类似的工作称为"数据工程"。

4.5.4　Snorkel 用于关系抽取

回到关系抽取任务中，这里假设要抽取的关系类型是"<人物，祖籍，地点>"。输入数据样例见清单 4-8，每个数据样本包括文本序列，以及已经抽取出来的人物实体和地点实体。任务的目标是判断该输入数据是否属于既定的关系类型。输入文本序列，按字符切分成词元，实体标记以实体在文本字符序列的序号和长度来标识。对于一个文本序列中可能存在多个实体对的情况，可以将其转化为多个样本，从而将任务简化为单分类问题。为了方便后续的使用，使用清单 4-9 的代码可将数据集转化为 pandas.DataFrame 格式。

在 Snorkel 中，用装饰器 preprocessor 实现对数据的预处理，预处理方法包括对文本进行解析、过滤、词法与句法分析，加载外部词表，连接数据库或知识图谱等。清单 4-10 所示为两个预处理函数，get_person 通过人物实体的下标和长度获取人物的名字，get_text_between 获取人物实体和地点实体中间部分的文本。在实际使用中，可以根据需求编写数据预处理函数，比如将标点符号归一化、去除特殊字符、解析语法结构、进行词性标注，等等。文本预处理函数传入数据样本进行测试，比如 get_person(df.iloc[0])或 get_text_between(df.iloc[0])。

清单 4-8　用于弱监督关系抽取的输入数据样例

```
1.  {
2.      'text': '李白祖籍陇西成纪（今甘肃秦安县），出生于西域碎叶城，4 岁再随父迁至剑南道绵州',
3.      'person': (0, 2),
4.      'place': (4, 4)
5.  }
```

```
 6.  {
 7.      'text': '李白祖籍陇西成纪 ( 今甘肃秦安县 ), 出生于西域碎叶城, 4 岁再随父迁至剑南道绵
州',
 8.      'person': (0, 2),
 9.      'place': (20, 5)
10.  }
11.  {
12.      'text': '元丰三年, 苏轼被贬到黄州自己开荒种地炒菜烧饭, 并且给自己取了个"东坡居士"
的名号',
13.      'person': (5, 2),
14.      'place': (10, 2),
15.  }
```

清单 4-9   将数据转化为 pandas.DataFrame 的格式

```
1.  import pandas as pd
2.  df = pd.DataFrame.from_records(dataset)
```

清单 4-10   数据预处理函数

```
 1.  from snorkel.preprocess import preprocessor
 2.
 3.  @preprocessor()
 4.  def get_person(item):
 5.      start, length = item['person']
 6.      item['person_name'] = item['text'][start:start+length]
 7.      return item
 8.
 9.  @preprocessor()
10.  def get_text_between(item):
11.      ss, sl = item['person']
12.      os, ol = item['place']
13.
14.      s = ss + sl
15.      e = os
16.      if s > os:
17.          s = os + ol
18.          e = ss
19.
20.      item['text_between'] = item.text[s:e]
21.      return item
```

标注函数是领域知识和专家规则的承载方式,通过装饰器 labeling_function 能够方便地编写标注函数。清单 4-11 所示为 3 个标注函数,返回 1 表示该样本具备既定的关系,返回 0 表示该样本不具备既定的关系,返回–1 则表示无法确定是否具备既定的关系,这是由于如果该样本不

满足所设定的条件时，并不一定是否定的情况。

比如在标注函数 lf_zuji 中，如果在人物实体和地点实体中出现了"祖籍"或"出生"或"出生于"等关键词，则表示关系三元组成立，返回 1；但如果不出现这些关键字，并不代表关系三元组一定不成立，所以不能返回 0，而是返回–1。比如在"王五是福建人"这个例子中，并没有"祖籍""出生"和"出生于"字样，但不能断定"<王五，祖籍，福建>"不成立。同样的，在"lf_qianju"这个标注函数中，当地点前面包含"迁居""迁居到"等关键词时，表示该"<人物，祖籍，地点>"关系三元组不成立，返回 0；但当条件不满足时，无法判断是 0 还是 1，故返回–1。在标注函数 lf_distant_supervision 中实现了简化的远程监督方法，这里的 known_tuples 是已知的三元组，在本例中以集合的方式使用，在真实场景下往往通过检索知识图谱来实现。

清单 4-11　关系类型"<人物，祖籍，地点>"的标注函数

```
1.  from snorkel.labeling import labeling_function
2.
3.  zuji_keywords = set(['祖籍', '生于', '出生于'])
4.  @labeling_function(resources=dict(keywords=zuji_keywords),
5.                     pre=[get_text_between])
6.  def lf_zuji(item, keywords):
7.      # 如果人物实体和地点实体中间的文本中包含有特定的关键词，则说明关系成立
8.      text = item['text_between']
9.      tokens = set(lac.run(text))
10.     if tokens.intersection(keywords):
11.         return 1
12.     return -1
13.
14. qianju_keywords = ['迁居', '迁居于', '迁居到']
15. @labeling_function(resources=dict(keywords=qianju_keywords))
16. def lf_qianju(item, keywords):
17.     # 如果给定的关键词之后紧挨着地点实体，则关系不成立
18.     os, ol = item['place']
19.     text = item.text
20.     for w in keywords:
21.         if text[:os].endswith(w):
22.             return 0
23.     return -1
24.
25. @labeling_function(resources=dict(known_tuples=known_tuples),
26.                    pre=[get_person, get_place])
27. def lf_distant_supervision(item, known_tuples):
28.     # 通过已知的关系三元组来远程监督来判断相应的关系是否成立
29.     # 这里以集合的形式传入关系三元组，在实践中可检索知识图谱来实现
```

```
30.     s = item['person_name']
31.     o = item['place_name']
32.     if (s, '祖籍', o) in known_tuples:
33.         return 1
34.     return -1
```

清单 4-11 的标注函数较为简单，很容易举出错误的例子，比如对于 lf_zuji 来说，文本序列"虽然王五的祖籍不是上海，但他的上海话讲得可好了"就是一个错误的例子。这也说明在引导法或远程监督中实体对共现的假设是非常弱的，面对自然语言丰富而多变的表达方式，很容易产生错误。

此外，这几个例子也展示了 labeling_function 的强大功能，比如既可以传入预处理函数对输入数据进行预处理，也可以传入词表、词典或者知识图谱的检索接口等。在编写好一批标注函数后，可调用相应的接口将标注函数应用于输入文本序列中，并对标注函数进行分析和评估。在清单 4-12 中，使用 PandasLFApplier 将标注函数应用到输入数据中（图 4-12 的 df_train 或 df_test），生成标注矩阵。使用 PandasLFApplier 是由于前面将输入数据集转化成了 Pandas.DataFrame 的格式，还有类 LFApplier 用于处理普通的数据格式。如果需要处理大规模数据集，则可以使用 SparkLFApplier，它会调用分布式计算系统 Spark，以其强大计算能力将标注函数应用于大规模数据集中，从而生成标注矩阵。类 LFAnalysis 用于评估标注函数，分析每个标注函数的覆盖率、标注函数间是否有冲突或重叠。如果有人工标注的数据，那么也可以使用 LFAnalysis 来分析每个标注函数的准确率。利用这些指标可以对标注函数进行审查，优化标注函数，甚至去掉质量不好的标注函数，从而改善整体的效果。

清单 4-12   将标注函数应用到输入数据中

```
1.  from snorkel.labeling import PandasLFApplier, LFAnalysis
2.  lfs = [
3.      lf_zuji,
4.      lf_qianju,
5.      lf_distant_supervision,
6.  ]
7.  applier = PandasLFApplier(lfs)
8.  # 将标注函数应用到输入数据中，生成标注矩阵
9.  L_train = applier.apply(df)
10. # 分析标注函数的覆盖率、标注函数间的冲突和重叠情况
11. LFAnalysis(L_train, lfs).lf_summary()
12. # 用人工标注数据来测试标注函数，评估标注函数的准确率
13. L_test = applier.apply(df_test)
14. test_labels = np.array(df_test[['label']]).reshape(-1)
15. LFAnalysis(L_test, lfs).lf_summary(test_labels)
```

当标注函数确定之后，使用清单 4-13 所示的方法训练生成式标注模型，并且使用人工标注数据对模型进行评估。

清单 4-13　训练生成式标注模型

```
1.  from snorkel.labeling.model import LabelModel
2.  from snorkel.analysis import metric_score
3.  from snorkel.utils import probs_to_preds
4.  # 训练模型，cardinality 参数是标注标签的个数
5.  # 对于本例子来说是 2，即是"<人物，祖籍，地点>"（1）或者否（0）
6.  label_model = LabelModel(cardinality=2)
7.  # 使用标注矩阵来训练生成式标注模型
8.  label_model.fit(L_train, Y_dev=test_labels, n_epochs=5000)
9.  # 用人工标注数据来评估标注模型生成的样本的质量
10. probs_test = label_model.predict_proba(L_test)
11. preds_test = probs_to_preds(probs_test)
12. f1_score = metric_score(test_labels, preds_test,
13.                         probs=probs_test, metric='f1')
14. print(f"标注模型 F1: {f1_score}")
15.
```

在训练标注模型的时候，如果有人工标注的部分语料，那么可以将其标签列表作为参数赋给优化器（Y_dev 参数），优化器会根据人工标注的标签分布来估计不同类的比例，这相当于给模型一个正负样本分布的先验值。但如果人工标注的样本数量较少，无法反映数据的真实分布，则不建议用该参数，可以通过 class_balance 参数直接给出经验估计的各个标签的比例。

F1 是常用的评估模型效果的指标，除此之外，metric_score 方法提供了其他常见的指标，包括 accuracy（准确率）、coverage（覆盖率）、precision（精确率）、recall（召回率）和 roc_auc（接受者操作特征曲线下方面积）等。通过评估指标可以判断标注模型的效果是否达到了预期，如果效果较差，则可继续优化标注函数或者编写更多的标注函数。如果效果不错，即可使用清单 4-14 的方法生成用于训练的判别式模型（比如图 4-11 基于 BERT 的关系分类模型或图 4-17 的 PCNN 模型等）的语料。

值得注意的是，标注模型生成的是概率标签（清单 4-14 中的"probs_filtered"），在这个例子中是类似"[0.31552121, 0.68447879]"这样的二维向量。向量的第一个元素表示 0（即不满足关系"<人物，祖籍，地点>"）的概率，第二个元素表示 1（即满足关系"<人物，祖籍，地点>"）的概率。

清单 4-14　生成训练语料，可以用于训练各类关系分类模型

```
1.  from snorkel.labeling import filter_unlabeled_dataframe
```

```
2.  probs_train = label_model.predict_proba(L_train)
3.  df_filtered, probs_filtered = filter_unlabeled_dataframe(
4.                               X=df, y=probs_train, L=L_train)
```

4.6　本章小结

本章系统全面地介绍了从非结构化文本构建知识图谱的另一个关键技术——关系抽取。关系可以说是知识图谱区别于其他人工智能技术的核心所在，是知识图谱被认为是认知智能核心技术之一的缘由。人类的知识大量存在于非结构化的文本中，因此，成熟的关系抽取技术是知识图谱真正实现产业化应用的基础，也是认知智能不断进化的源头活水。

本章从明确关系和关系抽取任务开始，结合人工智能技术在自然语言处理和知识图谱领域中最前沿的进展，介绍了最具代表性和实用性的 4 类方法——基于规则的方法、基于深度学习的方法、实体-关系联合抽取方法和基于弱监督学习的方法，并在每一种方法中又选取了典型的模型进行解析，给出代码实现示例。当前，词法分析和句法分析工具已经非常成熟，实际应用的效果也很不错，充分利用这些工具，并结合领域词典、词表和业务规则，可以在较低资源的环境下快速地实现规模化的关系抽取。而在计算资源充足的情况下，充分利用大规模预训练模型来抽取实体和关系则是一个更好的方案。弱监督学习在近几年发展得如火如荼，在标注数据不足、样本数量不多、文档专业性强或者文档规范性强且业务规则明确的场景下非常有效。

总之，实体抽取和关系抽取是构建知识图谱的基础技术，近些年深度学习、自然语言处理等技术的发展快速地催熟了实体和关系的抽取技术。但技术的发展永无止境，本书力求深入浅出地介绍这些前沿的技术，希望读者能够有所受益。孟子有云"得天下英才而教育之，三乐也"，如果天下英才因阅读本书而受到些许启发，那便是极大的乐事！

第5章

知识存储

天下之水，莫大于海。万川归之，不知何时止而不盈；尾闾泄之，不知何时已而不虚。春秋不变，水旱不知。此其过江河之流，不可为量数。

——《庄子·秋水》

人类大脑会将习得的知识存储到记忆中，并由此产生认知的表征，进而塑造人们的心智。知识图谱同样需要一种"记忆"方式，用于将所构建的知识图谱存储起来，并提供合适的方式供应用方获取所保存的知识。

本章介绍知识的存储方法，并介绍了一种堪称为知识图谱量身定做的存储方式——图数据库。恰如庄子所言"量无穷，时无止，分无常，终始无故"，知识存储则需有容乃大，如若知识海洋，进而万川归海，为知识图谱应用程序所用而不竭。

本章内容概要：

- 简单回顾知识存储的历史。
- 系统剖析图数据库模型。
- 详细介绍 JanusGraph 分布式图数据库。
- 简单介绍 Neo4j、Dgraph 和 NebulaGraph 等图数据库并进行多维比对。

5.1　数据与知识存储

知识存储本质上是一个信息存储的问题，属于数据库范畴。早在知识图谱出现以前，在数据库领域就已经存在一种成熟的概念模型——实体-关系模型（Entity-Relationship Model，ERM）。在 ERM 中，用属性和关系表示问题的信息结构，并建模为实体关系图。ERM 广泛应用在数据库设计和系统分析中，以获取系统或问题的需求，并转化为数据存储的表示方法。特别是在数据库领域，ERM 的成果实体关系图很容易转换成关系数据库的模式。知识图谱本身就和 ERM 的理念相契合，从这个角度来看，各种数据库都可以用于知识图谱的存储。在这些数据库中，有一种基于属性图模型（Property Graph Model，PGM）的图数据库，与知识图谱简直是天造地设的一对，它就是本章的主角。

5.1.1　数据存储模型

最早的数据存储是以文件形式存在的，知识图谱中的内容也可以以文件形式来保存。早期的 RDF 就是将三元组序列化为 XML 或 JSON 格式的文件，并保存在文件系统中。类似 Apache Protégé 等软件则能够读取、解析和处理这些文件。但显然，以文件来保存知识的方法具有大量缺点，比如数据冗余、数据不一致、数据冲突、不方便查询、数据隔离问题、完整性问题、并发访问异常、权限管理和安全问题等。并且，当数据量较大时，使用文件存储会带来较多的性能、效率、响应时间等问题。

数据库能够避免使用文件保存知识所带来的问题。一种成熟的方法是通过 ERM 模型将知识很方便地转化为关系数据模型，并使用关系数据库来存储。关系数据模型使用表存储的集合来组织、存储和管理数据。每个表有多列，每一列都有唯一的名称；表的每一行则是一条记录，表的列对应记录类型的属性。关系数据库能够很好地存储并处理二维表类型的数据，但需要大量的表之间的连接（join）操作来实现复杂关系的遍历和查询，处理逻辑复杂，性能低下。

除关系数据库之外，文档数据库也常用于保存知识。其做法通常是将知识图谱转化为一系列的三元组，并把每个三元组当作一个"微小"的文档，转化成 XML 或 JSON 的格式来保存。这种存储方式可以很好地检索三元组，但同样对关系不友好，应付复杂关系的查询和遍历显得非常吃力。这种数据模型通常被称为半结构化的数据模型，是许多同时支持文档和图存储的多模型数据库的常见做法。对于实体和实体属性量非常大，但关系简单甚至没有关系的应用场景，文档数据库具有重大的价值。

当然，与知识图谱完全匹配的当属属性图数据库，简称图数据库。图数据库完全和知识图谱契合，从底层的存储模型到支持的查询语言，甚至相关的概念都完全匹配。它们就是天造地设的一对，图数据库是知识图谱存储的首选。图数据库的优点相当明显，首先是属性图模型和知识图谱的概念几乎一致，并且图数据库通常提供了高效的检索属性的方法，高性能实现关系的查询和遍历，提供与知识图谱几乎一致的查询语言来实现与系统的交互；其次，在逻辑层面，很多图数据库提供了复杂的图计算和分析算法，这可以直接应用于知识图谱的分析和推理中，简化了应用程序访问和利用知识的操作。在某种程度上，图数据库是因为知识图谱才快速成长的，知识图谱也因有了图数据库而具有更加广泛的应用。

5.1.2 知识存储极简史

知识保存的历史与人类的历史一样久远，并且和人类文明发展一样，知识保存的方法也是早期发展得慢，而近期发展飞速。可以说，对知识的保存和处理方法，代表着人类文明的等级。

早在旧石器时代，人们发明了最早的知识存储方法——结绳记事。在《周易·系辞·下》中有"上古结绳而治，后世圣人易之以书契，百官以治，万民以察"的说法，即在上古时期，人们通过对绳索打结来记录一些需要长期保存的事件。

最早的文字符号可以追溯到公元前 8000 年~公元前 5000 年，考古学者在多个文明起源地中发现了文字符号。比如，在公元前 8000 年~公元前 3000 年，位于两河流域的古巴比伦王国出现了美索不达米亚符号，其内容主要是人工制作的几何形状等。在中国河南省舞阳县北舞渡镇的贾湖遗址中，出土了在甲、骨、石和陶器上刻划而成的符号——贾湖契刻符号（如图 5-1 所示），其年代约为公元前 7000 年~公元前 5800 年，是目前发现的最早的接近文字的符号，有部分学者认为它就是甲骨文的前身或甲骨文的雏形。

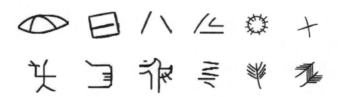

图 5-1　贾湖契刻符号

"仓颉造字"是广为人知的故事，传说距今 6600 年左右（约公元前 4637 年~公元前 4596 年），仓颉创造了汉字。《说文解字·叙》中有记载："黄帝之史仓颉，见鸟兽蹄迒之迹，知分理之可相别异也，初造书契。"约公元前 5000 年~公元前 3000 年的仰韶文化遗址中发现了大量的陶文，这被认为是原始的汉字，其载体主要是陶器。其中最具代表性的半坡陶文，距今约 6000 年。约公元前 3200 年，美索不达米亚字符发展为楔形文字，这些楔形文字被刻于泥板、石头上面，用以记载收到的货物数量等。约公元前 3000 年，尼罗河流域的古埃及出现了刻在石板和甲骨上的象形文字——圣书文、草书和古希腊文。

距今超过 3000 年（约公元前 1600 年~公元前 1046 年）的甲骨文是完整的文字书写和知识保存方法，如图 5-2 所示。迄今所发现的商周刻辞甲骨超过 16 万片，可辨认、可解释的文字已超过 5000 字，因此甲骨文是一个完整、系统的用于保存知识的文字体系和知识存储载体。约公元前 300 年，位于中美洲的墨西哥等地区出现了玛雅文字。目前可辨识的玛雅文字约有 1000 个字符。

图 5-2 甲骨文

在接下来的时间里，文字和知识的载体有青铜器、泥板、简牍、绢帛、羊皮、牛皮等。这些载体使用起来都不太方便，比如泥板、青铜器、简牍等非常笨重，搬运不易。用来形容人们拥有丰富知识的成语"学富五车"就是指将人们所拥有的知识写到竹简中，需要多辆马车来运输，可见着实不便。而绢帛、牛皮、羊皮等的成本非常高，因过于昂贵而不便于知识的传播与传承。

公元 105 年的东汉时期，蔡伦发明或改良了造纸术，使纸成为使用最广泛的知识载体，并延续至今。在造纸技术逐渐成熟，纸张广为使用后，新型的印刷术革新了知识处理方法，进一步促进了知识的保存和传播。大约在东汉年间（约公元 220 年），诞生了雕版印刷。雕版印刷首先用在绢帛上，随着纸的发明，印刷材料逐渐从绢帛转向了纸。经过不断改良，到唐朝中后期，雕版印刷已经十分成熟，从敦煌发现的印刷于 868 年的《金刚经》证明了当时的印刷技艺已相当精湛。公元 1041 年~1048 年间的宋朝中期，毕昇发明了胶泥活字印刷，大幅降低了印刷的费用，提升了印刷效率，高质量、低成本的书籍得以大量生产，这极大地方便了知识的保存，拓展了知识的传播范围。可以说，造纸和活字印刷是第二个千禧年间两个最伟大的发明。

胶泥活字印刷的基本原理即凸版印刷，基于同样原理的铅印技术至今仍然在使用。1769 年，瓦特改良了蒸汽机后，人类社会进入了蒸汽时代。1814 年，德国工程师将蒸汽动力与当时的印刷技术相结合，发明了蒸汽动力圆压圆印刷机。20 世纪 50 年代发明了点阵式打印机和喷墨打印机，1969 年~1971 年发明了激光打印机。至此，将知识印刷到纸上形成书籍，构成了现代的知识传播的基石，推动着社会进步、科技发展和文明前进。正所谓 "书籍是人类进步的阶梯"，究其本质则是 "知识是人类进步的阶梯"，而书籍是这个阶段人类知识的代表。

在书籍之外，另一种知识存储技术在 19 世纪末诞生，并开始了光速一般的发展。这是一种便于机器处理的信息存储方式。当人们需要使用这些知识的时候，则必须借助于合适的机器来阅读。穿孔卡片是一种早期的利用机械存储数据的方法，最早在 1890 年被用于记录和处理美国的人口普查数据，此后则被广泛用于早期计算机的输入/输出数据。1932 年发明的磁鼓存储器，是当时常见的机械存储设备。1947 年发明的威廉姆斯管（Williams-Kilburn Tube）是第一个随机存取存储器（Random Access Memory，RAM），也是第一个全电子化的存储方式，具有革命性的意义。此后的 20 世纪 50 年代，磁带、磁盘和半导体存储相继被发明[1]，开始了信息数字化的进程，并由此颠覆了数据和知识的处理方法。从此，大量的知识不但以书籍的形式存在，而且以数字化文档的方式保存在各种电子存储设备中。

以上是迄今为止的知识存储的物理载体。人类存储知识从绳子、石头等原始材质开始，彼时仅能存储极其简单的知识，数据量少得可怜，使用方式和运输方式十分笨拙。此后的很长时间内，各式各样的人造物，比如泥板、陶瓷、铜器铁器等金属制品，以及简牍、绢帛、牛羊皮等动物皮制品，充当着知识存储的主要物理载体。造纸和印刷术的伟大发明，使知识的保存、处理和传播变得极其便利，成本低廉，至今依然被广泛使用。工业革命之后，随着电子存储设备和计算机的发明，知识的存储、处理和传播再一次发生了天翻地覆的变化，知识的存储变得前所未有的便宜，知识的处理变得前所未有的高效，知识的传播也变得前所未有的便捷。

1943 年，第一台电子计算机 ENIAC（Electrical Numerical Integrator and Calculator）诞生，开始了人类历史的信息化进程。真空管是这个进程中最早的主角，然后轮到晶体管，到如今则是大规模集成电路。1955 年发布的 ERMA（Electronic Recording Machine Accounting）是一个专门用于存储和处理银行簿记的机器，是层次结构的文件系统的原始形态。而现代的层次结构文件系统则要等到 1965 年，由 Multics 操作系统引入。虽然 Multics 本身并不成功，但其继任者 UNIX 可谓大名鼎鼎。文件系统至今仍然是重要和基础的知识存储方法，即使是数据库系统，也建立在文件系统之上。

与此同时，在 1964 年，最早的数据库系统 IDS（Integrated Data Store）由 Charles Bachman

---

[1] IBM 在 1956 年发明了硬盘，1967 年发明了软盘；德州仪器、仙童半导体和 IBM 在 20 世纪 60 年代相继生产了半导体存储器。

设计并发布，这是一个网状数据库系统①，从此，数据库领域开始了一波又一波的发展浪潮。Bachman 也因在数据库领域的贡献获得了图灵奖。1970 年，在 IBM 工作的 Edgar Frank Codd 发表了论文 *A Relational Model of Data for Large Shared Data Banks*，奠定了关系数据库的基础，关系数据库应运而生。Codd 也因在关系数据库的卓越贡献获得了图灵奖。从那时起，关系数据库逐渐成了存储各类数据和知识的首要方式。如今著名的多个关系数据库就是从那时开始的，包括 IBM DB2、Oracle、Ingres（PostgreSQL）、Sybase（Microsoft SQL Server）等。与关系数据库密切相关的结构化查询语言（Structured Query Language，SQL）始于 1973 年，并于 1986 年成为美国标准（ANSI 标准），于 1987 年成为国际标准（ISO 标准）。基于关系数据库和 SQL 语言，人们在存储和处理数据与知识时只需要关心逻辑层面，底层任务由数据库系统自动完成，因此效率、便捷性和易用性都得以大幅提升，并由此带来了关系数据库的繁荣发展。分布式关系数据库的相关研究也于 20 世纪 80 年代就开始了，IBM 研究院在 1981 年发布了 R*分布式关系数据库架构的论文，这是对分布式关系数据库的早期研究。而第一个分布式关系数据库 Ingres Star 则要等到 1987 年才发布，同年 Oracle、IBM 也相继发布了各自的分布式关系数据库。

数据库的另一波浪潮则要从互联网这个"神奇的物种"说起了。在美苏冷战期间，因担心中央控制系统一旦遭受破坏会使整个军事通信网络瘫痪，美国国防部于 1969 年研发了无中心分布式网络 ARPANET，从此开启了互联网的时代。1987 年，从北京计算机应用技术研究所发出了一封电子邮件，其内容为 "Across the Great Wall we can reach every corner in the world"（越过长城，走向世界），中国互联网弄潮儿从此向涛头立。不久后的 1990 年，在欧洲核子研究中心（European Organization for Nuclear Research，CERN）工作的 Tim Berners-Lee 开发了第一个网页服务器和网页浏览器，并将其命名为万维网（World Wide Web，WWW），信息互联的时代就此诞生，从此数据、信息和知识开始呈爆炸式增长。成立于 1998 年的谷歌分别于 2003 年、2004 年和 2006 年相继发表论文 *The Google File System*、*MapReduce: Simplified Data Processing on Large Clusters* 和 *Bigtable: A Distributed Storage System for Structured Data*，拉开了以 NoSQL 和分布式计算、分布式存储为技术基础的大数据时代的序幕。2006 年 HDFS 和 Hadoop 发布，2008 年 HBase 发布，它们至今仍然是最成熟、使用最广泛的大数据存储和处理平台。

在 NoSQL 浪潮和大数据时代的早期，图数据库并不是一个突出的分支，但如今却愈发重要。图数据库致力于存储和处理关系——这对于社交网络来说尤为重要。2006 年出现的关联数据（linked data）概念及大量的语义关联数据集（比如 DBpedia、Freebase 等），也进一步促进了图数据库的发展。2007 年发布的 Neo4j，是广为人知的图数据库。JanusGraph 的前身——TitanDB

---

① 网状数据库系统与本章的主角——图数据库系统是不同的，不管是基本数据模型，还是使用方式等。

发布于 2012 年，也是在这一年，谷歌提出了知识图谱的概念。自此之后，知识图谱成为一种最新的知识存储、处理和使用的方式，与图数据一同蓬勃发展，比翼齐飞。图数据库也因此如雨后春笋般出现，包括 2016 年的 DGraph 和 HGraphDB，2017 年的 JanusGraph，2018 年的 HugeGraph、RedisGraph 和 Fluree，2019 年的 NebulaGraph，等等。

5.2 图数据库模型

当前，图数据库还远没有关系数据库那样成熟，尚未形成被广泛接受的标准。在数据库领域中，完整的存储会涉及 3 个基本的抽象——数据存储模型、完整性约束和查询语言。在数据存储模型方面，大多数图数据库采用了属性图模型。在完整性约束方面，大多数图数据库提供了属性图模式的约束，以及基本的或完全的事务支持，另一些则有所缩减，仅支持其中的一部分。所有图数据库都带有某种查询语言，由于没有像 SQL 一样统一的标准，查询语言可谓百花齐放，其中，Gremlin 和 OpenCypher 是最常用的两种查询语言。在语义网中流行的语言 SPARQL，却并不为大多数图数据库所支持。

5.2.1 属性图模型

属性图模型是一种有向带标签的多重图（Directed Labelled Multi-Graphs）模型，因其顶点和边都包含由一系列键值对组成的属性而得名。属性图模型和知识图谱是天然匹配的，以属性图模型为基本数据结构的图数据库是现代知识图谱存储的主角。从与知识图谱相对应的角度来看，顶点即实体，顶点的属性即实体属性，边即实体间的关系，边的属性即关系属性。

属性图具有如下特点。

- 有向的：边的两端顶点分为源顶点和目标顶点，边的方向是指从源顶点到目标顶点的方向。交换源顶点和目标顶点后，边可能不存在或成为另一条边。这与知识图谱中"关系是有向的"完全对应。
- 顶点是有标签的：顶点可以有一个或多个语义化的标签。顶点标签可以被看作对顶点的分类，即表示该顶点的类型。顶点标签对应于知识图谱中的实体类型。
- 边是有标签的：边可以有一个或多个语义化的标签。边的标签可以被看作对边的分类，即表示该边的类型。边标签对应于知识图谱中的关系类型。
- 多重图：即顶点对（两个顶点）之间允许存在多条边。特别的，允许存在相同标签的多条边。多重图的特性，对应于知识图谱中两个实体间可能存在多种关系。

- 自回路：即边的源顶点和目标顶点允许为同一个顶点。对应于知识图谱中，允许实体与其自身存在某种关系。
- 顶点属性：顶点具备以键值对"<属性，值>"存在的属性。顶点属性对应于知识图谱中的实体属性。
- 边属性：边具备以键值对"<属性，值>"存在的属性。边属性对应于知识图谱中的关系属性。

在众多的图数据库中，有些图数据库并不完全具备上述的所有特性，比如后面会介绍的 Dgraph 不支持顶点对之间存在多条相同标签的边，但支持多条不同标签的边。有些图数据库在支持上述特性之外还进行了扩展，比如 JanusGraph 不仅完全支持上述特性，还允许图中的顶点和边不带标签。

1. 属性图模型的定义

根据以上的描述，可以对属性图模型下一个正式的定义：

$$G = (N, L_N, A_N, \lambda_N, \rho_N, E, L_E, A_E, \lambda_E, \rho_E, \Gamma) \tag{5-1}$$

其中，各参数描述如下。

N：表示顶点（Vertex）或节点（Node）的有限集合。

E：表示边（Edge）的有限集合。

Γ：表示关联函数 $\Gamma: E \mapsto (N \times N)$，表示边 $e \in E$ 到其关联的顶点对 $< s, t >$ 的映射 $\Gamma(e) \mapsto < s, t >$，其中，$s \in N$ 是源顶点，$t \in N$ 是目标顶点。特殊情况下，s 和 t 表示同一个顶点，即自回路。

L_N：表示顶点标签的有限集合。

L_E：表示边标签的有限集合。

λ_N：表示顶点标签函数 $\lambda_N: N \mapsto L_N$，即顶点 $n \in N$ 到其标签 l_n 的映射。

λ_E：表示边标签函数 $\lambda_E: E \mapsto L_E$，即边 $e \in E$ 到其标签 l_e 的映射。

A_N：表示顶点的属性集合，顶点的属性是以键值对<属性名，属性值>的形式存在，即 $< a_{\text{name}}, a_{\text{value}} > \in A_N$。

A_E：表示边的属性集合，边的属性是以键值对<属性名，属性值>的形式存在，即

$< a_{\text{name}}, a_{\text{value}} > \in A_E$。

ρ_N：表示顶点属性函数$\rho_N: N \mapsto \{A_N\}$，即$a^1, a^2, \cdots, a^k \in A_N$是顶点$n \in N$的$k$个属性，$\rho_N(n) \mapsto \{a^1, a^2, \cdots, a^k\}$，每个属性都是键值对$a^i =< a^i_{\text{name}}, a^i_{\text{value}} >$，其中$i = 1, 2, \cdots, k$。

ρ_E：表示边属性函数$\rho_E: E \mapsto \{A_E\}$，即$a^1, a^2, \cdots, a^j \in A_E$是边$e \in E$的$j$个属性，每个属性都是键值对$a^i =< a^i_{\text{name}}, a^i_{\text{value}} >$，其中$i = 1, 2, \cdots, j$。

2. 属性图的例子

图 5-3 是与苏轼有关的一个属性图例子，其中对应的各参数描述如下。

- 顶点集合：N={苏洵，苏轼，苏辙，苏迈，杭州知州，杭州通判，黄州团练副使，《饮湖上初晴后雨·其二》，《定风波·莫听穿林打叶声》}。
- 边的集合：E={<苏轼，是……子女，苏洵>，<苏辙，是……子女，苏洵>，<苏迈，是……子女，苏轼><苏轼，写，饮湖上初晴后雨·其二>，<苏轼，写，定风波·莫听穿林打叶声>，<苏轼，任职，杭州知州>，<苏轼，任职，杭州通判>，<苏轼，任职，黄州团练副使>}。
- 顶点标签集合：L_N={人物，作品，职位}。
- 边的标签集合：L_E={是……子女，写，任职}。
- 顶点属性集合：A_N={<名字，苏轼>，<性别，男>，<别名，苏东坡>，<出生日期，1037-1-8>，<死亡日期，1101-8-24>，<名字，杭州通判>，<名字，饮湖上初晴后雨·其二>，<类别，七言绝句>，……}。
- 边的属性集合 A_E={<时间，1073 年>，<时间，1082 年>，<起始时间，1089 年>，<结束时间，1091 年>，<起始时间，1071 年>，<结束时间，1074 年>}。

并且，顶点、顶点标签、边、边标签、属性键值对<属性名，属性值>之间存在着如下确定的映射关系。

- Γ(<苏轼，写，定风波·莫听穿林打叶声>)$\mapsto$<苏轼，定风波·莫听穿林打叶声>，其中，"苏轼"是源顶点，"定风波·莫听穿林打叶声"是目标顶点。
- λ_N(苏轼)$\mapsto$人物。
- λ_E(<苏轼，写，定风波·莫听穿林打叶声>)$\mapsto$写。
- ρ_N(苏轼)$\rightarrow${<名字，苏轼>，<性别，男>，<别名，苏东坡>，<出生日期，1037-1-8>，<死亡日期，1101-8-24>}，其中，"出生日期"是顶点的属性名，"1037-1-8"是顶点的属性值。

- ρ_E(<苏轼，任职，杭州通判>)→{<起始时间，1071 年>，<结束时间，1074 年>}，其中，"起始时间"是边的属性名，"1071 年"是边的属性值。

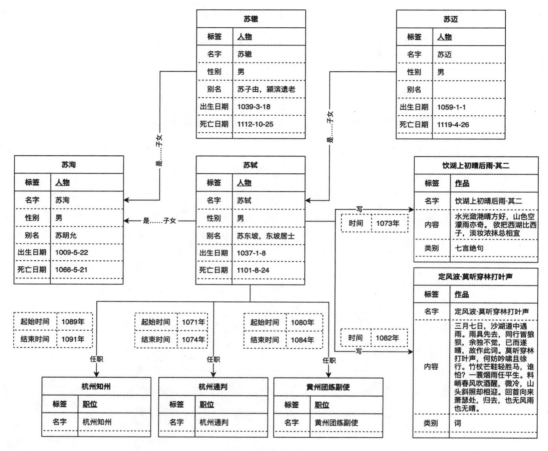

图 5-3　属性图例子

5.2.2　完整性约束

数据库的完整性约束是指定义一组一致的数据库状态或状态变化的规则，确保授权用户对数据库的更改不会导致数据一致性的丢失。与图相关的完整性约束通常包括如下两种。

- 模式实例一致性约束：即通过属性图模式对数据库中的数据进行约束，确保数据库中添加或更改的数据符合属性图模式。
- 额外的完整性约束：除属性图模式之外的约束，比如属性值的可选范围约束、属性值的基数约束、边的多重性约束等。

完整性约束通常是在数据库中创建图的时候实施的，从而使得在添加或修改数据时能够加以校验。

1. 属性图模式

模式（Schema）是对数据的抽象，用来描述数据结构及相应的一致性约束规则。图模式（Graph Schema）通过定义顶点和边的标签、顶点和边属性名，以及属性值的数据类型等来定义图结构。用在属性图中的模式称为属性图模式（Property Graph Schema），它是对属性图的抽象，并约束属性图的内容。其基本结构与知识图谱类似，属性图模式与属性图的关系类似于知识图谱模式与知识图谱本身的关系。当前很多图数据库支持定义图模式，对图数据库的内容进行约束。

我们可以从属性图中进一步抽象得到属性图模式，即

$$S = (L_N, L_E, P, T, \Delta, \Phi, \Psi) \tag{5-2}$$

其中，各参数描述如下。

L_N：表示顶点标签或顶点类型的有限集合。

L_E：表示边标签或边类型的有限集合。

Δ：表示边标签到其所对应的源顶点标签和目标顶点标签的映射$\Delta: L_E \rightarrow < L_N, L_N >$，即对任意一个边的类型$l_E \in L_E$，到其源顶点类型$vl_{src} \in L_N$和目标顶点类型$vl_{dst} \in L_N$的映射为$\Delta(l_E) \rightarrow < vl_{src}, vl_{dst} >$。其中，$vl_{src}$表示源顶点类型，$vl_{dst}$表示目标顶点类型。

P：表示属性名集合，即顶点或标签的所有属性名的集合，其中，$P_N \subseteq P$表示顶点属性名集合，$P_E \subseteq P$表示边属性名集合。

T：表示数据类型的集合，比如数值类型、整数类型、字符串等，数据类型也包含基数，即该数据是单值的、列表型的，还是集合型的。比如用于表示年龄的单个数值类型、用于表示人物曾用名的字符串类型的集合等。数据类型是用来约束属性值的。

Φ：表示顶点类型或边类型到其属性名列表的映射$\Phi: L_N \cap L_E \rightarrow \{P\}$，顶点或边的属性名列表是一系列属性名的集合，对于$l \in L_N$或$l \in L_E$，有$\Phi(l) = \{p_1, p_2, \cdots, p_k\}$，其中$p_1, p_2, \cdots, p_k \in P$是一系列的属性名。

$\varPsi$：表示属性名和属性值的数据类型的映射$\varPsi: P \to T$，对于每个属性名来说，其值的数据类型是固定的，$\varPsi$表示了属性名和相应属性值的数据类型的映射，即对于$p \in P$，有$\varPsi(p) = t$，其中$t \in T$。

图 5-3 所示的属性图对应的属性图模式如图 5-4 所示，其中对应的各参数描述如下。

- 顶点标签集合：L_N为{人物，职位，作品}。
- 边标签集合：L_E为{任职，写，是……子女}。
- 属性名列表集合：P为{名字，性别，别名，出生日期，死亡日期，内容，类别，起始时间，结束时间，时间}。
- 数据类型集合：T为{Integer，Float，Date，Datetime，String，List(String)，List(Date)，Set(Integer)，Set(String)……}，其中，Interger 表示整数类型，Float 表示浮点数类型，Date 和 Datetime 表示日期时间，String 表示字符串，List(String)表示可能的字符串列表，List(Date)表示可能的重复时间列表，Set(Integer)表示不能重复的整数集合，Set(String)表示不能重复字符串集合。List 和 Set 有时也被称为基数（Cardinality）。这些数据类型通常由图数据库使用的编程语言所设计的数据类型来表示。

并且，顶点标签、边标签、属性名和数据类型之间存在如下确定的映射关系。

- $\varDelta(写) \to <$人物，作品$>$。

- $\varPhi(人物) = \{$名字，性别，别名，出生日期，死亡日期$\}$。

- $\varPsi(出生日期) = $ Date，$\varPsi(起始时间) = $ Integer，$\varPsi(别名) = $ List(String)。

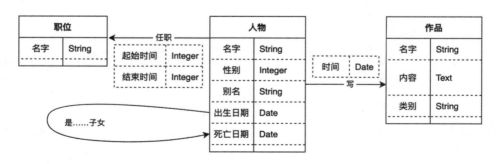

图 5-4　属性图模式例子

当属性图模式定义完成后，模式实例一致性约束用来确保图数据库中的数据能够符合所定义的模式约束，具体如下。

- 顶点标签和边标签对实体和边的约束，即属性图中的λ_N和λ_E。
- 边对应的源顶点和目标顶点要符合其对顶点标签和边标签的约束，即对于$e \in E$，有$\Gamma(e) \mapsto <s,t>$和$\Delta(l_e) \to <l_s,l_t>$同时成立，其中，$s,t \in N$分别是源顶点和目标顶点，且$l_s = \lambda_N(s)$、$l_t = \lambda_N(t)$，$l_s,l_t \in L_N$表示源顶点标签和目标顶点标签，$l_e = \lambda_E(e)$，$l_e \in L_E$表示边标签。
- 对于顶点n的属性$a = <a_{\text{name}}, a_{\text{value}}>$来说，需满足属性图的约束$\rho_N(n) \mapsto A_a \subseteq A_N$、$a \in A_a$和$\lambda_N(n) \mapsto l$，$l \in L_N$；同时还需要满足属性图模式的约束，包括$a_{\text{name}} \in P$，$\Omega(a_{\text{value}}) \in T$，其中，$\Omega$表示值$a_{\text{value}}$到其数据类型的映射，并且$\Psi(a_{\text{name}}) = \Omega(a_{\text{value}})$，即属性值的数据类型满足属性图模式中的$\Psi$对其数据类型的约束。
- 边的属性的约束与顶点的属性的约束类似。

在图数据库中，模式实例一致性约束就是要求图数据中的一个图$D(S,G)$满足上述的约束条件。以图 5-3 和图 5-4 所示的例子来说，边标签"任职"所对应的属性"起始时间"是一个年份，在模式中用 Integer 数据类型的值来表示，那么在图中，所有的起始时间应当是以整数数字表示的年份，比如 1071，而不能是时间"1071-01-01"或字符串"1071"等。而顶点标签"人物"所对应的属性"出生日期"是一个时间，用 Date 数据类型的值来表示，那么图中需要使用时间对象，通常使用能够自动转化为时间对象的字符串"YYYY-mm-dd"来表示，比如"1037-01-08"等。

2. 额外的约束

在属性图模式对属性图进行约束之外，图数据库通常还会提供额外的约束手段，比如设定一些条件来进行逻辑上的约束。以图 5-4 所示的属性图模式为例，如果该图表示的内容限定在宋朝，那么对于"任职"的属性"起始时间"和"结束时间"、"写"的属性"时间"等，可设定其值的范围为 960 年到 1279 年之间。"人物"的属性"性别"的可选项则可限定为{0:女，1:男，2:未知}。除了这样的带有背景知识的限定，还有一些场景需求方面的限定，比如可设定"人物"的"名字"属性不可为空。

其他方面常见的约束还有唯一性约束，即某个属性值在全图中必须唯一，不可重复。比如"作品"的"内容"属性必须不能重复，因为通常来说，两个不同的作品，其内容不会完全一样。更常见的唯一性约束有"人物"的"证件号码"、"机构"的"统一社会信用代码"等。唯一性约束能够在新增或修改图数据时，拒绝与已有数据重复的变更。

上述的约束是单属性的约束，更复杂的约束还有跨属性的逻辑约束。比如对于同一类型的顶点或边标签，不同属性之间具有强的逻辑关系。以图 5-4 所示的属性图为例，可以设定"任职"属性的"结束时间"必须大于等于"起始时间"、"人物"属性的"死亡时间"必须大于"出生时间"等。此外，有些约束可能发生在多个顶点标签或边标签中。比如"任职"的属性"起始时间"要大于该边的源顶点"人物"的属性"出生日期"，并且通常要大于 12 年。不过，大多数图数据库并不直接提供如此复杂的约束条件的设定。关系数据库会提供触发器来实现这类复杂的约束，而目前的大多数图数据库也不提供触发器机制，因此，此类关系的约束往往依赖应用程序，由应用程序根据具体业务场景的需求来实现。

除了对属性进行约束，边的约束也是存在的。边的多重性约束是最常见的约束之一，用于描述一个顶点对是否允许存在多条相同边标签的边。有些图数据库提供{"允许"，"不允许"}多条边的约束，而有些则提供更复杂的{一对一，一对多，多对一，多对多}的关系约束。比如在某个属性图模式中有关系"<人物，是……的父亲，人物>"，可将其约束条件设置为"一对多"，即一个人可以是多个人的父亲，但一个人只有一个父亲。

5.2.3 事务、ACID 与 BASE

事务用于防止数据库受到并发执行、部分执行或系统崩溃等异常，以及故障发生时损坏数据，确保数据一致性，它通常由一系列的数据库操作构成。事务的概念最早出现在 20 世纪 70 年代，并在关系数据库中得到了快速的发展。如今，其使用范围已经超出了关系数据库系统，在图数据库及其他 NoSQL 系统中也广为使用。

事务的关键是数据库系统所提供的 ACID 属性，确保应用程序在读写数据库过程中遇到异常或故障时仍然能够保证数据一致性。在分布式存储系统中，完整支持 ACID 属性的事务往往很难实现，大多数分布式数据库系统实现了 BASE 属性的事务，在无法严格实现 ACID 的情景中，确保系统的可靠性和异常发生时的数据一致性。

ACID 是原子性（Atomicity）、一致性（Consistency）、隔离性（Isolation）和持久性（Durability）的缩写，用于在数据库中保证底层数据一致性，并最终保证应用程序能够正确读写数据，是构建高可靠性的信息应用系统和知识图谱系统的基石。

- 原子性：从应用角度看，事务是完全执行或者完全不执行的，也就是说，底层数据要么完全成功，要么完全失败，而不会在操作过程的中间状态出现错误。当操作发生异常或故障时，如果底层数据能够自动恢复到异常或故障发生前的状态，那么从数据角度看，事务完全没有发生。

- 一致性：在事务开始之前和结束之后，数据库的完整性没有被破坏，即数据库从一个一致的状态转到另一个一致的状态，数据满足所设定的完整性约束。在事务的开始和结束之间，不一致的中间状态是可以容忍的，甚至是不可避免的，比如在跨大洲机房部署的分布式数据库中。这个特性有时无法以完全自动的方式得到保证，而是通过必要的应用程序进行编程，保证事务的开始和结束之后最终达到一致的状态。这种情况下的一致性被命名为"最终一致性"。

- 隔离性：允许多个并发事物同时对数据库进行读写操作，并使数据保持一致性和完整性，它是针对数据库并发访问问题的一个特性，又称事务隔离性。具体来说，一个事务与其他事务是隔离的，即每个事务的行为好像是单独运行的，所有资源都是它自己的，而不会受到其他事务的影响。对于一个事务来说，它的数据是一致的，而且不会看到其他事务修改的中间状态。数据库的隔离性能够对上层应用隐藏并发的错误和陷阱，防止多个并发执行的事务同时修改同一份数据而导致的不一致。

- 持久性：在事务成功完成并结束后，对数据的所有修改都是持久的，变化后的数据一致性状态要永久地保存到数据库中，即使数据库出现故障也不会丢失这些修改。数据的变化发生在下一个事务完成时，在此之前，数据的一致状态被持久保存，即使数据库或服务器发生故障也不应该出现变化。

BASE 属性是基本可用（**B**asically **A**vailable）、软状态（**S**oft state）、最终一致性（**E**ventual consistency）的缩写，它因分布式存储系统要实现 ACID 的代价过高而产生。

- 基本可用：说明系统确实保证了数据的可用性，任何请求都会得到响应。但是，这种响应可能"无法"获取请求所预期的数据，或者数据可能处于不一致的中间状态，或者不断变化的状态。

- 软状态：系统的状态可能随着时间的推移而改变，因此即使在没有输入的情况下，也可能由于"最终一致性"而发生变化，因此系统的状态始终是"软"的。

- 最终一致性：一旦停止接收输入，系统将最终变得一致。数据迟早会传播到它应该传播到的任何地方，但同时系统也会继续接收输入，并不会在每个事务中都检查并确保数据的一致性。

大多数单机图数据库的事务都支持完整的 ACID 属性，而分布式图数据库则至少支持事务的 BASE 属性，有些图数据库还会提供更强保证的事务。

5.2.4　查询语言

查询语言是用于数据库检索和变更数据的编程语言，通常包括定义和更改模式、定义完整性约束、插入数据、查询和遍历数据、更新或变更数据、定义授权规则等功能。除基本的操作之外，现代查询语言往往还提供更复杂的算子和算法实现。

SQL 是关系数据库的标配，而图数据库目前还处于标准化的早期，不同的图数据库会选择不同的查询语言，并且这些查询语言与相应的图数据库是紧密相关的。常见的图数据库查询语言有 Gremlin、SPARQL、GraphQL、Cypher 和 OpenCypher 等。本书会在 5.3 节中介绍 JanusGraph 时系统全面地介绍 Gremlin 语言，在 5.4 节介绍其他图数据库时会简要介绍相应的查询语言。

5.3　JanusGraph 分布式图数据库

JanusGraph 首次发布于 2017 年，由 Java 语言开发，是可以同时支持联机事务处理（On-Line Transaction Processing，OLTP）和联机分析处理（On-Line Analytical Processing，OLAP）的属性图模型的开源分布式图数据库，支持存储和实时查询超过千亿节点和边。JanusGraph 深度集成了 Apache TinkerPop，使用 Gremlin 语言来操作数据库，在机器许可的条件下，支持毫秒级的图查询和遍历操作。JanusGraph 的整体架构如图 5-5 所示。

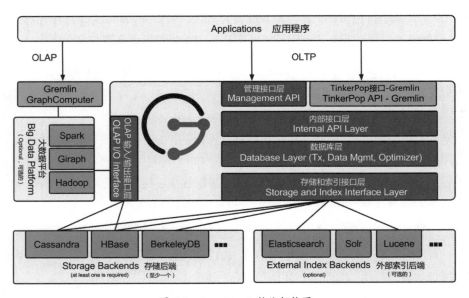

图 5-5　JanusGraph 整体架构图

JanusGraph 的核心架构是图 5-5 中的绿色部分。

- 存储和索引接口层：定义了图数据的序列化方法，提供了压缩存储图数据的技术实现；对数据物理存储进行抽象，定义了统一的后端存储接口，支持对接包括 HBase、Cassandra 和 Berkeley 等存储后端；定义了索引接口，支持 ElasticSearch、Apache Solr 和 Apache Lucene 等索引后端。
- 数据库层：通过锁机制实现了分布式事务、属性图的创建与管理、属性图模式管理、索引管理、数据库管理和查询优化策略等。
- 内部接口层和管理接口层：提供了丰富的接口和管理工具，对接 Gremlin 查询语言和 TinkerPop 的其他功能，支持实时在线查询和遍历。
- OLAP 输入/输出接口层：定义了连接大数据平台的接口，支持使用 Apache Hadoop、Apache Spark 或 Apache Giraph 等分布式计算引擎进行全图分析和批处理的 OLAP 操作，这些 OLAP 处理和分析的方法支持 Gremlin 语言。

JanusGraph 设计了巧妙的存储结构，支持无模式、可选模式约束和强制模式约束的属性图数据的存储。其物理存储依托于成熟和强大的存储后端，包括 Apache HBase、Apache Cassandra 和 BerkeleyDB，理论上能够存储高达亿亿级的顶点、边和属性的图数据库。图 5-6 描述了 JanusGraph 在选择这 3 个存储后端时与 CAP 理论的对应关系。CAP 理论是数据库存储系统中的"不可能三角"，即在数据库系统设计时，一致性（Consistency，C）、可用性（Availability，A）和对于网络的分区容错性（Partition tolerance，P）三者无法同时兼得，只能"三选二"。

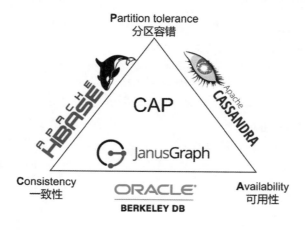

图 5-6　JanusGraph 的存储后端与 CAP 理论的对应关系

举个例子，对于分布式系统来说，由于数据存在分区，即跨多个服务器提供服务的情况。

在 t0 时刻在 s1 服务器上把数据 X 修改成了 Y, 因网络延迟的存在, 需要在 t1 时刻才能够把 Y 同步到 s2 服务器上。那么如果在 t0 和 t1 时刻之间从 s2 服务器上读取该数据, 则会出现两种情况。

- 读取到修改之前的数据 X, 即选择了可用性 A, 但所读取的数据与 s1 的 Y 并不一致。
- 等到 t1 之后才响应该请求, 此时能够读取到和 s1 一致的数据 Y, 即选择了一致性 C, 但这相当于在 t0 和 t1 时刻之间, s2 是不可用的。

在 CAP 理论的制约下, BerkeleyDB 是一个单机的存储后端, 不存在通过网络进行分区, 从而可以同时满足 AC, 具备完整 ACID 属性的事务。在分布式存储系统中, P 是天然选择的, 因此只在剩下的 AC 中 "二选一"。其中, HBase 选择了一致性 C, 在特殊情景下会牺牲一定的可用性来保证数据的强一致性; 而 Cassandra 则选择了可用性 A, 在特殊情景下确保服务的可用性, 牺牲了短期数据的一致性, 但采取了一些方法保证在等待足够的时间后达到最终一致性。

这 3 个存储后端的特性正是 JanusGraph 所具备的特性, 在实际应用中可根据需求进行恰当的选择。除此之外, 由于 BerkeleyDB 是单机系统, 在性能和存储上都受限于单台机器, 而且也不支持多机复制的高可用性 (High Availability, HA) [①], 通常建议用于测试情景, 而不建议在生产环境中使用。相比于 HBase, Cassandra 的优势是比较简单和独立, 便于使用, 而 HBase 能更好地和 Hadoop 等分布式计算引擎集成, 但整个集群相对复杂。不管使用哪种存储后端, JanusGraph 都支持在一个集群上创建任意多的图, 并通过锁机制实现了分布式事务等。

JanusGraph 的另一个特点是支持使用外部的 ElasticSearch、Apache Solr 或 Apache Lucene 来索引数据和实现全文检索。其中, Apache Lucene 是一个提供了强大的索引和检索功能的开源搜索引擎工具包; ElasticSearch 和 Apache Solr 都是具有高可靠性、可扩展性和容错性, 提供强大的分布式索引和检索功能的开源搜索引擎系统。

通常建议选择 ElasticSearch 或 Solr 作为索引工具, 为 JanusGraph 提供复杂、高效和实时的索引和检索功能。得益于 ElasticSearch 和 Solr 支持地理空间索引检索功能, 在具备地理位置信息的知识图谱中, JanusGraph 能够有效地处理拓扑、距离和方位关系等复杂关系的查询和检索。同时, ElasticSearch 和 Solr 具备强大的多语言的文本分析和理解功能, 使得 JanusGraph 具备强大的基于自然语言处理技术的全文语义搜索能力, 在涉及中文等语言的语义搜索方面具有很强的优势。

---

① 高可用性 (HA) 和可用性 (A) 是不同的。HA 中的 A 是指在单机情况下, 当服务器出现故障时, 整个系统无法提供服务, 从而不可用; 而使用了复制集 (replication) 等技术的集群, 则在一部分服务器出现故障时仍然能够提供正常的服务, 即具备了高可用性。

5.3.1 JanusGraph 的存储模型

JanusGraph 使用邻接列表来存储图数据，通过顶点对图数据进行分区，实现了按边切分的分布式图数据存储系统。具体来说，JanusGraph 以顶点为中心，顶点的属性、顶点的关联边及顶点的邻接顶点被存储在一起，以列表的形式序列化并保存到存储后端的数据表中。在这种情况下，所有的边都会被存储两次，即源顶点的邻接列表和目标顶点的邻接列表分别存储一次。这样做的优势是分布式数据分区比较简洁方便，支持快速查询和遍历，而劣势在于浪费了空间，并可能影响性能。

1. 邻接列表

图结构数据的存储方式通常有邻接矩阵（Adjacency Matrix）和邻接列表（Adjacency List）两种，JanusGraph 采用邻接列表来存储数据。对于现实中的绝大多数场景，图都是稀疏的，即边的数量远小于同样数量的顶点所对应的边的上限（即完全图的边的数量）。在这种情况下，使用邻接列表来存储图数据是非常好的方法。事实上，邻接列表是大多数图数据库（包括 Neo4j、JanusGraph、NebulaGraph 等）的选择。

邻接列表首先将图中的所有顶点保存到一个顶点列表中，并为顶点列表中的每一个顶点，维护一个其所有邻接顶点的列表。图及其邻接列表的例子如图 5-7 所示，顶点列表和邻接列表通常用数组来实现，效率较高，同时比较节省空间。顶点的边则与指向其邻接顶点的指针相关联。使用邻接列表存储图的空间复杂度是 $O(m + n)$，其中，m 表示顶点数量，n 表示边的数量，也就是线性空间，这是一种经济高效的存储方法。图 5-7 是非常简单的图的邻接列表表示方法，图数据库中的结构要远比这个复杂，因其不仅只有顶点和边，还有标签和属性等。

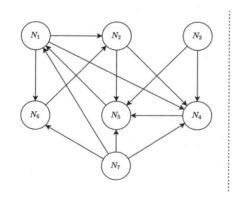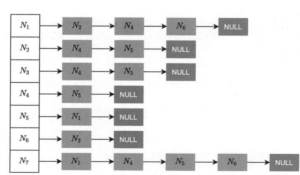

图 5-7　图及其邻接列表的例子

2. KCV 存储结构

在 JanusGraph 的存储与索引接口层中，提供了统一的接口将图数据保存到存储后端中，并要求其存储后端是符合如下特点的宽表。

- 一行中有大量的列，其数量可达数千万或更多。
- 对于不同行来说，有值的列差别巨大，单元格非常稀疏。
- 不实际存储数据的列不占用空间，不影响检索效率。

目前 JanusGraph 支持存储后端有 HBase（包括谷歌的 Bigtable）和 Cassandra（包括兼容 Cassandra 的 ScyllaDB），其他一些类似的数据库也有社区在做相应的适配。

HBase 将数据保存在扩缩能力极强的宽表中，该表由行和列组成，如图 5-8 所示。每一行通过一个行键（RowKey）编入索引，由列限定符来确定单元格。相互关联的列（Column）组合在一起，形成列簇（Column Family）。每一个单元格由行键、列簇和列限定符的组合来标识，并保存着二进制数据（Byte[]类型）的值。HBase 每个单元格的值都带有时间戳，用来表示值的版本。在 HBase 中，列数没有上限，可高达数百万或更多，并且存储时不需要预先定义列（列簇需要预先定义）。在实际使用中，HBase 的表是稀疏表，即每一行中都有大量的列（即单元格）会空着，这种情况下不占存储空间，也不影响查询效率。在 JanusGraph 中，会使用 HBase 的一张包含 9 个列簇的表来存储图数据。

	列簇					列簇			
	列	列	列	列	列	列	列	列	列
行键	单元格	单元格	单元格	单元格	单元格	单元格	单元格	单元格	单元格
行键	单元格	单元格	单元格	单元格	单元格	单元格	单元格	单元格	单元格
行键	单元格	单元格	单元格	单元格	单元格	单元格	单元格	单元格	单元格

图 5-8　HBase 宽表结构

Cassandra 的存储模型与 HBase 略有不同。如图 5-9 所示，在 Cassandra 中，键空间（Keyspace）是一系列表的组合，或称表的容器；表是行的集合，行以其主键（Primary key）作为索引来存取数据。每行可以有很多的列，通常可达数百万个，理论上，列的上限是 20 亿个。与 HBase 类似，Cassandra 的表也是稀疏表，在实际使用中有大量的单元格是空的，既不占用存储空间，也不影响查询效率。JanusGraph 使用一个包含 9 张表的键空间来存储图数据。

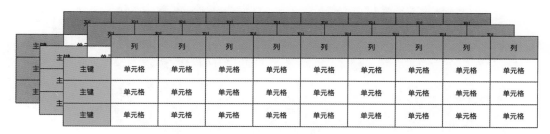

图 5-9　Cassandra 键空间和表的结构

　　将 HBase 和 Cassandra 进行比较，我们大致可以看出，Cassandra 的主键即 HBase 的行键，HBase 的一个列簇即 Cassandra 的一张表。不同之处在于，HBase 的单元格使用了基于时间戳的版本功能，而 Cassandra 的单元格则使用覆盖的方式，不存在版本的情况。

　　通过对 HBase 的列簇和 Cassandra 的表进行抽象，JanusGraph 设计了"键-列-值"（Key-Column-Value，KCV）的数据存储结构，用于存储图数据，其结构如图 5-10 的中间部分所示。在把图数据保存到 KCV 数据结构时，顶点 id 被保存为键，并按升序排列，以便高效检索；每个顶点的邻接列表保存为一行，经由顶点 id 进行访问，其结构如图 5-10 的上面部分所示。顶点的邻接列表包含了顶点的标签、邻接顶点、顶点属性、关联边、关联边的属性等。其中，标签 id、顶点 id、边 id 和属性名 id 等会被序列化后作为列（列标识符或列限定符），而顶点和边的属性，以及其他一些信息则被序列化为值，保存到该列所对应的单元格中。列和单元格的组成部分如图 5-10 的下面部分所示，在 5.3.2 节中会详细介绍。

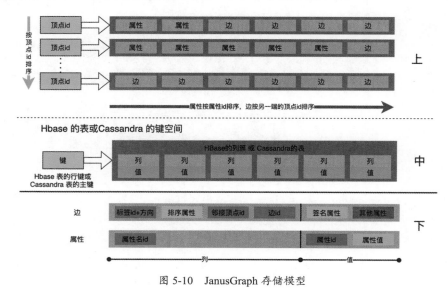

图 5-10　JanusGraph 存储模型

基于图的邻接列表的特点，KCV 数据结构要求单元格必须按其列排序，以便高效地按列检索指定的单元格子集（例如索引结构、跳跃表或二分搜索等）。这样既方便对 HBase 或 Cassandra 执行统一的存取操作，也支持通过统一的接口来适配其他的存储后端。

3. 存储模型

JanusGraph 将图数据表示为邻接列表，并使用 KCV 结构来存储，如图 5-10 所示。其中，键——也就是顶点 id——是精心设计的 64 比特的唯一标识符（id）。顶点 id 结构如图 5-11 所示，其中包括 5 比特的分区 id、56 比特的计数值（其中最高位 1 比特固定为 0）和 3 比特的类型标记。JanusGraph 有以下两种不同的顺序来组合这 3 个部分。

- Gremlin 所使用的顶点 id，通常值较小，便于显示，也便于 Gremlin 处理，其组成方式如图 5-11 的上面部分所示。
- 存储后端的键，分区 id 在最前面，其值通常较大，看起来不直观，但方便存储后端的数据分区，其组成方式如图 5-11 的下面部分所示。

从图 5-11 中可以看出，顶点 id 的有效位数分区 id 的 5 比特和计数值的 55 比特，一共是 60 比特。也就是说，JanusGraph 能够保存的顶点数量的理论上限是 2^{60}，约 1 亿亿个顶点。分区 id 是 JanusGraph 内部使用的逻辑分区，并不需要与存储后端的分区一一对应。当数据保存到存储后端时，JanusGraph 会根据分区 id 把顶点均匀地分配到存储后端的分区中。顺便一提，JanusGraph 支持自定义分区策略，如果某个标签的顶点数量巨大，那么可将其设置为分区类型，这样该标签的顶点及其邻接列表会被均匀地分配到各个分区中。

Gremlin 显示的id	0	计数值	分区id	类型标记（填充）
	1比特	55比特	5比特	3比特
	64比特			
存储后端 的键	分区id	0	计数值	类型标记（填充）
	5比特	1比特	55比特	3比特

图 5-11　JanusGraph 顶点 id 结构

在图 5-10 中，JanusGraph 的顶点的邻接列表结构比较复杂，其核心是设计了精巧的<列（C），值（V）>对来实现紧凑的存储和高效的查询与遍历。JanusGraph 把顶点标签、顶点属性、关联边和邻接顶点等全部都保存到邻接列表中，并将其区分为两种类型——边和属性，其结构如图 5-10 的下面部分所示。其中，边类型的 CV 包含了边标签 id、边的方向、邻接顶点 id、边 id、边的所有属性等。具体来说，边列（列的限定符或列名）的存储结构包括如下组成部分。

- 边标签 id：边标签由属性图模式所确定，其 id 通常较小。
- 边的方向：1 比特，用于表示该边相对于当前顶点的方向，0 表示出边，1 表示入边。
- 边的排序属性值：在属性图模式中，如果边标签的多重性是 "MULTI"，那么在定义边标签时可以设定边的一个或多个属性为排序键（SortKey），这个位置保存了所有排序键所对应的属性值。当一个顶点有大量相同标签的边时，能够大幅提升查询性能。
- 邻接顶点 id：存储了邻接顶点 id 与当前顶点 id（即该行的键）的差值。通常来说，差值远小于 id 本身，从而实现了非常好的压缩效果。
- 边 id：边 id 在内部是一个 64 比特的长整型数，但在 Gremlin 中显示边标识符则包含了 4 个组成部分——边 id、源顶点 id、边标签 id 和目标顶点 id。

边值（即保存到单元格的值）的组成部分如下。

- 边的签名属性值：保存签名属性的属性值。签名属性是在定义边标签时设定的。
- 边的其他属性：保存边的所有其他属性（即没有被设为排序键和签名属性的）的属性 id 和属性值。

在边列的序列化时，使用了可变 id 编码方案（Variable id encoding scheme）和压缩对象序列化（Compressed object serialization）等技巧来压缩边的列和值的大小，从而节省存储空间，提升查询性能。与边相比，属性类型的 CV 存储结构简单得多，其中的属性列和属性值分别如下。

- 属性列：属性列由属性 id 构成。
- 属性值：属性 id 和属性值同时保存到值中。

在 JanusGraph 中，属性图模式本身包括顶点标签、边标签、属性等，是作为特殊的顶点和边保存的。比如顶点标签是作为特殊的顶点保存的，其类型是顶点标签顶点（VertexLabelVertex）；顶点通过特殊的边（VertexLabelEdge）关联到顶点标签上，顶点到顶点标签的多重性设置为"多对一"，方向为出边。基于这样的通用化抽象，JanusGraph 实现了比其他图数据库更强大和灵活的功能。

5.3.2　JanusGraph 的属性图模式

在 JanusGraph 中，支持模式约束的图和无模式的图。模式约束的图，是一个由顶点标签、边标签、属性名及其值的类型等内容所构成的属性图模式。JanusGraph 中的属性图模式支持显示定义或隐式定义。

- 显示定义：即预先定义好一个属性图模式，并要求图数据严格符合模式的约束，也就是强制模式约束。
- 隐式定义：即当新增的顶点、边或属性不符合已有的属性图模式时，JanusGraph 会根据数据自动生成相应的模式元素。这种情况也被称为可选的模式约束。

在第 2 章中，将知识图谱分为模式自由和模式受限。其中，模式自由知识图谱可以方便地保存为无模式的图或者隐式定义模式的图中，而当需要存储模式受限知识图谱时，则使用显示定义模式的图来保存。

JanusGraph 中使用 schema.constraints 和 schema.default 两个参数来控制属性图模式对图数据的约束情况。设置 schema.constraints=false，表明是无模式约束的图，任何点、边和属性皆可保存到图中；设置 schema.constraints=true，表明是模式约束的图，此时另一个参数 schema.default 用于控制属性图模式的情况，具体如下。

- 当 schema.default=none 时，表明属性图模式需显示定义，并强制要求图的数据要符合属性图模式的约束；当违反模式的数据插入图中时，JanusGraph 会抛出异常"IllegalArgumentException"。
- 当 schema.default=default 时，表明使用 JanusGraph 提供的 DefaultSchemaMaker 方法，根据所插入的数据自动生成属性图模式。此时图是隐式定义的模式约束的。当 schema.default= logging 时，自动生成模式的方法和 schema.default=default 时是一样的，但当自动生成模式的元素时，会同时把所生成的元素打印到日志中。
- JanusGraph 还支持根据 DefaultSchemaMaker 的接口自定义生成属性图模式的方法，此时可将 schema.default 设置为相应的类的全名称。

属性图模式本身由 JanusGraph 的管理接口来定义，接下来介绍如何定义属性图模式。

1. 定义顶点标签

JanusGraph 对顶点标签没有特别的限制，除了少数几个保留单词（包括 vectex、element、edge、property、label、key），只要确保顶点标签在图中是唯一的，且不包含半角大括号 {、} 和英文双引号"三个字符（称为保留字符）的 Unicode 字符串即可。在实践中，可以根据知识图谱的实体类型来定义顶点标签。定义顶点标签要用到管理工具中的 makeVertexLabel(String) 函数。属性图模式的顶点标签 L_N = {人物，作品，职位} 如图 5-4 所示，定义 L_N 的方法见清单 5-1。

```
1.  //打开 JanusGraph 的管理工具
2.  mgmt = graph.openManagement()
3.  //定义顶点标签
4.  p = mgmt.makeVertexLabel("人物").make()
5.  //如果图中的"人物"类型的顶点数量十分巨大，需要对其进行分割并分区存储，
6.  //则可使用 partition 方法
7.  // p = mgmt.makeVertexLabel("人物").partition().make()
8.  w = mgmt.makeVertexLabel("作品").make()
9.  t = mgmt.makeVertexLabel("职位").make()
10. //提交；如果要取消操作，则使用 mgmt.rollback()
11. mgmt.commit()
```

2. 定义边的标签

图的边连接了两个顶点，边的标签则定义了两个顶点之间关系的语义。与顶点标签类似，JanusGraph 对边标签也没有限制，使用 Unicode 字符串，并保证它在边标签中是唯一的即可。多重边，或者边的多重性（Multiplicity），是图的重要概念，表示两个顶点之间是否具有多条相同标签的边，其可选标记见表 5-1。JanusGraph 定义边时，可以用边的多重性约束顶点对中相同标签的边的数量。在实践中，根据知识图谱的关系类型和特性，使用管理工具的 makeEdgeLabel(String)方法来设置边的标签，使用 multiplicity 方法来设置边的多重性。

表 5-1　边的多重性可选标记

标　记	含　义	说　明
MULTI	多对多，多重	允许任意顶点对之间拥有该标签的任意多条边。对于该标签来说，图是多重图，边的重数没有限制。JanusGraph 在默认情况下，边为多重边，也就是不对边做限制
SIMPLE	简单	任意顶点对之间最多允许拥有该标签的一条边。对于该标签来说，图是简单图，边的重数限制为 1。通过 SIMPLE 参数限制了在给定标签下，顶点对的边是唯一的
MANY2ONE	多对一	允许顶点最多只有一条该标签的出边，但对该标签的入边没有限制。比如一个母亲可以有多个孩子，但每个孩子只有一个母亲
ONE2MANY	一对多	允许顶点最多拥有一条该标签的入边，但对该标签的出边没有限制。比如在奥运会中，一枚金牌通常只有一个得主（个人或团队），但一个人或团队可以赢得多枚金牌
ONE2ONE	一对一	对图的顶点上，最多允许此类标签的一条入边和一条出边。也就是一个顶点最多只有一次机会，作为该标签的源顶点，也最多只能有一次机会作为该标签的目标顶点

在多重性标记中，需要注意的是 ONE2ONE 和 SIMPLE 的区别。如果一个标签被设置为"SIMPLE"，则表示任意两个顶点之间最多只能有一个该标签。如果一个标签被设置为"ONE2ONE"，则表示一个顶点最多只能有一个该标签的入边和一个该标签的出边。比如将边

标签 E1 设置为"SIMPLE"，边标签 E2 设置为"ONE2ONE"，现在有 3 个顶点{V1，V2，V3}，那么对于 E1 来说，可以同时有 V1-E1-V2 和 V1-E1-V3，但 V1-E2-V2 和 V1-E2-V3 则不能同时存在。这是由于对于 V1 来说，只能有一个 E2 出边。但 V1-E2-V2 和 V3-E2-V1 可以同时存在，因为对于 V1 来说，可以同时有 E2 的一个出边和一个入边。

对于边标签来说，除了定义多重性，边的源顶点类型和目标顶点类型也是非常关键的。在第 2 章中，关系类型的定义为"<头实体类型，关系，尾实体类型>"。相应的，在 JanusGraph 中，可以通过 addConnection 函数将源顶点标签和目标顶点标签连接起来，从而实现类似知识图谱模式中关系类型的约束。清单 5-2 给出了一个完整的例子，创建了图 5-2 的属性图模式中的边标签L_E ={写，任职，是……子女}，并通过 addConnection 对每个边标签的源顶点标签和目标顶点标签进行约束，即Δ(写)→<人物，作品>、Δ(是……子女)→<人物，人物>和Δ (任职)→<人物，职位>。

清单 5-2　创建边标签，并连接边的源顶点标签和目标顶点标签

```
1.  mgmt = graph.openManagement()
2.  // 获取顶点标签，创建顶点标签的方法参考清单 5-1
3.  p = mgmt.getVertexLabel("人物")
4.  w = mgmt.getVertexLabel("作品")
5.  t = mgmt.getVertexLabel("职位")
6.  // 定义边标签
7.  e1 = mgmt.makeEdgeLabel('写').multiplicity(Multiplicity.MULTI).make()
8.  e2 = mgmt.makeEdgeLabel('是……子女'). \
9.     multiplicity(Multiplicity.MANY2ONE).make()
10. e3 = mgmt.makeEdgeLabel('任职').multiplicity(Multiplicity.MULTI).make()
11. // 连接边的源顶点标签和目标顶点标签
12. mgmt.addConnection(e1, p, w)
13. mgmt.addConnection(e2, p, p)
14. mgmt.addConnection(e3, p, t)
15. mgmt.commit()
```

3. 定义属性

顶点和边上的属性由一系列键值对"<属性名，属性值>"组成，在属性图模式中则包括属性名（键）及属性值的约束。属性名是一个 Unicode 字符串，在图中需要保证唯一性，并且同一个属性名可以关联到不同的顶点或边上。属性值的约束由两部分组成，分别是数据类型和基数（Cardinality），其数据类型如表 5-2 所示，基数表示该属性值能够拥有元素的数量，可选的基数如表 5-3 所示。管理工具的 makePropertyKey(String)方法用于定义属性名标签，dataType(Class)方法用于定义属性值的数据类型，cardinality(Cardinality)方法用于定义属性值的

基数。与边类似，定义了属性名后，可以使用 addProperties 方法将属性关联到顶点标签或边标签上。在清单 5-3 中，创建了图 5-2 的属性图模型的属性 $P=$ {名字，性别，别名，出生日期，死亡日期，内容，类别，起始时间，结束时间，时间}，并将属性关联到对应的顶点标签 $L_N=$ {人物，作品，职位}和边标签 $L_E=$ {写，任职}上。

表 5-2　属性值的数据类型

数据类型	名　　称	说　　明
String	字符串	Unicode 字符串，支持中文、英文等各种语言
Character	字符	单个字符
Boolean	布尔值	true（真值）或 false（假值）
Byte	字节	二进制字节数据，存储二进制数据通常使用 byte[]
Short	短整数	短整数，通常指 2 字节整数
Integer	整数	整数值
Long	长整数	长整数
Float	单精度浮点数	4 字节浮点数
Double	双精度浮点数	8 字节浮点数
Date	日期	日期类型，java.util.Date
Geoshape	地理形状	地理形状，点、线、圆、方形等
UUID	唯一标识符	唯一标识符，java.util.UUID

表 5-3　属性值的基数

基　　数	名　　称	说　　明
SINGLE	单值	属性最多允许一个值，比如每个人只有一个出生日期，故可以使用单值的基数来约束"出生日期"属性。JanusGraph 默认的基数是 SINGLE
LIST	列表	属性允许有任意数量的值，并且允许重复的值。比如温度传感器所采集的温度数值，允许记录大量的可能重复的值
SET	集合	属性允许任意数量的不重复的值，与数学上的集合概念类似。比如一个企业所拥有的多个不同的电话号码等

清单 5-3　创建定义属性并关联到顶点标签和边标签上

```
1.  mgmt = graph.openManagement()
2.  // 获取顶点标签和边标签
3.  p = mgmt.getVertexLabel("人物")
4.  t = mgmt.getVertexLabel("职位")
5.  w = mgmt.getVertexLabel("作品")
6.  e1 = mgmt.getEdgeLabel("写")
7.  e2 = mgmt.getEdgeLabel("任职")
8.  //定义属性名，并设置属性值的数据类型和基数
```

```
9.  name = mgmt.makePropertyKey('名字').dataType(String.class). \
10.         cardinality(Cardinality.SINGLE).make()
11. gender = mgmt.makePropertyKey('性别').dataType(Short.class). \
12.         cardinality(Cardinality.SINGLE).make()
13. nick = mgmt.makePropertyKey('别名').dataType(String.class). \
14.         cardinality(Cardinality.SET).make()
15. birthDate = mgmt.makePropertyKey('出生日期'). \
16.         dataType(Date.class).cardinality(Cardinality.SINGLE).make()
17. deathDate = mgmt.makePropertyKey('死亡日期'). \
18.         dataType(Date.class).cardinality(Cardinality.SINGLE).make()
19. content = mgmt.makePropertyKey('内容').dataType(String.class). \
20.         cardinality(Cardinality.SINGLE).make()
21. cate = mgmt.makePropertyKey('类别').dataType(String.class). \
22.         cardinality(Cardinality.SINGLE).make()
23. startTime = mgmt.makePropertyKey('起始时间'). \
24.         dataType(Integer.class).cardinality(Cardinality.SINGLE).make()
25. endTime = mgmt.makePropertyKey('结束时间'). \
26.         dataType(Integer.class).cardinality(Cardinality.SINGLE).make()
27. date = mgmt.makePropertyKey('时间'). \
28.          dataType(Date.class).cardinality(Cardinality.SINGLE).make()
29. // 将属性名关联到顶点标签或边标签上
30. mgmt.addProperties(p, name, gender, nick, birthDate, deathDate)
31. mgmt.addProperties(t, name)
32. mgmt.addProperties(w, name, content, cate)
33. mgmt.addProperties(e1, date)
34. mgmt.addProperties(e2, startTime, endTime)
35. mgmt.commit()
```

JanusGraph 的边存储有两个特殊类型的属性——排序属性和签名属性，在创建边标签时可以进行设置，方法见清单 5-4。

清单 5-4　创建带有排序属性和签名属性的边标签

```
1.  mgmt = graph.openManagement()
2.  // 获取属性名
3.  p = mgmt.getPropertyKey('时间')
4.  q = mgmt.getPropertyKey('类别')
5.  // 创建带有排序属性和签名属性的边标签
6.  e = mgmt.makeEdgeLabel('创作').multiplicity(Multiplicity.MULTI). \
7.         sortKey(p).signature(q).make()
8.  // 获取边标签的排序属性
9.  e.getSortKey()
10. // 获取边标签的签名属性
11. e.getSignature()
12. mgmt.commit()
```

4. 创建索引

创建索引用于加速查询和检索，是现代数据库常见的做法，JanusGraph 支持两种不同的索引。

- 图索引（Graph Index）：也称图全局索引，允许根据顶点或边的属性条件进行高效的检索和过滤。
- 顶点中心索引（Vertex-centric Indexes）：也称关系索引或边索引，是为每个顶点单独构建的局部索引。在某些场景下，顶点拥有大量的标签的关联边，此时在内存中对这些边进行检索或过滤会很慢。顶点中心索引能够加速对这类具有大量关联边的顶点的检索和过滤。

有了这些索引，在图的查询和遍历时，就不需要全图扫描，而只需要根据属性条件从全局的图索引进行检索，获取所需的点或边。在此后的遍历中，如果遇到具有大量关联边的顶点，可以借由顶点中心索引进行检索，提升效率，实现在线实时的复杂查询操作。根据场景的实际情况，充分利用 JanusGraph 所提供的索引机制，能够高性能地实现业务所需的复杂处理过程，在大规模的图中实现秒级或毫秒级的实时查询。反之，如果没有正确地利用索引机制，可能导致查询过程中存在大量的扫描操作，不仅效率低下，也会影响到存储后端的系统性能，还可能出现因数据量过大而导致的内存不足，进而查询失败的问题。因此，在使用 JanusGraph 服务大规模的图数据时，建议配置合理的索引。

JanusGraph 的图索引有两种类型——复合索引（Composite Index）和混合索引（Mixed Index）。

- 复合索引直接使用存储后端（Cassandra 或 HBase 等）来保存索引数据，并进行查询和检索，效率更高，但限定在预先定义好的组合键中进行检索。
- 混合索引需要使用 ElasticSearch 或 Apach Solr 等外部索引工具来保存索引数据，进行查询和检索，支持使用被索引的键的任何组合来检索，支持"相等、不等、包含、模糊匹配"等多种条件谓词。

此外，图索引还支持标签限制，比如仅对标签为"人物"的顶点的"名字"属性创建索引，而忽略其他标签的顶点。同时，在创建索引时，可根据需要构建唯一性索引，以约束图中所有该属性在图中的每个值只能有一个顶点，比如所有"人物"的"身份证号码"都不能重复。

JanusGraph 提供了 buildIndex 方法用于创建索引，addKey 方法用于设定索引所绑定的属性，unique 方法用于设置唯一性索引，indexOnly 方法用于限定标签，buildCompositeIndex 方法用于构建复合索引。索引创建完成后，新增的数据会被自动加到索引中，但历史数据不会被处理，除非调用 updateIndex 方法来重建索引（reindex）。需要注意的是，如果已有的图较大，建议使用 MapReduce 任务（Hadoop 或 Spark）完成重建索引的过程。创建复合索引及重建索引的过程见清单 5-5。

清单 5-5　创建复合索引及重建索引

```
1.  //创建名字属性的复合索引
2.  mgmt = graph.openManagement()
3.  //获取"名字"属性和"人物"顶点标签
4.  name = mgmt.getPropertyKey('名字')
5.  person = mgmt.getVertexLabel('人物')
6.  //对所有顶点和边，按照属性名为"名字"的值创建索引
7.  mgmt.buildIndex('byNameComposite', Vertex.class).addKey(name). \
8.      buildCompositeIndex()
9.  //对"人物"类型的顶点，按照"名字"属性创建唯一索引，以保证人物不重名
10. mgmt.buildIndex('byPersonNameComposite', Vertex.class).addKey(name). \
11.     indexOnly(person).unique().buildCompositeIndex()
12. mgmt.commit()
13.
14. // 等待创建索引完成
15. ManagementSystem.awaitGraphIndexStatus(graph, 'byNameComposite').call()
16. ManagementSystem.awaitGraphIndexStatus(graph, \
17.     'byPersonNameComposite').call()
18.
19. //对历史数据建立索引，这里假设历史数据较少
20. //当历史数据规模较大时，建议使用 MapReduce 任务来重建索引
21. mgmt = graph.openManagement()
22. mgmt.updateIndex(mgmt.getGraphIndex("byNameComposite"), \
23.     SchemaAction.REINDEX).get()
24. mgmt.updateIndex(mgmt.getGraphIndex("byPersonNameComposite"), \
25.     SchemaAction.REINDEX).get()
26. mgmt.commit()
```

清单 5-6 演示了如何创建混合索引及重建索引，从中可以看出，创建混合索引的方法与创建复合索引类似，不同的是混合索引使用了外部的搜索引擎系统。在使用外部搜索引擎系统时，需提前配置好索引的后端的唯一标识。混合索引使用了强大的搜索引擎系统，能够更好地支持复杂的条件谓词逻辑，实现诸如数值范围、地理位置范围等复杂的检索，以及针对文本的全文检索和模糊检索等功能。另外，ElasticSearch 和 Solr 等外部索引工具能够更好地支持排序，因此对于经常需要排序的属性，建议使用混合索引。混合索引支持多种不同的索引方式，具体如下。

- TEXT：全文检索，这是默认的索引方式，索引后端会使用分词器对文本进行分词，支持词元级别的包含（textContains）、不包含（textNotContains）、前缀匹配（textContainsPrefix）、模糊匹配（textContainsFuzzy）等谓词逻辑。
- STRING：将文本作为字符串进行索引，支持整个文本（字符串）级别的等于（eq）、不等于（neq）、前缀匹配（textPrefix）、正则匹配（textRegex）和基于编辑距离的模糊匹配（textFuzzy）等谓词逻辑。
- TEXTSTRING：即同时按 TEXT 和 STRING 进行索引。
- PREFIX_TREE：地理位置索引，支持相交（geoIntersect）、不相交（geoWithin），包含（geoWithin）等地理位置相关的谓词逻辑。

有关这些索引类型的细微差别，可参考搜索引擎 ElasticSearch 或 Solr 相关文档。

清单 5-6　创建混合索引及重建索引

```
1.  //创建"名字"和"内容"两个属性的混合索引
2.  mgmt = graph.openManagement()
3.  name = mgmt.getPropertyKey('名字')
4.  content = mgmt.getPropertyKey('内容')
5.  //创建"名字-内容"索引，并使用后端索引"search"
6.  //后端索引"search"需要预先配置好，并且这个标识符在配置时是可以自定义的
7.  //对"名字"创建了字符串索引，不对其进行分词
8.  //对"内容"创建了全文检索索引，搜索引擎会对其进行分词
9.  mgmt.buildIndex('name_content', Vertex.class). \
10.      addKey(name, Mapping.STRING.asParameter()). \
11.      addKey(content, Mapping.TEXT.asParameter()). \
12.      buildMixedIndex("search")
13. mgmt.commit()
14.
15. //等待创建索引
16. ManagementSystem.awaitGraphIndexStatus(graph, 'name_content').call()
17.
18. //重建索引，以完成对历史数据的索引，适用于小数据的情况
19. mgmt = graph.openManagement()
20. mgmt.updateIndex(mgmt.getGraphIndex("name_content"), \
21.      SchemaAction.REINDEX).get()
22. mgmt.commit()
```

在某些场景的大型图中，许多顶点可能有成千上万条相同标签的边，从而导致查询或遍历时性能低下。利用 JanusGraph 提供的 buildEdgeIndex 方法，为顶点创建顶点中心的局部索引，可以加速查询与遍历，从而解决这个问题。顶点中心索引是针对特定标签的边来构建的，故顶

点中心索引也被称为边索引或关系索引。与特定边关联的顶点是索引的中心，支持用"入边"（IN）、"出边"（OUT）或"双边"（BOTH）的方式创建以"源顶点"或/和"目标顶点"为中心的索引。在创建顶点中心索引时，需要指定一个或多个边的属性名，用于对检索结果进行排序。顺序可以指定为升序（Order.asc）或降序（Order.desc）。创建顶点中心索引的方法见清单5-7。

清单 5-7　创建顶点中心索引

```
1.  //为"人物--写->作品"创建顶点中心索引
2.  mgmt = graph.openManagement()
3.  //指定顶点中心索引的所关联的边："人物--写->作品"
4.  writing = mgmt.getEdgeLabel('写')
5.  //用于排序的边属性
6.  date = mgmt.getPropertyKey('时间')
7.  //创建边索引，即顶点中心索引
8.  //如果方向为 OUT，则以"人物"标签的顶点为中心，加速从"人物--写-->作品"这个方向的遍历
9.  //如果方向为 IN，则以"作品"标签的顶点为中心，加速从"作品"出发到"人物"这个方向的遍历
10. //如果方向为 BOTH，则同时加速从边的源顶点（"人物"）和目标顶点（"作品"）出发的遍历
11. mgmt.buildEdgeIndex(writing, 'writing-works', \
12.      Direction.BOTH, Order.desc, date)
13. mgmt.commit()
14.
15. //等待创建索引
16. ManagementSystem.awaitRelationIndexStatus(graph, \
17.      'writing-works', '写').call()
18.
19. //重建索引
20. mgmt = graph.openManagement()
21. mgmt.updateIndex(mgmt.getRelationIndex(writing, \
22.      "writing-works"), SchemaAction.REINDEX).get()
23. mgmt.commit()
```

5. 查看属性图模式

完成了顶点标签、边标签、属性和索引的创建，也就完成了属性图模式的构建。要查看已构建好的属性图模式，可使用管理工具的 printSchema 方法，清单 5-8 是 Gremlin 控制台输出的属性图模式的例子。管理工具还提供了多个方法来获取属性图模式的内容，其中一些方法见清单 5-9。值得注意的是，在 JanusGraph 中，边标签和属性标签都被称为关系类型，这是由于在其内部实现中，属性值也是作为顶点来处理的。这样一来，"<顶点，属性名，属性值>"与"<源顶点，边，目标顶点>"的处理和存储方法都统一起来了，并统一被称为"关系"，进而相应的标签也被称为"关系类型"。在 JanusGraph 中，图的关系类型有唯一性的限制，也就是说，

属性名和边标签不能重复。

清单 5-8　Gremlin 控制台输出的属性图模式示例

```
 1. ---------------------------------------------------------------------------
 2. Vertex Label Name          | Partitioned | Static                         |
 3. ---------------------------------------------------------------------------
 4. 人物                        | false       | false                          |
 5. 作品                        | false       | false                          |
 6. 职位                        | false       | false                          |
 7. ---------------------------------------------------------------------------
 8. Edge Label Name            | Directed    | Unidirected | Multiplicity     |
 9. ---------------------------------------------------------------------------
10. 写                          | true        | false       | MULTI            |
11. 任职                        | true        | false       | MULTI            |
12. 是……子女                   | true        | false       | MANY2ONE         |
13. ---------------------------------------------------------------------------
14. Property Key Name          | Cardinality | Data Type                      |
15. ---------------------------------------------------------------------------
16. 时间                        | SINGLE      | class java.util.Date           |
17. 名字                        | SINGLE      | class java.lang.String         |
18. 性别                        | SINGLE      | class java.lang.Short          |
19. 别名                        | SET         | class java.lang.String         |
20. 出生日期                    | SINGLE      | class java.util.Date           |
21. 死亡日期                    | SINGLE      | class java.util.Date           |
22. 内容                        | SINGLE      | class java.lang.String         |
23. 类别                        | SINGLE      | class java.lang.String         |
24. 起始时间                    | SINGLE      | class java.lang.Integer        |
25. 结束时间                    | SINGLE      | class java.lang.Integer        |
26. ---------------------------------------------------------------------------
27. Vertex Index Name          | Type       | Unique | Backing    | Key: Status |
28. ---------------------------------------------------------------------------
29. byPersonNameComposite      | Composite | true  | internalindex | 名字: ENABLED |
30. name_content               | Mixed     | false | search        | 名字:   ENABLED |
31.                            |           |       |               | 内容:   ENABLED |
32. ---------------------------------------------------------------------------
33. Edge Index (VCI) Name      | Type      | Unique | Backing     | Key:  Status |
34. ---------------------------------------------------------------------------
35. ---------------------------------------------------------------------------
36. Relation Index             | Type  | Direction | Sort Key | Order  | Status |
37. ---------------------------------------------------------------------------
38. writing-works              | 写     | BOTH     | 时间      | desc   | ENABLED |
39. ---------------------------------------------------------------------------
```

清单 5-9　获取属性图模式的方法

```
1.  mgmt = graph.openManagement()
2.  // 判断是否包含关系类型"写"，包括边标签为"写"或者属性名为"写"。
3.  mgmt.containsRelationType('写')
4.  // 获取所有边标签
5.  mgmt.getRelationTypes(EdgeLabel.class)
6.  // 获取所有属性名
7.  mgmt.getRelationTypes(PropertyKey.class)
8.  // 输出所有属性名及相关信息
9.  mgmt.printPropertyKeys()
10. // 输出所有边标签及相关信息
11. mgmt.printEdgeLabels()
12. // 输出属性图模式相关的信息
13. mgmt.printSchema()
14. mgmt.commit()
```

5.3.3　事务和故障恢复

JanusGraph 的事务特性取决于其所使用的存储后端。在使用 BerkeleyDB 作为存储后端时，JanusGraph 提供了完全的 ACID 事务，但此时不支持分布式存储。在使用 Cassandra 或 HBase 作为存储后端时，在默认情况下，事务具备 BASE 特性，并且 JanusGraph 在 BASE 之上提供了"分布式锁"机制来实现更强的一致性保证。不过锁的使用会降低效率，是否开启锁取决于场景的需要。此外，分布式锁的实现依赖于时间戳，启用锁机制要求集群的所有服务器的时间是一致的。

不管是 ACID，还是 BASE，事务总是可能失效的，因此对失效事务的处理至关重要。如果事务在提交前就出现失效的情况，那么所有更改将被丢弃，应用方可进行重试。在启用锁机制后，如果在持久化时事务出现失效的情况，那么 JanusGraph 会抛出异常，应用方同样可以重试。JanusGraph 判断持久化成功并不代表着索引更新成功。如果要确保索引同时成功，需要通过设定参数"tx.log-tx = true"来启用事务的预写日志（Write Ahead Log，WAL），并设置单独的进程来修复可能的不一致之处。

除事务失效之外，JanusGraph 实例也可能出现故障。通常情况下，JanusGraph 实例之间的故障互相并不影响，一个实例的故障不会影响其他实例的事务处理。同时，出现故障的实例重启后也能够继续处理事务。有些特殊的故障发生在处理全图数据时，比如重建索引。这类故障的出现会影响到其他实例的事务，此时需要人工介入手动处理故障，并仔细评估故障影响，避免出现数据不一致的问题。

5.3.4 图查询语言 Gremlin

JanusGraph 采用 Gremlin 作为查询语言，用于从图中检索、遍历、查询和更改数据。Gremlin 是一种函数式编程语言（Functional Programming Language），也是一种数据流（Data Flow）语言，并且是图灵完备语言。使用 Gremlin 能够简洁地实现对属性图的复杂查询和修改等操作，满足应用程序的各式各样的处理需求。Gremlin 本身是 Apache TinkerPop 项目的一部分，不仅为 JanusGraph 所采用，也是大多数图数据库采用或支持的图查询语言，是当前使用最广泛的图查询语言。

函数式语言也叫泛函编程语言，它将所有操作都视为函数运算，并避免使用程序状态和易变对象，大量使用惰性求值（Lazy Evaluation）来实现复杂运算，从而能够优化效率，降低代码出错率。数据流编程范式则将运算建模为不同操作算子之间的数据流动的有向图，通过数据驱动的方式来完成运算。Gremlin 兼具函数式编程范式和数据流编程范式的特点，其查询和遍历都由可能嵌套的步骤序列组成，有 3 种步骤类型（见表 5-4）。Gremlin 提供了丰富的算子来实现这些步骤，应用程序可以组合这些算子来解决任何问题。

表 5-4　Gremlin 的步骤类型

类　　型	名　　称	说　　明
map-step	映射步骤	对数据流中的对象进行变换
filter-step	过滤步骤	过滤数据流中的某些对象，即从数据流中移出一部分不需要的对象
sideEffect-step	副作用步骤	对数据流中进行计算、统计等额外的处理，但不影响数据流本身操作

基于"一次编写、各处运行"的设计原理，Gremlin 对底层计算平台进行抽象和统一，提供了 Gremlin 遍历机器（Gremlin Traversal Machine）来实现同时支持 OLTP 和 OLAP，同样的代码既可以用于 OLTP 的实时查询任务，也可以用于 OLAP 的批处理分析任务。Gremlin 还支持 OLTP 和 OLAP 混合执行，即某些操作子集是 OLTP 实时查询，而其他部分是 OLAP 的分析任务。也就是说，只需要熟练使用 Gremlin 语言，即可同时实现复杂的在线处理和离线分析任务，而不需要学习诸如 Spark 或 MapReduce 等大数据计算引擎系统的操作方法，这极大地方便了用户处理和分析图数据。

在编写应用程序方面，Gremlin 既支持指令式（Imperative）编程，也支持声明式（Declarative）编程，以及两种混合的编程方法。不管用户使用何种方式编写程序，Gremlin 遍历机器都能够通过一组策略来重写并优化这些程序，尽最大努力优化得到最佳的执行计划。此外，由于 Gremlin-Java、Gremlin-Groovy、Gremlin-Python 和 Gremlin-Scala 等项目的支持，Gremlin 能够和 Java、Python 和 Scala 等语言进行混合编写，并且在编码方式上和宿主语言几乎保持一致。

这使得工程师在使用 Gremlin 时能够根据自身所擅长的编程语言来编写程序，并获得相应语言的工具支持，包括类型检查好、语法高亮、代码补全等。

5.3.5 JanusGraph 和 Gremlin 入门指南

在了解了 JanusGraph 各方面的特点、原理后，是时候通过 Gremlin 来操作 JanusGraph 了。

1. 安装与配置

从 JanusGraph 官方网站中下载编译好的安装包，解压到指定目录下，并进入 janusgraph 主目录。运行 "bin/janusgraph.sh start"，可以启动默认的 JanusGraph 实例，并同时启动单机版的 Cassandra 存储后端系统和单机版 ElasticSearch 搜索引擎系统。官方提供了 Docker 镜像，运行命令 "docker run -it -p 8182:8182 janusgraph/janusgraph" 即可开始使用，Docker 会启动 BerkeleyDB 作为存储后端的 JanusGraph 实例[①]。

从前面的介绍中可知，JanusGraph 可以选择不同的存储后端来持久化数据，并使用不同的搜索引擎系统来提供索引。在熟悉了 JanusGraph 之后，即可根据实际情况来配置。通常来说，小数据测试可以选择 BerkeleyDB 作为存储后端，官方下载的二进制包内置了 BerkeleyDB，使用起来非常方便。如果已有 Cassandra 集群或 HBase 集群，也可以选择相应的集群作为存储后端；如果没有，那么可以选择部署一套。在使用 HBase 集群作为存储后端时，支持通过 Zookeeper 自动获取 HBase 集群的部署配置情况，实现高可用的存储。索引服务可以选择 Solr 或 Elasticsearch，它们都支持分布式集群来提供高可用的服务。清单 5-10 是一个 JanusGraph 配置的例子，使用时可根据实际情况修改相应的配置。

使用 "./bin/gremlins.sh" 启动 Gremlin 控制台。Gremlin 控制台有本地模式和远程模式，本地模式是在当前机器上运行 Gremlin 程序，而远程模式是将 Gremlin 语句或程序发送到远端服务器上运行。当使用非 JVM 的编程语言（比如 Python）时，远程模式是必需的。清单 5-11 给出了两个示例，分别是在 Gremlin 控制台中使用本地模式打开一个图，以及使用远程模式连接远程的 JanusGraph 服务。后续的示例代码既可以在本地运行，也可以在远程运行。另外，JanusGraph 支持动态多图，支持分布式，可以在多个 JanusGraph 节点的集群中运行程序。多节点的 JanusGraph 集群会自动同步数据，比如在一个节点上删除了一条边，JanusGraph 会对所有节点上的服务生效，每个节点的缓存数据也会被清除。

---

① 注：对于不同版本的 JanusGraph，其内容可能会有所不同。

```
1.  #gremlin 服务器的图配置
2.  #可选的有 JanusGraphFactory 和 ConfiguredGraphFactory
3.  #使用 ConfiguredGraphFactory 可以动态创建图
4.  gremlin.graph=org.janusgraph.core.JanusGraphFactory
5.
6.  #存储后端配置，可选的存储后端包括：berkeleyje, cassandrathrift,
7.  # cassandra, astyanax, embeddedcassandra, cql, hbase, inmemory
8.  storage.backend=cql
9.  storage.hostname=127.0.0.1
10. storage.port=9042
11. storage.batch-loading=true
12. storage.buffer-size=102400
13. storage.parallel-backend-ops=true
14. storage.cql.keyspace=janusgraph
15.
16. #缓存配置
17. cache.db-cache=false
18. #0~1 之间表示 Java VM heap 的百分比；大于 1 表示字节数
19. cache.db-cache-size=0.3
20. #毫秒
21. cache.db-cache-time=1000000
22.
23. #参数冲突配置
24. graph.allow-stale-config=false
25.
26. #索引配置，可选的索引后端有：lucene, elasticsearch, es, solr
27. #其中"index.search.backend"中的"search"是索引后端名称，也是唯一标识
28. index.search.backend=elasticsearch
29. index.search.hostname=127.0.0.1
30. index.search.port=9200
31.
32. #模式约束,default 可选值有：default, none, logging, 其他自定义
33. schema.constraints=true
34. schema.default=none
```

清单 5-11　Gremlin 控制台的本地模式和远程模式使用示例

```
1.  #使用本地模式，打开一个图，图的配置文件 ja-cql-es.properties 的内容见清单 5-10
2.  graph = JanusGraphFactory.open('conf/ja-cql-es.properties')
3.  g = graph.traversal()
4.
5.  #使用远程模式，连接一个已有的 JanusGraph 服务，比如用 docker 启动的 JanusGraph 服务
6.  #conf/remote.yaml 是连接远程服务的配置，包括 hostname 和 port 等参数
```

```
7.  :remote connect tinkerpop.server conf/remote.yaml session
8.  :remote console
9.  g = graph.traversal()
```

2. 创建一个图

第一次使用 JanusGraph 时，首先要创建一个图。JanusGraph 的图支持模式约束和无模式。如果是无模式的图，那么可以直接开始添加节点、边和属性。如果是类似清单 5-10 配置的强制模式约束的图，则需要根据 5.3.2 节中的方法在图中创建属性图模式，属性图模式的内容如图 5-4 所示。在此基础上，接下来的例子都以这个属性图模式为前提，创建和处理图 5-3 所示的属性图。

addV 函数是用来添加顶点的 Gremlin 函数，有 3 种不同的形式，其参数分别为顶点标签字符串、顶点标签的遍历（Traversal）对象，或者为空。其中，addV(顶点标签)是最常用的方法，其用法见清单 5-12 中的第 4~9 行。在应用程序中，也常用已有的顶点标签对象添加顶点，如清单 5-12 中的第 11~14 行，而无参数的 addV 则向图中添加了一个无标签的顶点。在顶点上运行 property，为顶点添加属性，其参数包含属性名及相应的值，传入的参数要符合属性图模式的约束。

清单 5-12　创建顶点及顶点属性

```
1.  //添加人物顶点及顶点的属性
2.  //addV 的参数为顶点标签字符串，使用方法为 addV(vertexLabel)
3.  //property 用在顶点上，将给定设置属性，通常提供属性键值对作为参数
4.  //使用方法为 property(key, value)
5.  v1 = g.addV('人物').property('名字', '苏轼'). \
6.      property('别名', '苏子由').property('别名', '颍滨遗老'). \
7.      property('性别', 1).property('出生日期', '1037-01-08'). \
8.      property('死亡日期', '1101-08-24').next()
9.  g.addV('人物').property('名字', '苏辙').property('性别', 1). \
10.     property('出生日期', '1039-03-18'). \
11.     property('死亡日期', '1112-10-25').next()
12. g.addV('人物').property('名字', '苏迈').property('性别', 1). \
13.     property('出生日期', '1019-01-01'). \
14.     property('死亡日期', '1119-04-26').next()
15.
16. //addV 的参数也可以是顶点标签的遍历对象
17. //使用方法为：addV(Traversal<?,String> vertexLabelTraversal)
18. vl = v1.label()
19. v2 = g.addV(vl).property('名字', '苏洵').property('别名', '苏明允') \
20.     property('性别', 1).property('出生日期', '1009-05-22'). \
21.     property('死亡日期', '1066-05-21').next()
```

```
22.
23.  //添加作品顶点及顶点的属性
24.  g.addV('作品').property("名字", "定风波·莫听穿林打叶声"). \
25.    property('类别', '词').property("内容", \
26.    "三月七日，沙湖道中遇雨。雨具先去，同行皆狼狈，余独不觉。已而遂晴，故作此词。莫听穿
林打叶声，何妨吟啸且徐行。竹杖芒鞋轻胜马，谁怕？一蓑烟雨任平生。料峭春风吹酒醒，微冷，山头斜照却
相迎。回首向来萧瑟处，归去，也无风雨也无晴。").next()
27.  g.addV('作品').property("名字", "饮湖上初晴后雨·其二"). \
28.    property('类别', '七言绝句').property("内容",
29.    "水光潋滟晴方好，山色空蒙雨亦奇。欲把西湖比西子，淡妆浓抹总相宜。").next()
30.
31.  //添加职位顶点及顶点的属性
32.  g.addV("职位").property("名字", "杭州知州").next()
33.  g.addV("职位").property("名字", "杭州通判").next()
34.  g.addV("职位").property("名字", "黄州团练副使").next()
35.
36.  //提交到 JanusGrpah
37.  graph.tx().commit()
```

"V()"表示图中所有的顶点。在 Gremlin 中，与顶点有关的查询通常是以"V()"为起点的。顶点 id 作为参数传入"V"，表示具体的某个顶点。hasLabel 和 has 是最常见的筛选顶点的过滤方法，前者通过标签来过滤，后者可根据标签、属性等组合条件来过滤。在获得需要的顶点后，使用 addE、from 和 to 为顶点对添加边。具体来说，addE 指定边标签作为其参数，from 指定了边的源顶点，to 则指定了边的目标顶点。与顶点添加属性一样，使用 property 方法为边添加属性。顶点查询方法和创建边的例子见清单 5-13。如果图中有些顶点、边或属性是错误的或者过时的，使用 drop 可将其从图中删除，如清单 5-14 所示。

清单 5-13　顶点查询方法和创建边

```
1.   //从图中检索指定的顶点
2.   //has: 通过标签和属性进行过滤，其用法为 has(label, propertyKey, value)
3.   p1 = g.V().has("人物", "名字", "苏轼").next()
4.   p2 = g.V().has("人物", "名字", "苏迈").next()
5.   p3 = g.V().has("人物", "名字", "苏辙").next()
6.   p4 = g.V().has("人物", "名字", "苏洵").next()
7.
8.   //hasLabel: 过滤出指定标签的内容，其用法为 hasLabel(label)
9.   //has: 仅使用属性过滤，其用法为 has(propertyKey, value)
10.  //在 has 中可以使用 is、eq、contains 等条件谓词
11.  t1 = g.V().hasLabel("职位").has("名字", "杭州知州").next()
12.  t2 = g.V().hasLabel("职位").has("名字", "杭州通判").next()
13.  t3 = g.V().hasLabel("职位").has("名字", is("黄州团练副使")).next()
14.
```

```
15. //通过顶点 id 获取顶点,注意这里的 id 可能会与你的环境不一样
16. //40964248 是作品《饮湖上初晴后雨·其二》的 id
17. //4210 是作品《定风波·莫听穿林打叶声》的 id
18. w1 = g.V(40964248).next()
19. w2 = g.V().hasId(4210).next()
20.
21. //为顶点对添加边,为边添加属性
22. //addE 的参数为边的标签,后接 from 和 to,分别用于指定边的源顶点和目标顶点
23. //使用方法为 addE(edgeLabel).from(fromVertex).to(toVertex)
24. e1 = g.addE("是……子女").from(p2).to(p1).next()
25. e2 = g.addE("是……子女").from(p1).to(p4).next()
26. e3 = g.addE("是……子女").from(p3).to(p4).next()
27.
28. //这里的"起始时间"和"结束时间"属性设置为 int 类型,直接传入数值即可
29. e4 = g.addE("任职").from(p1).to(t1).property("起始时间", 1089). \
30.     property("结束时间", 1091).next()
31. e5 = g.addE("任职").from(p1).to(t2).property("起始时间", 1071). \
32.     property("结束时间", 1074).next()
33. e6 = g.addE("任职").from(p1).to(t3).property("起始时间", 1080). \
34.     property("结束时间", 1084).next()
35.
36. //这里的"时间"属性为 Date,即 java.util.Date
37. //属性值需为可自动转换为 Date 的字符串或 Date 对象
38. e4 = g.addE("写").from(p1).to(w1).property("时间", "1082-01-01").next()
39. e4 = g.addE("写").from(p1).to(w2).property("时间", "1073-01-01").next()
40.
41. graph.tx().commit()
```

清单 5-14　删除顶点或边

```
1.  //drop:删除顶点或边
2.  //删除 id 为 4210 的顶点
3.  g.V(4210).drop()
4.  graph.tx().commit()
5.
6.  //删除满足条件的顶点
7.  g.V().hasLabel("人物").drop()
8.  graph.tx().commit()
9.
10. //删除满足条件的边
11. g.E().hasLabel("写").drop()
12. graph.tx().commit()
13.
14. //删除指定的属性
15. g.V(4210).properties('性别').drop()
```

```
16. graph.tx().commit()
```

在添加边或操作边的时候，Gremlin 输出的边的标识符形如"e[55a-38w-3yt-3a8][4208-任职->4256]"。在介绍边的存储结构时提到，Gremlin 中显示边标识符有 4 个组成部分——边 id、源顶点 id、边标签 id 和目标顶点 id。这 4 个部分编码成字符串，并使用连接符号"-"连接起来。使用 Python 语言实现的编解码方法如清单 5-15 所示，其应用示例如下。

- decoding('55a')= 6670：边 id。

- decoding('38w')= 4208：源顶点 id。

- decoding('3yt')= 5141：边标签"任职"的 id。

- decoding('3a8')= 4256：目标顶点 id。

事实上，Gremlin 所用的标识符编码方法相当于将十进制转化成三十六进制，从而显著缩短了显示内容的长度。

清单 5-15　Gremlin 显示的边标识符到其整数值 id 的编解码方法

```
1.  BASE_SYMBOLS = "0123456789abcdefghijklmnopqrstuvwxyz"
2.  Blen = len(BASE_SYMBOLS)
3.  # Gremlin 显示的边 id 转化为整型 id
4.  def decoding(s: str) -> int:
5.      global BASE_SYMBOLS
6.      num = 0
7.      for c in s:
8.          num *= Blen
9.          pos = BASE_SYMBOLS.index(c)
10.         num += pos
11.     return num
12.
13. # 整型 id 转化为 Gremlin 显示的 id
14. def encoding(num: int) -> str:
15.     sb = []
16.     while num != 0:
17.         sb.append(symbols[int(num%B)])
18.         num//=B
19.     return ''.join(sb[::-1])
```

3. 查询的起始与终末

Gremlin 提供了丰富的方法来满足需求的多样性。在 Gremlin 中，查询的起点通常为顶点或边，分别使用 V 和 E 来表示。V 和 E 不带参数时表示所有顶点或边，并支持传入顶点 id 或边 id，用于表示指定的部分顶点或边。在 Gremlin 中，V 和 E 被称为起始步骤（Start Step），前面使用过的 addV 和 addE 也是起始步骤。Gremlin 的语句是惰性执行的，通常需要一些语句来触发执行并返回结果，包括 next、hasNext、tryNext、toList、toSet、toBulkSet、iterate、fill 和 explain 等。在 Gremlin 中，这些方法被称为终末步骤（Terminal Step）。清单 5-16 给出了起始步骤和终末步骤的一些用法。在这些终末步骤中，explain 最为特殊，它会详细列出编译 Gremlin 程序的策略。在遇到问题——特别是性能优化方面的问题时，explain 输出的内容是非常有帮助的。

清单 5-16　Gremlin 查询和遍历的起始与终末步骤

```
1.  //Gremlin 的起始步骤
2.  //V: 表示顶点，通常来说，V 是查询和遍历的起点
3.  //无参数的 V 遍历所有的顶点
4.  g.V()
5.  //参数为顶点 id、顶点 id 列表，表示获取相应的顶点
6.  v=g.V(4248)
7.  g.V([8344,8304])
8.  g.V(v)
9.  //E: 表示边，在有些情况下，也会以 E 作为查询和遍历的起点
10. //无参数的 E 表示遍历所有的边
11. g.E()
12. //参数为边 id、边 id 列表、边对象等，表示获取相应的边
13. e = g.E('5xq-38w-36d-39c')
14. g.E(e)
15.
16. //Gremlin 的终末步骤
17. //next(n): 表示从遍历数据流中获取 n 个结果，参数为空时 n=1;
18. //如果总结果数少于 n，则返回所有结果
19. g.V().next()
20. g.E().next(5)
21.
22. //toList: 表示将所有结果保存到数组中
23. g.V().hasLabel("人物").toList()
24.
25. //fill(collection): 将遍历数据流的对象保存到 collection 中
26. arr = new ArrayList()
27. g.V().hasLabel("作品").valueMap().fill(arr)
28. g.V().valueMap()
29.
30. //explain: 显示遍历当前语句编译时会用到的所有策略
31. g.E().hasLabel("写").properties("时间").value().explain()
```

4. 元素信息提取

在 JanusGraph 中，顶点、边和属性都是图的基本元素。提取元素的内容包括获取元素的标

签、id 等。而对于顶点和边来说，具有现实意义的内容都以属性的形式存在。Gremlin 提供了多种方法来获取元素内容，完整的例子和使用方法见清单 5-17。

清单 5-17　获取元素内容

```
1.  //label: 返回元素的标签
2.  g.V().label()
3.  //id: 返回元素的 id, 比如顶点 id、边 id、属性 id 等
4.  g.E().id()
5.
6.  //properties(key1, key2, ...): 从节点或边中获取 key1、key2 等所指定的属性键值对
7.  g.V().properties("名字", "性别")
8.  //当 properties 的参数为空时，会提取所有属性键值对
9.  g.V().properties()
10. //propertyMap(): 以字典（映射）返回属性键值对
11. g.V().hasLabel("人物").propertyMap()
12.
13. //key: 从键值对中获取键
14. g.V().properties("名字", "性别").key()
15. //value: 从键值对中获取值
16. g.V().properties("名字", "性别").value()
17.
18. //values(key1, key2, ...) 从节点或边中获取 key1、key2 等所指定的属性名所对应的值
19. g.V().values("名字", "性别")
20. //当 values 的参数为空时，会提取所有属性的值
21. g.V().values()
22. //valueMap(key1, key2, ...): 从节点或边中获取 key1、key2 等所指定的属性键值对，
23. //并保存为字典（映射）
24. g.V().valueMap("名字", "性别")
25. //当 valueMap 的参数为空时，会提取所有的属性键值对，并保存为字典（映射）
26. g.V().valueMap()
27.
28. //elementMap: 返回元素的结构信息的字典，包括元素 id、标签和（指定的）属性键值对等
29. g.V().hasLabel("人物").elementMap()
30. g.V().hasLabel("人物").elementMap("名字", "性别")
```

5. 查询条件过滤

图数据库中可能存在亿万个顶点、边和属性，查询特定的顶点或边则如同大海捞针一样。Gremlin 提供了丰富的函数来帮助应用程序从"海里"捞出特定的"针"，这些函数可以根据标签、属性、属性值，以及它们的逻辑组合（与、或、非等）进行匹配或过滤，支持字符串的精确匹配、模糊匹配、前缀匹配等条件进行过滤，支持各种数值、时间和其他类型的比较条件过滤等。清单 5-18 给出了各种不同查询复合条件的顶点或边的丰富例子。

清单 5-18   查询复合条件的顶点或边

```
1.  //hasLabel: 通过顶点标签或边标签过滤
2.  //返回标签为"作品"的顶点
3.  g.V().hasLabel('作品')
4.  //返回标签为"任职"的边
5.  g.E().hasLabel('任职')
6.
7.  //has: 过滤出拥有指定属性的点或边,  hasNot: 过滤出不具备指定属性名的点或边
8.  //返回拥有"性别"属性名的顶点
9.  g.V().has("性别")
10. //返回没有"性别"属性的顶点
11. g.V().hasNot("性别")
12.
13. //has: 通过顶点/边的标签或属性来过滤
14. //返回属性包含<"名字", "苏轼">的顶点
15. g.V().has("名字", "苏轼")
16. //返回属性包含<"起始时间", 1089>的边
17. g.E().has("起始时间", 1089)
18. //返回顶点标签为"人物", 属性包含<"名字", "苏轼">的顶点
19. g.V().has("人物", "名字", "苏轼")
20. //返回边标签为"任职", 属性包含<"起始时间", 1089>的顶点
21. g.E().has("任职", "起始时间", 1089)
22.
23. // 在 has 过滤中, 支持数值比较, 返回起始时间大于或小于1080年的边
24. g.E().has("起始时间", gt(1080))
25. g.E().has("起始时间", lt(1080))
26. //支持列表过滤, 返回名字在["苏轼", "苏洵"]中的顶点
27. g.V().has("名字", within("苏轼", "苏洵"))
28. //支持查询包含某些文字的内容来过滤, 返回名字属性值中包含"定风波"的顶点
29. g.V().has("名字", textContains("定风波"))
30. //支持通过字符串前缀来过滤, 返回名字属性值是以"定风波"开头的顶点
31. g.V().has("名字", textContainsPrefix("定风波"))
32. //支持模糊匹配, 这里"顶风波" 也能够匹配"定风波", 并找出"定风波·莫听穿林打叶声"
33. g.V().has("名字", textContainsFuzzy("顶风波"))
34.
35. //not: 对匹配逻辑取反, 即返回不满足指定条件的顶点或边
36. //返回不是"人物"标签的顶点
37. g.V().not(hasLabel('人物'))
38. //返回不是"任职"标签的边
39. g.E().not(hasLabel('任职'))
40. //返回起始时间不大于1080年的边
41. g.E().has("起始时间", not(gt(1080)))
42. //返回名字里面没有"定风波"的节点
43. g.V().not(has("名字", textContains("定风波")))
```

```
44.
45.  //where: 过滤出复合条件的顶点或边
46.  //返回出边数量大于1的顶点
47.  g.V().where(outE().count().is(gt(2)))
48.  //返回标签为"写"的出边的"时间"属性值大于"1080-01-01"的顶点
49.  g.V().where(outE('写').has('时间', gt('1080-01-01')))
50.  //与上一个不同的是，下面的式子返回的是边
51.  g.V().outE('写').has('时间', gt('1080-01-01'))
52.  //在where中支持逻辑运算符"&"（与）和"|"（或），逻辑方法"and"和"or"
53.  g.V().where(has("名字") & has("性别", 1))
54.  g.V().where(or(has("名字"), has("性别", 1)))
```

6. 图的游走

游走，即从顶点出发，沿着边移动到另一个顶点。从顶点出发，沿着边进行游走就形成了图的遍历，这是图数据库比关系数据库能够发挥巨大优势的方面。Gremlin 提供了多种遍历方法，如图 5-12 所示。图 5-12 的左边表示从顶点 V 出发的游走，outE 表示顶点的出边，inE 表示顶点的入边，bothE 则表示顶点的所有关联边，包括出边和入边；out 表示顶点的出边的另一端顶点，等价于 outE().otherV()，in 表示顶点的入边的另一端顶点，等价于 inE().otherV()，both 表示顶点的所有邻接顶点；这里的 otherV 表示从顶点出发的边的另一端顶点。图 5-12 的右边表示了从边 E 出发的游走，其中，outV 表示边的源顶点，inV 表示边的目标顶点。这些方法的使用如清单 5-19 所示。可以说，图的游走是图能够发挥其强大能力的关键之处。

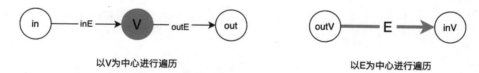

图 5-12　以顶点 V 为中心和以边 E 为中心的遍历方法关系图

清单 5-19　图的游走

```
1.   //通过"out""in"和"both"来查找邻接顶点
2.   //参数用于指定边的标签类型，为空则返回所有的邻接顶点
3.   //返回顶点4208的出边的标签为"任职"或"写"的邻接顶点
4.   g.V(4208).out("任职", "写")
5.   //返回名字为"苏洵"的"人物"顶点的所有入边的邻接顶点
6.   g.V().has("人物", "名字", "苏洵").in()
7.   //返回名字为"苏洵"的"人物"顶点的所有邻接顶点，包括入边和出边的邻接顶点
8.   g.V().has("人物", "名字", "苏洵").both()
9.
10.  //通过"outE""inE"和"bothE"来遍历顶点的出边、入边和所有边
11.  //返回边标签为"写"的出边
```

```
12.  g.V(4208).outE("写")
13.  //返回所有入边
14.  g.V(4248).inE()
15.  //返回所有边
16.  g.V(4248).bothE()
17.
18.  //通过"inV""outV"和"bothV"来遍历边的源顶点、目标顶点和两端顶点
19.  g.E("6by-38w-36d-oe07s").inV()
20.  g.E("6by-38w-36d-oe07s").outV()
21.  g.E("6by-38w-36d-oe07s").bothV()
22.  //通过 otherV 获取顶点所关联边的另一个顶点。
23.  //返回顶点 4248 的所有入边的另一个顶点，如果有多条边，则会对每条边都返回另一个顶点
24.  g.V(4248).inE().otherV()
```

7. 分组与聚合

在关系数据库中，分组和聚合是十分常见的操作。Gremlin 同样提供分组和聚合等操作。由于 Gremlin 是函数式编程语言，有些分组和聚合操作需要配合其他方法一起完成。as 用于将当前位置记录到参数所提供的标签中，并在未来能够用 select 来访问。by 则能够改变多个不同步骤的行为，其中一个常见的应用是提供属性名作为 by 的参数，并在后续的输出结果中由输出 id 改成相应属性的值。aggregate 将当前点位的所有对象聚合到一个集合中，并将结果保存到参数指定的键中，可供未来使用。group 和 groupCount 用于对当前点位的数据进行分组和分组计数。count、max、min、sum 和 mean 等与关系数据库中操作语言 SQL 的使用方法类似。fold 用于将当前点位的数据流聚合成一个列表，而 unfold 是 fold 的反向操作，即将迭代器、列表或者字典展开成线性的对象。清单 5-20 为分组与聚合的例子。

清单 5-20　分组与聚合

```
1.  //as('name')：提供字符串 name 作为参数，后续步骤中可通过 name 标签来访问
2.  //select("k1", "k2", ......)：根据标签选择相应的内容
3.  //返回"苏迈"、其父苏轼、其祖苏洵的所在顶点
4.   g.V().has('名字', '苏迈').as('a').out('是……子女').as('b').\
5.       out('是……子女').as('c').select('a', 'b', 'c')
6.
7.  //aggregate("key")：把所有对象"聚合"（aggregate）到一个集合中
8.  //默认情况下是全局的（Scope.global），这种情况下是及早求值（Eager evaluation）的
9.  g.V().hasLabel('人物').aggregate("person").select("person")
10. g.V().hasLabel('人物').aggregate(Scope.global, "person").select("person")
11. //使用参数 Scope.local 来表示局部聚合，这种情况下是惰性求值的
12. g.V().hasLabel('人物').aggregate(Scope.local, "person").select('person')
13.
14. //group：分组
```

```
15. //根据标签分组
16. g.V().group().by(label)
17. //by('key')：接在select后面可选择显示key指定的属性值
18. g.V().group().by(label).by("名字")
19. //groupCount：分组统计
20. //根据标签分组计数
21. g.V().groupCount().by(label)
22. //根据属性分组计数
23. g.V().hasLabel("作品").groupCount().by("类别")
24.
25. //count：计数；min：寻找最小值；max：寻找最大值；sum：求和；mean：求均值
26. g.V().count()
27. g.E().hasLabel('任职').values('起始时间').max()
28. g.E().hasLabel('任职').values('起始时间').min()
29. //根据标签分组并进行计数，等于groupCount
30. g.V().group().by(label).by(count())
31.
32. //fold：将所有元素折叠到一个列表中
33. g.V().hasLabel("人物").fold()
34. // unfold：展开列表并继续单独处理每个元素
35. g.V().groupCount().by(label).unfold()
```

8. 分支与循环

分支与循环是编程语言中常用的操作，特别是在过程式编程语言中。作为函数式编程语言的 Gremlin，也提供了分支与循环相关的方法，包括类似于 if-then-else 的 choose、类似于 switch-case……的 branch、类似于 while 的 repeat 等。此外，union 可以合并数据流中多个分支的处理结果，sack 则是一个局部数据结构，用于存储和提取数据流中指定点位的数据。清单 5-21 给出了分支与循环的常见用法，更多高级用法则有待在解决实际问题中进行探索。

清单 5-21　分支与循环

```
1.  //choose(condition, true-branch, false-branch)：等价于if-then-else，即
2.  //condition条件满足时，执行true-branch，否则执行false-branch
3.  //如果标签是人物，则返回"人物"标签，否则，返回"其他"标签
4.  g.V().choose(hasLabel("人物"), constant("人物"), constant("其他"))
5.  //branch().option().option()：等价于switch-case-case，即
6.  //对人物性别进行分支处理，如果性别是1，返回"男"，如果是0，返回"女"
7.  g.V().hasLabel("人物").branch(values("性别")). \
8.        option(1, constant("男")).option(0, constant("女"))
9.
10. //union：合并多个分支的结果，即当执行到union时，系统会复制其内部的每个步骤的输出
11. g.V().hasLabel("人物").union(values("名字"), values("出生日期"))
12. g.V().choose(hasLabel("人物"), union(values("名字"), constant("人物")) \
```

```
13.            .fold(), union(id(), constant("其他")).fold())
14.
15. //repeat: 循环或重复执行的语句，通常和 times 一起来表示循环的次数
16. //path: 用来记录遍历器所经过的路径
17. g.V().has("人物", "名字", "苏轼").repeat(out()).times(2).path().by("名字")
18. //或者和 until 一起来表示循环，直到满足中止条件
19. g.V().has("人物", "名字", "苏轼").repeat(out("是……子女")). \
20.        until(out("是……子女").count().is(0)).path().by("名字")
21.
22. //sack: 在 gremlin 遍历器中可以包含一个称为"sack"（口袋）的局部数据结构
23. //可以将数据保存到 sack 中，在 sack 中进行各种复杂运算
24. //并在最后从 sack 中提取计算结果
25. //例如，计算苏轼每次任职了几年
26. g.E().hasLabel("任职").union(values("名字"), sack(assign). \
27.        by("结束时间").sack(minus).by("起始时间").sack())
28. //和 union 一起使用，可以同时获取职位和任职的年数
29. g.E().hasLabel("任职").union(inV().values("名字"), sack(assign). \
30.        by("结束时间").sack(minus).by("起始时间").sack())
31. //withSack: 可以用于初始化一个 sack, 比如对每个顶点初始化一个随机数
32. g.withSack{new Random().nextFloat()}.V().sack()
```

9. match、map、filter 和 sideEffect

Gremlin 提供的 match 能够让应用程序用更具声明性的模式匹配方法来查询图，并且内置的策略能够优化得到更好的执行计划，从而获得更好的性能。map 是一个通用的变换器，filter 是一个通用的迭代器。sideEffect 能够改变数据流中当前点位的数据并允许将其保存下来，但不改变数据流本身。Map、filter 和 siteEffect 是 Gremlin 提供的通用的步骤，前面介绍的算子是这 3 个通用步骤的专业化版本。清单 5-22 演示了它们的简单用法，但这几个方法所能做的事情远远超过了示例的范围，各种高级方法有待在解决实际问题中进行探索。

清单 5-22　match、map、filter 和 sideEffect 的简单用法

```
1.  //match: 通过指定一系列的模式，match 能够通过模式匹配方法查询到相应的结果
2.  //Gremlin 能够很好地优化 match 的执行效率，在大型图上能够获得更好的性能
3.  gremlin> g.V().match(
4.        __.as('a').has("名字", "苏轼"),
5.        __.as('a').out('任职').as('b')
6.    ).select('a', 'b').by("名字")
7.
8.  //map: 通用的 map
9.  g.V().map{it.get().values('名字')}
10. g.V().map(values("名字"))
11.
```

```
12.    //filter: 通用的过滤器
13.    g.V().filter{it.get().label()=='人物'}
14.    g.V().filter(hasLabel("人物"))
15.    g.V().filter(label().is('人物'))
16.    g.V().has("名字").filter({it.get().value("名字").contains("定风波")})
17.
18.    //sideEffect: 在执行下一个步骤的过程中，执行一些能够改变数据的操作
19.    //但这些改变并不传到下一步骤中
20.    g.V().hasLabel('人物').sideEffect(System.out.&println).outE()
21.    //store 到 o 和 i 中都没有改变下一步骤的输入
22.    //但到 values 的时候，下一步骤的输入就发生了变化
23.    g.V().sideEffect(
24.       outE().count().aggregate(Scope.local, "o")).sideEffect(
25.       inE().count().aggregate(Scope.local, "i")).values('名字').aggregate(
26.       Scope.local,"name").cap("name", "o","i")
```

10. 路径

路径是图中从一个顶点游走到另一个顶点所经过的所有顶点的有序集合，在 Gremlin 中表现为遍历器变化的一系列步骤的历史记录，由 path 方法实现。simplePath 是用于获取简单路径的方法，也就是无环的路径，即从起点到终点所经历过的顶点都不重复的路径。如果要获取有环路径，即路径中存在重复的顶点，则使用 cyclicPath。清单 5-23 是简单路径和有环路径方法的示例。

清单 5-23   简单路径和有环路径

```
1.    //path: 获取路径
2.    g.V().has('名字', '苏迈').both().both().both().path().by("名字")
3.
4.    //simplePath: 找出所有符合条件的简单路径，即无环的，也意味着路径上的顶点都不重复
5.    g.V().has('名字', '苏迈').both().both().both().simplePath().\
6.        path().by("名字")
7.
8.    //cyclicPath: 找出所有有环的路径，即路径上有重复的顶点
9.    g.V().has('名字', '苏迈').both().both().both().cyclicPath().\
10.        path().by("名字")
```

5.4   其他图数据库介绍

从 NoSQL 浪潮伊始，图数据库就开始兴起。而近年来随着知识图谱的兴起和兴盛，图数据库也迎来了新的机遇。在开源图数据库中，Neo4j 是"老前辈"，文档丰富，知名度高，不过

其开源的是单机版，无法实现高可用性和高可靠性，通常用于实验场景，并不建议在生产环境中使用。JanusGraph、Dgraph、NebulaGraph 和 HugeGraph 都是近年来出现的分布式图数据库，支持高可用性和高可靠性，各具特色，各有合适的场景，用户可根据业务特点进行选择。其中，HugeGraph 和 JanusGraph 可以说是"兄弟"，两者具有很高的相似性，可参考 5.3 节来了解 HugeGraph。RedisGraph 是一个基于 Redis 的内存图数据库，与前面几个都使用邻接列表来存储数据有所不同，RedisGraph 使用邻接矩阵作为其存储模型，是一个很有特色的图数据库。

在图数据库之外，也有很多支持图存储的多模型数据库，其中应用较为广泛的有 ArangoDB、Virtuoso、OrientDB 和 AgensGraph 等。这些多模型数据库在图数据的存储和处理方面没有专门的图数据库那么专业，但因其同时支持多种类型的数据存储（见表 5-5），在某些场景下也是不错的选择。

表 5-5　多模型数据库支持的数据存储类型一览

	ArangoDB	Virtuoso	OrientDb	AgensGraph
关系数据库	×	√	×	√
文档数据库	√	√	√	×
图数据库	√	√	√	√
XML 数据库	×	√	×	×
键值数据库	√	×	√	×
RDF 存储	×	√	×	×
全文检索	√	√	×	×

5.4.1　Neo4j

Neo4j 是由 Java 语言编写的属性图模型的图数据库，也是广为人知的 OLTP 图数据库，其第一版发布于 2007 年。Neo4j 有两个差别巨大的版本——开源的社区版和闭源的商业版。这两个版本往往被混为一谈，社区版是单机的，不支持高可用性和高可靠性，适用于实验或测试环节，不建议在生产环境中使用；商业版则更为强大，支持并行、多机集群和高可用等特性，较为成熟，并具备很强竞争力。下面介绍的 Neo4j 指的是开源的社区版 Neo4j。

Neo4j 是一个仅支持单机部署的图数据库，不支持主从或复制等高可靠性和高可用性，提供了完整 ACID 属性的事务支持，这和以 BerkeleyDB 为存储后端的 JanusGraph 是一样的。与 JanusGraph 使用外部存储后端不同的是，Neo4j 是原生的图数据库，其自身包含了一种被称为免索引邻接（Index Free Adjacency）数据结构的物理存储（物理文件）。Neo4j 单个程序实例只能有一个图，当需要多个图时，必须部署多个实例。相反，JanusGraph 则允许创建任意多个图，这使得 Neo4j 在实际应用中受限颇多，带来巨大的额外成本。比如有多个面向不同业务的图时，需要维护多个数据库运行实例，部署和运维都更复杂，跨多个图使用更是极其麻烦。

Neo4j 支持创建复合索引和全文检索，相比于 JanusGraph 使用外部 ElasticSearch 或 Solr 来说，其特点是使用简单，但功能较弱。在英文等西方语言环境中使用 Neo4j 自带的全文检索功能基本够用，但对于中文来说，效果比较勉强，与 ElasticSearch 差距甚远。Neo4j 默认使用 Cypher 查询语言进行操作，通过插件也支持使用 Gremlin、GraphQL 进行操作。此外，Neo4j 也提供了 Java、JavaScript、Python、.NET 和 Go 等多种语言的驱动程序，以 Bolt 协议或 HTTP 协议来访问 Neo4j。针对 Java 语言的 Spring 框架，提供了专门的 Spring Data Neo4j 驱动程序，使用起来非常便捷。

在属性图支持方面，Neo4j 的顶点可以拥有多个顶点标签，但边只能有一个边标签。为了保证图遍历的效率，Neo4j 采用的免索引邻接数据结构使用固定长度的记录（Fixed-Size Record）来存储顶点、边和属性等元素。这样做的好处是明显的，只要知道了元素的 id，即可计算元素在物理存储文件中的偏移位置，直接进行访问，从而显著提升查询和遍历的效率。事实上，Neo4j 的查询性能在某种程度上不取决于图的大小，而取决于查询过程中所涉及的子图大小。Neo4j 所使用的固定长度记录的免索引邻接列表的数据结构如下。

- 顶点记录结构：顶点记录结构如图 5-13 所示，记录了顶点的第一条边 id、第一个属性 id、顶点的标签和标记位。顶点记录的大小为 15 字节，其中用来表示边 id 的长度为 4 字节 +3 比特，一共 35 比特；用来表示属性 id 的长度为 4 字节 +4 比特，一共 36 比特。
- 边记录结构：边记录结构如图 5-14 所示，记录了边的源顶点 id、目标顶点 id、边的标签、源顶点的前一条边和后一条边的 id、目标顶点的前一条边和后一条边的 id、边的第一个属性 id，以及标记位。其中用来表示顶点 id 的长度为 4 字节 +3 比特，一共 35 比特；边和属性的大小和顶点记录中的是一样的，分别为 35 比特和 36 比特。
- 属性记录结构：属性记录结构比较简单，如图 5-15 所示，其中记录了属性的前一个属性 id 和后一个属性 id（相对于同一个顶点或同一条边）。另外使用了 32 字节的长度来记录属性的内容，如果内容本身超过 32 字节，则会使用额外的动态空间来存储。

从上述的数据结构来看，Neo4j 理论上支持高达 2^{35}（约 340 亿）个顶点和边，2^{36}（约 680 亿）个属性。

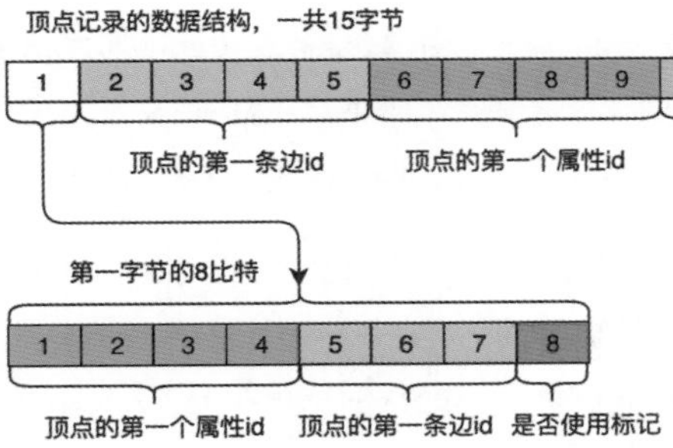

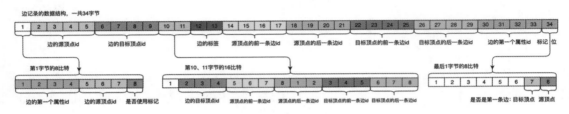

图 5-13　Neo4j 的顶点记录结构

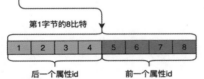

图 5-14　Neo4j 的边记录结构

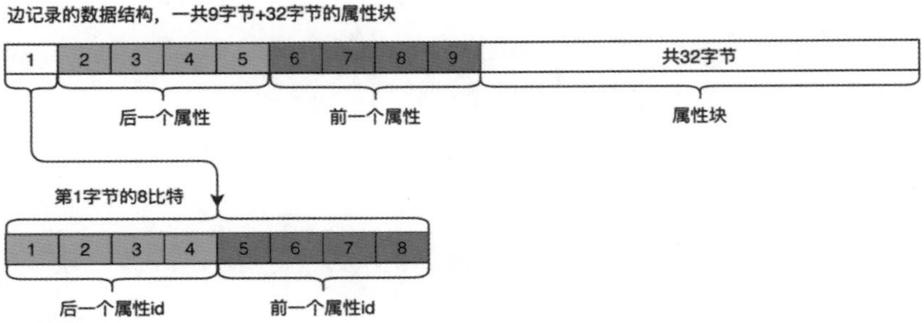

图 5-15　Neo4j 的属性记录结构

用来操作 Neo4j 的 Cypher 查询语言是一种声明式查询语言，其使用方式与 SQL 较为类似，对于熟悉 SQL 的数据库管理员和开发人员来说，不难上手。Cypher 允许用户用直观的描述图数据的方式来插入、更新、删除、查询和遍历图。OpenCypher 项目致力于将 Cypher 的语言规范标准化，并提供了一个独立的项目实现了 Cypher 解析器，这有点类似于 TinkerPop。RedisGraph 使用 OpenCypher 作为其查询语言。

总的来说，Neo4j 是一个单机版的图数据库，提供了完整的 ACID 事务支持，具备较高的性能，带有单用户使用的可视化工具，具备复合索引和全文索引，具有丰富的文档，易于上手；劣势在于只支持单机部署，不支持负载均衡、主从、多机复制集群等部署方式，导致无法实现高可靠性、高可用性等要求。此外，一个 Neo4j 实例只支持一个图，常见的业务场景通常会有几个甚至几十个图，维护更复杂，额外成本巨大。一些基于属性图模式的完整性约束、权限和安全相关的特性等，只在闭源的商业版中提供。这些劣势使得 Neo4j 更接近一个"玩具性质"的、用于启蒙和实验性质的图数据库，适合快速上手和试用，以了解图数据库特点，但并不适用于生产环境。

5.4.2 Dgraph

Dgraph 是一个由 Go 语言开发的开源分布式图数据库，以 GraphQL 为查询语言，第一版发布于 2016 年，支持水平扩展。Dgraph 通过快照隔离技术支持分布式事务，相比于 JanusGraph 使用分布式锁来实现，Dgraph 的性能更好。不过，与 JanusGraph 和 Neo4j 等有所不同的是，Dgraph 并不是真正意义上的属性图数据库，更偏向于 RDF 存储数据库。在 Dgraph 中，所有数据在存储时都被转化为 SPO 谓词三元组，并且以"<P, S>"作为存储键，所有相同键的"O"组成一个倒排表（Posting list），保存到键值存储引擎 BadgerDB 中。在分布式存储中，Dgraph 根据谓词 P 分片，同时为了便于实现和充分利用各个节点的计算能力，Dgraph 会复制所有谓词 P 到所有节点上，从而使查询和遍历操作能够在所有节点上进行。此外，在使用 Dgraph 时，还需要考虑它的以下特点。

- Dgraph 不支持多重边。
- 一个 Dgraph 集群只支持一个图。
- 无法与 Spark、Hadoop、Flink 等分布式计算引擎集成。
- 集群中数据在不同节点上的自动再平衡。
- 在 CAP 理论中，Dgraph 选择了 CP，与选择 HBase 作为存储后端的 JanusGraph 一样，具备强一致性。

Dgraph 的底层存储 BadgerDB 是由 Go 语言编写的嵌入式键值数据库，基于 LSM 树，类似 RocksDB。在 Dgraph 中，输入数据为 JSON 或 RDF N-Quad 格式（即"<Subject, Predicate, Object, Label>"）的数据，Dgraph 会赋予其一个 64 比特的无符号整数的唯一标识符 uid，并将其转化为一系列的 SPO 三元组"<Subject, Predicate, Object>"，每个三元组即 Dgraph 的一条记录（Record）。清单 5-24 中的第一步~第三步演示了这个过程。接着，Dgraph 通过谓词 P 对数据进行分片，分发到不同的机器上，并转化为 KV 键值对的形式，其中，键 K="<Predicate, Subject>"，键相同的内容被组成倒排表（事实上，倒排表保存的是 uid，实际数据通过 uid 来获取），作为值 V 保存到 BadgerDb 中，如清单 5-24 中的第四步所示。

为了获得更好的查询性能和存储性能，Dgraph 精心设计了索引结构、倒排表的数据结构，以及 uid 的存储方式等。Dgraph 的边（即 SPO 中的谓词）是有向的，并且只处理 S->P->O 方向；如果需要处理反向，那么需要提前定义好，这时 Dgraph 会自动生成反向的边 O->P->S，否则，Dgraph 无法处理反向的游走与遍历。在 Dgraph 中无法通过标签来实现查询功能，也就是说，只能存储和处理无模式的图。

清单 5-24　Dgraph 从输入 JSON 到转化为 KV 存储的过程示例

```
1.   # 第一步：输入
2.   {
3.       "名字": "苏轼",
4.       "标签": "人物",
5.       "性别": "男",
6.       "出生日期": "1037-01-08",
7.       "死亡日期": "1101-08-24",
8.       "别名": ["苏东坡", "东坡居士"],
9.       "写": [{
10.          "名字": "定风波·莫听穿林打叶声",
11.          "标签": "作品",
12.          "类别": "词",
13.      }, {
14.          "名字": "饮湖上初晴后雨·其二",
15.          "标签": "作品",
16.          "类别": "七言绝句",
17.      }],
18.  }
19.  # 第二步：赋予唯一标识符
20.  {
21.      "uid": "0xaabbc",
22.      "名字": "苏轼",
23.      "标签": "人物",
24.      "性别": "男",
25.      "出生日期": "1037-01-08",
26.      "死亡日期": "1101-08-24",
27.      "别名": ["苏东坡", "东坡居士"],
28.      "写": [{
29.          "uid": "0x99997",
30.          "名字": "定风波·莫听穿林打叶声",
31.          "标签": "作品",
32.          "类别": "词",
33.      }, {
34.          "uid": "0x99998",
35.          "名字": "饮湖上初晴后雨·其二",
```

```
36.              "标签": "作品",
37.              "类别": "七言绝句",
38.          }],
39.  }
40.  # 第三步：转化为一系列三元组
41.  <"0xaabbc", "名字", "苏轼">
42.  <"0xaabbc", "标签", "人物">
43.  <"0xaabbc", "性别", "男">
44.  <"0xaabbc", "出生日期", "1037-01-08">
45.  <"0xaabbc", "死亡日期", "1101-08-24">
46.  <"0xaabbc", "别名", "苏东坡">
47.  <"0xaabbc", "别名", "东坡居士">
48.  <"0xaabbc", "写", "0xbbbbc">
49.  <"0xaabbc", "写", "0xbbbbd">
50.  <"0x99997", "名字", "定风波·莫听穿林打叶声">
51.  <"0x99997", "标签", "作品">
52.  <"0x99997", "类别", "词">
53.  <"0x99998", "名字", "饮湖上初晴后雨·其二">
54.  <"0x99998", "标签", "作品">
55.  <"0x99998", "类别", "七言绝句">
56.
57.  # 第四步：组成键值对：K~V
58.  <"名字", "0xaabbc"> ~ ["苏轼"]
59.  <"别名", "0xaabbc"> ~ ["苏东坡", "东坡居士"]
60.  <"写", "0xaabbc"> ~ ["0xbbbbc", "0xbbbbd"]
61.  ……
```

Dgraph 的集群如图 5-16 所示，由 Alpha 和 Zero 两种类型的节点组成，并且一个集群中至少需要一个 Alpha 和一个 Zero。Zero 是管理节点，Alpha 是数据节点。Zero 可以由多个节点组成，形成高可靠性的管理组；Alpha 也可以分组，每组内部的 Alpha 节点构成复制集，其数据是复制成多份的，从而实现了高可靠性和高可用性。Dgraph 的 Alpha 组和 Zero 组在内部使用 Raft 协议来实现数据的复制，并确保数据的一致性。每组 Alpha 保存一组谓词组成的三元组数据，并提供查询服务。Zero 节点除了负责集群内的管理信息，另一个关键的功能是定期监视不同 Alpha 组之间的数据平衡性（主要指标为磁盘使用率），并在发现数据不平衡时触发再平衡（Rebalance）处理，即进行自动的数据移动。自动再平衡是 Dgraph 非常鲜明的特点，但需要注意的是，在再平衡过程中，相关的谓词变成只读，所有涉及这些谓词的写操作将会被拒绝。在分布式事务方面，Dgraph 使用了基于 Omid（一种无锁的分布式事务方案），支持快照隔离（Snapshot Isolation）。

在数据分片（Sharding）上，Dgraph 选择了根据谓词来分片的方式，将一个或多个谓词构成一组，并将一组谓词所对应的数据交给一个 Alpha 组来处理。对于特殊的谓词——那些包含数据量特别大的谓词，Dgraph 也支持对其进行分割，并交由多个 Alpha 组来处理。

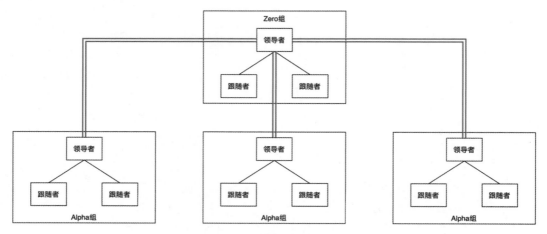

图 5-16　Dgraph 分布式架构图

Dgraph 基于快照隔离（不是可串行化的隔离），实现了集群范围的无锁分布式事务。快照隔离（Snapshot Isolation，SI）是数据库事务处理中的一个隔离级别，保证对事务的读操作将得到一个一致的数据库的版本快照（实际上是读取在该事务之前的最后一次提交值）。由于事务冲突是由写入而不是读取来决定的，仅当基于该快照的任何并发修改与该事务的修改没有冲突（即写-写冲突）时，事务写操作才能成功提交，否则事务中止（Abort）。快照隔离一般用多版本并发控制（Multi-Version Concurrency Control，MVCC）实现，相比于使用锁实现的两阶段提交（Two-phase commit）方法，多版本并发控制的性能更好，更适用于高并发场景。

Dgraph 的查询语言是 GraphQL。GraphQL 本身是一个面向应用程序接口（API）的语言，为 API 提供完整的、可理解的描述，并以 JSON 返回查询结果。事实上，GraphQL 并非一个图灵完备的编程语言，这意味着只有符合 GraphQL 规范的请求才能得到响应，除此之外，很多时候无法使用它。在 Dgraph 之前，GraphQL 已经存在并用在很多项目中，其设计目标是统一不同应用的接口，因此受到了一些前端工程师的喜欢。但事实上，GraphQL 算不上成功，Dgraph 也意识到了这个缺陷，已经着手在 GraphQL 的基础上开发属于 Dgraph 的查询语言——DQL（Dgraph Query Language）。

总的来说，Dgraph 还不是严格意义上的属性图模型的图数据库，比较适合用于处理 RDF、本体库、语义网络、社交网络等场景的数据。Dgraph 具有很高的性能，比 JanusGraph 能够支持更高的并发，具有更短的响应时间；支持数据的自动再平衡，对于那些不太熟悉分布式系统的用户来说更为友好；其查询语言是 GraphQL 语言，受部分前端工程师的喜欢。但 Dgraph 底层存储模型也存在一些局限，一个集群只支持一个图，与 Spark 等分布式计算引擎的协同较差，对图数据的查询和遍历也有颇多局限。

5.4.3　NebulaGraph

NebulaGraph 是一个开源的图模型的分布式图数据库，由 C++语言开发，其第一版发布于 2019 年。NebulaGraph 使用 nGQL 查询语言，具有很高的查询性能和较短的查询响应时间。在 NebulaGraph 中，属性图模式是强制的，即所有的图必须依赖于预先定义好的属性图模式，这与 Dgraph 形成了鲜明的对比。

NebulaGraph 与 Dgraph 有不少相似之处。NebulaGraph 的底层存储是键值数据库 RocksDB，而 Dgraph 的 BadgerDB 就是参考 RocksDb 实现的。NebulaGraph 同样使用 RAFT 协议来实现数据集复制，以保证数据的一致性。不过，NebulaGraph 当前并不支持分布式事务，也许未来的版本会支持。

NebulaGraph 的另一些特性则与 JanusGraph 相似，采用存储与计算分离的架构，同时支持 OLTP 和 OLAP，支持与 Spark、Flink 等大数据计算引擎结合，使用 ElasticSearch 作为全文索引工具，支持在一个集群中创建多个图等。在实际场景中，利用这些特性能够带来极大的便利。此外，NebulaGraph 还提供了用户和权限管理、支持 LDAP 认证等功能，这是其他几个图数据库所欠缺的。

NebulaGraph 的图是强制属性图模式约束的，不支持无模式的图。图的顶点有一个或多个顶点标签，边有且只有一个标签；不支持无向图，所有边都是有向的；支持在一个集群中创建多图，每个图被称为空间（Space），并且不同图可以有独立的配置，而不影响其他图；支持基于 LDAP 和本地两种用户身份认证方法；支持简化版的基于角色的权限控制，无法自定义角色，受限较多。

在 NebulaGraph 的存储结构中，底层使用键值数据库 RocksDB 来存储，键分为顶点和边两种类型。顶点属性会作为顶点键的值保存到顶点的键值对中，边属性会作为边键的值保存到边的键值对中。图 5-17 是 NebulaGraph 顶点键的数据结构，可以看出顶点键由 4 个部分组成。

- 对于顶点键来说，键类型固定为 1，表示图数据（与之相对的是属性图模式等元数据）。
- 分区 id 用于进行分片（partition）。
- 顶点 id 是用于表示顶点的标识符，顶点 id 可以为 int64 的 4 字节整数，也可以在创建图

（空间）的时候设定为固定长度的字符串，并由用户指定顶点 id 的生成方式。

- 标签 id 是用于表示该顶点所对应的标签。

同一个顶点 id 可以和不同的标签 id 组成顶点键，也就是说，对于属性图来说，顶点可以拥有多个标签。顶点 id 可以自定义生成方式，在某些情况下是较为方便的，比如可以将其 id 设置为具有唯一性的特征，如人物的身份证号码、护照号码等；又比如企业工商信息中的统一社会信用代码或者机构名全称等。

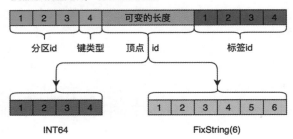

图 5-17　NebulaGraph 顶点键的数据结构

NebulaGraph 是一个分布式图数据库，也就是说，其数据被分片并分配到不同的服务器节点上。NebulaGraph 的分片方法和 JanusGraph 类似，也是按边分割的，每条边都会随着源顶点和目标顶点各保存一份。这种做法的优势是，通过顶点获取边的效率非常高，这也是大多数场景中最常见的用法。当然，保存两份边数据需要两倍的存储空间，特别是当边属性较多时，存储空间增加得很明显，这带来一定的存储和性能问题。图 5-18 是 NebulaGraph 边键的数据结构，其组成部分如下。

- 分区 id：用于进行分片，两份边的分区 id 分别和各自的顶点相同。
- 键类型：用来表示该键为边键，固定为 2。
- 前顶点 id：每条边都有源顶点和目标顶点，而在 NebulaGraph 中，边会随着源顶点和目标顶点分别存储一份。随着源顶点存储的边，前顶点即源顶点，后顶点是目标顶点；而随着目标顶点存储的边，前顶点是目标顶点，而后顶点则是源顶点。前顶点 id 和后顶点 id 都可以是 int64 类型的整数，或者在创建图空间时所定义的固定长度的字符串。
- 边标签 id：用 4 字节（32 比特）来表示边标签的 id。其中，边标签用 31 比特表示，最高位的 1 比特用于表示边的方向。边的方向是针对前顶点来说的，0 表示相对于前顶点来说是出边，1 表示入边。注意，在每条边随着源顶点和目标顶点存储的两份数据中，这个表示方向的比特位，其值是相反的。

- 边序（Rank）：8 字节，int64 类型，主要用于处理两个顶点之间具有多条相同标签的边的情况。在实践中根据需要进行设置，nGQL 提供相关语句来操作。
- 后顶点 id：见前顶点 id 的说明。
- 占位符：无明确作用，当前主要用于表示边存储结构的版本。

除了边键，其他包括边的属性等信息，都序列化后保存到可变长度的值中。

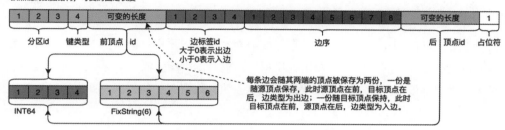

图 5-18　NebulaGraph 边键的数据结构

在 NebulaGraph 中，数据分区是关键的技术之一。Nebula 的分区策略很简单，就是根据上述的分区 id 进行静态分区，而分区 id 是根据顶点 id 生成的。在创建图空间时，需要手动设定好分区个数（numParts），分区 id 的生成策略如清单 5-25 所示（C++语言），即根据顶点 id 对分区个数进行求余得到。当顶点 id 是 8 字节时，直接转化为无符号整数 uint64 进行求余；而当顶点 id 不为 8 字节时，则使用 MurmurHash2 方法将其转化为 uint64 的整数后进行求余。值得注意的是，分区个数在创建图空间时设定，并且是无法更改的。建议在设置分区个数时，适当考虑未来的扩展需要。

清单 5-25　NebulaGraph 分区 id 的生成策略

```
1.  PartitionID MetaClient::partId(int32_t numParts, const VertexID id) const {
2.      uint64_t vid = 0;
3.      if (id.size() == 8) {
4.          memcpy(static_cast<void*>(&vid), id.data(), 8);
5.      } else {
6.          MurmurHash2 hash;
7.          vid = hash(id.data());
8.      }
9.      PartitionID pId = vid % numParts + 1;
10.     return pId;
11. }
```

NebulaGraph 的分布式架构设计原则是将存储和计算相分离，并由 3 个提供不同功能的服务组成。

- 图（Graph）服务：处理检索与查询等计算服务，包括 nGQL 的解析、优化和执行等。
- 元数据（Meta）服务：集群的元数据的存储和集群的管理功能，包括用户、分片、图空间、图模式的存储与管理等。属性图模式是存储在 Meta 服务上的，上述的分区 id 的生成也是在 Meta 服务上进行的。
- 存储（Storage）服务：以键值对的方式提供图数据的存储，并使用 RAFT 协议来保证多副本的数据一致性。

相比于 Dgraph，NebulaGraph 的分布式能力相对较弱，不提供分布式事务，当写并发较高时，可能存在数据冲突的问题。当数据规模超出预期时，由于无法更改分区，需要相当复杂的手动操作过程。不过由于静态分区实现起来简单，如果数据在预期范围内并进行良好的分区配置，NebulaGraph 能够提供更高的性能。

NebulaGraph 使用 nGQL 语言来操作，nGQL 是一个专门为 NebulaGraph 开发的语言，兼容 OpenCypher，其部分语句与 OpenCypher 一致。nGQL 提供了常见的查询、遍历和模式匹配等操作。目前 NebulaGraph 不支持 Gremlin 等其他查询语言。连接 NebulaGraph 的驱动程序包括 C++、Python、Java 和 Go 等语言。

总的来说，NebulaGraph 的分布式相对比较简单，在合适的场景中能够提供更高的性能，响应时间更短，具有强制的属性图约束、一个集群可以创建多个图、与 Spark 和 Flink 的集成所带来的处理能力的扩展等特性，在实际场景中具有较高的使用价值。

5.4.4　图数据对比一览表

本章所讲解的图数据库的对比如表 5-6 所示。

表 5-6　图数据库对比一览表

	JanusGraph	Neo4j	Dgraph	NebulaGraph
首次发布	2017 年	2007 年	2016 年	2019 年
开发语言	Java	Java	Go	C++
属性图模型	完整的属性图模型	完整的属性图模型	不完整的属性图模型，更接近于 RDF 存储	完整的属性图模型
架构	分布式	单机	分布式	分布式
存储后端	Hbase、Cassandra、BerkeleyDB	自定义文件格式	键值数据库 BadgerDB	键值数据库 RocksDB

	JanusGraph	Neo4j	Dgraph	NebulaGraph
物理存储	KCV	KV	KV	KV
高可用性	支持	不支持	支持	支持
高可靠性	支持	不支持	支持	支持
一致性协议	HBase：Paxos；Cassandra：基于多数派（Quorum-based）	无	RAFT	RAFT
跨数据中心复制	支持	不支持	支持	不支持
事务	BerkeleyDB：完全的 ACID 支持；HBase 和 Cassandra：BASE，通过锁和两阶段提交能够实现更强的一致性保证	完全的 ACID	基于 Omid 修改版的分布式事务	不支持分布式事务
分区策略	随机分区，支持显式指定分区策略	不支持分区	自动分区，自动再平衡，再平衡时会拒绝写入和更新	哈希(取模)静态分区，分区数设定后不能更改
分区方法	根据顶点 id 分区，每边存储两次	不支持分区	根据边标签（谓词）分区	根据顶点 id 分区，每条边存储两次
大数据平台集成	Spark、Hadoop、Giraph	Spark	不支持	Spark、Flink
顶点标签	0个或1个	0个或多个	0个	1个或多个
顶点间相同标签的多条边	支持，并且支持多种约束条件，包括 ONE2ONE、ONE2MANY、MANY2ONE、MULTI、SIMPLE	顶点对之间支持多条相同标签的边	不支持	顶点对之间支持多条相同标签的边
查询语言	Gremlin，通过 cypher-for-gremlin 可支持 openCypher	Cypher，通过插件可支持 Gremlin、GraphQL 等	GraphQL	nGQL
全文检索	ElasticSearch、Solr、Lucene	内置	内置	ElasticSearch
多个图	支持创建任意多图	一个实例只能有一个图	一个集群只能有一个图	支持创建任意多图
属性图模式	无模式，可选模式约束，强制模式约束	可选模式约束	无模式	强制模式约束
客户端协议	HTTP、WebSockets	HTTP、BOLT	HTTP、gRPC、Protocol Buffer	HTTP
客户端语言	Java、Python、C#、Go、Ruby、Rust	Java、.NET、JavaScript、Python、Go	Java、JavaScript、Go、Python、.Net	Python、Java、Go、C++

5.5 本章小结

本章系统介绍了属性图模型数据库的底层存储结构，包括属性图模型、完整性约束、事务和查询语言。同时，以 JanusGraph 分布式图数据库为例，兼顾知识图谱的特点，言简意赅地介绍了分布式图数据库的实现细节和使用方法。但不管是知识图谱的存储，还是图数据库，都是非常宏大的题材，本章实属挂一漏万。

5.1 节概述了知识存储模型，并简单扼要地介绍了人类几万年的知识存储进化史。

5.2 节系统介绍了图数据库模型，特别是属性图模型和属性图模式。其中，属性图模式和知识图谱模式几乎是一一对应的，而属性图模型也恰好能够用于为知识图谱建模。也就是说，知识图谱和属性图模型的图数据库的关系属于门当户对、珠联璧合，那么二者的发展也呈现出齐头并进、比翼齐飞的格局。事实上，在大多数产业应用中，都选择了属性图模型数据库来存储知识图谱，而图数据库也因知识图谱的繁荣发展而愈发兴盛。

5.3 节详细介绍了知名度高、使用面广的分布式图数据库 JanusGraph。首先介绍了 JanusGraph 的底层存储模型，有助于读者深度理解 JanusGraph 是如何存储图结构数据的。接着介绍了 JanusGraph 中的属性图模式，这部分内容与第 2 章的知识图谱模式几乎一一对应，可以非常方便地将知识图谱模式直接搬到 JanusGraph 中。最后介绍了如何应用 Gramlin 语言来操作 JanusGraph，这些是开发一个知识图谱系统所要具备的操作方法。1.5.4 节介绍了知识图谱应用分为快应用和慢应用，JanusGraph 提供的强大的图遍历、查询和检索能力，为实现知识图谱的快应用提供了坚实的支撑。

5.4 节简单介绍了 Neo4j、Dgraph 和 NebulaGraph 三个图数据库的存储模型，并给出其各自的特点，力图以不长的篇幅帮助读者理解各个图数据库之间的异同，进而在图数据库选型中做出正确的决策。

第 6 章

知识计算

欲知源流清浊之所处，则循其上下而省之；欲知风化芳臭气泽之所及，则傍行而观之。

——郑玄《诗谱序》

1736 年，数学家欧拉发表了一篇文章 *Solutio problematis ad geometriam situs pertinentis*，解决了著名的哥尼斯堡七桥问题（Seven Bridges of Königsberg），开启了图论这一数学分支。历经近 300 年的发展，图论已经形成了根深叶茂的理论体系。知识计算充分利用了图论的研究成果，从图论的视角来研究和应用知识图谱。

　　本章从数学基础出发，系统介绍如何使用图论中的定理、推论、模型、算法，以及相应的工具来计算、分析、理解和处理知识图谱。子曰："知变化之道者，其知神之所为乎。"数学正是我们理解世界变化之道的工具，熟练使用这些数学工具，能够让我们了解知识图谱应用中的"神之所为"。

本章内容概要：

- 阐明知识计算及其数学理论基础——图论。
- 系统剖析遍历、最短路径、中心性和社区检测算法。
- 以典型的算法实现示例解说各个算法。
- 简要介绍知识计算的工具与系统。

6.1　知识计算及其数学基础

知识图谱是由实体及实体间的关系所组成的网络，是人类和机器都能够使用的知识的表示方法，也是一个语义化的知识网络。在第 5 章知识存储中介绍的属性图模型是与知识图谱相对应的物理存储模型，也就是说，实体对应顶点，实体属性对应顶点的属性；关系对应边，关系属性对应边的属性。知识计算是对属性图模型的进一步抽象，试图在图论（Graph Theory）的指导下，对知识图谱进行计算、处理、分析、理解和挖掘，并指导知识图谱的应用实践。事实上，知识图谱的英文名"Knowledge Graph"中的"Graph"本身就和图论英文名"Graph Theory"所表达的意思一样，都是指由顶点和边组成的"图"。在知识图谱中，顶点就是实体或者属性值，边则是关系或者属性名。简单地说，知识图谱就是由知识点和知识点之间的关系所构成的"图"。因此，图论中的各类定理、推论、方法和算法都可以用于处理知识图谱。

为了使用图论来处理知识图谱，需要对其做进一步抽象，暂时忽略知识图谱中语义化的部分，还原其"图"的本质。这样知识图谱中的实体就被抽象成数学中的顶点，关系被抽象成数学中的边，其他信息（包括语义信息）则根据场景的特点进行数值化，抽象成图中的权值。通过这样的抽象和数值化，就将知识图谱转化成了带权有向图。至此，将知识计算的定义明确如下。

暂时忽略知识图谱中存在的丰富的语义信息，将实体抽象成数学中的顶点、关系抽象成数学中的边、其他信息数值化为权值，从而将知识图谱转化成带权有向图。知识计算（Knowledge Computing）是指在图论的指导下，使用图论中的定理、推论、模型、算法，以及相应的工具来计算、处理、分析、理解和挖掘知识图谱的方法。

也就是说，知识计算的侧重点在于面向知识图谱，将图论带入生产和生活的工程实践中，帮助我们观察、理解和应用知识图谱。由于知识图谱本身是有向图，本章的重点在于介绍有向图相关的内容。同时，在有些场景的实践中，也存在使用无向图的方法来分析和处理知识图谱的情况，比如拓扑结构等。

6.1.1　知识图谱与图

在第 5 章中，图 5-3 所示的属性图是一个关于苏东坡或者宋朝人物的知识图谱，将每个实体抽象成一个顶点，用实体 id 来表示；每个关系被抽象成边，即构成了图论中的有向图，如图 6-1（a）所示。如果只需要关心两个顶点之间是否存在关系，而不关心关系本身的方向，则可用如图 6-1（b）所示的无向图来表示。有向图或无向图的边可以用一个数字来表示关系的重要程度，即带权图，包括带权有向图和带权无向图。图 6-1（c）是一个带权有向图的例子。通常，知识图谱都是被转化为类似图 6-1（c）所示的带权有向图，并进行知识计算的。

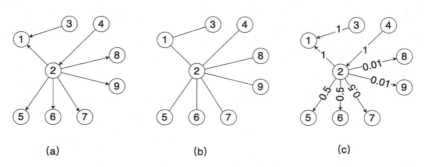

图 6-1　有向图、无向图和带权有向图

6.1.2　图论

图论是研究各种图的性质的理论，下面对图论的一些基本术语予以说明，理解这些概念是理解并使用后文所介绍的算法的前提。

在图 $G = \{V, E\}$ 中，顶点 $v \in V$，边 $e = <u, v> \in E$，在有向图的边 e 中，u 为源顶点，v 为目标顶点。如果是带权有向图，则用 $e = <u, v, w>$ 来表示边，w 表示边 e 的权值。

与顶点 v 相关联的所有边的总数称为度（Degree）。如果是有向图，那么由顶点 v 指向其他顶点的边称为顶点 v 的出边，出边的总数称为出度（Outdegree）；由其他顶点指向顶点 v 的边称为顶点 v 的入边，入边的总数称为入度（Indegree）。所有与顶点 v 有边直接相连的顶点称为 v 的邻接顶点（Adjacent Vertex）。

这些术语看起来很熟悉，它们与第 5 章用于描述属性图模型的术语是一致的。不同的是，图论更偏向于从数学角度来研究图的性质，而属性图模型则从数据库和数据存储的角度加以探讨。下面列出了图论中一些常见的概念，这些概念是知识计算算法的重要基础，理解这些概念有助于更好地将图论应用到知识图谱的计算和分析中。由于篇幅有限，无法对这些概念进行更深入的讨论，比如一些定理的证明过程，有需要的读者可参考专门介绍图论的书籍。

- 平凡图（Trivial Graph）：有且只有一个顶点的图被称为平凡图。多于一个顶点的图被称为非平凡图（Nontrivial Graph）。
- 完全图（Complete Graph）：如果图 G 是完全图，则说明图 G 中任意两个顶点对 $<u, v>$ 之间存在边e直接连接。对于无向图来说，任意两个顶点之间存在一条边；对于有向图来说，任意两个顶点之间存在两条方向相反的边。

- 路径（Path）：在图G中，从顶点u出发，经过边e到另一个顶点，并重复此动作，直到到达目标顶点v。从u到v所经过的一系列顶点和边的序列称为路径。在图论中，通常要求路径所经过的所有顶点和边都不重复。顶点允许重复但边不重复的，被称为路线（Trail）；边和顶点都能够重复的，被称为游走（Walk）。不过，在知识图谱的应用实践中提到的路径，有时也会包括顶点或边重复的情况。

- 最短路径（Shortest Path）：图G中两个顶点u和v之间的最短路径，是指所有从u到v之间的路径中最短的那条。最短路径的距离被称为顶点u和v间的距离（Distance）。如果是无权图，那么距离就是所经过的边的条数；对于带权图来说，距离是路径所经过的所有边的权值的总和。

- 离心率（Eccentricity）：图G的顶点v的离心率是指v到图G所有的其他顶点的最大距离。图中所有顶点的最大离心率被称为图的直径，最小离心率被称为图的半径。

- 可达性（Reachability）：是指从顶点u出发，经过一系列的顶点和边，能够到达顶点v。从u可达v，表明从u到v至少存在一条路径。

- 连通性（Connectedness）：图G的任意两个顶点u和v，如果从u可达v或者从v可达u，则说明图是连通的。

- 强连通性（Strong Connectedness）：图G的任意两个顶点u和v，如果既能够从u可达v，也能够从v可达u，则说明图G是强连通的。对于无向图来说，连通性和强连通性是一致的；对于有向图，强连通性意味着连通性，反之则不一定成立。

- 子图（Subgraph）：如果图H的顶点都是图G的顶点，并且图H的所有边都是图G的边，则表示图H是图G的子图。完全子图（Complete Subgraph）是指任意两个顶点间都存在边直接相连的子图。

- 生成子图（Spanning Subgraph）：如果图H的顶点和图G的顶点一样，但图H的边只是图G的边的一部分，则图H是图G的生成子图。如果生成子图是一棵树，则被称为生成树（Spanning Tree）。如果一个图G拥有生成树，则图G是连通的。

- 树状图（Arborescence）：在有向图G的树中，除根顶点外，其他所有顶点都有且只有一条入边，则这棵树为有向图G的树状图。在树状图中，对于任何顶点v，都有一条从根顶点到v的路径。多棵树状图组成分支图（Branching）。与生成树类似，如果一棵树状图包含图G的所有顶点，则此树状图被称为生成树状图（Spanning Arborescence）。

- 图的连通分量（Graph Component）：图G的子图H是连通的，并且图H的任何不是H本身的子图都是非连通的，则图H是图G的连通分量。

- 团（Clique）：对于无向图来说，在其顶点集的子集中，任意两个顶点都有边连接，则这些顶点和边组成了一个团。对有向图来说，团的任意两个顶点u和v存在边$<u,v>$和边$<v,u>$。团是图G的一个最大完全子图。完全图是其自身的团。

- 同配性（Assortativity）：用于表示度相近的顶点之间是否具有倾向于互相连接的特性。同配性通常使用顶点间的度相关性（Degree Correlation）来表示，其相关系数r本质上是由边直接连接的顶点对的度的皮尔逊相关系数（Pearson Correlation Coefficient）。正值r表示度数相似的顶点更倾向于连接，而负值r表示该图更倾向于连接度数差别较大的顶点。

- 二部图（Bipartite Graph）：如果图G的顶点可以分割为两个集合U和V，使得每条边的一个端点$u \in U$，另一个端点$v \in V$，那么图G为二部图。二部图是非常常见的一种图，比如婚配知识图谱中的男人和女人、人物和作品知识图谱中的人物实体顶点和作品实体顶点等。

- k部图（k-partite Graph）：如果图G的顶点可以分割为k个集合V_1、$V_2 \cdots V_k$，使得任意一条边的两个顶点u和v分属于不同的集合，即$u \in V_i$，$v \in V_j$，$i \neq j$，那么图G是k部图。

- 欧拉路径（Eulerian Path）：图G的欧拉路径是指一条经过所有顶点和边的路线，其中顶点允许重复经过，边刚好经过一次。如果起始顶点和终末顶点是同一个，则欧拉路径是欧拉回路（Eulerian Circuit）。欧拉回路是在解决著名的哥尼斯堡七桥问题（Seven Bridges of Königsberg）时提出的概念。如果图G至少有一条欧拉回路，则称图G为欧拉图（Eulerian Graph）；如果图G至少有一条欧拉路径但没有欧拉回路，则称图G为半欧拉图（Semi-eulerian Graph）。

- 欧拉定理（Euler's Theorem）：图G是欧拉的，表示图G是连通的，且所有顶点的度数是偶数。

- 平面图（Planar Graph）：图G是平面图，当且仅当顶点排列在平面上，并能够使任意两条边都不交叉。在城市道路规划、高速公路设计、电网规划、水煤电管道布线、印刷电路设计等领域的知识计算中，平面图起着重要的作用。

- 小世界现象（Small-world Phenomenon）：指在图G中，从任意一个起始顶点u出发，仅需通过非常少的中间顶点，即可到达任意另一个顶点v。小世界现象也被称为"六度分割"（Six Degrees of Separation）现象，这是由于在社会学的研究中发现，在现实的社交网络中，任意两个陌生人之间，平均只要经过 6 个人即可建立起联系，即在小世界现象的图中，其直径为 6。

6.1.3 邻接矩阵

图的最常见的表示方法是邻接矩阵（Adjacency Matrix）和邻接列表（Adjacency List）。5.3.1 节中介绍了邻接列表的表示方法，这在很多稀疏图中是高效的表示方法，也是多数图数据库所选择的方法。邻接矩阵则是另一种最常见的图的表示方法，图论中的很多理论和算法都以图的邻接矩阵表示为基础，并通过矩阵分析和矩阵计算等理论和方法来研究。

带权图G的邻接矩阵为$n \times n$的方阵$A = \left(a_{ij}\right)_{n \times n}$：

$$a_{ij} = \begin{cases} w_{ij} & , e_{ij} \in E \\ 0 & , 其他 \end{cases} \tag{6-1}$$

其中，n是图G的顶点个数，E是图G的边的集合，$e_{ij} \in E$表示图中存在顶点v_i到顶点v_j的边，w_{ij}为边e_{ij}的权值。显然：

- 对于无权图，$w_{ij} = 1$；
- 对于无向图，邻接矩阵是对称的，这是因为边e_{ij}和e_{ji}是同一条边，$w_{ij} = w_{ji}$。

图的邻接矩阵如图 6-2 所示。在无权无向图的邻接矩阵中，第i行或第i列的和是顶点v_i的度；在无权有向图的邻接矩阵中，第i行的和是顶点v_i的出度，而第i列的和是顶点v_i的入度。相应的，在带权有向图中，第i行的和是顶点v_i的出边的权值总和，而第i列的和是顶点v_i的入边的权值总和。

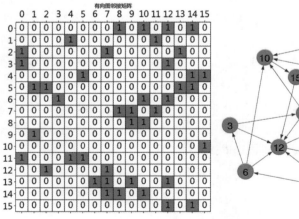
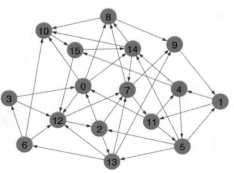

图 6-2　图的邻接矩阵

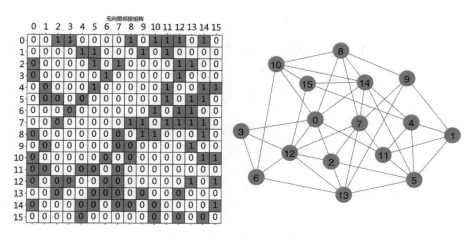

图 6-2　图的邻接矩阵（续）

6.1.4　谱图理论

谱图理论（Spectral Graph Theory）是代数图论的主要研究领域之一，是利用代数方法来研究图的性质的一门学科。在谱图理论中，通过图的邻接矩阵（或者拉普拉斯矩阵等）表示将图转化为矩阵，并使用矩阵和代数的方法，通过特征多项式、特征值和特征向量来研究图的性质。

将图 G 表示为邻接矩阵 A，图 G 的谱是指矩阵 A 的特征值（Eigenvalue）及其重数（Multiplicity）的集合。邻接矩阵 A 的特征值 λ 是指存在非零向量 x，使得以下等式成立的实数值。

$$Ax = \lambda x \qquad (6-2)$$

x 被称为 λ 对应的特征向量（Eigenvector）。

根据矩阵理论，$n \times n$ 的邻接矩阵 A 有 n 个特征值。这 n 个特征值可能存在重复的情况，对其去重并按照从大到小排列，记为 $\lambda_1, \lambda_2, \cdots, \lambda_k$（$\lambda_1 > \lambda_2 > \cdots > \lambda_k$）。同时，将特征值重复的次数分别记为 $m_1, m_2, \cdots, m_k$（$n = \sum_{i=1}^{k} m_i$），m_i 即特征值 λ_i 的重数。重数 m_i 就是特征值 λ_i 在邻接矩阵 x 的所有特征值中出现的次数。从而，邻接矩阵 x 的谱（Spectrum）P 定义为

$$P = \begin{pmatrix} \lambda_1 & \cdots & \lambda_k \\ m_1 & \cdots & m_k \end{pmatrix} \qquad (6-3)$$

在邻接矩阵 A 的谱中，最大的特征值 λ_1 被称为谱半径（Spectral Radius）。在连通无向图或强连通有向图中，如果权值全部为正实数（即邻接矩阵 A 的所有元素 a_{ij} 都是正实数），则其邻接矩阵 A 是不可约的（irreducible）非负矩阵，其最大的特征值 λ_1 的重数 $m_1 = 1$，λ_1 对应的特征向量 x_1

称为主特征向量（Principal eigenvector），且x_1的每个元素都是正实数。在强连通有向图中，如果d_{min}、d_{avg}和d_{max}分别表示图中所有顶点的度中最小度数、平均度数和最大度数，则如下不等式成立：

$$d_{min} \leqslant d_{avg} \leqslant \lambda_1 \leqslant d_{max} \qquad (6-4)$$

在谱图理论中，利用代数的方法研究了许多图的性质，比如对于二部图来说，其特征值是关于原点对称的，即有$\lambda_i = -\lambda_{n-i+1}$，最大特征值和最小特征值满足$\lambda_1 = -\lambda_n$。

6.2　遍历与最短路径算法

图的遍历是图计算中最基本的任务，即从图中的某一个顶点出发，沿着图中的边，按照某种方法访问图的所有顶点，并且每个顶点仅访问一次。两种常见的图的遍历方法是广度优先搜索（Breadth First Search，BFS）和深度优先搜索（Depth First Search，DFS）。与图的遍历类似的是，最短路径（Shortest Path）算法用于寻找图中一个顶点到另一个顶点的最短路径。单源最短路径（Single Source Shortest Path，SSSP）算法是指定了起始顶点的最短路径算法，常见的算法有 Dijkstra 算法、Bellman-Ford 算法、最短路径快速算法（Shortest Path Faster Algorithm，SPFA）、A*搜索（A* Search）算法等。所有顶点对最短路径（All-Pairs Shortest Path，APSP）算法是指寻找图中所有顶点对之间的最短路径，常见的算法包括 Floyd 算法、Johnson 算法等。和图的遍历一样，最短路径也是图的基本任务。

广度优先搜索和深度优先搜索算法是知识图谱可视化交互式分析的基础算法，许多图数据库提供了这两种算法的简单实现。同样的，最短路径在知识计算中起着基础且重要的作用，在各种知识图谱的应用中十分常见，比如，在社交图谱中，用于查找两个人之间存在什么关系；在金融知识图谱中，用于查找两个机构之间是否存在股权关系、关联交易等；在智能制造知识图谱中，用于查找故障现象与设备、工艺、物料等的关系。

6.2.1　广度优先搜索

广度优先搜索算法是一种分层搜索的过程，每前进一步，就访问一批顶点。首先从起始顶点v_s开始，依次访问其邻接顶点，然后访问每一个邻接顶点的邻接顶点……以此类推，直到图中的所有顶点都被访问过为止。整个过程看起来是以起始顶点v_s为根，按距离v_s由近及远逐层访问的。广度优先搜索算法访问顶点的结果形似一棵树——广度优先树（Breadth First Tree）。在实践中，为了实现逐层访问，通常借助一个辅助队列来记录其邻接顶点未被访问的顶点。广度优先搜索的算法过程如清单 6-1 所示。利用广度优先搜索方法从顶点 7 开始遍历图 6-2 的有向图，其广度优先树如图 6-3 所示。

清单 6-1 广度优先搜索算法示例

```
1.  def BFS(G, start):
2.      '''广度优先搜索'''
3.      # 标记已经访问过的顶点
4.      visited = {start}
5.      # 返回起始顶点
6.      yield start
7.      # Q: 辅助队列
8.      # G.neighbors(v): 表示顶点 v 的邻接顶点
9.      # 对于有向图来说，即有向图所有出边的另一端的顶点
10.     Q = queue.deque([(start, G.neighbors(start))])
11.     # 主循环
12.     while Q:
13.         parent, children = Q[0]
14.         try:
15.             # 获取一个邻接顶点
16.             child = next(children)
17.             # 如果该顶点第一次被访问，则返回；否则跳过
18.             if child not in visited:
19.                 yield child
20.                 visited.add(child)
21.                 # 获取顶点的邻接订单，并保存到队列中，以待后续访问
22.                 Q.append((child, G.neighbors(child)))
23.         except StopIteration:
24.             Q.popleft()
```

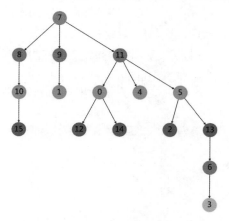

图 6-3 起始顶点为 7 的广度优先树

显然，使用广度优先方法，如果要从任意起始点出发都可以遍历全图，则要求有向图是强连通的。或者说，从起始顶点v_s出发，广度优先搜索仅能遍历v_s所属的连通分量，无法抵达连通分量之外的其他顶点。如果要处理非强连通图，则需要逐个检查尚未遍历的顶点，并从其中的某个顶点出发再次进行广度优先搜索，如此重复，直到遍历所有顶点为止。最终根据不同的连通分量形成多棵广度优先树，形成广度优先森林（Breadth-first Forest）。

广度优先搜索可以计算出从起始顶点v_s到目标顶点v的最短路径，是 Dijkstra 单元最短路径算法和 Prim 最小生成树算法的基础。广度优先搜索本身的应用也非常广泛，比如广度优先搜索是求解迷宫的路径寻找中最常见的方法。

6.2.2　深度优先搜索

顾名思义，深度优先搜索算法以深度优先。从起始顶点v_s出发，访问它的一个邻接顶点v，而后与广度优先搜索算法逐次访问v_s的其他邻接顶点不一样，深度优先搜索算法是从v出发，"深入"访问v的邻接顶点，并重复上述过程，沿着一个路径不断深入访问未访问过的顶点，直到无法继续深入为止。接着，再回头从最深的尚未访问的分支开始，继续深度优先搜索，直到遍历结束。

与广度优先搜索算法类似，深度优先搜索算法对图的遍历会形成深度优先树（Depth-first Tree）。同样的，从起始顶点v_s出发的深度优先搜索，只能遍历v_s所在的连通分量。如果一个图不是强连通的，则深度优先搜索算法的遍历会形成深度优先森林（Depth-first Forest），每个连通分量形成一棵树。

由于深度优先算法在无法"深入"时，会回溯到最深的尚未访问的分支，因此在算法实现中使用了"后进先出"的栈来辅助，这与广度优先中使用"先进先出"的队列形成了对比。深度优先搜索算法示例如清单 6-2 所示，通过深度优先搜索算法遍历图 6-2 的有向图，生成的深度优先树如图 6-4 所示。通过比较图 6-4 和图 6-3，容易看出深度优先搜索和广度优先搜索的差别十分明显。

清单 6-2　深度优先搜索算法示例

```
1.  def DFS(G, start):
2.      '''深度优先搜索'''
3.      # 标记已经访问过的顶点
4.      visited = set()
5.      # 返回起始顶点
6.      yield start
```

```
7.        visited.add(start)
8.        # stack: 后进先出的辅助栈, 确保回溯到最深的尚未访问的分支
9.        # G.neighbors(v): 表示顶点 v 的邻接顶点
10.       stack = [(start, G.neighbors(start))]
11.       # 主循环
12.       while stack:
13.           parent, children = stack[-1]
14.           try:
15.               # 深入访问当前顶点的邻接顶点
16.               child = next(children)
17.               if child not in visited:
18.                   yield child
19.                   visited.add(child)
20.                   # 记录尚未被访问的邻接顶点
21.                   stack.append((child, G.neighbors(child)))
22.           except StopIteration:
23.               stack.pop()
```

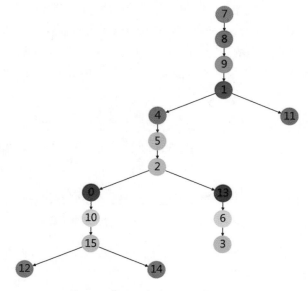

图 6-4　起始顶点为 7 的深度优先树

　　深度优先算法也是经典的算法,是许多其他图计算算法的基础。在图中,可以使用深度优先搜索算法来实现对图的环路检测、路径寻找、拓扑排序、寻找图的(强)连通分量等。深度优先搜索算法在实际场景中广为使用,比如基于深度优先搜索算法对有向无环图(Directed Acyclic Graph,DAG)的拓扑排序是任务规划的基础,在任务编排、人员调度、课程安排、关键路径分析、操作系统死锁检测、工作流优化等各种场景中都有广泛的应用。

6.2.3　Dijkstra 单源最短路径

最短路径是一个古老的问题，是指在一个图中，从起始顶点到终末顶点之间"距离"最短的那条路径。对于无权图来说，最短的距离是指路径中所经过的边的条数；对于带权图来说，是将所经过的边的权值相加求和。

在现实中，最短往往意味着某种物理意义，比如地理上的距离、时间的长短、成本的高低等衡量指标。前面提过的"六度分割"现象，表明了在社交网络图谱中，任意两个人之间的最短路径小于等于 6。在日常的很多场景中，最短路径都有其用武之地，比如在出行规划中，从出发地到目的地有多条路径，通过不同的权重计算最短距离、最低费用、预计最短时间等，得到多种路径规划方式。这是当今日常出行的地图或导航软件提供的常见功能，其原理就是加权图的最短路径。

Dijkstra 单源最短路径算法是对广度优先搜索算法的推广。广度优先搜索算法在无权图上遍历形成了广度优先树，从广度优先树的根顶点v_s到任意顶点v的路径即从v_s到v的最短路径。将其扩展到加权图上，即用边上的权值来表示边的源顶点与边的目标顶点间的距离，那么任意两个顶点间的距离即两个顶点之间的路径上的所有边的权值相加求和。Dijkstra 最短路径算法使用贪婪的思想结合广度优先搜索算法，找到从起始顶点v_s到终末顶点v_e的最短距离所对应的路径，即最短路径。

Dijkstra 单源最短路径算法是解决最短路径的经典算法。单源意味着起始顶点是给定的单个顶点，与其相对的是多源，即起始顶点是包含多个指定顶点的集合。单源最短路径本身也有两个版本，分别如下。

- 给定一个起始顶点v_s和一个终末顶点v_e，寻找从v_s到v_e的最短路径。
- 仅给定一个起始顶点v_s，寻找从v_s到所有其他顶点的最短路径。

两个版本的算法在本质上是一样的，当算法搜寻最短路径过程中，遇到给定的终末顶点v_e时终止算法，即从后一个版本变成前一个版本。

Dijkstra 算法的一种实现如清单 6-3 所示，给定起始顶点v_s，使用 Dijkstra 算法寻找v_s到其他所有顶点的最短路径，其中使用了最小堆队列 heapq。最小堆队列也称优先级队列，是一棵父节点的值小于或等于其任何子节点的二叉树，而树根则是堆中最小的元素。在遍历图的时候，Dijkstra 算法使用最小堆队列 Q 来保存从v_s到当前步骤中所有未被访问的顶点的距离。在算法的每一步中，从队列 Q 中获取距离v_s距离最小的顶点v进行访问，计算v的邻接顶点的距离并放入队列 Q 中。

清单 6-3 中除了使用优先级队列 Q，还用了字典 Qdict 来保存所有已知顶点的距离。有些算法实现中将所有顶点到起始顶点的距离初始化为无穷大，清单 6-3 则将距离无穷大表示成顶点不在 Qdict 中。图 6-5 是带权有向图的示例，图中标示了使用 Dijkstra 算法寻找到的起始顶点为8、终末顶点为 3 的最短路径。

清单 6-3　Dijkstra 单源最短路径算法示例

```
1.   from collections import defaultdict
2.   from heapq import heappush, heappop
3.
4.   def dijkstra(G, src, dst=None):
5.       """Dijkstra算法查找加权图最短路径
6.       src: 起始顶点
7.       dst: 终末顶点
8.       """
9.       # 用来保存路径的字典
10.      path_dict = defaultdict(list)
11.      path_dict[src] = [src]
12.      # 用来保存结果距离的字典
13.      distances = {}
14.      # 用来保存从当前步骤所有已知顶点到起始顶点 src 的距离
15.      # 距离字典 Qdict 便于获取距离进行比较
16.      Qdict = {}
17.      # 堆队列 Q，便于获取最小距离的顶点
18.      Q = []
19.      # 初始化起始顶点 src
20.      Qdict[src] = 0
21.      heappush(Q, (0, src))
22.      # 主循环
23.      while Q:
24.          # 从距离队列中找到距离 src 顶点最短的顶点
25.          (d, v) = heappop(Q)
26.          # 如果当前顶点 v 已经被访问，则继续
27.          # 这是由于有些顶点可能会被 push 到 Q 中多次
28.          if v in distances:
29.              continue
30.          # 记录从 src 到当前顶点 v 的距离
31.          distances[v] = d
32.          # 如果当前顶点 v 是所指定的目标顶点 dst，则终止循环，结束算法的搜索过程
33.          if v == dst:
34.              break
35.          # 更新所有 v 的邻接顶点到起始顶点 src 的距离，并记录相应的路径
36.          # 对于有向图来说，仅遍历 outV
```

```
37.          # G[v]表示 v 的邻接顶点，以及 v 到邻接顶点的边的数据
38.          for u in G.neighbors(v):
39.              # 获取 v->u 的权值，假设'weight'为权值
40.              # 对于无权图来说，设为 1
41.              w = G[v][u].get('weight', 1)
42.              # Dijkstra 算法基于贪婪策略，不支持负权值
43.              if w <=0:
44.                  raise ValueError("不支持负权值")
45.              # 计算从起始顶点 src 到 v 的邻接顶点 u 的距离
46.              # 即（起始顶点 src 到 v 的距离）+（v->u 的权值）
47.              u_dist = distances[v] + w
48.              # 如果 u 不在已知的距离字典里面，
49.              # 则表示 u 到起始顶点 src 的距离为无穷大，当前距离肯定更小；
50.              # 或者 u 在已知的距离字典 Qdict 里，则比较 u_dist 是否更小，
51.              #如果更小，则更新距离字典
52.              # 并加入距离队列 Q 中。由于 Q 是最小堆队列，每次被优先处理的是最小的那个
53.              if u not in Qdict or u_dist < Qdict[u]:
54.                  Qdict[u] = u_dist
55.                  heappush(Q, (u_dist, u))
56.                  path_dict[u] = path_dict[v] + [u]
57.      # 如果有指定终末顶点，仅返回从起始顶点到终末顶点的距离和路径
58.      if dst is not None:
59.          return distances[dst], path_dict[dst]
60.      # 否则，返回起始顶点到所有顶点的距离和路径
61.      return distances, path_dict
```

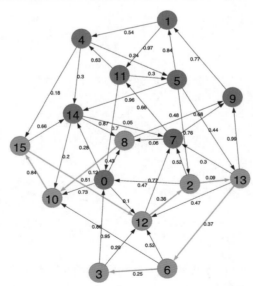

图 6-5   Dijkstra 最短路径示例，起始顶点为 8，终末顶点为 3

6.2.4　最短路径快速算法

Dijkstra 单源最短路径算法比较简单，效率很高，十分常用。该算法基于贪婪策略，不支持权值为负的情况，因此无法处理具有负权值边的图。当遇到有负权值的图时，需要其他算法来寻找最短路径。

Bellman-Ford 算法是一个经典的算法，能够求解具有负权值的图的单源最短路径，其基本原理是搜索所有的边，并跟踪搜索过程中所找到的最短路径。与 Dijkstra 算法使用贪婪策略不同，Bellman-Ford 算法使用动态规划（Dynamic Programming）原理，即依赖公共子问题的中间解决方案来解决原始问题。在 Bellman-Ford 算法中，通过维护从起始顶点到图中各顶点的距离来解决原始问题。其基本步骤被称为松弛（Relax），即在每一次迭代中，如果找到更短的路径，则对已有的路径进行更新。

原始的 Bellman-Ford 算法效率不高，时间复杂度为$O(nm)$，其中，n为顶点数量，m为边的数量。最短路径快速算法使用队列优化了 Bellman-Ford 算法，其思想与 Bellman-Ford 是一致的，但效率更高，时间复杂度更低。最短路径快速算法的平均复杂度是$O(m)$，最差时间复杂度则与 Bellman-Ford 算法一样，为$O(nm)$。清单 6-4 是最短路径快速算法的示例，其中的关键是边松弛（Edge Relaxation）的环节。把当前顶点v到起始顶点v_s的距离记为$d(v_s, v)$，对边$e = < v, u >$进行松弛意味着更新起始顶点v_s到顶点u的距离：

$$d(v_s, u) = \min\{d(v_s, u), d(v_s, v) + w_{vu}\} \tag{6-5}$$

其中，w_{vu}表示边$e = < v, u >$的权值。原始的 Bellman-Ford 算法对每个顶点迭代m次边松弛，m为边的数量。而最短路径快速算法使用队列来优化，对于每个顶点v，仅松弛那些v能够触达的顶点，即v的邻接顶点，从而降低了算法的时间复杂度，提升了效率。

图 6-6 是最短路径快速算法查找带负权值的有向图最短路径的示例，用的是图 6-5 中的带权有向图，并将边$e = < 2, 7 >$的权值从 0.52 改为–1.52。由于存在负权值，从顶点 8 到顶点 3 的最短路径发生了变化，虽然路径经过的顶点数更多了，但距离反而变短了。

Bellman-Ford 算法和最短路径快速算法要求图中不能有负权环。对于无向图来说，负权值的边即构成了负权环，所以无向图也不能有负权值的边，这和 Dijkstra 算法的要求一致，这种情况下更常用 Dijkstra 算法。因此，最短路径快速算法通常用在带有负权值的有向图中。

清单 6-4　最短路径快速算法示例

```python
1.  def spfa(G, src, dst=None):
2.      """最短路径快速算法（SPFA），是用队列的优化的 Bellman-Ford 算法"""
3.      inf = float("inf")
4.      # 用来保存每个顶点访问次数的计数，用于检测是否存在负权环
5.      n = len(G)
6.      counts = {}
7.      # 保存每一个顶点的前序顶点
8.      predecessors = {src: [src]}
9.      # 用于保存 src 到当前顶点的距离的字典
10.     distances = {src: 0}
11.     # Q 为队列，辅助集合 Qset 用于判断顶点是否在 Q 中
12.     Q = queue.deque([src])
13.     Qset = set([src])
14.     # 主循环
15.     while Q:
16.         # 获取当前节点
17.         v = Q.popleft()
18.         Qset.remove(v)
19.         # 如果 v 的前序顶点也在队列中，则跳过处理，这是由于 v 距离还可能发生变化
20.         if all(v_predecessor not in Qset for
21.                v_predecessor in predecessors[v]):
22.             v_dist = distances[v]
23.             # 对当前顶点 v 的所有邻接顶点进行搜索
24.             for u in G.neighbors(v):
25.                 # 边 v->u 的权值，权值可以为负数
26.                 w = G[v][u].get('weight', 1)
27.                 # v 的邻接顶点 u 的距离 = v 的距离 + 边 v->u 的权值
28.                 u_dist = v_dist + w
29.                 # 如果 u_dist 比保存中的距离更小，则加入队列，待后续处理
30.                 # 如果 u 是第一次处理到，则初始化距离为无穷大 inf
31.                 if u_dist < distances.get(u, inf):
32.                     if u not in Qset:
33.                         Q.append(u)
34.                         Qset.add(u)
35.                         # count_v 用来检测负权环的
36.                         # 如果发现负权环，则在环中持续循环
37.                         #并使计数值超过图的顶点总数
38.                         count_v = counts.get(v, 0) + 1
39.                         if count_v == n:
40.                             raise ValueError("发现负权环，算法无法处理！")
41.                         counts[v] = count_v
42.                     # 将顶点 u 的距离更新为 u_dist
43.                     distances[u] = u_dist
```

```
44.              # 将顶点 u 的前序顶点更新为当前顶点 v
45.              predecessors[u] = [v]
46.          # 如果从当前顶点 v 到其邻接顶点 u 所计算的距离, 和其他顶点到 u 的距离一样
47.          # 则将 v 也作为 u 的前序顶点, 此时说明从起始顶点到达 u 的最短路径有多条
48.          elif distances.get(u) is not None and\
49.                  u_dist == distances.get(u):
50.              predecessors[u].append(v)
51.
52.    if dst is not None:
53.        # 如果指定目标顶点, 但目标顶点不在 predecessors 中,
54.        # 则说明从起始顶点 src 无法到达指定的目标顶点 dst
55.        if dst not in predecessors:
56.            raise ValueError("无法从{src}到达{dst}".format(src=src, dst=dst))
57.        # 仅重构 src->dst 的路径
58.        dstvs = [dst]
59.    else:
60.        # 重构从 src 到所有其他顶点的路径
61.        dstvs = predecessors
62.    # 保存从 src 到目标顶点的最短路径的字典
63.    paths = {}
64.    # 根据目标顶点的前序顶点来重构从起始顶点到目标顶点的路径
65.    for dv in dstvs:
66.        stack = [dv]
67.        top = 0
68.        while True:
69.            v = stack[top]
70.            if v == src:
71.                break
72.            u = predecessors[v][0]
73.            stack.append(u)
74.            top += 1
75.        paths[dv] = list(reversed(stack))
76.    # 返回最短距离和最短路径
77.    if dst is not None:
78.        return distances[dst], paths[dst]
79.    return distances, paths
```

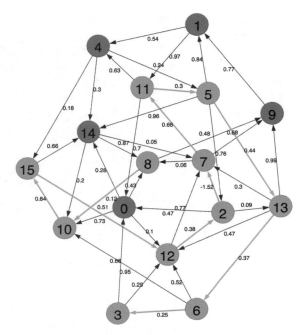

图 6-6　最短路径快速算法查找起始顶点为 8，终末顶点为 3 的最短路径

6.2.5　Floyd 算法

Floyd 算法又称 Floyd-Warshall 算法，用于寻找图中所有顶点对间的最短路径。与最短路径快速算法类似，Floyd 算法也采用动态规划思想，能够处理带负权值边的图，并同样无法处理负权环的图。但与 Bellman-Ford 算法和最短路径快速算法的不同之处在于，Floyd 算法通常用于计算所有顶点对的最短路径的"距离"，并可通过矩阵计算来高效实现，但缺点是难以获知从起始顶点 u 到终末顶点 v 的路径。同时，因为使用矩阵计算的方法，需要用邻接矩阵来存储图 G，因此空间复杂度为 $O(n^2)$。使用邻接矩阵的方式更适合处理稠密图，对于稀疏图来说，效率不高。

假设图 G 的顶点编号为 $\{1, 2, \cdots, n\}$，矩阵 $\boldsymbol{D}$ 表示图 G 的最短距离矩阵，$D^{k+1}[u, v]$ 是图 G 中从顶点 u 到顶点 v 的最短路径的距离，此时的最短路径的中间节点不包含所有编号大于 k 的顶点（u 和 v 本身的编号可以大于 k）。那么存在等式

$$D^{k+1}[u, v] = \min\{D^k[u, v], D^k[u, k] + D^k[k, v]\} \tag{6-6}$$

即如果顶点 u 经过顶点 k 到达顶点 v 的距离比当前已知的最短距离还短，那么更新当前的最短距离。这个中间节点 k 被称为轴点（Pivot）。清单 6-5 是 Floyd 算法的示例。

```python
1.  import numpy as np
2.  def floyd(G):
3.      '''弗洛伊德（Floyd）算法，使用邻接矩阵计算带权图的所有顶点对之间的最短距离'''
4.      # 带权图转成邻接矩阵，顶点对之间没有边的权值初始化为无穷大
5.      # 假设不存在自环（self-loop）
6.      n = len(G)
7.      D = np.full((n, n), np.inf)
8.      np.fill_diagonal(D, 0)
9.      # 遍历所有的边
10.     for u, v, dat in G.edges(data=True):
11.         # 获取边的权值
12.         D[u, v] = G[u][v].get('weight', 1.0)
13.     # 开始循环，对每个轴点进行评估
14.     for k in range(n):
15.         # 将每个轴点 k 插入已有的顶点对中，判断是否有更短距离存在
16.         # 使用 numpy 提供的矩阵计算，效率更高
17.         # D = np.minimum(D, D[k, :][np.newaxis, :] + D[:, k][:, np.newaxis])
18.         for u in range(n):
19.             for v in range(n):
20.                 D[u, v] = min(D[u, v], D[u, k] + D[k, v])
21.     return D
```

将 Floyd 算法应用到图 6-6 所示的图中，得到顶点对间的最短距离矩阵，如图 6-7 所示。

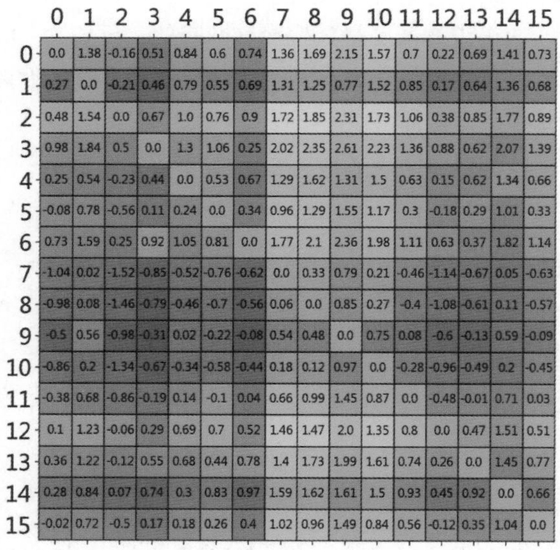

	0	1	2	3	4	5	6	7	8	9	10	11	12	13	14	15
0	0.0	1.38	-0.16	0.51	0.84	0.6	0.74	1.36	1.69	2.15	1.57	0.7	0.22	0.69	1.41	0.73
1	0.27	0.0	-0.21	0.46	0.79	0.55	0.69	1.31	1.25	0.77	1.52	0.85	0.17	0.64	1.36	0.68
2	0.48	1.54	0.0	0.67	1.0	0.76	0.9	1.72	1.85	2.31	1.73	1.06	0.38	0.85	1.77	0.89
3	0.98	1.84	0.5	0.0	1.3	1.06	0.25	2.02	2.35	2.61	2.23	1.36	0.88	0.62	2.07	1.39
4	0.25	0.54	-0.23	0.44	0.0	0.53	0.67	1.29	1.62	1.31	1.5	0.63	0.15	0.62	1.34	0.66
5	-0.08	0.78	-0.56	0.11	0.24	0.0	0.34	0.96	1.29	1.55	1.17	0.3	-0.18	0.29	1.01	0.33
6	0.73	1.59	0.25	0.92	1.05	0.81	0.0	1.77	2.1	2.36	1.98	1.11	0.63	0.37	1.82	1.14
7	-1.04	0.02	-1.52	-0.85	-0.52	-0.76	-0.62	0.0	0.33	0.79	0.21	-0.46	-1.14	-0.67	0.05	-0.63
8	-0.98	0.08	-1.46	-0.79	-0.46	-0.7	-0.56	0.06	0.0	0.85	0.27	-0.4	-1.08	-0.61	0.11	-0.57
9	-0.5	0.56	-0.98	-0.31	0.02	-0.22	-0.08	0.54	0.48	0.0	0.75	-0.6	-0.13	0.59	-0.09	
10	-0.86	0.2	-1.34	-0.67	-0.34	-0.58	-0.44	0.18		0.97	0.0	-0.28	-0.96	-0.49	0.2	-0.45
11	-0.38	0.68	-0.86	-0.19	0.14	-0.1	0.04	0.66	0.99	1.45	0.87	0.0	-0.48	-0.01	0.71	0.03
12	0.1	1.23	-0.06	0.29	0.69	0.7	0.52	1.46	1.47	2.0	1.35	0.8	0.0	0.47	1.51	0.51
13	0.36	1.22	-0.12	0.55	0.68	0.44	0.78	1.4	1.73	1.99	1.61	0.74	0.26	0.0	1.45	0.77
14	0.28	0.84	0.07	0.74	0.3	0.83	0.97	1.59	1.62	1.61	1.5	0.93	0.45	0.92	0.0	0.66
15	-0.02	0.72	-0.5	0.17	0.18	0.26	0.4	1.02	0.96	1.49	0.61	0.56	-0.12	0.35	1.04	0.0

图 6-7　顶点对间的最短距离矩阵

6.3 中心性

中心性（Centrality）是通过图的结构信息来评估顶点或边的重要性的指标。通过中心性这个指标，能够发现或挖掘图中的局部的重要性特征，揭示图的结构性特征和几何性质，这是评估图的基本结构的方法。

从微观层面上，中心性用于评估点或边所代表的物理现实的重要性，比如在银行资金交易网络中，评估某个金融机构在整个网络的作用大小，并进一步用于交易检测、风险识别或重要客户识别等。从宏观层面上，通过对复杂图或复杂网络的中心性度量的统计分析，定义了统计同质图（Homogeneous Graph）和异质图（Heterogeneous Graph）。在同质图中，中心性度量所表征的统计分布具有快速衰减的特点，形成了所谓的"轻尾分布"（Light-tailed Distribution）；异质图所表征的统计分布则是重尾分布（Heavy-tailed Distribution）。在实际应用中，航空网络往往形成异质图，在某些枢纽机场中具备大量的航线，而其他机场则快速衰减为少量的航线。

在现实场景中，图的中心性度量被广泛使用，典型的应用领域包括金融行业的征信、风控、反欺诈，社会学中的舆情分析、社交网络分析、企业关系，工业领域有医疗图谱、产品质量和生产可靠性、药物与疾病图谱、基因图谱、能源网络，商业上的市场营销、客户关系维护、重点客户识别，等等。典型的例子列举如下。

- 在金融风险方面，通过中心性度量金融交易网络的"枢纽"，识别核心机构对整个金融网络风险的重要性，并评估金融风险出现时风险传递的广度和深度，通过对"借款中心性"的度量可以发现流动性冲击风险。
- 在公共安全领域，挖掘犯罪团伙的核心人物。
- 在社会学领域，识别重要舆情传播网络的关键节点和意见领袖等。
- 著名的中心性算法 PageRank 用于度量互联网中网页的重要性。
- 在交通网络中，通过中心性研究加油站、公交站点和应急救援站点的选址问题。
- 在电力网络的健壮性研究、生物网络的种群稳定性研究中，中心性度量也有着重要的应用。

6.3.1　度中心性

度中心性（Degree Centrality）通过顶点的度数——顶点的边的数量——来衡量一个顶点在图中的重要性。对于图 G 的顶点 v，其度中心性定义为

$$C_D(v) = \deg(v) \qquad\qquad (6-7)$$

从定义易知，度中心性即顶点的度数。在实践中，通常会对度中心性进行归一化。对于有向图来说，度中心性还可以分为出度中心性和入度中心性，分别对应顶点的出度和入度。度中心性是一个非常简单的局部度量，在直觉上也显而易见，一个顶点的边越多，"看起来"就越重要。比如在社交网络中，一个人认识的人越多，他在该网络中越容易成为"中心"，这也是度中心性最原始的意义。清单 6-6 是度中心性的算法示例，根据度中心性度量值对图进行可视化，如图 6-8 所示。

清单 6-6　度中心性算法示例

```
1.  from collections import defaultdict
2.  def degree_centrality(G):
3.      '''度中心性，对有向图来说，分为出度和入度'''
4.      cdict = defaultdict(lambda:0)
5.      # G.edges 表示所有的边
6.      for u, v in G.edges:
7.          # 分别对边的源顶点和目标顶点计数
8.          cdict[u] += 1
9.          cdict[v] += 1
10.     return cdict
```

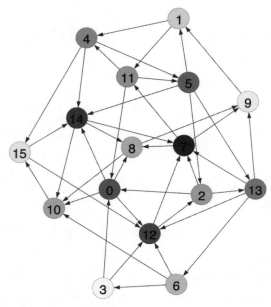

图 6-8　根据度中心性对图的可视化，颜色越深，表示度中心性越高

6.3.2 亲密中心性

亲密中心性（Closeness Centrality）是用距离来衡量顶点在图中的重要性的指标。图 G 的顶点 v 与其他顶点的平均距离越小，则亲密中心性越高，表明顶点 v 处于更中心的位置。顶点的亲密中心性越高，意味它着与其他顶点的距离越近，在信息传递上，通过该顶点更易于把信息传递到整个图中。在社交网络中，高亲密中心性的顶点（个人或组织）有着信息传递枢纽的作用，即通过这些顶点，信息能够最快传遍整个网络。

对于顶点 v，其亲密中心性定义为：顶点 v 到图 G 的所有其他顶点的最短路径的距离的平均值的倒数，即

$$C_C(v) = \frac{k}{\sum_{u \neq v} d(u, v)} \qquad (6-8)$$

其中，k 为从 v 能够触达的所有顶点的数量。对于（强）连通图来说，$k = n - 1$。对于非强连通图来说，可以使用调和平均（Harmonic Mean）来代替算数平均（Arithmetic Mean），即调和亲密中心性，定义如下：

$$C_C^H(v) = k \sum_{u \neq v} \frac{1}{d(u, v)} \qquad (6-9)$$

如果无法从 u 触达 v，则约定 $\frac{1}{d(u,v)} = 0$。对于有向图来说，$d(u, v)$ 表示从其他顶点 u 到达指定顶点 v 的最短路径的距离，即向内亲密中心性（Incoming Closeness Centrality），有时也会使用从指定顶点 v 到其他顶点 u 的最短路径的距离来定义亲密中心性，即向外亲密中心性（Outgoing Closeness Centrality）。

亲密中心性和度中心性有所不同，计算指定顶点的度中心性，只需要用到局部数据；而计算亲密中心性，则需要计算某个顶点与所有其他顶点的最短距离，即需要用到图的全局数据，计算量较大。在实际计算中，对于无权图来说，通常会把指定顶点 v 作为起始顶点，并使用广度优先搜索方法遍历整个图；对于加权图来说，通常使用 Dijkstra 最短路径算法、最短路径快速算法或 Floyd 最短路径算法等。

清单 6-7 是有向图的亲密中心性的算法示例，根据亲密中心性对图进行可视化，如图 6-9 所示。从图 6-9 左右两边的对比可以看出，向内亲密中心性和向外亲密中心性存在显著的差别，向内亲密中心性有利于收集信息，而向外中心性则善于传播信息。同时，通过对比图 6-9 和图 6-8，可以直观地看出亲密中心性与度中心性的度量结果的区别。

清单 6-7　亲密中心性算法示例

```
1.   def closeness_centrality(G, direction='outgoing'):
2.       '''强连通有向图的亲密中心性'''
3.       if direction not in ['incoming', 'outgoing']:
4.           raise ValueError('''direction 参数可选值:
5.  向内（incoming）和向外（outgoing）''')
6.       # 使用弗洛伊德算法计算所有顶点对间的最短距离
7.       # 弗洛伊德算法的算法实现，参考清单 6-5
8.       distances = floyd(G)
9.       # 顶点数量减 1，假设图 G 为强连通图
10.      k = len(G) - 1
11.      # 计算平均距离的倒数 c = k/sum_u(d(u, v))
12.      ccdict = {}
13.      for v in G:
14.          # 计算向内亲密中心性
15.          if direction == 'outgoing':
16.              ccdict[v] = k / sum(distances[v, :])
17.          # 计算向外亲密中心性
18.          else:
19.              ccdict[v] = k / sum(distances[:, v])
20.      return ccdict
```

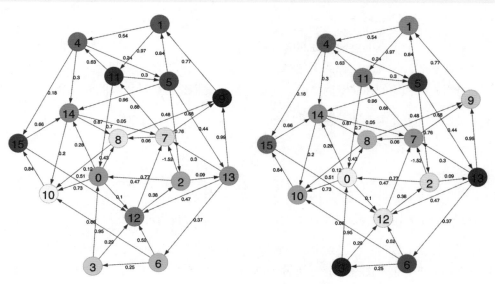

图 6-9　根据亲密中心性对图进行可视化，颜色越深，表示亲密中心性越高，
左边是向内亲密中心性，右边是向外亲密中心性

6.3.3 中介中心性

在图中随机地从一个顶点到另一个顶点的游走中，有些点或边经常被访问到，而另一些点或边则较少被访问到。中介中心性（Betweenness Centrality）是衡量点或边被访问的频繁程度的指标。事实上，中介中心性是衡量顶点或边起到"桥梁"作用的指标，中介中心性较强的点或边更可能是不同顶点或子图之间的桥梁。相反的是，在信息传播中，中介中心性较强的作为重要"桥梁"的点或边，是通信中关键的枢纽或主干道，往往也可能成为"瓶颈"，因此中介中心性也是寻找各种网络（比如交通网络、通信网络、社交网络等）瓶颈的重要指标。

中介中心性是一个全局计算的度量指标，通常被定义为被图中所有顶点对间最短路径所"贯穿"的次数。图G中所有顶点对$< s, t >$的最短路径所经过的中间顶点包含顶点v的次数，被称为顶点v的中介中心性，即

$$C_B(v) = \sum_{s \neq t \neq v} \frac{\gamma_{st}(v)}{\gamma_{st}} \tag{6-10}$$

其中，γ_{st}表示从顶点s到顶点t的最短路径的数量，$\gamma_{st}(v)$表示其中经过顶点v的最短路径的数量。如果顶点s到顶点t的最短路径都不经过顶点v，则$\frac{\gamma_{st}(v)}{\gamma_{st}}$为零。如果所有顶点对的最短路径都不经过顶点$v$，那么$C_B(v) = 0$。

通常来说，一个顶点的度中心性越大，则它被当作"桥梁"的可能性就越大。这在社交网络中是易于理解的，一个人认识的人越多，则他越可能成为介绍两个陌生人认识的中间人。其他例子也是明显的，比如在航空网络中，航班特别多的枢纽型机场更可能成为中转机场。

在顶点之外，中介中心性很容易推广到边上，将式（6-10）简单修改，可得边中介中心性，即

$$C_B(e) = \sum_{s \neq t} \frac{\gamma_{st}(e)}{\gamma_{st}} \tag{6-11}$$

其中，$\gamma_{st}(e)$表示从顶点s到顶点t的所有最短路径中经过边e的最短路径数量。

在计算中介中心性时，会用到最短路径算法。对于无权图来说，通常可使用广度优先搜索；对于权值全部为正的带权图来说，可使用 Dijkstra 最短路径算法；而当权值存在负数时，则可以使用 Bellman-Ford 算法或最短路径快速算法。

下面的算法示例选择了最短路径快速算法来计算中介中心性，这需要对清单 6-4 的算法实现进行少量的修改，使函数 spfa 返回用于计算中介中心性值的必要信息。修改后的函数命名为

"_spfa"，其算法实现见清单 6-8。清单 6-9 给出了中介中心性的算法实现，其核心是对 "_spfa" 中计算的 γ 值按照最短路径所经过的中间顶点进行累加，算法逻辑见清单 6-9 的 "_accumulation" 函数（清单 6-9 的第 1~23 行）。边中介中心性的算法逻辑与顶点中介中心性算法实现非常类似，仅在 "_accumulation" 阶段改为对边进行计算，见清单 6-10 的 "_accumulation_edge" 函数（清单 6-10 的第 1~29 行）。图 6-10 是根据（顶点）中介中心性对图的可视化，将图 6-10 和图 6-9、图 6-8 进行比较，可以更好地理解中介中心性、亲密中心性和度中心性之间的差异。边中介中心性在社区检测和社区发现中有着重要的应用，后面还会继续介绍。

清单 6-8　用于计算中介中心性的最短路径快速算法示例

```
1.  def _spfa(G, src):
2.      """用于计算中介中心性的最短路径快速算法"""
3.      inf = float("inf")
4.      # 用于保存每个顶点访问次数的计数，并检测是否存在负权环
5.      n = len(G)
6.      counts = {}
7.      # 保存每一个顶点的前序顶点
8.      predecessors = {src: [src]}
9.      # 保存 gamma 值，清单 6-4 用于寻找最短路径本身的实现中不需要的 gamma 值
10.     gamma = {v: 0 for v in G.nodes}
11.     gamma[src] = 1
12.     # 距离字典
13.     distances = {src: 0}
14.     # Q 为队列，辅助集合 Qset 用于判断顶点是否在 Q 中
15.     Q = queue.deque([src])
16.     Qset = set([src])
17.     # 用于后向传播累加最短路径数量时，解决依赖的辅助栈，是为了计算中介中心性而增加的
18.     # SPFA 对一个顶点的最短路径可能有多次更新，以最后一次更新的为准
19.     # 最后一次之前的更新都会被最后一次更新的值所覆盖
20.     stack = []
21.     # 主循环
22.     while Q:
23.         # 获取当前节点
24.         v = Q.popleft()
25.         Qset.remove(v)
26.         # 如果 v 的前序顶点也在队列中，则跳过处理，这是由于 v 距离还可能发生变化
27.         if all(v_predecessor not in Qset for
28.                     v_predecessor in predecessors[v]):
29.             v_dist = distances[v]
30.             # 计算 gamma 值，其值为所有前序顶点的 gamma 值之和
31.             # gamma 根据最短路径所经过的中间顶点，对最短路径数量进行计数
32.             gamma[v] = sum([gamma[v_predecessor] for
```

```
33.                        v_predecessor in predecessors[v]])
34.              stack.append(v)
35.              # 对当前顶点 v 的所有邻接顶点进行搜索
36.              for u in G.neighbors(v):
37.                  # 边 v->u 的权值，权值可以为负数
38.                  w = G[v][u].get('weight', 1)
39.                  # v 的邻接顶点 u 的距离 = v 的距离 + 边 v->u 的权值
40.                  u_dist = v_dist + w
41.                  # 如果 u_dist 比已保存中的距离更小，则加入队列，待后续处理
42.                  # 如果 u 是第一次被处理，则初始化距离为无穷大 inf
43.                  if u_dist < distances.get(u, inf):
44.                      if u not in Qset:
45.                          Q.append(u)
46.                          Qset.add(u)
47.                          # count_v 用于检测负权环
48.                          # 如果发现负权环，则会在环中持续循环
49.                          # 并使计数值超过图的顶点总数
50.                          count_v = counts.get(v, 0) + 1
51.                          if count_v == n:
52.                              raise ValueError("发现负权环，算法无法处理！")
53.                          counts[v] = count_v
54.                      # 将顶点 u 的距离更新为 u_dist
55.                      distances[u] = u_dist
56.                      # 将顶点 u 的前序顶点更新为当前顶点 v
57.                      predecessors[u] = [v]
58.                      # 更新顶点的 gamma 值
59.                      gamma[u] = gamma[v]
60.                  # 如果从当前顶点 v 到其邻接顶点 u 所计算的距离，和其他顶点到 u 的距离一样
61.                  # 则将 v 也作为 u 的前序顶点，此时说明从起始顶点到 u 的最短路径有多条
62.                  elif distances.get(u) is not None and \
63.                          u_dist == distances.get(u):
64.                      predecessors[u].append(v)
65.                      # 如果一个顶点的前序顶点多了一个
66.                      # 则将其 gamma 值累加到当前的 gamma 值上
67.                      gamma[u] = gamma[u]+gamma[v]
68.                      stack.append(u)
69.      # 返回距离、前序顶点、gamma 值及用于辅助累加的栈等，在计算中介中心性时需要它们
70.      return distances, predecessors, gamma, stack
```

清单 6-9　中介中心性算法示例

```
1.  def _accumulation(src, stack, predecessors, gamma, CB):
2.      '''根据一个路径所经过的顶点，累加其 gamma 值'''
3.      # Qset 用于保证仅处理最后一次更新的 gamma 值
4.      Qset = set()
```

```
5.      delta = dict.fromkeys(stack, 0.0)
6.      # 主循环
7.      while stack:
8.          u = stack.pop()
9.          # 该 gamma 值已累加，忽略
10.         if u in Qset:
11.             continue
12.         # delta_v = sum( gamma_v / gamma_u * (1 + delta_u) )
13.         for v in predecessors[u]:
14.             delta[v] += (gamma[v]/gamma[u])*(1+delta[u])
15.         if u != src:
16.             # 累加到 C_B 上
17.             CB[u] += delta[u]
18.         # 将 u 加入 Qset 中，避免重复计算
19.         # 对于无权图，如果使用 BFS 代替 SPFA
20.         # 或者对于不带负权边的图，用 Dijkstra 代替 SFPA
21.         # 则不需要使用辅助 Qset，因其使用贪婪策略，stack 中没有重复的顶点
22.         Qset.add(u)
23.     return CB
24.
25. def betweenness_centrality(G):
26.     '''计算图 G 的所有顶点的中介中心性值，使用 SPFA 计算最短路径，支持负权值'''
27.     CB = {v: 0.0 for v in G.nodes}
28.     # 遍历图中的每一个顶点
29.     for src in G.nodes:
30.         # 起点 src 到图的其他顶点的最短路径，并计算其中介中心性
31.         distances, predecessors, gamma, stack = _spfa(G, src)
32.         CB = _accumulation(src, stack, predecessors, gamma, CB)
33.     return CB
```

清单 6-10　边中介中心性算法示例

```
1.  def _accumulation_edge(src, stack, predecessors, gamma, CB):
2.      '''根据一个路径所经过的顶点和边，累加其 gamma 值'''
3.      # Qset 用于保证仅处理最后一次更新的 gamma 值
4.      Qset = set()
5.      delta = dict.fromkeys(stack, 0.0)
6.      # 主循环
7.      while stack:
8.          u = stack.pop()
9.          # 确保 gamma 值没有被重复计算
10.         if u in Qset:
11.             continue
12.         # delta_v = sum( gamma_v / gamma_u * (1 + delta_u) )
13.         for v in predecessors[u]:
```

```
14.            t = (gamma[v]/gamma[u])*(1+delta[u])
15.            delta[v] += t
16.            # 针对边计算中介中心性值
17.            if (v, u) in CB:
18.                CB[(v, u)] += t
19.            else:
20.                CB[(u, v)] += t
21.        if u != src:
22.            # 累加到 C_B 上
23.            CB[u] += delta[u]
24.        # 将 u 加入 Qset 中，避免重复计算
25.        # 对于无权图，如果使用 BFS 代替 SPFA
26.        # 或者对于不带负权边的图，用 Dijkstra 代替 SFPA
27.        # 则不需要使用辅助 Qset，因其使用贪婪策略，stack 中没有重复的顶点
28.        Qset.add(u)
29.    return CB
30.
31. def edge_betweenness_centrality(G):
32.     '''计算图 G 的所有边的中介中心性值，使用 SPFA 计算最短路径，支持负权值'''
33.     # 因为边中介中心性的计算依赖于顶点中介中心性的计算
34.     # 因此 CB 中同时保存了顶点和边的中介中心性值
35.     # 初始化顶点
36.     CB = {v: 0.0 for v in G.nodes}
37.     # 起始顶点的前序顶点为自身，用于辅助
38.     CB.update({(v,v): 0.0 for v in G.nodes})
39.     # 初始化边
40.     CB.update({(u,v): 0.0 for u, v in G.edges})
41.     # 遍历图中的每一个顶点
42.     for src in G.nodes:
43.         # 起点 src 到图的其他顶点的最短路径，并计算其顶点和边中介中心性
44.         distances, predecessors, gamma, stack = _spfa(G, src)
45.         CB = _accumulation_edge(src, stack, predecessors, gamma, CB)
46.     # 获取所有边的中介中心性并返回
47.     ECB = {}
48.     for u, v in G.edges:
49.         ECB[(u, v)] = CB[(u, v)]
50.     return ECB
```

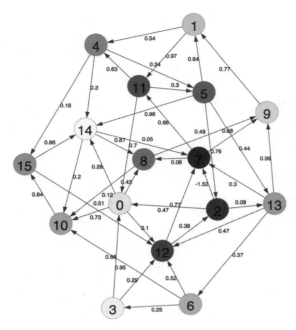

图 6-10　根据中介中心性对图的可视化，颜色越深，表示中介中心性越大

6.3.4　特征向量中心性

特征向量中心性（Eigenvector Centrality）是谱图理论的研究内容之一，是基于图的邻接矩阵的谱特征来计算的中心性度量指标。本质上是通过邻接顶点的中心性来确定当前顶点的中心性，即图 G 的顶点 i 的特征向量中心性被定义为其所有邻接顶点中心性的平均值，即

$$C_E^i = \frac{1}{\lambda}\sum_{j=1}^{n} a_{ij} C_E^j \tag{6-12}$$

其中，n 为图 G 的顶点数量，a_{ij} 即图 G 的邻接矩阵 $\boldsymbol{A}$ 对应的元素。用矩阵的方式改写式（6-12），有

$$\boldsymbol{A}\boldsymbol{c} = \lambda \boldsymbol{c} \tag{6-13}$$

其中，向量 $\boldsymbol{c} = [C_E^1, C_E^2, \dots, C_E^n]$，$\boldsymbol{c}$ 的每个元素 C_E^i 即顶点 i 的特征向量中心性的值。也就是说，顶点的特征向量中心性是图的邻接矩阵 $\boldsymbol{A}$ 的特征向量。式（6-13）的解存在多个 λ 及同样多个 $\boldsymbol{c}$，在实际中，使用值最大的 λ 所对应的 $\boldsymbol{c}$ 作为特征向量中心性。基于 Perron–Frobenius 理论，如果图 G 是强连通的，并且所有权值都是非负的，那么邻接矩阵 $\boldsymbol{A}$ 是不可约的，值最大的 λ 对应的特

征向量c是唯一的，并且c的全部元素都是正实数。这个值最大的λ被称为谱半径。

谱图理论探讨的核心课题之一就是图的邻接矩阵的特征值、特征向量及其特性。谱图理论的简要介绍在 6.1.4 节，需要深入研究的读者可参考专门介绍图论、代数图论或谱图理论的书籍。

求解矩阵特征向量数值解有许多成熟的方法。幂迭代（Power Iteration）法，也称冯·米塞斯迭代（Von Mises Iteration）法，是其中一种常用于求解式（6-13）的方法。幂迭代法从一个初始的向量c_0开始，初始向量可以是一个预估的接近于目标特征向量的向量，也可以是一个随机向量。接着，迭代地应用公式

$$c_{k+1} = \frac{Ac_k}{\|Ac_k\|} \qquad (6-14)$$

来更新向量的值，即把向量与图G邻接矩阵A相乘并归一化来更新向量的值。

持续式（6-14）的迭代过程，直到向量收敛，即求解出了特征向量。在实际应用中，有很多现成的求解矩阵特征值和特征向量的库可以用来求解特征向量。清单 6-11 是特征向量中心性的算法示例，使用了 Python 语言中优秀的科学计算工具库 Scipy 中求解特征向量的函数 sparse.linalg.eigs，其本身是封装了 Fortran77 语言编写的专门用于求解特征值和特征向量的工具库 ARPACK（见链接 6-1）。ARPACK 也为其他语言所用，包括 C、C++、Nvidia CUDA、MATLAB、Mathematica、Java 等。ARPACK 特别适合用于求解稀疏矩阵的特征值和特征向量，而大多数图的邻接矩阵都是稀疏矩阵，因此使用 sparse.linalg.eigs 来求解特征向量中心性效率较高。根据特征向量中心性对图进行可视化，如图 6-11 所示。将图 6-11 与图 6-10、图 6-9、图 6-8 等进行比较，可以更好地理解不同中心性的特色。

清单 6-11　特征向量中心性算法示例

```
1.   from scipy.sparse import linalg, csr_matrix
2.   def eigenvector_centrality(G):
3.       '''使用 Scipy.sparse.linalg.eigs(ARPACK)计算特征向量中心性'''
4.       # 将图转化成 Scipy 的稀疏矩阵
5.       n = len(G.nodes)
6.       data = []
7.       row = []
8.       col = []
9.       for u, v in G.edges:
10.          row.append(u)
11.          col.append(v)
12.          data.append(G[u][v].get('weight', 1))
13.      A = csr_matrix((data, (row, col)), shape=(n, n))
```

```
14.        # 通过eigs计算特征值最大的那个特征向量
15.        eigval, eigvec = linalg.eigs(A.T, k=1, which="LR")
16.        eigvec = eigvec.flatten().real
17.        sign = np.sign(eigvec.sum())
18.        return dict(zip(range(n), sign*eigvec))
```

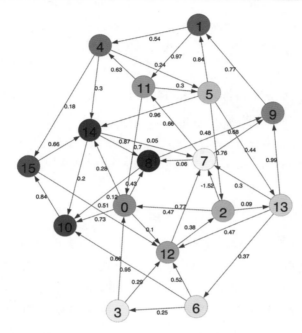

图6-11   根据特征向量中心性对图的可视化，颜色越深，表示特征向量中心性越大

6.3.5 PageRank

PageRank 是 Google 搜索引擎的核心算法，由 Google 公司的创始人提出。其基本思想来源于论文质量的评价方法——具有较高引用量的论文，其权威性较高。在互联网中，组成网页的顶点和链接组成的边构成了图的拓扑结构，这与论文引用非常相似。将论文评价的方法迁移到网页中，即被更多其他网页链接的页面的质量更高，更受用户的欢迎，从而 PageRank 值较高。PageRank 值意味着如果随机在网页上游走，能够访问到某个网页的概率，那些最受欢迎的网页就是最有可能被访问的网页。随着 Google 的成功，PageRank 被深入研究并广为接受，也被应用到广义的、抽象的图上，用于衡量顶点重要性。也就是说，PageRank 成了衡量顶点中心性的著名算法。

PageRank 考虑了顶点的邻接顶点的中心性，衡量了顶点的传递方向的影响，其本质上与特征向量中心性一样，是基于邻接矩阵的特征向量的一种度量，可以认为是另一种特征向量中心性。具体来说，PageRank 考虑了顶点的入度，以及顶点入边的另一端顶点的 PageRank 值，来计算当前顶点的 PageRank 值，这与仅考虑了入边的特征向量中心性非常相似。不过，为了使 PageRank 能够应用到任意有向图中，并没有直接使用图的邻接矩阵来计算特征向量，而是使用了更复杂的定义：

$$R(v) = \alpha * \sum_{<u,v> \in E} \frac{R(u)}{o_u} + (1 - \alpha) \qquad (6-15)$$

其中，$R(u)$ 和 $R(v)$ 分别是顶点 u 和 v 的 PageRank 值，o_u 是顶点 u 的出度，α 是阻尼系数（Damping factor）。式（6-15）表明顶点 v 的 PageRank 值依赖于顶点 v 的所有入边的另一端顶点的 PageRank 值，而顶点 u 的 PageRank 值对其邻接顶点（出边的另一端的顶点）的影响与出边的数量成比例。在原始论文中，$\alpha = 0.85$。原始的 PageRank 适用于无权边的图，但根据原理很容易转化为带权有向图。用矩阵的方法改写式（6-15），有

$$\boldsymbol{Pr} = \lambda \boldsymbol{r} \qquad (6-16)$$

即图 G 的所有顶点的 PageRank 值组成了矩阵 $\boldsymbol{P}$ 的最大特征值 λ_1 所对应的特征向量。将式（6-16）和式（6-13）进行比较，其相似之处显而易见，PageRank 和特征向量中心性本质上是一样的，思想也是一致的，即通过其邻接顶点的重要性来衡量自身的重要性。不同的是，特征向量中心性直接使用图 G 的邻接矩阵来计算特征向量，而 PageRank 中用于计算特征向量的矩阵 $\boldsymbol{P}$ 由下式构成：

$$\boldsymbol{P} = \alpha \boldsymbol{N} + \frac{(1 - \alpha)}{n} \boldsymbol{E} \qquad (6-17)$$

其中，$\boldsymbol{E}$ 是每个元素都为 1 的矩阵。$\boldsymbol{N} = \boldsymbol{A} \boldsymbol{K}_o^{-1}$，$\boldsymbol{A}$ 是图 G 的邻接矩阵，$\boldsymbol{K}_o^{-1}$ 是对角矩阵，矩阵对角上的每个元素都是相应顶点出度的倒数，即 $(\boldsymbol{K}_o^{-1})_{uu} = \frac{1}{o_u}$。矩阵 $\boldsymbol{N}$ 称为马尔可夫链的转移概率矩阵。矩阵 $\boldsymbol{P}$ 和邻接矩阵 $\boldsymbol{A}$ 没有显著的不同。

在前面介绍过，如果图 G 是强连通图，则其邻接矩阵是不可约的，能够很方便地求出其特征向量的数值解。而在计算 PageRank 时，矩阵 $\boldsymbol{P}$ 在矩阵 $\boldsymbol{N}$（本质上是 $\boldsymbol{A}$）的基础上加了 $\frac{(1-\alpha)}{n} \boldsymbol{E}$，这样即使图 G 本身不是强连通的，$\boldsymbol{P}$ 也是不可约的，因此也能够计算 PageRank。事实上，加上 $\frac{(1-\alpha)}{n} \boldsymbol{E}$ 会使任何一个顶点有很小的概率随机转移到另一个顶点上，使图 G 看起来变成连通的（即从任意顶点出发，都能触达图 G 中的任意其他顶点，而非强连通的图，则存在从一些顶点出发，无法到达图中的其他一些顶点）。综上，PageRank 的应用更加广泛。

清单 6-12 是 PageRank 算法的示例，事实上，很多工具都带有 PageRank 的模块，可以直接调用。比如，第 5 章介绍的 TinkerPop（Gremlin 语言）就自带了 PageRank 实现，可以直接通过 pagerank 函数来计算相应的值。又比如，最常用的分布式图计算引擎 Spark GraphX 也提供 PageRank 的实现，通过它能够非常方便地使用分布式集群来计算超大规模的图的 PageRank 值。根据 PageRank 值对图进行可视化，如图 6-12 所示。将图 6-12 与图 6-11、图 6-10、图 6-9、图 6-8 等进行对比，可以观察不同中心性度量的差别。

清单 6-12　PageRank 算法示例

```
1.   import numpy as np
2.   from scipy import sparse as sp
3.   def pagerank(G, alpha=0.85):
4.       '''通过构造 P 矩阵并求其最大特征值所对应的特征向量来计算 PageRank 值'''
5.       # 计算图的邻接矩阵 A
6.       n = len(G.nodes)
7.       # 邻接矩阵
8.       A = np.zeros((n, n), dtype=np.float64)
9.       for u, v in G.edges:
10.          A[u, v] = G[u][v].get('weight', 1.0)
11.      # 计算顶点的出度
12.      Od = np.array(A.sum(axis=1)).flatten()
13.      # 计算出度的倒数
14.      Od[Od != 0] = 1.0 / Od[Od != 0]
15.      # 出度对角矩阵
16.      K = sp.sparse.spdiags(Od, 0, n, n, format="csr")
17.      # 概率转移矩阵
18.      N = K * A
19.      # E * (1-alpha)/n
20.      E = np.ones((n, n), dtype=np.float64) * (1-alpha) / n
21.      # 计算 P 矩阵
22.      P = alpha * N + E
23.      # 计算特征值和特征向量
24.      eigval, eigvec = sp.linalg.eig(P.T)
25.      # 获取特征值最大的那个特征向量
26.      idx = eigval.argmax()
27.      largest = np.array(eigvec[:, idx]).flatten().real
28.      norm = float(largest.sum())
29.      return dict(zip(range(n), largest / norm))
```

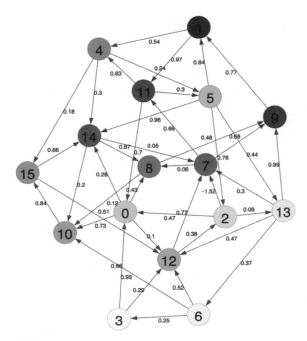

图 6-12　根据 PageRank 值对图的可视化，颜色越深，表示 PageRank 值越大

PageRank 除了在搜索引擎中用于计算网页重要性，也广泛用在其他领域。在社交网络中，通过兴趣和公共连接来计算用户在某个兴趣领域的权威性。在公共交通路领域，PageRank 用于预测公共空间或道路的交通流量，或者用于评估道路交叉点（顶点）的车辆流量，进而辅助道路规划的优化。在城市公共空间规划方面，也可以使用 PageRank 来研究空间的人员流动和辐射人群情况，进而优化公园、商业、街区的布局。在金融和保险行业，PageRank 用于进行异常检测和欺诈检测，评估并揭示有异常行为的用户。在化学和分子动力学领域，PageRank 用于评估化学键的结合能力。在生物学和基因领域，可以使用 PageRank 来评估不同基因对疾病、蛋白质对蛋白质、基因对蛋白质等的影响。在网络运维或工业互联网领域，可以计算监控节点的 PageRank 值，进而对节点的监控进行分级。在影视娱乐领域，可以用 PageRank 对演员作品等进行分析，评价其受欢迎程度。有些自然语言处理的算法也是基于 PageRank 来实现的，比如通过对文本的句子或词汇计算 PageRank，用于实现抽取式摘要或关键词提取等。

6.4　社区检测

"物以类聚，人以群分"，在社会系统中，个人倾向于在某些方面与自身相似的人建立联系，并通过联系聚集形成了社会组织的基本结构——社区（Community）。在社区内部，人与人之间的联系紧密，所形成的连接非常多且丰富；而不同社区的人们之间联系较少，所形成的连接也少而单调。在其他领域的研究中也发现，很多现实存在的系统也被自然地划分为社区。经过抽象，在由顶点和边所构成的图中，呈现出类似"物以类聚，人以群分"这样的圈子化现象，被称为图的社区化，而每一个圈子被称为社区。

定性来说，社区就是图G的子图G_s，子图内的顶点之间具有较多的边（称为内部边），而分属于不同子图的顶点之间具有较少的边（称为外部边）。也就是说，社区的内部边要远远多于社区的外部边。通俗地说，社区是指由一系列联系紧密的顶点所构成的子图，社区内部的连接是稠密的，社区之间的连接是稀疏的。

在图论和图论相关的学科中，有若干和社区关系密切的概念值得一说。"凝聚子群"（Cohesive Subgroup）是社会学中的常用概念之一，其意义与社区接近。团是指图G的完全子图，在社会学中也常被称为"派系"（其实它们的英文单词都是 clique）。团要求子图内的所有顶点对之间有边直接相连，这在实际场景中较为罕见。

N 团（N-clique）是指图G中任意顶点对之间都存在长度小于或等于N的路径的最大子图，即从一个顶点出发，至多经过中间的$N–1$个顶点即可触达子图内的任意其他顶点。N为 1 时就是团了，也就是团等价于"1 团"。K 核（K-core）结构是指图G的所有顶点的度都大于等于K的最大子图。K 丛（K-plex）结构是指图G中每个顶点至少与$n–K$个顶点连接的最大子图（其中n为子图的顶点数）。事实上，K 核等价于$n–K$丛，并且 1 丛就是团。

在不同的上下文中，社区检测又被称为社区发现、社区分类、图聚类等，其任务是将图划分为不同的社区，这是图分析和图计算的重要任务。通常来说，稀疏图的社区检测才是可行的，对于稠密图来说，很难对顶点划分社区。在图中检测社区需要探索整个图，在数学上是 NP 完全的问题。不过，在实际应用中，通常只需要一个合理的社区检测结果即可，实现这个目标的算法非常多，列举如下。

- 基于边中介中心性、特征向量中心性等中心性度量的分裂算法，如 GN（Girvan–Newman）算法等。
- 基于模块度最优化的凝聚算法，比如 Louvain 算法。
- 基于随机游走的信息流映射（Information Flow Mapping，Infomap）算法和自投罗网（Walktrap）算法。
- 标签传播算法（Label Propagation Algorithm，LPA）。

- 基于粒子竞争（Particle Competition）的社区检测算法。
- 基于谱图理论的社区检测方法，比如基于拉普拉斯矩阵谱性质的谱对分算法、谱聚类算法等。
- 变色龙（Chameleon）层次聚类算法。

不过这些算法并没有一个是普适的，不同的算法用在同样的数据上，可能得到不同的社区分类结果。这就要求在特定场景中需要根据目标来选择最合适的算法。在选择算法时，有一些基本因素是值得考虑的，分别是数据量的大小、图的复杂程度、预期的社区数量和社区大小、如何处理分属于多个社区的顶点（社区重叠），等等。除此之外，如何选择算法并没有放之四海而皆准的法则，需要对算法的特性足够了解，并凭借经验做出合适的选择。有时也建议使用一组社区检测算法来检测社区，从而更可靠地评估图的结构特性，并根据业务场景的目标选择最佳的社区检测算法。

在应用方面，社区检测一直活跃在计算机科学、社会科学、生物学、心理学、药物与医疗、经济与金融等领域中。在计算机科学中，社区检测与图的分割密切相关，其目的是将图划分为多个子图，并使子图间边的数目最小化，在个性化推荐、垃圾邮件检测等方面都有应用。在社会网络的研究中，社区检测有助于发现群体中联系紧密的部分，常用于分析人群的互动与交流。在社会学中，社区也被称为凝聚子群，社区检测的目的是发现基于社会互动网络的不同的社会群体。在经济与金融中，社区检测可用于团队欺诈检测、风险管理与控制、投资研究与股票市场分析等。在知识管理和持续学习中，社区发现有助于对所学知识进行分区，实现智能化培训或自适应学习。

6.4.1　模块度

模块度（Modularity）是社区检测中最重要的一个概念，是一个用于衡量将图划分为社区的好坏程度的量化指标，也是衡量图的同质性（Homophily）的指标。许多社区检测算法都使用模块度来衡量划分社区的好坏程度，并用于判断算法是否应当停止。模块度原始概念是针对无向图提出的，并在后续的发展中推广到了有向图和带权有向图中。

对于带权有向图 $G = \{V, E\}$，顶点 $u, v \in V$，源顶点和目标顶点分别为 u、v 的有向边 $e = <u, v> \in E$，边的权值为 w_{uv}，c_u 和 c_v 分别表示顶点 u 和 v 所属的社区。针对某个社区划分的模块度 Q 的定义为

$$Q = \frac{1}{W}\left(\sum_{u,v \in V} w_{uv}\delta(c_u, c_v) - \sum_{u,v \in V} \frac{k_u^o k_v^i}{W}\delta(c_u, c_v) \right)$$

$$= \frac{1}{W}\sum_{u,v \in V}\left(w_{uv} - \frac{k_u^o k_v^i}{W} \right)\delta(c_u, c_v) \tag{6-18}$$

其中，$k_u^o = \sum_v w_{uv}$ 表示顶点 u 的出边权值的总和，$k_v^i = \sum_u w_{uv}$ 是顶点 v 的入边的权值的总和，$W = \sum_{v \in V} k_v^i = \sum_{u \in V} k_u^o = \sum_{<u,v> \in E} w_{uv}$ 表示所有边的权值总和，也是所有顶点入边的权值总和，或者所有顶点的出边的权值总和。这是由于每条边既是源顶点 u 的出边，也是目标顶点 v 的入边。$\delta(c_u, c_v)$ 是克罗内克 δ 函数（Kronecker Delta Function），其定义为

$$\delta(i,j) = \begin{cases} 1 & , \ i = j \\ 0 & , \ i \neq j \end{cases} \tag{6-19}$$

如果顶点 u 和顶点 v 属于同一个社区，则 $\delta(c_u, c_v) = 1$，否则 $\delta(c_u, c_v) = 0$。式（6-18）略为复杂，将其拆解和解析如下。

- $\sum_{u,v \in V} w_{uv}\delta(c_u, c_v)$ 表示所有社区内部边的权值的总和，相比于 W，这里仅计算了源顶点和目标顶点位于同一社区内部的边的权值，而没有计算那些两端顶点分属不同社区的边的权值。

- $\frac{k_u^o k_v^i}{W}$ 表示在完全随机的情况下边 $e = <u,v>$ 的期望权值。对于带权有向图，顶点 v 有 j_v^i 条入边，其入边总权值为 k_v^i，那么在完全随机的情况下，一条边是以 v 为终末顶点的不带权概率为 $\frac{j_v^i}{m}$（m 为边的数量），带权概率则为 $\frac{k_v^i}{W}$。顶点 u 有 j_u^o 条出边，其出边总权值为 k_u^o，那么在完全随机的情况下，边 $e = <u,v>$ 存在的期望概率 $\frac{j_u^o j_v^i}{m}$（不带权）和 $\frac{k_u^o k_v^i}{W}$（带权）。

值得注意的是，这里的完全随机是指在保留每个顶点的度数（出度和入度）及总权值（出边和入边的总权值）的条件下，随机在顶点之间建立连接。也就是说，随机选取两个顶点 u 和 v，为两个顶点赋予一条边 $e^{\mathrm{random}} = <u,v>$，并赋予边随机的权值 w_{uv}^{random}。通过重复这个步骤构建图 $G^{\mathrm{random}} = \{V, E^{\mathrm{random}}\}$，那么对于任意一个顶点 $v \in V$，要求 v 在图 G^{random} 的出边的权值总和与图 G 的一样，v 在图 G^{random} 的入边的权值总和也要跟图 G 的一样。在这个条件下，图 G 和图 G^{random} 的所有边的权值总和是一样的，即 $W = W^{\mathrm{random}}$。

- $\sum_{u,v \in V} \frac{k_u^o k_v^i}{W}\delta(c_u, c_v)$ 表示在完全随机的情况下，各社区内部边的期望权值的总和。

- $\sum_{u,v\in V} w_{uv}\delta(c_u,c_v) - \sum_{u,v\in V} \frac{k_u^o k_v^i}{2W}\delta(c_u,c_v)$ 表示了图的顶点同一个社区划分下，图 G 的各社区的内部边权值总和与完全随机情况下的各社区的期望权值总和之间的差值。

- $Q = \frac{1}{W}\left(\sum_{u,v\in V} w_{uv}\delta(c_u,c_v) - \sum_{u,v\in V} \frac{k_u^o k_v^i}{W}\delta(c_u,c_v)\right)$，即模块度 Q 值，表示当前图 G 在各社区的内部边的权值总和与完全随机情况下的图 G^{random} 在各社区的权值总和差值占图 G（或图 G^{random}）总权值的比例。

从对模块度 Q 定义的解析可以看出，模块度的度量是以随机情况下的图 G^{random} 为基准的。也就是说，假设随机图 G^{random} 的边在各社区内外均匀存在，那么随机图 G^{random} 各社区内部边的权值总和占总权值的比例就是度量的基准——"海平面"。而一个具体存在的图 G 是更可能呈现出社区化的，因此模块度就是使用了图 G 在各社区内部边的权值占全部权值的比例，即相比于"海平面"的海拔高度。这个"海拔"越高，Q 值越大，则说明社区划分得越好，社区划分越接近于图 G 的理想划分；这个"海拔"越低，Q 值越小，则说明社区划分越接近于随机的情况。Q 值通常在 -1 到 $+1$ 之间，各类实验结果表明，Q 值大于 0.3 表示了一个较好的社区划分。

对于无权有向图，每条边的权值为 1，则模块度 Q 的定义可以简化为

$$Q = \frac{1}{m}\sum_{u,v\in V}\left(w_{uv} - \frac{k_u^o k_v^i}{m}\right)\delta(c_u,c_v) \tag{6-20}$$

其中，$m = |E|$ 为图 G 的边的数量，k_u^o 为顶点 u 的出度，k_v^i 为顶点 v 的入度，当 $e = <u,v> \in E$ 时，$w_{uv} = 1$，否则 $w_{uv} = 0$。对于无权无向图，进一步简化为

$$Q = \frac{1}{2m}\sum_{u,v\in V}\left(w_{uv} - \frac{k_u k_v}{2m}\right)\delta(c_u,c_v) \tag{6-21}$$

其中，k_u 和 k_v 分别为顶点 u 和 v 的度，$m = |E|$ 为边的数量，这是由于每条边都被同一顶点计算了两次（边 $<u,v>$ 和边 $<v,u>$）。事实上，模块度 Q 最初就是用于无权无向图的，式（6-21）是当时的定义。

为了使算法高效计算模块度 Q 值，需要对式（6-18）进行变换。显而易见，根据 δ 函数的定义，有

$$\delta(c_u,c_v) = \sum_c \delta(c_u,c)\delta(c_v,c) \tag{6-22}$$

将式（6-22）代入式（6-18），得到

$$Q = \frac{1}{W} \sum_{u,v \in V} \left(w_{uv} - \frac{k_u^o k_v^i}{W} \right) \delta(c_u, c_v)$$

$$= \frac{1}{W} \left(\sum_{u,v \in V} \left(w_{uv} - \frac{k_u^o k_v^i}{W} \right) \right) \sum_c \delta(c_u, c) \delta(c_v, c)$$

$$= \sum_c \left[\frac{1}{W} \left(\sum_{u,v \in V} \left(w_{uv} \delta(c_u, c) \delta(c_v, c) - \frac{k_u^o k_v^i}{W} \delta(c_u, c) \delta(c_v, c) \right) \right) \right]$$

$$= \sum_c \left[\left(\frac{1}{W} \sum_{u,v \in V} w_{uv} \delta(c_u, c) \delta(c_v, c) \right) - \left(\sum_{u,v \in V} \frac{1}{W} k_u^o \delta(c_u, c) \frac{1}{W} k_v^i \delta(c_v, c) \right) \right]$$

$$= \sum_c \left[\left(\frac{1}{W} \sum_{u,v \in V} w_{uv} \delta(c_u, c) \delta(c_v, c) \right) - \left(\sum_u \frac{1}{W} k_u^o \delta(c_u, c) \sum_v \frac{1}{W} k_v^i \delta(c_v, c) \right) \right] \qquad (6-23)$$

在式（6-23）的最后一个变换中，如果 $\delta(c_u, c)$ 或 $\delta(c_v, c)$ 任意一个为 0，则 $\sum_{u,v \in V} \frac{1}{W} k_u^o \delta(c_u, c) \frac{1}{W} k_v^i \delta(c_v, c)$ 的结果是 0，所以 u 和 v 相当于互相独立，变换前后的计算结果是一样的。令

$$\Gamma_c = \frac{1}{W} \sum_{u,v \in V} w_{uv} \delta(c_u, c) \delta(c_v, c)$$

$$K_c^o = \frac{1}{W} \sum_u k_u^o \delta(c_u, c)$$

$$K_c^i = \frac{1}{W} \sum_v k_v^i \delta(c_v, c) \qquad (6-24)$$

由此得到

$$Q = \sum_c (\Gamma_c - K_c^o K_c^i) \qquad (6-25)$$

根据式（6-24）和式（6-25）来计算模块度 Q 值就非常容易了，清单 6-13 是其用 Python 语言实现的示例，用任何其他的编程语言实现起来都不会有障碍。

清单 6-13　有向图的模块度 Q 值计算方法示例

```
1.  def modularity(G, communities):
2.      '''计算有向图的模块度 Q 值，每个顶点仅属于一个社区
3.         communities: 顶点 v->社区 id 的键值字典
4.      '''
5.      # 所有社区 id 列表
6.      cmtyids = sorted(set(communities.values()))
7.      # 初始化
```

```
8.       Gamma = {c:0.0 for c in cmtyids}
9.       Kappa_o = {c:0.0 for c in cmtyids}
10.      Kappa_i = {c:0.0 for c in cmtyids}
11.      W = 0.0
12.      # 对每条边, 计算 Gamma Γ 和 Kappa K
13.      for u, v in G.edges:
14.          # 获取边<u, v>的权值, 对于无权图, 则默认为 1
15.          wuv = G[u][v].get('weight', 1.0)
16.          # 累加到 W 中
17.          W += wuv
18.          # 获取顶点 u 和 v 所属的社区
19.          cu = communities[u]
20.          cv = communities[v]
21.          # 累加到 Kappa K 中
22.          Kappa_o[cu] += wuv
23.          Kappa_i[cv] += wuv
24.          # 如果 u 和 v 属于同一社区, 边为社区内部的边, 则累加到 Gamma Γ 中
25.          if cu == cv:
26.              Gamma[cu] += wuv
27.      # 计算 Q 值
28.      Q = 0.0
29.      coef = 1.0 / W
30.      for c in cmtyids:
31.          Q += coef*Gamma[c] - coef*Kappa_o[c] * coef*Kappa_i[c]
32.      return Q
```

6.4.2 GN 社区检测算法

GN 社区检测算法是社区检测中非常流行的经典算法之一，是一种基于边的递归删除实现社区分裂，进而实现社区发现的方法。在 GN 算法中，边的删除并不是随机选择的，而是根据边的"桥梁"性质来的。6.3.3 节提到，中介中心性是衡量顶点或边起到"桥梁"作用的指标。在经典的 GN 算法中，正是使用边中介中心性作为选择删除边的衡量指标——将边中介中心性值中最大的那些边去除，直到形成社区。

具体来说，首先计算边中介中心性，并从其值最大的边开始去除，直到一个图被分裂成两个，并使用树状图（Dendrogram）来跟踪。在经过一些步骤后，树上的不同节点（即子图）可能拥有相同的最大的边中介中心性，此时随机选择其中一个边去除。上述的迭代可以重复进行直到删除所有的边，但这并不是社区分类的目的，因而，何时停止子图分裂是关键。这通常会根据业务的需要来设定，比如当所有社区的顶点数量都少于 10 时停止分裂，又比如当社区个数达到 5 个时停止分类。另一种常见的做法是用模块度来评估是否停止子图分裂，比如分裂模块

度Q值连续 3 次不再增加，或者直接设定模块度$Q > 0.3$时停止分裂。

　　清单 6-14 是 GN 社区检测的算法示例，GN 算法通常选择边中介中心性作为删除边的指标，但其他用于衡量边的重要性的指标都适用于 GN 算法。此外，GN 算法通常用于无向图，而知识图谱是有向图。在知识计算中使用 GN 算法时，一方面需要使用能够应用于有向图的边中介中心性或其他度量边的重要性的指标；另一方面，通过图是否连通来判断图是否已经被分裂为两个社区时，需要同时考虑出边和入边的情况，此时可以简单地将有向图当作无向图来处理，通过广度优先搜索算法来实现。清单 6-14 仅仅演示了分裂社区的操作，在实际使用中通常会分裂成多个社区，需要重复迭代清单 6-14 的过程。GN 算法思路简单，易于理解和实现，是进行社区分类的入门级算法，但由于 GN 算法复杂性高，并不适用于大规模的知识图谱。

清单 6-14　GN 社区检测算法示例

```
1.   def girvan_newman(G):
2.       ''' GN算法，通过循环删除边中介中心性值最大的边
3.           直到图G分裂为两个没有边相连的社区为止'''
4.       while True:
5.           # 计算图G的边中介中心性，计算方法如清单6-10所示
6.           ecb = edge_betweenness_centrality(G)
7.           # 获取中介中心性最大的边
8.           u, v = sorted(ecb, key=ecb.get)[-1]
9.           # 从图G中删除中介中心性最大的边
10.          G.remove_edge(u, v)
11.          # 通过广度优先搜索（BFS）来判断是否分裂为两个社区
12.          # 并获取顶点u出发的第一个社区顶点列表
13.          # 注意，对于有向图，这里的BFS在获取顶点的邻接顶点（G.neighbors）时
14.          # 需要同时包含入边和出边的另一端顶点，即前序顶点和后续顶点
15.          cmty1 = list(BFS(G, u, v))
16.          if v == cmty1[-1]:
17.              continue
18.          # 已经分裂为两个社区，通过广度优先搜索获取顶点v出发的第二个社区的顶点列表
19.          cmty2 = list(BFS(G, v))
20.          # 返回两个社区的顶点列表
21.          return cmty1, cmty2
```

6.4.3　Louvain 社区检测算法

　　Louvain 是一种启发式贪婪思想的社区检测算法，是基于模块度优化的层次聚类算法，最终结果是找到模块度Q值最大的社区划分。Louvain 算法十分高效，其时间复杂度为$O(n\log n)$（n为图G顶点的数量）。Louvain 的社区检测结果依赖遍历顶点的顺序，而大多数 Louvain 的实现会使

用启发式引导的逻辑，既能够提升算法收敛的速度，也能够获得更符合场景需要的社区划分。

Louvain 算法的基本原理是模块度优化，它迭代优化图的社区划分的模块度 Q 值，直到生成了模块度 Q 值最大化的社区层次结构为止。为了实现这个目标，Louvain 算法将每次迭代过程划分为以下两个阶段。

（1）模块度优化阶段：将孤立的顶点合并成多个社区，使模块度局部最优化。对于带权图 $G = \{V, E\}$，顶点数量 $n = |V|$，为每个顶点 v 初始化一个社区 c_v，社区的总数和顶点的数量一样都为 n。接着，对于顶点 $v \in V$ 和它的邻接顶点 u，假设将顶点 v 移到顶点 u 的社区 c_u 中，并计算模块度的增益（Gain of Modularity）ΔQ，计算方法见式（6-31）。如果 ΔQ 为正，则确认将顶点 v 移到社区 c_u 中；否则，v 回归原来的社区 c_v。如果 v 有多个邻接顶点，则将其移到模块度增益 ΔQ 最大的邻接顶点的社区中。不断遍历图 G 的所有顶点 v，直到任意顶点 v 移到其任意邻接顶点的社区都无法提升模块度为止。此时，社区划分达到了一个均衡状态，模块度优化阶段完成。在这个阶段中，顶点可能被多次访问并移动。并且可能因为顶点的遍历顺序不同，导致均衡状态略有不同，这是 Louvain 算法输出结果不确定的因由。

（2）社区凝聚阶段：对于模块度优化阶段的输出结果，按社区凝聚成顶点，构建新的图 $\hat{G} = \{\hat{V}, \hat{E}\}$，以进行下一轮迭代。在社区凝聚中，图 G 的一个社区 c 构成图 $\hat{G}$ 的一个顶点 v_c；图 G 社区内部的边则构成图 $\hat{G}$ 顶点的自环边，自环边的权值由图 G 中社区 c 的内部边的权值相加得到。如果图 G 的两个社区 $c1$ 和 $c2$ 的顶点 $v \in c1$ 和 $u \in c2$ 存在边 $e = <v, u>$，则图 $\hat{G}$ 两个顶点 v_{c1} 和 u_{c2} 也存在边 $\hat{e} = <v_{c1}, u_{c2}>$，其权值由所有跨这两个社区 $c1$ 和 $c2$ 的边的权值相加得到，即 $\hat{w}_{\hat{e}} = \sum_{v \in c1, u \in c2, e \in E} w_{vu}$。社区凝聚阶段所构建的图 $\hat{G}$ 作为下一轮迭代中模块度优化阶段的输入。

上述两个阶段不断迭代，社区的数量不断减少，直到模块度 Q 值最大化为止。Louvain 算法逻辑较为简单，并在迭代过程中形成了自然的层次聚类。其模块度优化的主要计算量来自第一次，每次迭代中顶点的数量是按对数减少的，其时间复杂度为 $O(n\log n)$。此外，Louvain 算法是无监督的，并且效率较高，经常被用于大型图的社区发现。在实践中发现，模块度优化阶段遍历顶点的顺序是计算效率的主要影响因素，根据图 G 的特点进行启发式引导遍历顶点的顺序，能够大幅优化计算效率。

原始的 Louvain 算法适用于无向图，但 Louvain 的原理也能用在有向图中——这对于知识图谱来说非常重要（因为知识图谱是有向图）。对于有向图来说，模块度 Q 值的计算方法如式（6-25）所示。定义社区 c 的 Q 值分量为

$$Q_c = \Gamma_c - K_c^o K_c^i$$
$$= \frac{1}{W} \sum_{u,v \in V} w_{uv} \delta(c_u, c) \delta(c_v, c) - \frac{1}{W} \sum_u k_u^o \delta(c_u, c) \frac{1}{W} \sum_v k_v^i \delta(c_v, c)$$
$$= \frac{\sum_{u,v \in c} w_{uv}}{W} - \frac{(\sum_{u \in c} w_{uv})(\sum_{v \in c} w_{uv})}{W^2} \tag{6-26}$$

即Q_c中第一项的分子是社区c内部所有边的权值的总和$\sum_{u,v \in c} w_{uv}$，第二项的分子是社区c的所有顶点的出边权值之和$\sum_{u \in c} w_{uv}$与入边权值之和$\sum_{v \in c} w_{uv}$的乘积。

根据 Louvain 计算模块度增益的思想，将孤立的顶点v（即社区c_v中仅有一个顶点）加入社区c中，形成新的社区c_{+v}，其他社区的Q值分量都没有变化，从而模块度增益为

$$\Delta Q = Q_{c_{+v}} - Q_c - Q_{c_v}$$
$$= (\Gamma_{c_{+v}} - \Gamma_c - \Gamma_{c_v}) - (K_{c_{+v}}^o K_{c_{+v}}^i - K_c^o K_c^i - K_{c_v}^o K_{c_v}^i) \tag{6-27}$$

式（6-27）的第一部分为$\Gamma_{c_{+v}} - \Gamma_c - \Gamma_{c_v}$，由于$c_v$是孤立的点，$\Gamma_{c_v}$所包含的自环边可以忽略，从而这部分对$\Delta Q$的贡献为顶点$v$与社区$c$的顶点之间的边（包括$v$的入边和出边）的权值的总和，即

$$\Gamma_{c_{+v}} - \Gamma_c - \Gamma_{c_v} = \frac{\sum_{u \in c}(w_{uv} + w_{vu})}{W} \tag{6-28}$$

对于式（6-27）的第二部分$K_{c_{+v}}^o K_{c_{+v}}^i - K_c^o K_c^i - K_{c_v}^o K_{c_v}^i$，将式（6-24）代入，其分子部分为

$$\left(\sum_{u \in c, x \in V} w_{ux} + \sum_{x \in V} w_{vx} \right) \left(\sum_{u \in c, x \in V} w_{xu} + \sum_{x \in V} w_{xv} \right) -$$
$$\left(\sum_{u \in c, x \in V} w_{ux} \right) \left(\sum_{u \in c, x \in V} w_{xu} \right) - \left(\sum_{x \in V} w_{vx} \right) \left(\sum_{x \in V} w_{xv} \right) \tag{6-29}$$

对式（6-29）进行变换和消元，有

$$K_{c_{+v}}^o K_{c_{+v}}^i - K_c^o K_c^i - K_{c_v}^o K_{c_v}^i = \frac{(\sum_{u \in c, x \in V} w_{ux} \sum_{x \in V} w_{xv}) + (\sum_{x \in V} w_{vx} \sum_{u \in c, x \in V} w_{xu})}{W^2} \tag{6-30}$$

在式（6-30）分子部分的前一项中，$\sum_{u \in c, x \in V} w_{ux}$为社区$c$内所有顶点的出边的权值之和，$\sum_{x \in V} w_{xv}$为顶点$v$的所有入边的权值之和。而式（6-30）分子部分的后一项中，$\sum_{u \in c, x \in V} w_{xu}$是社区$c$内所有顶点的入边权值之和，$\sum_{x \in V} w_{vx}$是顶点$v$的出边权值之和。将式（6-28）和式（6-30）相减，得到带权有向图模块度增益

$$\Delta Q = \frac{\sum_{u \in c, v}(w_{uv} + w_{vu})}{W} - \frac{(\sum_{u \in c, x \in V} w_{ux} \sum_{v, x \in V} w_{xv}) + (\sum_{v, x \in V} w_{vx} \sum_{u \in c, x \in V} w_{xu})}{W^2} \tag{6-31}$$

清单 6-15 是 Louvain 算法的模块度优化阶段示例，其中的核心是根据式（6-31）计算模块度增益ΔQ。清单 6-16 是 Louvain 算法的社区凝聚阶段示例。通过重复迭代清单 6-15 的 modularity_optimization 函数和清单 6-16 的 community_cohesion 函数，直到社区划分的模块度不再增加（或者模块度增加的值小于阈值）为止，就实现了模块度最大化的 Louvain 算法。在实践中，使用随机优化不一定是好的方式，为了提升算法效率，加速收敛，通常会根据数据的情况进行合理的启发式引导。

清单 6-15　有向图 Louvain 算法的模块度优化阶段示例

```
1.   def modularity_optimization(G, min_Qgain=0.0001):
2.       '''模块度优化阶段，通过把顶点移动到有最大模块度增益的邻接顶点所在的社区来实现'''
3.       # 初始化，为每个顶点指定一个单独的社区
4.       communities = {v:v for v in G.nodes}
5.       # 随机遍历
6.       nodes = sorted(list(G.nodes))
7.       random.shuffle(nodes)
8.       # 计算初始模块度 Q
9.       newQ = modularity(G, communities)
10.      # 用于快速计算模块度增益的辅助
11.      # 顶点的出边权值的总和
12.      v_out_weights = {v:0.0 for v in nodes}
13.      # 顶点的入边权值的总和
14.      v_in_weights = {v:0.0 for v in nodes}
15.      # 顶点的自环边权值的总和
16.      v_self_weights = {v:0.0 for v in nodes}
17.      # 社区的"出边"权值之和，社区的出边是指一条边的源顶点在社区内，而目标顶点在社区外
18.      cmty_out_weights = {v:0.0 for v in nodes}
19.      # 社区的"入边"权值之和，社区的入边是指一条边的源顶点在社区外，而目标顶点在社区内
20.      cmty_in_weights = {v:0.0 for v in nodes}
21.      # 社区内部边的权值之和，社区的内部边是指一条边的源顶点和目标顶点都在社区内
22.      cmty_internal_weights = {v:0.0 for v in nodes}
23.      # 图 G 的所有边的权值之和
24.      W = 0.0
25.      # 初始化 W、顶点的边和社区的边的权值
26.      for u, v in G.edges:
27.          w = G[u][v].get('weight', 1.0)
28.          v_out_weights[u] += w
29.          v_in_weights[v] += w
30.          cmty_out_weights[u] += w
31.          cmty_in_weights[v] += w
32.          if u == v:
33.              cmty_internal_weights[v] += w
34.              v_self_weights[v] += w
```

```
35.        W += w
36.    # 模块度优化阶段的主循环
37.    while True:
38.        curQ = newQ
39.        # 遍历顶点，移动顶点到使模块度增益最大的邻接顶点所在的社区
40.        for v in nodes:
41.            # 获取顶点所在的社区
42.            cv = communities[v]
43.            # 用来保存邻接顶点社区与顶点 v 的边的权值总和
44.            neighbors_cmty_weights = {}
45.            # 邻接顶点的社区，出边 v->u
46.            # 这里的 successors 用于获取 v 的邻接顶点，出边
47.            for u in G.successors(v):
48.                # 自环，不处理
49.                if u == v:
50.                    continue
51.                # 获取邻接顶点 u 所在的社区
52.                cu = communities[u]
53.                # 出边的权值
54.                w = G[v][u].get('weight', 1.0)
55.                # 根据社区累加权值
56.                if cu in neighbors_cmty_weights:
57.                    neighbors_cmty_weights[cu] += w
58.                else:
59.                    neighbors_cmty_weights[cu] = w
60.            # 邻接顶点的社区，入边 u->v
61.            # 这里的 predecessors 用于获取顶点 v 的邻接顶点，入边
62.            for u in G.predecessors(v):
63.                # 自环，不处理
64.                if u == v:
65.                    continue
66.                # 获取邻接顶点 u 所在的社区
67.                cu = communities[u]
68.                # 入边的权值
69.                w = G[u][v].get('weight', 1.0)
70.                # 根据社区累加权值
71.                if cu in neighbors_cmty_weights:
72.                    neighbors_cmty_weights[cu] += w
73.                else:
74.                    neighbors_cmty_weights[cu] = w
75.            # 将 v 从原来的社区移走，使 v 成为孤立的顶点，并处理相应的权值
76.            del communities[v]
77.            cmty_out_weights[cv] -= v_out_weights[v]
78.            cmty_in_weights[cv] -= v_in_weights[v]
```

```
79.          cmty_internal_weights[cv] -= (v_self_weights[v]+
80.                          neighbors_cmty_weights.get(cv, 0))
81.          # 查找模块度增益最大的邻接顶点的社区
82.          best_cmty = cv
83.          best_deltaQ = 0.0
84.          # 遍历邻接顶点的社区
85.          for cu in neighbors_cmty_weights:
86.              # 计算模块度增益
87.              cout = cmty_out_weights[cu]
88.              cin = cmty_in_weights[cu]
89.              vout = v_out_weights[v]
90.              vin = v_in_weights[v]
91.              v_neighbor_cmty_weight = neighbors_cmty_weights[cu]
92.              deltaQ = v_neighbor_cmty_weight/W - (cout*vin+cin*vout)/(W*W)
93.              # 保存模块度增益更大的社区
94.              if deltaQ > best_deltaQ:
95.                  best_cmty, best_deltaQ = cu, deltaQ
96.          # 把顶点 v 加入模块度增益最大的邻接顶点的社区，并处理相应的权值
97.          # 如果所有邻接顶点的社区都不能获得正的模块度增益，则顶点 v 回归其原来的社区
98.          communities[v] = best_cmty
99.          cmty_out_weights[best_cmty] += v_out_weights[v]
100.             cmty_in_weights[best_cmty] += v_in_weights[v]
101.             cmty_internal_weights[best_cmty] += (v_self_weights[v] +
102.                         neighbors_cmty_weights.get(cv, 0))
103.         # 计算社区更新后的模块度 Q 值
104.         newQ = modularity(G, communities)
105.         # 如果整个社区划分的模块度增益小于阈值，则结束此过程
106.         if newQ-curQ < min_Qgain:
107.             break
108.     # 返回社区发现的结果
109.     return communities
```

清单 6-16　有向图 Louvain 算法的社区凝聚阶段示例

```
1.  def community_cohesion(G, communities):
2.      '''社区凝聚阶段，按社区对社区内顶点进行凝聚，构建新图'''
3.      # 给每个社区赋予一个顶点 id
4.      cmtys = {v:k for k, v in enumerate(set(communities.values()))}
5.      # 构建新的有向图，并赋予边合适的权值
6.      # 边的权值为社区内所有顶点的权值之和
7.      nG = DirectedGraph()
8.      for u, v in G.edges:
9.          w = G[u][v].get('weight', 1.0)
10.         # 根据顶点所在的社区，获取社区所构成的新的顶点
11.         uc = cmtys[communities[u]]
```

```
12.        vc = cmtys[communities[v]]
13.        # 累加边的权值
14.        if (uc, vc) in nG.edges:
15.            nG[uc][vc]['weight'] += w
16.        else:
17.            nG.add_edge(uc, vc, weight=w)
18.    return nG
```

6.5 知识计算工具与系统

许多存储和处理图结构数据的工具都可以作为知识计算的基础，其中既有依托于第 5 章所介绍的图数据库的各种计算框架或引擎，也有在大数据领域广为使用的分布式计算引擎，还有一些由不同编程语言开发的工具库。本节简要介绍其中一些最为知名的工具与系统，以便读者在学习、研究和产业应用中选择和使用。

6.5.1 图数据库计算框架

第 5 章知识存储中介绍了最流行的图数据库，图数据库本身除提供知识存储功能外，还提供了相应的查询语言，比如 Gremlin 和 Cypher 等。这些查询语言通常也提供了图计算框架，并内置了一些常见的算法，比如遍历算法、最短路径算法、中心性算法和社区检测算法等。此外，基于图数据库的计算框架也能够方便地实现前文介绍的一些算法。

JanusGrpah 图数据库利用 Apache TinkerPop 来提供 Gremlin 查询语言，第 5 章详细介绍了 Gremlin。TinkerPop 本身提供一个同时支持 OLTP 和 OLAP 的独立的图计算框架，可以方便地使用 Gremlin 实现知识计算。同时，TinkerPop 也提供了 SparkGraphComputer，支持使用 Gremlin 语言操作 Spark 或 Hadoop 分布式计算引擎进行大规模的图分析，实现大规模的离线知识计算任务。

TinkerPop 中内置了最短路径算法、PageRank 算法、同侪压力（Peer pressure）算法等，并且使用 Gremlin 语言，能够很容易地实现诸如特征向量中心性、亲密中心性、中介中心性等中心性算法，以及标签传播算法等各类社区检测算法。除了 JanusGraph，还有许多图数据库支持 TinkerPop，如 Neo4j、HugeGraph 等。

6.5.2　分布式图计算引擎

Apache Spark 是用于大规模数据处理的统一分析引擎，GraphX 是 Spark 中用于分布式并行图计算的组件。GraphX 在 Spark 之上扩展了 RDD 的数据结构，支持点和边拥有属性的多重图（即第 5 章介绍的属性图模型），并提供了一组基于图的操作算子、Pregel API。GraphX 能够帮助我们充分利用 Spark 的分布式计算平台，实现大规模和超大规模的知识计算。

Spark GraphX 内置了 PageRank 算法、标签传播算法等。基于 GraphX 提供的图的操作算子，比如 mapVertices、mapEdges、mapTriplets、aggregateMessages 等，能够很方便地实现 GN 算法、Louvain 算法，以及各种中心性算法等。

除 Spark GraphX 之外，Apache Giraph 是另一个常用的分布式图计算引擎。

6.5.3　图分析工具包

除了图数据库计算框架和分布式图计算引擎，还有很多用于知识计算的工具包，这些工具包通常只能在单机上运行，适用于对规模较小的图进行分析和计算。与前两者相比，工具包通常提供了更丰富的功能，包括常见的图计算算法，比如各类图的生成（通常用于模拟测试）及图的可视化功能。

NetworkX 是一个优秀的 Python 语言工具包，专门用于图分析和图计算，提供了无向图、有向图和多重图的创建、处理和分析功能，包含图算法、图生成、代数图论、可视化和输入/输出等模块，支持生成随机图、小世界图、Barabási–Albert（BA）图等十余种图生成算法，并支持通过 Matplotlib 或 graphviz 可视化图。

igraph 是一个优秀的开源图分析工具包，由 C++语言编写，它强调高效与易用，并提供了 R、Python、Mathematica 和 C/C++等多种编程语言的接口。igraph 内置的算法非常丰富，同时提供了非常优秀的可视化工具，十分适合用于中等规模的图分析。同时，igraph 的 Python 语言接口中提供了从 NetworkX 图到 igraph 图的转换工具，两者可以配合使用。

SNAP 是专门用于图计算的工具包，由斯坦福大学开源。SNAP 由 C++语言编写，与 igraph 一样较为高效，同时也提供了 Python 语言的接口。此外，SNAP 也能够作为插件在 Microsoft Excel 中进行图分析。与 NetworkX 和 igraph 一样，SNAP 也提供了大量的算法，并支持对图的可视化。

JGraphT 是一个由 Java 语言开发的图分析工具包，内置了多种图的结构、多种生成图的方法和丰富的图计算算法，同时支持通过 graphviz 或 JGraphX 对图进行可视化。

6.6　本章小结

本章首先明确了知识计算的定义，是指暂时忽略知识图谱中存在的丰富的语义信息，将知识图谱转化成带权有向图，在图论的理论指导下，使用相应的算法和工具来计算、处理、分析、理解和挖掘知识图谱。在知识计算中，将知识图谱中的实体抽象成数学中的顶点，把关系抽象成数学中的边，把其他属性或语义信息进行数值化形成权值，从而将知识图谱转化成了数学中的带权有向图。在明确了知识计算的定义之后，6.1 节简略地介绍了图论的基础知识、图的邻接矩阵的表示方法，以及使用矩阵理论来分析图的谱图理论。

6.2 节详细介绍了图的遍历算法和最短路径算法，这是知识计算的最基本的算法，也是应用非常广泛的算法。在知识图谱的应用中，常见的应用之一是寻找两个实体间存在的关系，此时可以使用广度优先搜索算法或深度优先搜索算法。如果要根据某个特征来寻找两个实体的最紧密的关系，可使用最短路径算法。

6.3 节介绍了常见的中心性算法。中心性算法用于评价顶点或边的重要性，在各种基于知识图谱的营销、风险评估和控制、知识推荐等方面有着重要的应用。比如，在金融交易网络的某个子图上，通过中心性评价其中的关键节点，并对其进行重点关注。

6.4 节详细介绍了社区检测和社区发现算法。社区发现是知识计算中较为高级的算法，也是应用非常广泛的算法，是挖掘各种"团伙"的有效工具。这些团伙既可以是犯罪团伙，也可以是客群划分等，并可以基于所发现的社区实现精准的识别。

6.2~6.4 节中不仅深入浅出地解析了算法原理，还给出了算法示例，方便读者参考实现。同时在介绍算法过程中也描述了不同算法的特点，读者在实际应用中可以进行相应的选择。不过，基于图论的知识计算博大精深，并非一章的篇幅就能深入且完整地描述，许多算法并没有在本章中介绍，有需要的读者可参考专门介绍图论、谱图理论、复杂网络、矩阵分析和矩阵计算等相关学科的书籍和资料进行学习。

6.5 节简要介绍了当前流行的知识计算工具与系统，包括基于图数据库的计算框架、分布式图计算引擎，以及基于 C/C++、Python 和 Java 等多种语言的图分析工具包。

第 7 章

知识推理

我们的一切知识都始自感官，由此达到知性，并终止于理性；在理性之上，我们没有更高的东西来加工直观的材料，并将其置于思维的至上统一之下了。

——康德《纯粹理性批判》

All our cognition starts from the senses, goes from there to the understanding, and ends with reason, beyond which there is nothing higher to be found in us to work on the matter of intuition and bring it under the highest unity of thinking.

——Kant *Critique of Pure Reason*

自古至今，无数贤人智者青睐于解开人类所独有的推理理性之谜，前赴后继地探求究竟。人工智能是延续至今并持续进行的尝试，试图模拟人类自身来实现机器的理性。康德在其《纯粹理性批判》一书中描述到，人类所具备的知识或认知，都是从感知（感官）开始的，进而理解（知性），并实现推理（理性）。同时，康德认为理性是至高无上的，没有比理性更高的其他思维能力。事实上，人工智能发展的轨迹正是遵循着感知——理解——推理的路径，当前恰恰处在致力于用机器实现至高无上的理性的认知智能阶段，推理能力是其中的核心。经过数十年的探索，人工智能领域发展出了以算力、算法和数据三个要素为根基的深度学习范式，进而大幅实现了机器的智能化，影响到人类社会的方方面面。然而，认知科学、神经科学和人工智能领域的研究者也发现了深度学习的局限性，进而提出了认知智能的第四要素——知识。知识图谱是其中的关键技术，构建于知识图谱之上的推理方法则是研究的重点，是实现机器至高无上之理性的探索与实践。

　　本章从阐述推理的一般知识开始，系统介绍基于知识图谱的各种推理方法，为探索、研究与实践博大精深的认知智能夯实基础。正所谓"放之则弥六合"，借探究知识推理以开启研究人工智能至高理性的星辰大海之征程；"卷之则退藏于密"，应用认知智能领域的研究成果将为我们的生产生活创造更多的智能化。

本章内容概要：

- 阐述推理的一般知识，概述知识推理技术。
- 介绍基于规则和逻辑的推理方法，特别介绍定性时空推理。
  系统梳理几何空间嵌入的推理方法，包括欧氏空间和双曲空间。
  以卷积神经网络和图神经网络为代表介绍基于深度学习的推理方法。

7.1 知识的表示与推理

推理（Reasoning）是与人类思维和认知相关的心智能力，是符合逻辑的、明智的思维方式，是一种有意识地进行思考、计算、权衡与逻辑分析的能力。在人们谈及推理的时候，往往隐含着三个方面的能力。

- 符合逻辑的思考与判断，理性思考、合乎逻辑、深思熟虑等。
- 通过考虑各种可能的选项来找到问题的答案，解决问题、求解、推断、搞清楚原因等。
- 通过合理的、令人信服的理由或理性的论据来说服别人，解释现象或证明合理性等。

在推理过程中，给定的许多信息被组合在一起进行计算、权衡与逻辑分析，并产生了一些新的信息。这些给定的信息通常被认为是前提，而所产生的新信息则被视为结论、推论。早期对推理的研究来自先哲们灵光一闪的哲思，而使用形式逻辑系统地研究推理则标志着它已成为一门真正的认知科学，并成为人工智能进行推理研究的基础。

很多学科都与推理的研究相关，逻辑学是研究人类使用形式推理的一门科学，心理学、认知科学、神经科学和脑科学试图研究和解释人类是如何进行推理的，自动推理领域研究如何通过计算建模进行推理，动物心理学研究人类以外的动物是否能够进行推理等。本书在谈及推理时，所指的是如何通过数学模型和计算机编程的方法，模拟实现人类推理的过程，旨在使机器拥有和人类一样的心智能力，并通过模型来实现推理所包含的三个方面能力的部分或全部。

与人工智能相关的大量算法都致力于实现推理能力，逻辑与演绎推理的形式理论是人工智能从发展伊始至今都在研究的内容，模糊逻辑（Fuzzy Logic，FL）是由一系列概念、结构和技术组成的模拟人类思维的一类近似而非精确的角色模型，概率推断和贝叶斯推断是过去几十年概率推理的热门研究内容，基于深度学习、强化学习和知识图谱的推理是当今前沿和热门的研究领域之一。

推理通常可划分为因果推理（Causal Reasoning）、演绎推理（Deductive Reasoning）、归纳推理（Induction Reasoning）和概率推理（Probabilistic Reasoning）4 种类型。基于知识图谱的推理往往同时涉及这 4 种类型中的一个或多个，有时甚至不好清晰地描述是哪一类或几类的组合。本节试图用简短的篇幅来描述清楚这 4 种推理类型，有助于读者理解什么是推理，并在实践中更好地使用知识推理。此外，理解推理的类型，对于进一步深入研究知识推理和认知智能也是必要的。

7.1.1 因果推理

在 1 个标准大气压下，水烧到 100 摄氏度就会沸腾，据此人们得出结论"加热到 100 摄氏度"是"水沸腾了"的原因，而"水沸腾了"是"加热到 100 摄氏度"的结果。这种原因与结果的关系的推理就是因果推理。从例子上看，因果推理非常简单并且是我们习以为常的，但从理论上对因果推理的研究非常深奥。其基本问题是，人们如何知道一个事件导致了另一个事件？或者说，对于所观察到的事件，从原因到结果的映射是什么？因果关系中的方向的依据是什么？因果关系能否直接通过观察得到？因果关系是否存在？

事实上，哲学、逻辑学、心理学、物理学、认知科学、神经科学、经济学、计算机科学等学科都没能确切地给出万事万物因果关系背后的机制，也没有把握回答人们是如何获知因果关系的，更不用说对因果关系的本质进行形式化建模了。在人工智能领域，因果关系被解释为某些变量对其他变量的影响，试图通过概率模式来推断因果关系。可见在该领域，因果关系偏向应用，而不深究其深层本质。这样也引发了相关性与因果性这场旷日持久的争论，且至今依然没有公认的结论。

不过，无论人们持有怎样的态度，都无法否认因果关系这一复杂的概念在人们认识世界、理解世界和改造世界的过程中所起的关键作用。在人工智能领域，因果关系的概念也是在对外部世界发生的事件进行推理时必不可少的一环，研究人员从实践的角度设计了有效的模型，用于诊断、预测、评估，并给出目标导向的理由等。比如，预测空气污染可能导致疾病的发生与传播，预测城市规划中不同方案产生的不同影响，评估谁应该对车祸负责，等等。具体到知识图谱领域，经常关注因果关系的以下两方面内容。

- 实际观点：基于知识图谱建立自动诊断或推断系统，从给定的原因或现象中推导可能的结果。
- 常识观点：帮助人们理解特定的事实或现象，计算导致该事实或现象的原因，评估每个组成部分对结果的贡献程度等。

7.1.2 演绎推理

演绎推理，是指当所有前提为真时，其结论必然为真，这是一种从一般结论到具体实例的过程。这种前提与结论的关系也被称为蕴含（Entailment）关系。演绎推理通常以抽象规则的形式出现，类似于自然演绎法则，这些规则在社会交换中发挥着重要作用。这些抽象规则往往从经验中归纳（归纳推理）得到，并在一定范围内被人们认可和接受。

清单 7-1 是一个经典的演绎推理的例子。通过这个例子可以看到，如果在某个领域存在具体的、明确的一般规则，基于这些规则进行推理就是演绎推理发挥作用的地方。事实上，在人工智能的子领域专家系统中，就试图收集和建模大量一般性的规则，并基于此实现自动推理。专家系统在人工智能发展过程中发挥着重要的作用，比如曾经显著促进了自然语言处理技术的发展。在知识图谱领域中，同样会使用大量的一般性规则来实现推理，这也是演绎推理的具体应用。比如，各类领域本体会试图构建某个具体领域的一般性规则，并试图实现基于本体的推理。

清单 7-1　演绎推理的例子

```
前提（Premise）：
（1）所有人都会死
（2）苏格拉底是人
演绎推理的结论（Conclusion）：
    苏格拉底会死
```

演绎推理是人类思维中最常用的，也是人类擅长的推理方式，但这并不等同于人们总能完美地进行演绎推理，比如未能识别演绎推理的前提，或者判断一系列演绎推理的前提是否完备。因此，有时人们会给出似是而非的演绎推理过程，得到可能错误的结论。这也说明了演绎推理本身的复杂性，对其深入的研究会涉及哲学、认知科学、数学、逻辑学、心理学、精神病学、神经科学等多种学科。同样的，在人工智能领域，我们更多的是从实践出发，研究如何以符号或数值模型的方式对演绎推理进行建模，学习或构建相应的符号模型或数值模型，赋予机器一定的演绎推理能力。

7.1.3　归纳推理

归纳推理是与演绎推理相对应的一种推理过程，需要对许多具体实例进行观察并抽象而得出一般结论，其结论往往超越了原有的前提，从而实现知识的创造。与此相对应的是，演绎推理通常被认为不产生新的知识，只是对一般性知识的应用。归纳推理引入了不确定性，并因此可能引入错误。

著名的"黑天鹅"事件就是一个例子。在 17 世纪之前的欧洲，人们看到了无数只白天鹅，而从未见过其他颜色的天鹅，从而归纳出"天鹅都是白色的"的论断。但这是一个错误的论断，因为 17 世纪时，欧洲人在澳大利亚发现了黑色的天鹅。也正因为归纳推理可能推导出错误的论断，在哲学、逻辑学和心理学等领域，对归纳推理是否合理是有争议的。不过，在认知科学中，通常认为归纳推理是人类理解世界的最佳方法，并且是最有效的方法。即使有时会误入歧途，但人们理解世界并没有更好的方法，而且在发现归纳结论出现错误时，也能够及时予以纠正。

这种从实用主义的角度认可归纳推理的观点，也是人工智能领域所接受的。归纳推理应用于规则学习、类别形成、数值与符号模型、概括与类比等多方面的研究中，并取得了巨大的成就。特别的，人工智能中的联结主义（Connectionism）流派就是归纳推理的具体体现。联结主义认为能够通过算法从数据（即无数的实例）中学习得到一般性的模式，从而建立感知、理解和决策等认知建模模型，实现了从微观结构上捕捉认知的能力。这种将许多具体的事实推广为通用的规律并对未来进行推断和预测的过程，正是归纳推理，这种方法也驱动了人工智能近年来的高速发展。值得一说的是，我们熟悉的数学归纳法其实是演绎推理的一种，而不是归纳推理，它实际上是"数学归纳法"这个一般性规则在具体数学任务上的应用。

归纳推理存在多种不同的形式，在人工智能的不同方面都存在相应的研究和应用，简单总结如下。

- 概念学习：给出一组示例和先前的概念，制定有效描述这些示例的新概念。
- 规则学习：给出一组示例和先前的规则，制定新的规则来解决问题。有语言学家认为，语言的学习本质上是一个规则学习的问题。
- 假设形成和接受：对于一些意外或不解的问题提出假设，并选择最好的假设来解释问题。假设的形成与接受也称为溯因推理或反绎推理（Abductive Reasoning），它开始于事实、问题的集合并推导出最适合解释这些问题的假设。人工智能中常用的学习算法，本质上是通过任务、模型和目标函数等要素，从已知的假设中找到一个合适的模型来解释特定领域的一类问题。
- 类比（Analogy）推理：根据要解决的问题，寻找与之类似的问题来推断可能的解决方案。其基本假设是不同事实之间存在相似之处，并且如果两个事实在某些方面表现一致，那么在其他方面也可能一致。这个观点很常见，比如太空探索中的大量概念和规则都来自航海的经验，在实践中，基于知识图谱的案例推荐可以被认为是类比推理的应用。

7.1.4 概率推理

概率推理是判断结果可能性或事件概率，进而形成主观信念的过程。通常，人们需要根据能够直接观察到的现象来推断结果的可能性或者事件发生的概率，比如，明天的天气是否适合出游？中国羽毛球男单能否拿下冠军？某支股票是否值得投资，未来一年的投资回报率是多少？不过概率推理并不总是正确的，许多研究表明，人们并不擅长规范且一致地进行概率推理，只对简单的概率推理表现出较好的判断力，而对复杂的概率推理则可能产生自相矛盾的结果。

不过，概率推理却是人工智能各类算法和模型所擅长的，也是目前机器推理的主要研究方向。各种机器学习、深度学习，甚至基于逻辑的方法，都是基于概率进行推理的。人工智能研究人员通常从应用实践的角度出发，推广算法的适用范围，增强模型的泛化能力，以期能够更规范和一致地利用观测数据来推断未来事件发生的概率。

概率推理依赖概率理论和概率计算，在概率相关的理论中，概率本身存在两种不同的解释。

- 客观概率（Objective Probability），也称物理概率（Physical Probability）或频率概率（Frequentist Probability），通常被认为是重复实验中事件发生的相对频率（Relative Frequency）。体现在机器学习或深度学习上，是使用极大似然估计（Maximum Likelihood Estimate，MLE）来求解模型的参数。
- 主观概率（Subjective Probability），也称证据概率（Evidential Probability）或贝叶斯概率（Bayesian Probability），通常被认为是特定假设的信任程度，代表了对某个事件的信念，或者事件得到可用证据支持的程度。体现在机器学习或深度学习上，则是使用最大后验概率（Maximum a Posteriori，MAP）估计来求解模型的参数。

这两种概率解释广泛用在基于统计学习的知识推理中，深入探讨涉及如何看待世界本质的问题，以及数学、物理学、认知科学和哲学等，这超出了本章的范畴。

7.1.5　知识图谱的推理技术

知识表示和推理一直被认为是人工智能的核心问题，是在理解智能和认知的本质的基础上，对人类知识和推理进行符号化和数值化编码，使计算机可以处理编码的知识，从而获得和人类一样能够进行理解、规划、推理、决策和创造的智慧能力。知识的表示与推理是一体两面的，知识表示的核心目的是推理和推理过程，推理的核心目标是根据已有的知识推导出新的知识（推理的结论），其基础恰恰是知识的表示。

就推理类型来说，在人工智能研究领域，前述的 4 种类型的推理，既包含使用规则或形式化语言实现的演绎推理和确定性推理，也包括从数据中学习通用规律的归纳推理，基于统计学习的方法则偏向于概率推理，有时也将推理应用于诊断或原因解释上，这是因果推理的范畴。在实践中，这些不同的推理类型往往不那么泾渭分明，人工智能研究人员通常更重视推理的结果是否符合客观现实，而不去深究到底是哪一种推理类型。这是一种务实的态度，能够切实地解决客观实在中的问题，从而避免陷入无休止的争论。此外，对不同类型的推理本质的研究，是人类认识自己的关键，也是能够实现真正的认知智能乃至超人类智能的基础。

推理依赖于知识的表示形式，知识图谱是当前人工智能领域对知识的一种表示方法，是一种既能够被计算机处理和利用，也便于人类阅读和使用的形式。具体来说，知识图谱的基本元素是三元组$< h,r,t >$，其中，h和t表示头实体和尾实体，r表示从头实体h到尾实体t的有向的语义化的关系。知识图谱是由许多三元组组成网状的图。同时，行业应用的知识图谱通常还包括上层的概念图谱——知识图谱模式，有时也称本体（详见第 2 章）。三元组、知识图谱、知识图谱的模式，这三者共同构成了知识图谱表示内容。

（1）三元组：知识图谱的基本元素，表示了知识（事实、问题等）自身及知识间的联系。

（2）知识图谱：在知识图谱模式的引导下，由许多三元组组成的网状的知识所构成的图。

（3）知识图谱的模式：通常包含知识图谱的上层知识，是概念层次的内容，在演绎推理中通常是前提，或者表示一般的、通用的知识与逻辑。

一旦知识被获取并构建到知识图谱中，就可以应用知识图谱的推理方法实现推理过程，获得推理结论，并解决现实中的各类问题。最直接和最直观的方法是基于规则的推理方法，这些规则既可以是根据业务需要进行硬编码，也可以是基于知识图谱模式编写一般化的规则，并应用到具体的知识图谱内容上实现推理。后一种方法有时也被称为基于本体或模式的方法，是演绎推理结合知识图谱的具体应用。而当知识图谱模式中包含有一些因果关系时，比如用于疾病诊断的医疗知识图谱，用于金融领域投资研究的投研知识图谱，或者用于制造业失效归因分析的失效模式知识图谱等，这类规则也被认为是因果推理的具体应用。

基于实际业务需要来编写规则可能会带来大量琐碎的工作，一阶逻辑（First Order Logic，FOL）和描述逻辑（Description Logic，DL）等在早期被重点研究，并试图提供对客观世界的高级描述的方法来构建各类智能应用——致力于发现并显式表示的知识背后所隐含的隐式知识，即知识推理。其中，以一阶逻辑为代表的基于逻辑的形式主义，致力于使用无歧义的谓词演算来捕捉客观世界的一般性规则，其目标是以知识表示为逻辑，而推理的过程则是逻辑验证的过程。一阶逻辑过于抽象，目标过于宏大，在实践中遇到了诸多问题。描述逻辑是对一阶逻辑的改良，偏向于从认知概念出发，致力于使用树或图等通用的数据结构来表示知识，并通过对数据结构的操作来实现推理。一阶逻辑和描述逻辑在语义网和本体中有大量的使用，更多内容可参考第 2 章。

基于规则与逻辑的知识表示与推理方法，往往也被称为符号主义（Symbolism），与之对应的则是联结主义，其理论基础包括数理统计（Statistical Theory）、概率论（Probability Theory）、可能性理论（Possibility Theory）、证据理论（Evidence Theory）和不精确概率论（Imprecise

Probability）等不确定性推理理论。尽管这样的推理过程不一定能确保得到正确的结论，但它更类似于人类的思考过程和解决问题的方法，这点在 7.1.3 节和 7.1.4 节中也探讨过。不确定性推理和归纳推理在人工智能领域的持续研究，发展出了以几何变换运算和深度学习为代表的知识表示与推理的方法。

具体来说，对于三元组 $< h, r, t >$，通过有监督、弱监督或无监督的学习算法从知识图谱中学习出相应的稠密向量表示 $< \boldsymbol{h}, \boldsymbol{r}, \boldsymbol{t} >$，并通过向量的、矩阵的和张量的计算来实现推理。其中，最常见的方法是定义一个打分函数 $f_s(\boldsymbol{h}, \boldsymbol{r}, \boldsymbol{t})$，通过计算的分数来判断头实体 h 和尾实体 t 之间是否存在关系 r。这种知识推理的方式有时也被称为链接预测（Link prediction），它能够从知识图谱显式表示的知识中推导出隐式的知识——潜在的关系或新的关系，相当于获得了知识图谱中以前不存在的新知识，是当前知识图谱领域研究的热点之一。

在第 1 章中探讨了知识图谱的快应用和慢应用，以及人类思维系统中的直觉系统和理性系统。这种隐式知识显式化的过程，也是从慢应用到快应用的过程，恰如人们通过长期训练，将理性系统的复杂思维过程转化为直觉系统的"第六感"的过程。

7.2　基于规则和逻辑的知识推理方法

基于规则和逻辑的推理方法是人工智能中符号主义学派的核心研究内容之一。简单地说，基于规则的方法是零散的、不十分系统的方法，一般从解决问题的角度出发，将规则和知识图谱结合起来实现推理能力；基于逻辑的方法则更加形式化和体系化，比如将知识图谱的实体视为一元谓词，将关系视为二元谓词，基于此构建一套形式化和体系化的规则，应用到知识图谱中，实现推理过程，获得推理结论，并用于解决实际问题。

7.2.1　基于规则的方法

回顾一下图 5-3 的属性图和图 5-4 的属性图模式，其中有我们常见的实体和关系<人物，是……子女，人物>。我们将这个关系适当扩展为社交网络中常见的例子，知识图谱模式如图 7-1 所示，以这个知识图谱模式为基础，根据清单 7-2 的童谣《家族歌》可以写出一系列的推理规则，实现基于规则的推理。

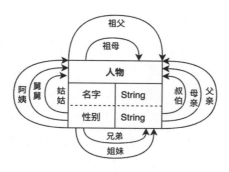

图 7-1　人物关系知识图谱模式示例

比如，图 7-2 是相应的图谱的一个子图，根据这个规则即可推导出"<贾巧姐，祖父，贾赦>"。如果我们把这个知识图谱存储到 JanusGraph 中，就可以使用 Gremlin 来编写相应的规则，并将其用到应用程序中，实现基于规则的推理。清单 7-3 是根据《家族歌》使用 Gremlin 编写的推理规则示例。我们也可以编写更复杂的规则，比如"如果两个人的父亲是同一个人，并且这两个人的性别分别为男和女，那么这两个人是兄妹关系"，通过这个规则，可以推导出"<贾宝玉，兄妹，贾元春>"和"<王大兄，兄妹，王夫人>"。

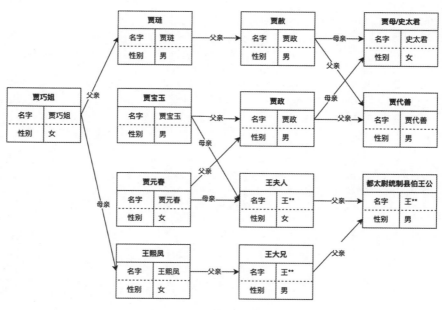

图 7-2　人物关系知识图谱示例

清单 7-2　童谣《家族歌》

爸爸的爸爸叫什么？爸爸的爸爸叫爷爷。

爸爸的妈妈叫什么? 爸爸的妈妈叫奶奶。
妈妈的爸爸叫什么? 妈妈的爸爸叫外公。
妈妈的妈妈叫什么? 妈妈的妈妈叫外婆。
爸爸的兄弟叫什么? 爸爸的兄弟叫伯伯和叔叔。
爸爸的姐妹叫什么? 爸爸的姐妹叫姑姑。
妈妈的兄弟叫什么? 妈妈的兄弟叫舅舅。
妈妈的姐妹叫什么? 妈妈的姐妹叫阿姨。

清单 7-3　根据《家族歌》编写推理规则

```
1.  //爸爸的爸爸叫什么? 爸爸的爸爸叫爷爷。
2.  g.V().hasLabel('人物').as('h').out('父亲').out('父亲').as('t').\
3.      constant('祖父').as('r').select('h', 'r', 't').by('名字').by()
4.
5.  //爸爸的妈妈叫什么? 爸爸的妈妈叫奶奶。
6.  g.V().hasLabel('人物').as('h').out('父亲').out('母亲').as('t').\
7.      constant('祖母').as('r').select('h', 'r', 't').by('名字').by()
8.
9.  //妈妈的爸爸叫什么? 妈妈的爸爸叫外公。
10. g.V().hasLabel('人物').as('h').out('母亲').out('父亲').as('t').\
11.     constant('外祖父').as('r').select('h', 'r', 't').by('名字').by()
12.
13. //妈妈的妈妈叫什么? 妈妈的妈妈叫外婆。
14. g.V().hasLabel('人物').as('h').out('母亲').out('母亲').as('t').\
15.     constant('外祖母').as('r').select('h', 'r', 't').by('名字').by()
16.
17. //爸爸的兄弟叫什么? 爸爸的兄弟叫伯伯和叔叔。
18. g.V().hasLabel('人物').as('h').out('父亲'). \
19.     union(out('哥哥'), out('弟弟')).as('t').\
20.     constant('叔伯').as('r').select('h', 'r', 't').by('名字').by()
21.
22. //爸爸的姐妹叫什么? 爸爸的姐妹叫姑姑。
23. g.V().hasLabel('人物').as('h').out('父亲'). \
24.     union(out('姐姐'), out('妹妹')).as('t').\
25.     constant('姑姑').as('r').select('h', 'r', 't').by('名字').by()
26.
27. //妈妈的兄弟叫什么? 妈妈的兄弟叫舅舅。
28. g.V().hasLabel('人物').as('h').out('母亲'). \
29.     union(out('哥哥'), out('弟弟')).as('t').\
30.     constant('舅舅').as('r').select('h', 'r', 't').by('名字').by()
31.
32. //妈妈的姐妹叫什么? 妈妈的姐妹叫阿姨。
33. g.V().hasLabel('人物').as('h').out('母亲'). \
34.     union(out('姐姐'), out('妹妹')).as('t').\
35.     constant('阿姨').as('r').select('h', 'r', 't').by('名字').by()
```

这种基于规则的方法非常简单，也非常有用，在很多场景中被广泛使用。比如，在财务审核知识图谱中，存在行业或企业内部通行的规则，以及各类基于数学计算的勾稽关系，将其进行编码即可实现一系列的基于规则的自动审核。又如，在智能制造的质量与可靠性工程领域，基于潜在失效模式与影响分析（Failure Modes and Effects Analysis，FMEA）文档、故障树分析（Fault Tree Analysis，FTA）文档和失效分析报告等内容构建失效模式知识图谱，根据质量和可靠性工程研究方法编写自动归因分析规则，即可实现对失效现象的归因分析、FMEA 的辅助制作等功能，这是演绎推理、因果推理的具体应用。基于规则的推理往往比较琐碎，泛化能力较差，跨领域迁移几乎不可行，局限性也是相当大的。

7.2.2 基于逻辑的方法

基于逻辑的方法是对规则的进一步研究，对一类场景的概念进行抽象，对推理过程进行建模、编码并实现自动推理，形成所谓的使用形式化语言来研究知识的表示与推理。其中，一阶逻辑推理是最为经典的方法。不过一阶逻辑推理本身是半定的，也就是说，如果结论为"真"，那么可以构建一个保证在有限时间内停止的一阶逻辑推理算法；但如果结论为"假"，则该算法可能会无限期运行。因此，无论在什么情况下，在有限时间内停止的一阶逻辑算法都必然是不完整的，这是一阶逻辑推理的局限性所在。但另一方面，一阶逻辑本身提供了一套易于理解的使用方法，定义了一系列运算符号，因此它在人工智能领域构建智能系统，实现自动推理中起着重要作用。

描述逻辑是一阶逻辑的子集，是由一元谓词和二元谓词构成的语言，在本体的构建和语义网中被广泛使用（本体相关的内容详见第 2 章）。描述逻辑提供了更加切合实际应用的方法，通过开发逻辑公式来表示知识并进行推理。ALC（Attributive Concept Language with Complement）描述语言是其中的一个典型代表，它继承了一阶逻辑推理中一系列的逻辑运算符，并通过逻辑操作符来操作概念与关系。在 20 世纪 80 年代以专家系统为代表的人工智能繁荣发展浪潮中，应用基于逻辑的方法实现的专家系统致力于代替人类专家来完成高级的决策与推理工作，将基于逻辑的推理方法推向了一个高峰。

在描述逻辑中，经常会定义一系列的概念集合、角色集合（也称关系集合）和逻辑运算符，并通过逻辑运算来实现推理。以 7.2.1 节的例子进行讲解，明确如下符号。

C：概念集合，$c \in C$ 是概念集合中的一个概念，比如 $C = \{$人物，男人，女人$\}$，男人 $\in C$。

R：角色集合，$r \in R$ 是角色集合中的一个角色，比如 $R = \{$父亲，母亲，父母，祖父，祖母，外祖父，外祖母，哥哥，弟弟，姐姐，妹妹，叔伯，姑姑，舅舅，阿姨}，父亲 $\in R$。

¬：否定（negation）。

∧：合取（conjunction），交（intersection）。

∨：析取（disjunction），并（union）。

∃：存在量词（existential restriction）。

∀：全称量词（value restriction）。

⟹：实质蕴涵（material implication）。

⟺：实质等价（material equivalence）。

那么通过这些符号就可以进行定义和推理，比如：

$$男人 \lor 女人 \Longleftrightarrow 人物$$

$$父亲 \lor 母亲 \Longleftrightarrow 父母$$

上述的童谣《家族歌》可以用这种系统性的描述逻辑来表示，见清单 7-4。

清单 7-4 用描述逻辑来表示《家族歌》

```
1.  //爸爸的爸爸叫什么? 爸爸的爸爸叫爷爷。
2.  ∀x.人物 ∀y.男人 ∀z.男人  父亲(x,y) ∧ 父亲(y,z) ⟹ 祖父(x,z)
3.
4.  //爸爸的妈妈叫什么? 爸爸的妈妈叫奶奶。
5.  ∀x.人物 ∀y.男人 ∀z.女人  父亲(x,y) ∧ 母亲(y,z) ⟹ 祖母(x,z)
6.
7.  //妈妈的爸爸叫什么? 妈妈的爸爸叫外公。
8.  ∀x.人物 ∀y.女人 ∀z.男人  母亲(x,y) ∧ 父亲(y,z) ⟹ 外祖父(x,z)
9.
10. //妈妈的妈妈叫什么? 妈妈的妈妈叫外婆。
11. ∀x.人物 ∀y.女人 ∀z.女人  母亲(x,y) ∧ 母亲(y,z) ⟹ 外祖母(x,z)
12.
13. //爸爸的兄弟叫什么? 爸爸的兄弟叫伯伯和叔叔。
14. ∀x.人物 ∀y.男人 ∀z.男人  父亲(x,y) ∧ (哥哥(y,z) ∨ 弟弟(y,z)) ⟹ 叔伯(x,z)
15.
16. //爸爸的姐妹叫什么? 爸爸的姐妹叫姑姑。
17. ∀x.人物 ∀y.男人 ∀z.女人  父亲(x,y) ∧ (姐姐(y,z) ∨ 妹妹(y,z)) ⟹ 姑姑(x,z)
18.
19. //妈妈的兄弟叫什么? 妈妈的兄弟叫舅舅。
```

20. $\forall x.$人物 $\forall y.$女人 $\forall z.$男人 $\ 母亲(x,y) \wedge (哥哥(y,z) \vee 弟弟(y,z)) \Rightarrow 舅舅(x,z)$
21.
22. //妈妈的姐妹叫什么? 妈妈的姐妹叫阿姨。
23. $\forall x.$人物 $\forall y.$女人 $\forall z.$女人 $\ 母亲(x,y) \wedge (姐姐(y,z) \vee 妹妹(y,z)) \Rightarrow 阿姨(x,z)$

对比清单 7-3 和清单 7-4，乍一看使用描述逻辑并不见得有多大的好处。事实上，对这类简单明确的情况，确实如此。但仔细观察可以发现，使用一阶逻辑或描述逻辑带来的好处是巨大的，逻辑定义了领域的基本概念和统一的符号与框架，有助于不同人之间的交流和协同工作。更重要的是，利用形式化的语言能够开发通用的工具，应用于不同的场景中。此外，基于逻辑的方式具备可验证、模块化、标准化等诸多优点，能够将不同领域的逻辑互相迁移和复用，从而避免了单纯基于规则的方法的琐碎与不可迁移的局限性。

- 可验证：不同的专家和开发人员能够统一认识，进行交叉验证。
- 模块化：有助于及早发现和纠正潜在的缺陷与错误。
- 标准化：统一的描述性逻辑语言能够使最终用户的理解一致。

事实上，在深度学习的技术浪潮之前，基于逻辑的方法已被广泛研究和应用。在语义网和本体的研究中就出现了大量的通用的推理器，可以帮助本体构建人员实现一定程度上的推理。另外，在很多特定的领域或研究方向，出现了许多在一定范围内通用的推理模型和推理方法，比如 7.2.3 节中介绍的定性时空推理，这在处理和分析与时间、空间有关的问题时是非常通用的，能够应用或迁移到不同行业应用或业务应用中，实现与时空有关的推理过程。

7.2.3　定性时空推理

定性时空推理（Qualitative Spatial and Temporal Reasoning，QSTR）是逻辑推理的一个子集，用于描述推理中时间域之间或空间域之间的定性关系，其理论目标是模拟人类头脑中对时空知识的表示与推理。这是一个与人们日常生活息息相关的领域，人类生存的世界本质就是时间与空间，有关这个世界的知识与时间、空间是密不可分的。大量的知识都发生在某个时间或/和某个区域（空间）中，任何不包含时空推理的体系都是不完整的。因此进行时空相关的推理既是必要的，也是为实际应用所需要的。定性时空推理是对与当前上下文无关的细节进行抽象，特别是忽略量化的数字，使用符号来表示与时空相关的知识并进行推理。比如，表示空间区域之间的关系"灵隐寺坐落在西湖边的飞来峰山麓"，表示时间先后的关系"苏轼在西湖泛舟后去了一趟灵隐寺"等。

在定性时空推理中，会使用有限的符号集合来表示一组与时空相关的有意义的概念，并对这些概念进行操作和演算。不过，时间与空间本身是无限的，时空相关的知识包罗万象，并呈现出丰富多样、错综复杂的结构，在定性时空推理研究中，往往会侧重于对其中一块进行研究，以解决一部分特定任务相关的问题。在实践中，通常使用二元关系来捕捉时空方面最核心的概念，这与一阶逻辑和描述逻辑的研究内容是相符的。

在二元定性时间关系中，应用最广泛的推理方法之一是艾伦区间代数（Allen's Interval Algebra，AIA）。艾伦区间代数定义了两个时间段之间的 13 种定性关系，如图 7-3 所示。

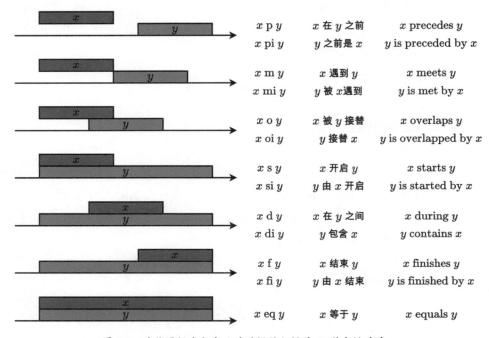

图 7-3　艾伦区间代数定义的时间段之间的 13 种定性关系

13 种定性关系的具体描述如下。

- 事件发生的时间有着不相连的前后关系，在时间上表现为 x 在 y 之前（x precedes y）和 y 之前是 x（y is preceded by x）。
- 两个事件接连发生，中间没有时间间隔，在时间上表现为 x 遇到 y（x meets y）和 y 被 x 遇到（y is met by x）。
- 两个事件发生的时间有重叠，一个事件还未结束时，另一个事件已经发生，在时间上表现为 x 被 y 接替（x overlaps y）和 y 接替 x（y is overlapped by x）。
- 两个事件同时开始但不同时结束，其中一个事件所耗费的时间比另一个多，在时间上表

现为 x 开启 y（x starts y）和 y 由 x 开启（y is started by x）。

- 一个事件是在另一个事件进行的过程中发生并结束的，即一个事件晚于另一个事件发生但更早结束，在时间上表现为 x 在 y 之间（x during y）和 y 包含 x（y contains x）。
- 两个事件虽然不是同时发生的，但同时结束，在时间上表现为 x 结束 y（x finishes y）和 y 由 x 结束（y is finished by x）。
- 两个事件同时发生并且同时结束，在时间上是相等的，即 x 等于 y（x equals y）。

利用这 13 种定性关系，即可实现基于时间的代数运算。比如"A precedes B"并且"B precedes C"，可以推导出"A precedes C"；又比如，"A equals B"并且"A equals C"，可以推导出"B equals C"；等等。

在空间的定性关系中，拓扑上的连通性是关键的，这方面的研究形成了"无点"（pointless）空间推理的区域连接演算（Region Connection Calculus，RCC）方法。区域连接演算方法是一阶逻辑与地理数据相结合的形式化方法，其中最常用的是 RCC-8。RCC-8 定义了一组不相交的 8 种空间关系，如图 7-4 所示。

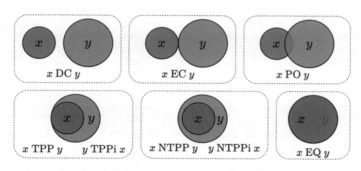

图 7-4　区域连接演算 RCC-8 定义的 8 种空间关系

8 种空间关系的具体描述如下。

- 等于（Equal，EQ）：即两个区域完全一样。
- 不相连（Disconnected，DC）：两个区域没有直接接壤，没有任何重叠的地方。
- 外部相连（Externally Connected，EC）：两个区域相邻并存在接壤的地方，但两个区域之间没有重叠。
- 部分重叠（Partial Overlap，PO）：两个区域不仅接壤，还有部分地方重叠。
- 正切真部分（Tangential Proper Part，TPP）和反正切真部分（Tangential Proper Part Inverse，TPPi）：一个区域是另一个区域的一部分，并且有部分边缘重叠。其中，TPPi 也称正切真包含（Tangentially Contains，TC）。

- 非正切真部分（Non-Tangential Proper Part，NTPP）和反非正切真部分（Non-Tangential Proper Part invers，NTPPi）：一个区域是另一个区域的一部分，并且被包含的区域中完全落在另一个区域之内，边缘部分没有重叠。其中，NTPPi 也称非正切真包含（Non-Tangential Contains，NTC）。

利用区域连接演算结合逻辑运算符，就可以像普通的逻辑推理一样实现基于空间的推理。比如 $EC(x_1 + x_2, x_3) \Longrightarrow EC(x_1, x_3) \vee EC(x_2, x_3)$，表示如果 x_1 和 x_2 合并的区域外部连接于 x_3，那么 x_1, x_3 和 x_2, x_3 中至少有一个是外部连接的。通过将时间关系与空间关系转化为逻辑表示，即可通过一阶逻辑或者描述逻辑来进行时空推理。

7.3 几何空间嵌入的知识推理方法

嵌入（Embedding），也称等距嵌入（Isometric Embedding），是一个来自数学中与流形有关的概念，用于表达一个数学结构的实例通过映射包含到另一个实例中。在黎曼几何中，黎曼流形的局部区域等距嵌入高维的欧几里得空间是一个经典的问题。当一个实例 X 嵌入另一个实例 Y 中，嵌入表示了单射函数（Injective Function）$f_{inj}: X \rightarrowtail Y$，并且单射函数会在映射前后保持其结构。

在自然语言处理和知识图谱领域，通常对词语或实体使用独热编码（One-hot Encoding），每个词语或实体用一个维度表示，向量空间的维度与词语的数量或实体的数量相同。嵌入表示将这种维度非常大的独热编码转换成低维的稠密向量，向量空间维度大幅缩小，效率得以显著提升，并且在嵌入后的向量保持了文本或实体的语义信息。词语或实体的低维向量表示也被约定俗成地称为词嵌入（Word Embedding）或实体嵌入（Entity Embedding）。由于这种低维向量表示能够充分利用基于距离的几何运算，也便于应用在各种机器学习、深度学习、强化学习的模型中实现下游任务，因此在人工智能和知识图谱等领域被广为使用。

知识图谱中基于几何空间嵌入和几何变换运算的推理方法是从 Word2vec 发展而来的，通常将知识图谱中的实体和关系嵌入几何空间中（欧几里得空间或双曲空间等，Word2vec 是嵌入欧几里得空间中的），并将实体与实体间的关系解释为几何空间中的某种几何变换运算，这些几何变换运算通常有平移（Translation）或旋转（Rotate）等。

将知识图谱记为 $G = \{<h, r, t>\} \subseteq Ent \times Rel \times Ent$，其中，$Ent$ 为实体集合，$h, t \in Ent$ 表

示头实体和尾实体，Rel为关系集合，$r \in Rel$表示关系，$< h, r, t >$是<头实体，关系，尾实体>关系三元组，简称三元组。将实体和关系嵌入几何空间中，得到相应的低维稠密向量 $\boldsymbol{h}, \boldsymbol{t} \in \mathbb{R}^{d_e}$，$\boldsymbol{r} \in \mathbb{R}^{d_r}$，并定义打分函数为

$$f_s(\boldsymbol{h}, \boldsymbol{r}, \boldsymbol{t}): \mathbb{R}^{d_e} \times \mathbb{R}^{d_r} \times \mathbb{R}^{d_e} \to \mathbb{R} \qquad (7-1)$$

其中，d_e表示实体嵌入几何空间的维度，d_r表示关系嵌入几何空间的维度。为了在几何空间中能够进行相应的计算，有些模型要求$d_e = d_r$，此时可以用$d = d_e = d_r$来表示维度。知识表示模型的训练过程，通常是指找到合适的单射函数的过程：

$$f_{inj}: Ent \times Rel \times Ent \rightarrowtail \mathbb{R}^{d_e} \times \mathbb{R}^{d_r} \times \mathbb{R}^{d_e} \qquad (7-2)$$

这个过程用于实现将三元组嵌入特定的而几何空间中。模型的推理过程是应用打分函数f_s到一个具体的三元组向量表示$< \boldsymbol{h}, \boldsymbol{r}, \boldsymbol{t} >$上，用于判断三元组是否成立。上述的两个公式通常是一起完成的，即定义复合函数

$$\begin{aligned} f(\boldsymbol{h}, \boldsymbol{r}, \boldsymbol{t}): Ent \times Rel \times Ent &\to \mathbb{R} \\ &= f_s \circ f_{inj} \\ &= f_s\left(f_{inj}(\boldsymbol{h}, \boldsymbol{r}, \boldsymbol{t})\right) \end{aligned} \qquad (7-3)$$

该复合函数用于实现在模型中输入三元组$< h, r, t >$，即可输出推理的得分。

在使用上述模型进行知识推理时，一般有两类任务。

（1）给定实体对$< h, t >$，$h, t \in Ent$，判断是否存在某个关系$r \in Rel$。如果关系r未知，则遍历整个关系集合Rel，从中寻得得分大于某个阈值的关系子集$\ddot{Rel} \subset Rel$，或者找到得分最大的k（$k > 0$）个候选关系。这个任务通常也被称为链接预测。

（2）给定实体$h \in Ent$和关系$r \in Rel$，找出最可能的实体$t \in Ent$。此时，通常存在一个远小于实体全集Ent的候选集合$\ddot{Ent} \subset Ent$，遍历$t \in \ddot{Ent}$并计算$f(h, r, t)$，找到分数超过阈值的实体或者分数最大的实体。

7.3.1　欧几里得空间的平移变换方法

欧几里得空间嵌入是最自然的且最常用的方法，其雏形是 Word2vec。Word2vec 是一种将词语嵌入低维欧几里得向量空间的方法，它能够无监督地从大规模文本语料中学习词语的语义信息，并且学习出来的词向量能够在嵌入空间中进行线性运算。图 7-5 所示是一个 Word2vec 模型在欧几里得空间中的词向量运算（平移变换）的例子，即

$$w_{广东省} - w_{广州市} = w_{浙江省} - w_{杭州市} \qquad (7-4)$$

图 7-5 和式（7-4）说明了在嵌入空间中，广东省与广州市的差别等价于浙江省与杭州市的差别。经深入研究发现，式（7-4）能够进行的运算并不限于两对，所有类似实体对间的共同差异都表现为向量的平移变换。如果将这个平移向量用明确的语义向量 $w_{省会}$ 显式表达出来，即图 7-5 的虚线所示部分，得到

$$w_{省会} = w_{广东省} - w_{广州市} = w_{浙江省} - w_{杭州市} \qquad (7-5)$$

如果"省会"表示知识图谱中的关系，而"广东省""浙江省""广州市"和"杭州市"表示知识图谱中的实体，那么类似式（7-5）的表达式应当成立。将式（7-5）的思想应用到知识图谱上，就构成了几何空间平移变换模型，TransE 模型是其中最早的且最具代表性的模型。

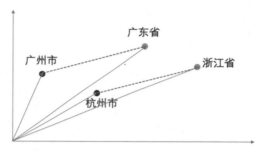

图 7-5　Word2vec 模型的平移变换示例

1. TransE 模型

对式（7-5）进行变换，有

$$w_{杭州市} + w_{省会} = w_{浙江省} \qquad (7-6)$$

上式即几何空间中的平移变换运算。用三元组 $< h, r, t >$ 在嵌入空间的向量 $< \boldsymbol{h}, \boldsymbol{r}, \boldsymbol{t} >$ 来表示式（7-6），有

$$\boldsymbol{h} + \boldsymbol{r} = \boldsymbol{t} \qquad (7-7)$$

图 7-6 是式（7-7）在二维欧几里得空间的图示。对于三元组 $< h, r, t >$，为了建立合适的知识推理模型来获得类似式（7-7）这样的运算，将 $\boldsymbol{h} + \boldsymbol{r}$ 和 $\boldsymbol{t}$ 的欧几里得距离作为衡量指标，优化模型使其趋于 0，即可得到 TransE 模型：

$$\mathcal{D} = \|\boldsymbol{h} + \boldsymbol{r} - \boldsymbol{t}\|_2 \qquad (7-8)$$

其中，$\|\cdot\|_2$称为 L2 范数（L2 norm）。TransE 的几何变换示意图如图 7-6 所示，表示头实体$\boldsymbol{h}$平移了关系向量$\boldsymbol{r}$后与尾实体$\boldsymbol{t}$的距离。TransE 模型的名称源自 **Trans**lation **E**mbedding，就是将三元组嵌入欧几里得空间并进行平移变换运算的模型。如果三元组$< h, r, t >$完美嵌入，其距离应当为 0，即$\mathcal{D} = 0$；而对于不存在关系r的实体对$< h, t >$来说，其距离应该较大，即$\mathcal{D} \gg 0$。由此定义嵌入空间中的打分函数$f_s(\boldsymbol{h}, \boldsymbol{r}, \boldsymbol{t})$为

$$f_s(\boldsymbol{h}, \boldsymbol{r}, \boldsymbol{t}) = \mathcal{D}^2 = \|\boldsymbol{h} + \boldsymbol{r} - \boldsymbol{t}\|_2^2 \tag{7-9}$$

上式使用距离的平方与欧几里得距离本身的本质是一样的。在训练模型时，使用随机梯度下降最小化$f_s(\boldsymbol{h}, \boldsymbol{r}, \boldsymbol{t})$即可。清单 7-5 是 TransE 模型的实现示例。

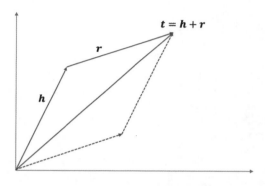

图 7-6　TransE 模型的几何变换示意图

根据 TransE 模型的定义，任意实体对$< h, t >$之间最多只能有一种关系。对于两个实体h和t，如果存在关系r_1和r_2，使得$< h, r_1, t >$和$< t, r_2, h >$都成立，则其关系向量$r_1 = -r_2$表明在语义上是反向的或反对称的，比如父母与子女的关系、上位词与下位词的关系等。

清单 7-5　TransE 模型实现示例

```
1.  import paddle
2.  from paddle import nn
3.  import paddle.nn.functional as F
4.
5.  class TransE(nn.Layer):
6.      '''TransE 模型的飞桨框架实现示例'''
7.      def __init__(self, ent_num, rel_num, dim=50):
8.          '''ent_num: 实体数量; rel_num: 关系数量; dim: 嵌入维度'''
9.          super(TransE, self).__init__()
10.         self.dim = dim
11.         self.ent_num = ent_num
12.         self.rel_num = rel_num
```

```
13.        # 实体嵌入张量和关系嵌入张量
14.        self.ent_emb = nn.Embedding(ent_num, self.dim)
15.        self.rel_emb = nn.Embedding(rel_num, self.dim)
16.
17.    def distance(self, h, r, t):
18.        # 计算嵌入向量h+r 与 t的欧氏距离，见式（7-8）
19.        hvec = self.ent_emb(h)
20.        rvec = self.rel_emb(r)
21.        tvec = self.ent_emb(t)
22.        dist = hvec + rvec - tvec
23.        # 通过 L2 范数计算距离
24.        return paddle.norm(dist, p=2, axis=1)  # L2 Norm
25.
26.    def score(self, h, r, t):
27.        # 计算得分，见式（7-9）
28.        return self.distance(h, r, t)
29.
30.    def forward(self, pos_h, pos_r, pos_t, neg_h, neg_r, neg_t, gamma):
31.        # 用于在训练时计算loss，实际使用中可根据数据集和训练方法调整
32.        pos_score = self.score(pos_h, pos_r, pos_t)
33.        neg_score = self.score(neg_h, neg_r, neg_t)
34.        score_diff = gamma + pos_score - neg_score
35.        return paddle.sum(F.relu(score_diff))
36.
37.    def link_prediction(self, h, r, t, k=10):
38.        # 链接预测，根据<h,t>判断实际r在预测前10个中的比例，即常见的"HITS@10"指标
39.        # 根据<h,t>获取预测的前10个r
40.        hvec = self.ent_emb(h)
41.        tvec = self.ent_emb(t)
42.        # 计算 t-h,对式（7-7）进行变换可得
43.        rvec = tvec - hvec
44.        rvec = paddle.unsqueeze(rvec, 1)
45.        rvec = rvec.expand([rvec.shape[0], self.rel_num, self.dim])
46.        embed_rel = self.rel_emb.weight.expand(
47.                [rvec.shape[0], self.rel_num, self.dim])
48.        rdist = paddle.norm(rvec - embed_rel, axis=2)
49.        # 计算 rdist 最小的 k =10 个关系
50.        _, rpred = paddle.topk(rdist, k, axis=1, largest=False)
51.        # 计算命中的数量
52.        r = r.reshape([-1, 1])
53.        return paddle.sum(paddle.equal(rpred, r).astype(int)).item()
```

2. TransH 模型

在 TransE 模型中，任意一个实体对$< h, t >$仅支持一种关系，使用场景颇为有限。TransH 模型扩展了 TransE 模型，关系r不仅是欧几里得空间的一个向量$\boldsymbol{r}$，同时还关联了一个法向量（Normal Vector）$\boldsymbol{w}_r$（不失一般性地，对法向量进行约束$\|\boldsymbol{w}_r\| = 1$）。实体h和t通过法向量投射到同一个关系超平面上。并且，从头实体向量$\boldsymbol{h}$平移关系向量$\boldsymbol{r}$变换到尾实体向量$\boldsymbol{t}$的运算过程，是在关系超平面上进行的。在 TransH 模型中，实体h和t的嵌入向量$\boldsymbol{h}$和$\boldsymbol{t}$映射到超平面的运算过程定义为

$$\boldsymbol{h}_r = \boldsymbol{h} - \boldsymbol{w}_r^{\mathrm{T}}\boldsymbol{h}\boldsymbol{w}_r$$
$$\boldsymbol{t}_r = \boldsymbol{t} - \boldsymbol{w}_r^{\mathrm{T}}\boldsymbol{t}\boldsymbol{w}_r \qquad (7-10)$$

其中，$\boldsymbol{w}_r^{\mathrm{T}}$是$\boldsymbol{w}_r$的转置。在关系超平面$\boldsymbol{w}_r$上使用 TransE 一样的平移运算，即

$$\boldsymbol{h}_r + \boldsymbol{r} = \boldsymbol{t}_r \qquad (7-11)$$

图 7-31 是式（7-11）所代表的几何变换的示意图。与式（7-9）表示的 TransE 模型的打分函数一样，容易得到式（7-12）所示的 TransH 模型的打分函数。使用各类深度学习框架可以很容易地实现 TransH 模型，清单 7-6 是使用飞桨框架实现的示例。

$$\begin{aligned} f_s(\boldsymbol{h}, \boldsymbol{r}, \boldsymbol{t}) &= \|\boldsymbol{h}_r + \boldsymbol{r} - \boldsymbol{t}_r\|_2^2 \\ &= \|(\boldsymbol{h} - \boldsymbol{w}_r^{\mathrm{T}}\boldsymbol{h}\boldsymbol{w}_r) + \boldsymbol{r} - (\boldsymbol{t} - \boldsymbol{w}_r^{\mathrm{T}}\boldsymbol{t}\boldsymbol{w}_r)\|_2^2 \end{aligned} \qquad (7-12)$$

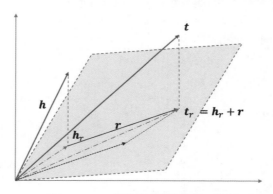

图 7-7　TransH 模型的几何变换示意图

从式（7-10）和式（7-12）中可以看出，针对不同的关系$r_1, r_2, \cdots, r_n$，TransH 模型的平移变换是在由不同的关系法向量$\boldsymbol{w}_{r_1}, \boldsymbol{w}_{r_2}, \cdots, \boldsymbol{w}_{r_n}$定义的超平面上进行的，从而对于一个实体对$< h, t >$来说，可以同时满足$< h, r_1, t >, < h, r_2, t >, \cdots, < h, r_n, t >$。也就是说，TransH 模型允许两

个实体间存在多种关系，使得 TransH 拥有远超 TransE 的表示能力，能够表达更丰富多样的现实，大幅扩展了模型的应用场景。比如在常见的社交网络中，小明和小红既是同事关系，又是校友关系，还是羽毛球队队友关系，在一个 TransE 模型中，无法同时很好地表示这些不同的关系，而 TransH 模型能够胜任这类场景。在实践中，对于关系种类不是太多的情况，TransH 模型既简单高效，又能够很好地表示知识，推理效果也很不错，是一个很好的选择。

清单 7-6　TransH 模型实现示例

```
1.  import paddle
2.  from paddle import nn
3.  import paddle.nn.functional as F
4.
5.  class TransH(nn.Layer):
6.      '''TransH 模型的飞桨框架实现'''
7.      def __init__(self, ent_num, rel_num, dim=50):
8.          '''ent_num: 实体数量; rel_num: 关系数量; dim: 嵌入维度'''
9.          super(TransH, self).__init__()
10.         self.dim = dim
11.         self.ent_num = ent_num
12.         self.rel_num = rel_num
13.         # 实体嵌入张量和关系嵌入张量
14.         self.ent_emb = nn.Embedding(ent_num, self.dim)
15.         self.rel_emb = nn.Embedding(rel_num, self.dim)
16.         # 法向量, 通过法向量定义了关系超平面
17.         # 实体向量通过法向量投射到关系超平面进行几何变换运算
18.         self.norm_vector = nn.Embedding(rel_num, self.dim)
19.
20.     def _transfer(self, e, wr):
21.         # 实体映射, 见式 (7-10)
22.         e = self.ent_emb(e)
23.         m = paddle.sum(e * wr, axis=-1, keepdim=True) * wr
24.         return e-m
25.
26.     def distance(self, h, r, t):
27.         # 计算欧氏距离, 见式 (7-12)
28.         wr = self.norm_vector(r)
29.         hvec = self._transfer(h, wr)
30.         rvec = self.rel_emb(r)
31.         tvec = self._transfer(t, wr)
32.         dist = hvec + rvec - tvec
33.         # 通过 L2 范数计算距离
34.         return paddle.norm(dist, p=2, axis=1)
35.
```

```
36.     def score(self, h, r, t):
37.         # 计算得分, 见式 (7-12)
38.         return self.distance(h, r, t)
39.
40.     def forward(self, pos_h, pos_r, pos_t, neg_h, neg_r, neg_t, gamma):
41.         # 用于在训练时计算 loss, 实际使用中可根据数据集和训练方法调整
42.         pos_score = self.score(pos_h, pos_r, pos_t)
43.         neg_score = self.score(neg_h, neg_r, neg_t)
44.         score_diff = gamma + pos_score - neg_score
45.         return paddle.sum(F.relu(score_diff))
46.
47.     def link_prediction(self, h, r, t, k=10):
48.         # 链接预测, 根据<h,t>判断实际 r 在预测前 10 个中的比例, 即常见的"HITS@10"指标
49.         # 根据<h,t>获取预测的前 10 个 r
50.         wr = self.norm_vector(r)
51.         hvec = self._transfer(h, wr)
52.         tvec = self._transfer(t, wr)
53.         rvec = paddle.unsqueeze(tvec - hvec, 1)
54.         rvec = rvec.expand([rvec.shape[0], self.rel_num, self.dim])
55.         embed_rel = self.rel_emb.weight.expand(
56.                     [rvec.shape[0], self.rel_num, self.dim])
57.         rdist = paddle.norm(rvec - embed_rel, axis=2)
58.         # 计算 rdist 最小的 k =10 个关系
59.         _, rpred = paddle.topk(rdist, k, axis=1, largest=False)
60.         # 计算命中的数量
61.         r = r.reshape([-1, 1])
62.         return paddle.sum(paddle.equal(rpred, r).astype(int)).item()
```

3. TransR 模型

TransH 模型的表达能力已经很强了, 适用于大多数知识图谱的情况。但由于语言本身的多义性, 同一个实体可能存在多种含义, TransH 模型将实体嵌入同一个欧几里得空间, 使得实体向量在表达多义性时显得捉襟见肘。为了实现实体多义性的表示, TransR 模型将实体嵌入实体欧几里得空间 $\mathbb{S}_E = \{\mathbb{R}^{d_e}\}$ 中, 并为每一个关系 r 创建了关系特定的欧几里得空间 $\mathbb{S}_r = \{\mathbb{R}^{d_r}\}$。在进行与关系有关的平移变换时, 将实体空间的向量 $\boldsymbol{h}$ 和 $\boldsymbol{t}$ 映射到关系特定空间 (记为 $\boldsymbol{h}_r$ 和 $\boldsymbol{t}_r$) 进行平移变换运算。当实体与不同关系进行交互时, 通过这样简单的变换, 能够表示不一样的含义, 实现了一定程度上的多义性表达。在 TransR 模型中, 从实体空间到关系空间的映射为

$$\boldsymbol{h}_r = \boldsymbol{h}\boldsymbol{M}_r$$
$$\boldsymbol{t}_r = \boldsymbol{t}\boldsymbol{M}_r \tag{7-13}$$

其中，$M_r \in \mathbb{R}^{d_e \times d_r}$，是将实体空间的实体向量二次嵌入关系特定空间的映射矩阵。在TransR 中，从实体空间嵌入关系空间并进行几何变换的过程如图 7-8 所示。TransR 在关系特定的空间里几何平移变换与 TransE、TransH 的平移变换是一致的，参考式（7-9）和式（7-12），容易得到 TransR 模型的打分函数：

$$f_s(\boldsymbol{h}, \boldsymbol{r}, \boldsymbol{t}) = \|\boldsymbol{h}_r + \boldsymbol{r} - \boldsymbol{t}_r\|_2^2$$
$$= \|\boldsymbol{h}\boldsymbol{M}_r + \boldsymbol{r} - \boldsymbol{t}\boldsymbol{M}_r\|_2^2 \qquad (7-14)$$

同样的，使用飞桨、PyTorch 或 TensorFlow 等现代深度学习框架，不难实现 TransR 模型，使用飞桨框架实现的示例如清单 7-7 所示。在 TransR 模型中，在不同关系的情况下，同一个实体可以表达不同的语义信息，这进一步扩展了模型的适用场景。

清单 7-7　TransR 模型实现示例

```
1.  import paddle
2.  from paddle import nn
3.  import paddle.nn.functional as F
4.
5.  class TransR(nn.Layer):
6.      '''TransR 模型的飞桨框架实现'''
7.      def __init__(self, ent_num, rel_num, dim_e=50, dim_r=20):
8.          '''ent_num: 实体数量; rel_num: 关系数量;
9.             dim_e: 实体嵌入维度; dim_r: 关系嵌入维度'''
10.         super(TransR, self).__init__()
11.         self.dim_e = dim_e
12.         self.dim_r = dim_r
13.         self.ent_num = ent_num
14.         self.rel_num = rel_num
15.         # 实体嵌入张量和关系嵌入张量
16.         self.ent_emb = nn.Embedding(ent_num, self.dim_e)
17.         self.rel_emb = nn.Embedding(rel_num, self.dim_r)
18.         # 映射矩阵，用于将实体嵌入向量二次嵌入关系空间
19.         self.proj_mat = nn.Embedding(rel_num, self.dim_e * self.dim_r)
20.
21.     def _transfer(self, e, Mr):
22.         # 实体映射，见式（7-13）
23.         e = self.ent_emb(e)
24.         e = paddle.reshape(e, [-1, 1, self.dim_e])
25.         es = paddle.matmul(e, Mr)
26.         return paddle.reshape(es, [-1, self.dim_r])
27.
28.     def distance(self, h, r, t):
29.         # 计算欧氏距离，见式（7-14）
```

```
30.        Mr = self.proj_mat(r)
31.        Mr = paddle.reshape(Mr, [-1, self.dim_e, self.dim_r])
32.        hvec = self._transfer(h, Mr)
33.        rvec = self.rel_emb(r)
34.        tvec = self._transfer(t, Mr)
35.        dist = hvec + rvec - tvec
36.        # 通过 L2 范数计算欧氏距离
37.        return paddle.norm(dist, p=2, axis=1)
38.
39.    def score(self, h, r, t):
40.        # 计算得分，见式（7-14）
41.        return self.distance(h, r, t)
42.
43.    def forward(self, pos_h, pos_r, pos_t, neg_h, neg_r, neg_t, gamma):
44.        # 用于在训练时计算 loss，实际使用中可根据数据集和训练方法调整
45.        pos_score = self.score(pos_h, pos_r, pos_t)
46.        neg_score = self.score(neg_h, neg_r, neg_t)
47.        score_diff = gamma + pos_score - neg_score
48.        return paddle.sum(F.relu(score_diff))
49.
50.    def link_prediction(self, h, r, t, k=10):
51.        # 链接预测，根据<h,t>判断实际 r 在预测前 10 个中的比例，即常见的"HITS@10"指标
52.        # 根据<h,t>获取预测的前 10 个 r
53.        Mr = self.proj_mat(r)
54.        Mr = paddle.reshape(Mr, [-1, self.dim_e, self.dim_r])
55.        hvec = self._transfer(h, Mr)
56.        tvec = self._transfer(t, Mr)
57.        rvec = paddle.unsqueeze(tvec - hvec, 1)
58.        rvec = rvec.expand([rvec.shape[0], self.rel_num, self.dim_r])
59.        embed_rel = self.rel_emb.weight.expand(
60.                [rvec.shape[0], self.rel_num, self.dim_r])
61.        rdist = paddle.norm(rvec - embed_rel, axis=2)
62.        # 计算 rdist 最小的 k =10 个关系
63.        _, rpred = paddle.topk(rdist, k, axis=1, largest=False)
64.        # 计算命中的数量
65.        r = r.reshape([-1, 1])
66.        return paddle.sum(paddle.equal(rpred, r).astype(int)).item()
```

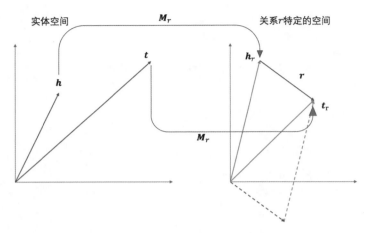

图 7-8　TransR 模型的几何变换示意图

4. TransD 模型

TransR 模型通过为每个关系创建独立的空间,并将实体通过二次嵌入关系欧几里得空间中,使实体能够在不同关系中具备不同的语义信息,即同一个实体h在关系r_1和r_2中可以有不同的语义。比如,同样一条鱼,在与动物园、餐桌和大海等不同场景中具备的关系具有不同方面的含义。但如果一个关系r在不同实体对$< h_1, t_1 >$和$< h_2, t_2 >$中有不同的含义,那么 TransE、TransH 和 TransR 都无法很好地处理,这是由于它们对关系r的学习都处在同一个空间中,并得到单一的向量表示r。不同的实体对都在与相同的r进行运算,具体如下。

- 在 TransE 中,$< h_1, t_1 >$和$< h_2, t_2 >$在同一个欧几里得空间中,直接和关系向量r进行运算。
- 在 TransH 中,$< h_1, t_1 >$和$< h_2, t_2 >$在同一个欧几里得空间中,映射到同一个法向量W_r所定义关系超平面上,与同一个关系向量r进行运算。
- 在 TransD 中,$< h_1, t_1 >$和$< h_2, t_2 >$二次嵌入同一个关系r特定的欧几里得空间$\mathbb{S}_r$中,并与同一个关系向量r进行运算。

为了解决关系r可能存在多种语义的情况,TransD 通过引入实体特定和关系特定的映射向量进行二次嵌入,实现了关系多义性的处理。具体来说,二次嵌入的映射矩阵由实体特定的映射向量$h_p, t_p \in \mathbb{R}^{d_e}$和关系特定的映射向量$r_p \in \mathbb{R}^{d_r}$构成,由式(7-15)定义,$I^{d_r \times d_e}$是单位矩阵。这样在进行几何变换运算时,不同实体对和同一个关系,会因为关系本身针对不同实体对所具备的多义性,而映射到关系空间的不同位置,这在某种程度上实现了对关系r的多义性的处理。

$$M_{rh} = r_p h_p^{\mathrm{T}} + I^{d_r \times d_e}$$
$$M_{rt} = r_p t_p^{\mathrm{T}} + I^{d_r \times d_e} \qquad (7-15)$$

因此，从实体空间到关系特定空间的二次嵌入过程由式（7-16）定义，其中，$h, t \in \mathbb{R}^{d_e}$，$r \in \mathbb{R}^{d_r}$。

$$h_r = M_{rh} h$$
$$t_r = M_{rt} t \qquad (7-16)$$

在 TransD 模型中，头实体 h 和尾实体 t 经二次嵌入之后，就可以和 TransE 一样进行平移变换运算，图 7-9 是 TransD 模型在欧几里得空间的几何变换示意图。参考式（7-9）、式（7-12）和式（7-14），容易得到 TransD 的打分函数：

$$
\begin{aligned}
f_s(h, r, t) &= \| h_r + r - t_r \|_2^2 \\
&= \| M_{rh} h + r - M_{rt} t \|_2^2 \\
&= \| (r_p h_p^{\mathrm{T}} + I^{d_r \times d_e}) h + r - (r_p t_p^{\mathrm{T}} + I^{d_r \times d_e}) t \|_2^2 \\
&= \| (r_p h_p^{\mathrm{T}} h + I^{d_r \times d_e} h) + r - (r_p t_p^{\mathrm{T}} t + I^{d_r \times d_e} t) \|_2^2 \qquad (7-17)
\end{aligned}
$$

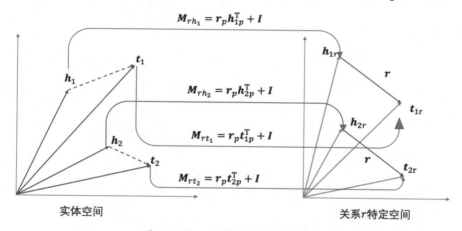

图 7-9　TransD 模型几何变换示意图

在实践中，通常选择 $d = d_e = d_r$，式（7-17）可以简化为式（7-18），使用飞桨框架对 TransD 模型的实现示例见清单 7-8。

$$f_s(h, r, t) = \| (h_p^{\mathrm{T}} h r_p + h) + r - (t_p^{\mathrm{T}} t r_p + t) \|_2^2 \qquad (7-18)$$

TransD 模型除了能够在一定程度上处理实体和关系的多义性，从式（7-18）和清单 7-8 中还可以看出，在计算三元组嵌入向量的打分分数时，TransD 仅有向量的乘法和加法，而不涉及矩阵乘法，在参数数量上要显著小于 TransR，计算效率更高。

清单 7-8　TransD 模型实现示例

```python
1.  import paddle
2.  from paddle import nn
3.  import paddle.nn.functional as F
4.
5.  class TransD(nn.Layer):
6.      '''TransD 模型的飞桨框架实现'''
7.      def __init__(self, ent_num, rel_num, dim=50):
8.          '''ent_num: 实体数量; rel_num: 关系数量; dim: 嵌入维度'''
9.          super(TransD, self).__init__()
10.         self.dim = dim
11.         self.ent_num = ent_num
12.         self.rel_num = rel_num
13.         # 实体嵌入张量和关系嵌入张量
14.         self.ent_emb = nn.Embedding(ent_num, self.dim)
15.         self.rel_emb = nn.Embedding(rel_num, self.dim)
16.         # 映射矩阵, 用于将实体嵌入向量二次嵌入关系空间中
17.         self.ent_proj = nn.Embedding(ent_num, self.dim)
18.         self.rel_proj = nn.Embedding(rel_num, self.dim)
19.
20.     def _transfer(self, e, rp):
21.         # 实体映射, 见式 (7-18)
22.         ep = self.ent_proj(e)
23.         e = self.ent_emb(e)
24.         m = paddle.sum(e * ep, axis=-1, keepdim=True)*rp
25.         return e+m
26.
27.     def distance(self, h, r, t):
28.         # 计算欧氏距离, 见式 (7-18)
29.         rp = self.rel_proj(r)
30.         hvec = self._transfer(h, rp)
31.         rvec = self.rel_emb(r)
32.         tvec = self._transfer(t, rp)
33.         dist = hvec + rvec - tvec
34.         return paddle.norm(dist, p=2, axis=1)  # L2 Norm
35.
36.     def score(self, h, r, t):
37.         # 计算得分, 见式 (7-18)
38.         return self.distance(h, r, t)
39.
40.     def forward(self, pos_h, pos_r, pos_t, neg_h, neg_r, neg_t, gamma):
41.         # 用于在训练时计算loss, 实际使用中可根据数据集和训练方法调整
42.         pos_score = self.score(pos_h, pos_r, pos_t)
43.         neg_score = self.score(neg_h, neg_r, neg_t)
```

```
44.         score_diff = gamma + pos_score - neg_score
45.         return paddle.sum(F.relu(score_diff))
46.
47.     def link_prediction(self, h, r, t, k=10):
48.         # 链接预测, 根据<h,t>判断实际 r 在预测前 10 个中的比例, 即常见的"HITS@10"指标
49.         # 根据<h,t>获取预测的前 10 个 r
50.         rp = self.rel_proj(r)
51.         hvec = self._transfer(h, rp)
52.         tvec = self._transfer(t, rp)
53.         rvec = paddle.unsqueeze(tvec - hvec, 1)
54.         rvec = rvec.expand([rvec.shape[0], self.rel_num, self.dim])
55.         embed_rel = self.rel_emb.weight.expand(
56.                 [rvec.shape[0], self.rel_num, self.dim])
57.         rdist = paddle.norm(rvec - embed_rel, axis=2)
58.         _, rpred = paddle.topk(rdist, k, axis=1, largest=False)
59.         r = r.reshape([-1, 1])
60.         # 计算命中的数量
61.         return paddle.sum(paddle.equal(rpred, r).astype(int)).item()
```

5. 平移变换模型的应用实践

事实上, 除本节介绍的几个模型外, 基于欧几里得空间的平移变换模型可谓不胜枚举, 限于篇幅无法一一介绍。不过, 这类模型的基本原理都是将三元组嵌入欧几里得空间中进行变换, 并使用距离来衡量相似性, 其基础是 TransE。TransH、TransR 和 TransD 等模型都是针对不同方面的局限或不足进行完善和优化, 从而更适用于某些应用场景。

第 2 章介绍过, 知识图谱分为模式受限知识图谱和模式自由知识图谱。对于模式自由知识图谱来说, 实体和关系的区分主要由其名称来达成, 这使得实体和关系普遍存在多义性问题, 进而要求使用更强大的模型来学习、理解和识别实体和关系的多义性, 以获得更强大的推理能力来解决问题。将知识推理应用在这类场景中, TransE、TransH 等模型可能存在颇多局限, 而 TransR、TransD 及其他一些更复杂的模型会表现得更好。

例如, 在模式自由知识图谱中, "苹果"是一个实体, 但在现实世界中却对应着差异巨大的物理本质, 比如食物水果"苹果"、手机和笔记本品牌"苹果"、衣服品牌"苹果"、金融期货品种"苹果"等, 其物理本质显然是不一样的。对这类知识图谱进行理解和推理时, 建议选择具备更强大推理能力的模型, 以满足应用场景的需要, 并解决各类多义性问题。

对于知识图谱的行业应用来说, 往往选择模式受限知识图谱, 即知识图谱是在其上层知识——知识图谱模式的引导下构建的。这样, 实体和关系不仅由其名称决定, 还受实体类型和关系类型的约束。经过精心设计的知识图谱模式, 可以大幅减少甚至消除实体和关系的多义性问

题，因而比较简单的模型也能够胜任场景所需要的知识推理能力，达到预期的效果。下面仍以"苹果"为例进行说明。

- 对于食物水果"苹果"，其实体类型为"水果"，在模型中可以用"水果#苹果"来表示。
- 对于手机和笔记本品牌"苹果"，其实体类型为"电子消费品牌"，在模型中可以用"电子消费品牌#苹果"来表示。
- 对于衣服品牌"苹果"，在模型中可以用"衣服品牌#苹果"来表示。
- 对于金融期货品种"苹果"，在模型中可以用"期货品种#苹果"来表示。

这种通过实体类型和实体名称一起来表示实体的方法，能够从根本上解决多义性的问题。因此在行业应用实践中，往往利用精心设计的知识图谱模式，结合更简单的模型，就能够很好地满足应用程序的功能和效果要求，并获得更强的健壮性、更高的可维护性、更短的响应时间和更低的成本等。那些效果更好、推理能力更强大但更复杂的模型，未必是实践中的优选方案。

"实践是检验真理的唯一标准"，在人工智能蓬勃发展的今天，各种推理模型可以说是数不胜数，而能够被广为使用的大多是那些简洁有效的、经得起实践检验的模型。这一经验不仅在欧几里得空间的平移变换模型中得以体现，在后续章节所介绍的模型中也同样适用。

7.3.2　复数向量空间的 RotatE 模型

几何空间的旋转变换是在平移、变换之外的另一种最常见的变换形式。在数学中，用于表示旋转的常常是复数向量空间。RotatE 模型就是典型的基于欧几里得复数向量空间的旋转变换模型。相比于平移变换，旋转变换有其自身的显著特点，因此基于旋转的 RotatE 模型也具备一些独特的能力。

1. 几何旋转与复数乘法

旋转和平移都是几何空间的基本操作。在二维空间中，直角坐标适用于平移变换，而极坐标更适用于旋转操作。如果把二维坐标系看成复数平面，即用二维坐标系来表示复数，那么旋转可以使用模为 1 的复数乘法来表示。复数的三角形式为

$$z = \rho(\cos\theta + i\sin\theta) \tag{7-19}$$

其中，i 为虚数单位，$i^2 = 1$，ρ 为模，θ 为辐角。通过欧拉公式（e 为自然对数的底数）

$$e^{i\theta} = \cos\theta + i\sin\theta \tag{7-20}$$

可将复数z转化为指数表示形式：

$$z = \rho e^{i\theta} \tag{7-21}$$

如图 7-10 所示，任意一个复数$z_1 = \rho e^{i\psi}$乘以一个模为 1 的复数$z_2 = e^{i\theta} = \cos\theta + i\sin\theta$，在几何上表示为将$z_1$逆时针旋转角度$\theta$得到$z_1 \cdot z_2 = \rho e^{i(\psi+\theta)}$。

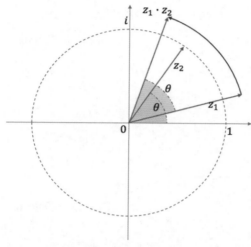

图 7-10 复数乘法的几何表示

2. 哈达玛积

哈达玛积(Hadamard Product)，又称逐项积(Element-wise Product)、舒尔积(Schur Product)，它是一个二元运算符。对于两个同型矩阵的哈达玛积，其每个元素等于这两个矩阵相同位置的元素的乘积。即对于$m \times n$阶矩阵$\boldsymbol{A}$和$\boldsymbol{B}$，其哈达玛积$\boldsymbol{C}$也是$m \times n$阶矩阵：

$$\boldsymbol{C} = \boldsymbol{A} \circ \boldsymbol{B}$$
$$(\boldsymbol{C})_{ij} = (\boldsymbol{A})_{ij}(\boldsymbol{B})_{ij} \tag{7-22}$$

哈达玛积满足交换律、结合律和对加法的分配律，即

$$\boldsymbol{A} \circ \boldsymbol{B} = \boldsymbol{B} \circ \boldsymbol{A}$$
$$\boldsymbol{A} \circ (\boldsymbol{B} \circ \boldsymbol{C}) = (\boldsymbol{A} \circ \boldsymbol{B}) \circ \boldsymbol{C}$$
$$\boldsymbol{A} \circ (\boldsymbol{B} + \boldsymbol{C}) = \boldsymbol{A} \circ \boldsymbol{B} + \boldsymbol{A} \circ \boldsymbol{C} \tag{7-23}$$

3. RotatE 模型

RotatE 将实体和关系嵌入复数向量空间（Complex Vector Space），并限制关系向量的每个元素的模为 1，从而将头实体h经关系r几何变换到尾实体t的过程解释为向量中每个元素的旋

转。在欧几里得空间中，这个变换过程可以用哈达玛积来表示：

$$t = h \circ r \qquad (7-24)$$

其中，$h, r, t \in \mathbb{C}^d$，并且关系向量r的每个元素$(r)_k \in \mathbb{C}$的模$|(r)_k| = 1$。根据式（7-20）和式（7-21），有

$$(r)_k = e^{i\theta_k} = \cos\theta_k + i\sin\theta_k \qquad (7-25)$$

第k维的几何旋转变换过程如图 7-11 所示，因此该模型被命名为旋转嵌入（**Rotate Embedding**，RotatE）模型。

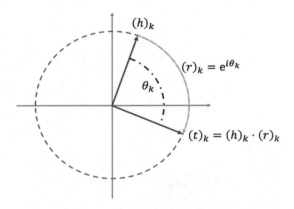

图 7-11　RotatE 嵌入向量的第 k 维几何旋转变换示意图

从模型的描述中可以看出，RotatE 是每个维度都在旋转。参考式（7-9）中的 TransE 模型的打分函数，由式（7-24）可得 RotatE 模型的打分函数：

$$f_s(h, r, t) = \|h \circ r - t\| \qquad (7-26)$$

其中，每个元素$(h)_k = a_k^h + ib_k^h$与关系$(r)_k$的乘积为

$$
\begin{aligned}
(h)_k * (r)_k &= \left(a_k^h + ib_k^h\right) * (\cos\theta_k + i\sin\theta_k) \\
&= \left(a_k^h\cos\theta_k - b_k^h\sin\theta_k\right) + i\left(a_k^h\sin\theta_k + b_k^h\cos\theta_k\right)
\end{aligned} \qquad (7-27)
$$

根据式（7-26）和式（7-27），在模型实现时，使用辐角向量$\boldsymbol{\theta}$来表示关系r的嵌入，能够确保关系r的向量表示的模为 1。RotatE 模型的实现示例见清单 7-9。通过复数空间的"旋转"变换，RotatE 能够很好地表示对称、反对称、反向和组合等各种关系类型。相比于平移模型，RotatE 的表达能力更全面。不过和 TransE 一样，RotatE 并未考虑实体或关系本身的多语义问题。在一些特定场景中，特别是不涉及实体和关系多义性的情况下，选择 RotatE 模型会有更好的效果。

清单 7-9   RotatE 模型实现示例

```
1.  import paddle
2.  from paddle import nn
3.  import paddle.nn.functional as F
4.  import numpy as np
5.
6.  class RotatE(nn.Layer):
7.      '''RotatE 模型的飞桨框架实现'''
8.      def __init__(self, ent_num, rel_num, dim=50):
9.          super(RotatE, self).__init__()
10.         self.dim = dim
11.         self.ent_num = ent_num
12.         self.rel_num = rel_num
13.         # 实体，复数 z = a + ib
14.         self.ent_emb_re = nn.Embedding(ent_num, self.dim)
15.         self.ent_emb_im = nn.Embedding(ent_num, self.dim)
16.         # 关系，乘以 np.pi 后即是辐角 θ
17.         self.rel_emb = nn.Embedding(rel_num, self.dim)
18.
19.     def distance(self, hr, hi, rtheta, tr, ti):
20.         # 参考式（7-25）
21.         rr = paddle.cos(rtheta)
22.         ri = paddle.sin(rtheta)
23.         # 参考式（7-22）和式（7-27）
24.         re = hr * rr - hi * ri - tr
25.         im = hr * ri + hi * rr - ti
26.         # 计算欧氏距离
27.         dist = paddle.stack([re, im], axis=0)
28.         return dist.norm(axis=0).sum(axis=-1)
29.
30.     def score(self, h, r, t):
31.         # 计算得分，见式（7-26）
32.         hr = self.ent_emb_re(h)
33.         hi = self.ent_emb_im(h)
34.         tr = self.ent_emb_re(t)
35.         ti = self.ent_emb_im(t)
36.         # 关系辐角 θ
37.         rtheta = self.rel_emb(r) * np.pi
38.         # 计算距离作为得分
39.         return self.distance(hr, hi, rtheta, tr, ti)
40.
41.     def forward(self, pos_h, pos_r, pos_t, neg_h, neg_r, neg_t, gamma):
42.         # 用于在训练时计算 loss，实际使用中可根据数据集和训练方法调整
43.         pos_score = self.score(pos_h, pos_r, pos_t)
```

```
44.          neg_score = self.score(neg_h, neg_r, neg_t)
45.          pos_score = paddle.sum(F.log_sigmoid(gamma - pos_score))
46.          neg_score = paddle.sum(F.log_sigmoid(neg_score - gamma))
47.          return - (pos_score+neg_score)
48.
49.      def link_prediction(self, h, r, t, k=10):
50.          # 链接预测，根据<h,t>判断实际 r 在预测前 10 个中的比例，即常见的"HITS@10"指标
51.          hr = self.ent_emb_re(h)
52.          hi = self.ent_emb_im(h)
53.          tr = self.ent_emb_re(t)
54.          ti = self.ent_emb_im(t)
55.          hr = paddle.unsqueeze(hr, 1).expand(
56.                      [hr.shape[0], self.rel_num, self.dim])
57.          hi = paddle.unsqueeze(hi, 1).expand(
58.                      [hi.shape[0], self.rel_num, self.dim])
59.          tr = paddle.unsqueeze(tr, 1).expand(
60.                      [tr.shape[0], self.rel_num, self.dim])
61.          ti = paddle.unsqueeze(ti, 1).expand(
62.                      [ti.shape[0], self.rel_num, self.dim])
63.          embed_rel = self.rel_emb.weight.expand(
64.                      [r.shape[0], self.rel_num, self.dim])
65.          embed_theta = embed_rel * np.pi
66.          # 计算<h, t>与所有 r 的距离
67.          dist = self.distance(hr, hi, embed_theta, tr, ti)
68.          # 获取与<h,t>组成的所有关系 r 中，分数最高的前 k 个（k=10）
69.          _, rpred = paddle.topk(dist, k, axis=1, largest=False)
70.          # 比较分数最高的前 10 个中，是否包含真值的关系 r
71.          r = r.reshape([-1, 1])
72.          eq = paddle.equal(rpred, r)
73.          return paddle.sum(eq.astype(int)).item()
```

7.3.3 双曲空间嵌入的知识推理方法

欧几里得空间是人们最熟悉的几何空间，也是在知识推理领域使用最早和研究最多的空间。随着知识推理研究的深入，非欧几里得几何空间嵌入愈发显现出其强大的能力，越来越多的基于非欧几里得几何空间嵌入的推理方法被开发出来，并取得了显著的成绩。特别的，非欧几里得几何中的双曲几何，以其对层次结构的强大的表达能力，在基于知识图谱的推理方法中被广为使用，并在很多时候呈现出更为优异的效果。

1. 从欧几里得几何到非欧几何

非欧几里得几何（Non-Euclidean Geometry），也称非欧几何，起源于对欧几里得几何学对五大公理的研究，并随着现代物理学的发展，其研究不断深入，应用也愈加广泛。欧几里得几何学的五大公理如下。

（1）两点之间必有一条直线。

（2）任意线段能够无限延伸成一条直线。

（3）给定一点（圆心）和一条线段（半径），可以画一个圆。

（4）所有直角都相等。

（5）若两条直线都与第三条直线相交，并且在同一边的内角之和小于两个直角的和，则这两条直线在这一边必定相交。

第 5 条公理又称为"平行公理"，因其等价于命题"给定一条直线，通过直线外的任意一点，有且只有一条直线与之平行"。由于平行公理并没有看起来那么明显，许多学者对其进行了研究，试图利用前 4 条公理证明第 5 条公理，即认为第 5 条公理是前 4 条公理的推论。不过，这个证明本身并没有成功，反而无心插柳柳成荫，得出了平行公理不可证明的结论。有些学者因此放弃了第 5 条公理，假设其不成立，并进行逻辑推理，进而推导出了双曲几何（Hyperbolic Geometry）理论和椭圆几何（Elliptic Geometry）理论。此后经过众多数学家和物理学家长期的研究，最终形成了放弃第 5 条公理的黎曼几何（Riemannian Geometry）。

双曲几何，也称罗氏几何，是一种非欧几何，最早由俄罗斯数学家尼古拉斯·伊万诺维奇·罗巴切夫斯基在研究欧几里得几何平行公理时发现。在双曲几何中，平行公理被替换为：

给定一条直线，通过直线外一点，至少有两条与之平行的直线。

并由此进行逻辑推理，构建了完整的双曲几何体系。维度大于等于 2 的双曲几何称为双曲空间（Hyperbolic Space），这是一种具有负常数曲率的齐次空间。相应的，正常数曲率的齐次空间被称为椭圆空间，而曲率为 0 的空间就是欧几里得空间。曲率是描述几何体弯曲程度的量，可分为外在曲率（Extrinsic Curvature）和内蕴曲率（Intrinsic Curvature），前者的定义需要把几何体嵌入欧氏空间中，后者则是直接定义在黎曼流形（Riemannian Manifold）上。截面曲率（Sectional Curvature）是描述维数大于 1 的黎曼流形曲率的一种方法。在非欧几何中，直线被推广为测地线（Geodesic），用于表示两点之间长度最小的光滑曲线。

与此同时，物理学的需要也推动了非欧几何的发展。在经典时空理论中，时空是独立的。在一个用坐标$(x_0, x_1, x_2, \cdots, x_d)$表示的事件中，$x_0$表示时间维度，$x_1, x_2, \cdots, x_d$表示$d$的欧几里得空间。其正定平方范数为$\sum_{k=0}^{d} x_k^2$（直观来说，就是欧氏距离）表示在任何惯性参考系（Inertial Reference Frame）上的光速都是恒定的。但在相对论时空理论的闵可夫斯基（Minkowski）模型中，则用不定范数$-x_0^2 + \sum_{k=1}^{d} x_k^2$来表示距离。光锥（Light Cone）定义了范数为 0 的集合，光锥上的点$(x_0, x_1, x_2, \cdots, x_d)$到原点的欧氏距离$\sqrt{\sum_{k=1}^{d} x_k^2}$表示恒定速度的光（即光速恒定）从原点在时间$x_0$内所经过的距离。

如果考虑从原点出发的恒定平方距离的点的集合，就得到了欧几里得几何中不同半径的球和闵可夫斯基空间的双曲面（单页或双叶），进而可以用欧几里得空间$\mathbb{R}^{d+1}$单位d维球$\mathbb{S}^d = \{x \in \mathbb{R}^{d+1}: x \cdot x = 1, x_0 < 0\}$和$d$维双曲空间$\mathbb{H}^d = \{x \in \mathbb{R}^{d+1}: x \cdot x = -1, x_0 > 0\}$来表示（$x \cdot x$表示向量内积）。单位球$\mathbb{S}^d$的曲率为1，而单位双曲空间$\mathbb{H}^d$的曲率为$-1$，因此双曲面有时也被认为是半径$i = \sqrt{-1}$的球。双曲空间的严格定义为：

d维双曲空间$\mathbb{H}^d$，是一个具有负常数截面曲率的最大对称单连通d维黎曼流形。

为了便于直观理解和使用，通常会将双曲空间表示为欧几里得空间的子集，即双曲空间的等价模型。双曲空间的等价模型并不唯一，不同的等价模型表现了其中的一部分特性，而且没有任何一个模型能够表示出双曲空间的所有特性。常见的双曲空间等价模型如下。

- 双曲面模型（Hyperboloid Model），也称闵可夫斯基模型（Minkowski Model）或洛伦兹模型（Lorentz Model），这个模型是狭义相对论中最常用的模型，也是双曲空间名称的来源。

- 克莱因圆盘模型（Klein Disk Model），也称贝尔特拉米-克莱因模型（Beltrami–Klein Model），是双曲面模型通过正交平面投影（Orthographic Projection）映射到主轴正交平面上的模型。在克莱因圆盘中，测地线表现为直线，而两条测地线的夹角发生了变化，因此克莱因圆盘模型是非共形的。

- 庞加莱圆盘模型（Poincaré Disk Model），也称共形圆盘模型（Conformal Disk Model），是双曲面模型通过球极平面投影（Stereographic Projection）映射到主轴正交平面（通常为$z = -1$）上的模型。在庞加莱圆盘中，测地线表现为弧线，并且两条测地线的夹角保持一致，因此庞加莱圆盘模型是共形的。在多维空间中，庞加莱圆盘模型也被称为庞加莱球模型（Poincaré Ball Model），相应的双曲空间也被称为庞加莱球空间。

2. 庞加莱球空间

在知识图谱、深度学习等人工智能领域中，通常使用庞加莱球模型来表示双曲空间，这是一个负常数曲率黎曼流形，适合使用基于梯度的优化算法（比如随机梯度下降）进行参数优化。在实践中，通常使用 d 维单位庞加莱球，曲率为 $-1(c=1)$，其定义为满足式（7-28）的黎曼度量（Riemannian Metric）的流形 $\mathbb{B}^d = \{x \in \mathbb{R}^d, \|x\| < 1\}$。

$$g_x^B = \lambda_x^2 g_x^E$$
$$\lambda_x = \frac{2}{1 - \|x\|^2} \tag{7-28}$$

这里的 g_x^B 表示庞加莱球的黎曼度量，g_x^E 是对应欧几里得度量，$\|\cdot\|$ 表示欧几里得范数。其边界为 $\partial \mathbb{B}^d$，相当于 $d-1$ 维的球 $\mathbb{S}^{d-1}$，是距离原点无穷大的点的集合，边界本身不是庞加莱球空间的一部分。

对于庞加莱球上的两点 $u, v \in \mathbb{B}^d$，其距离为

$$
\begin{aligned}
D_{\mathbb{B}}(u, v) &= \text{arcosh}\left(1 + \frac{2\|u - v\|^2}{(1 - \|u\|^2)(1 - \|v\|^2)}\right) \\
&= 2\, \text{arsinh}\left(\sqrt{\frac{\|u - v\|^2}{(1 - \|u\|^2)(1 - \|v\|^2)}}\right) \\
&= 2\, \text{artanh}\left(\sqrt{\frac{\|u - v\|^2}{1 - 2u \cdot v + \|u\|^2 \|v\|^2}}\right)
\end{aligned}
\tag{7-29}
$$

当起始点 u 为零点时，可得到庞加莱范数为

$$
\begin{aligned}
\|v\|_{\mathbb{B}} = D_{\mathbb{B}}(0, v) &= \text{arcosh}\left(\frac{1 + \|v\|^2}{1 - \|v\|^2}\right) \\
&= \ln\left(\frac{1 + \|v\|}{1 - \|v\|}\right) \\
&= 2\, \text{artanh}(\|v\|)
\end{aligned}
\tag{7-30}
$$

其中，0 为多维空间的原点。从式（7-29）和式（7-30）可以看出，相对于欧几里得空间的距离来说，庞加莱球两点之间的距离是呈指数增长的。

可微流形 $\mathcal{M}$ 上任一点 $y \in \mathcal{M}$ 的切空间（Tangent Space）$T_y\mathcal{M}$ 是一个 d 维实向量空间 $\mathbb{R}^d$，切空间的每个元素 $u \in T_y\mathcal{M}$ 称为切向量。切向量是对向量的推广，其起始点不一定是零点的向量，如图 7-12 所示。

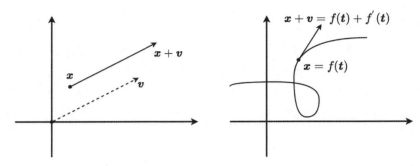

图 7-12　向量与切向量

切空间由满足如下条件的可微曲线（测地线）$\gamma: \mathbb{R} \to \mathcal{M}$定义：

$$\gamma(0) = \boldsymbol{y}$$
$$\gamma'(0) = \boldsymbol{u} \tag{7-31}$$

因此，切空间为$T_{\boldsymbol{y}}\mathcal{M} = \{\gamma'(0)|\gamma: \mathbb{R} \to \mathcal{M}, \gamma(0) = \boldsymbol{y}\}$。可微流形上所有点的切空间组成切丛（Tangent Bundle）。

双曲空间$\mathbb{H}^d$（原始的双曲面模型）是一种可微流形，满足式（7-31）的可微曲线为

$$\gamma(t) = \boldsymbol{y}\cosh(t) + \boldsymbol{u}\sinh(t) \tag{7-32}$$

其中，$t \in \mathbb{R}$，$\boldsymbol{y} \in \mathbb{H}^d$，$\boldsymbol{u} \in T_{\boldsymbol{y}}\mathbb{H}^d$。庞加莱球是双曲面通过球极平面投影映射到与南极点$(-1, \boldsymbol{0})$正交的超平面上形成的。从而，从庞加莱球空间$\boldsymbol{x} \in \mathbb{B}^d$到双曲面空间$(y_0, \boldsymbol{y}) \in \mathbb{H}^d$的等距映射（isometry）$\psi: \mathbb{B}^d \to \mathbb{H}^d$为

$$\begin{aligned}(y_0, \boldsymbol{y}) = \psi(\boldsymbol{x}) &= (\lambda_{\boldsymbol{x}} - 1, \lambda_{\boldsymbol{x}}\boldsymbol{x}) \\ &= \left(\frac{1 + \|\boldsymbol{x}\|^2}{1 - \|\boldsymbol{x}\|^2}, \frac{2\boldsymbol{x}}{1 - \|\boldsymbol{x}\|^2}\right)\end{aligned} \tag{7-33}$$

而双曲面空间$(y_0, \boldsymbol{y}) \in \mathbb{H}^d$到庞加莱球空间$\boldsymbol{x} \in \mathbb{B}^d$的反向映射$\psi^{-1}: \mathbb{H}^d \to \mathbb{B}^d$为

$$\boldsymbol{x} = \psi^{-1}(y_0, \boldsymbol{y}) = \frac{\boldsymbol{y}}{1 + y_0} \tag{7-34}$$

根据高斯绝妙定理（Gauss's Theorema Egregium），由式（7-32）、式（7-33）和式（7-34）可推导出定义庞加莱球切空间的可微曲线为$\phi = \psi^{-1} \circ \gamma$。即对于$\boldsymbol{x} \in \mathbb{B}^d$，$\boldsymbol{v} \in T_{\boldsymbol{x}}\mathbb{B}^d$，有

$$\phi(t) = \frac{(\lambda_{\boldsymbol{x}}\cosh(t) + \lambda_{\boldsymbol{x}}^2(\boldsymbol{x} \cdot \boldsymbol{v})\sinh(t))\boldsymbol{x} + \lambda_{\boldsymbol{x}}\sinh(t)\boldsymbol{v}}{1 + (\lambda_{\boldsymbol{x}} - 1)\cosh(t) + \lambda_{\boldsymbol{x}}^2(\boldsymbol{x} \cdot \boldsymbol{v})\sinh(t)} \tag{7-35}$$

由此，对于庞加莱球的切空间$T_{\boldsymbol{x}}\mathbb{B}^d$上的向量$\boldsymbol{v} \in T_{\boldsymbol{x}}\mathbb{B}^d$，可以通过指数映射（Exponential Map）

到庞加莱球空间$\mathbb{B}^d$上，记为$\exp_x(v) \in \mathbb{B}^d$。由式（7-31）和式（7-35）可得

$$\exp_x(v) = \frac{\lambda_x \left(\cosh(\lambda_x \|v\|) + \left(x \cdot \frac{v}{\|v\|} \right) \sinh(\lambda_x \|v\|) \right) x + \sinh(\lambda_x \|v\|) \frac{v}{\|v\|}}{1 + (\lambda_x - 1) \cosh(\lambda_x \|v\|) + \lambda_x \left(x \cdot \frac{v}{\|v\|} \right) \sinh(\lambda_x \|v\|)} \qquad (7-36)$$

庞加莱球空间与其切空间是共形的，这意味着两个向量在庞加莱球的夹角等于其对应切空间的向量的夹角，但在距离或面积方面则是不相等的，即两个向量$u, v \in T_x \mathbb{B}^d$的夹角$\theta$满足

$$\cos(\theta) = \frac{g_x^B(u, v)}{\sqrt{g_x^B(u, u)} \sqrt{g_x^B(v, v)}} = \frac{u \cdot v}{\|u\| \|v\|} \qquad (7-37)$$

3. 陀螺向量空间

与向量空间为欧几里得空间提供了代数环境一样，陀螺向量空间（Gyrovector Space）扩展了欧几里得空间的向量操作，为双曲空间提供了非结合代数（Non-Associative Algebra）环境，定义了双曲空间中的向量加法、减法、乘法等运算。

对于曲率为$-c(c \geqslant 0)$的陀螺向量空间$\mathbb{H}_c^d$，当$c > 0$时，为双曲空间；当 $c = 0$时，为欧几里得空间。这里定义的陀螺向量空间的操作与欧几里得空间的向量操作是兼容的，即当 $c = 0$或$c \to 0$时，陀螺向量空间的各种运算都可以退化为普通向量空间的运算。

在陀螺向量空间中，向量$x, y \in \mathbb{H}_c^d$的加法通过莫比乌斯加法（Möbius Addition）$\oplus_c$实现，定义为

$$x \oplus_c y = \frac{(1 + 2cx \cdot y + c\|y\|^2)x + (1 - c\|x\|^2)y}{1 + 2cx \cdot y + c^2 \|x\|^2 \|y\|^2} \qquad (7-38)$$

上式的曲率$c = 0$时，$x \oplus_c y|_{c=0} = x + y$，即普通的向量加法。而当$c = 1$时，$\oplus_c$记为$\oplus$。莫比乌斯加法的 Python 语言和飞桨框架实现示例见清单 7-10。莫比乌斯加法既不满足交换律，也不满足结合律，其特性有

$$x \oplus_c 0 = 0 \oplus_c x = x \qquad (7-39)$$

$$(-x) \oplus_c x = x \oplus_c (-x) = 0 \qquad (7-40)$$

$$(-x) \oplus_c x \oplus_c y = y \qquad (7-41)$$

根据式（7-40）和式（7-41），定义莫比乌斯减法（Möbius Subtraction）为

$$x \ominus_c y = x \oplus_c (-y) \qquad (7-42)$$

```
1.   import paddle
2.
3.   def mobius_add(x, y, c=1.0):
4.       """陀螺向量空间的莫比乌斯加法，-c 为双曲空间的曲率。参考式（7-38）
5.          实践中，通常选择 c=1 的单位庞加莱球作为嵌入空间"""
6.       xnorm = paddle.sum(x * x, axis=-1, keepdim=True)
7.       ynorm = paddle.sum(y * y, axis=-1, keepdim=True)
8.       dotxy = paddle.sum(x * y, axis=-1, keepdim=True)
9.       numerator = (1 + 2 * c * dotxy + c * xnorm) * x + (1 - c * xnorm) * y
10.      denominator = 1 + 2 * c * dotxy + c * c * xnorm * ynorm
11.      return numerator / denominator
```

在介绍了陀螺向量空间的莫比乌斯加法后，式（7-29）表示的单位庞加莱球空间（ $c=1$ ）距离可以表示为

$$D_{\mathbb{B}}(\boldsymbol{u}, \boldsymbol{v}) = 2\,\mathrm{artanh}(\|-\boldsymbol{u} \oplus \boldsymbol{v}\|) \qquad (7-43)$$

同样的，在陀螺向量空间中，一个标量（数值）$a \in \mathbb{R}$ 和陀螺向量 $\boldsymbol{x} \in \mathbb{H}_c^d$ 相乘的莫比乌斯标量乘法（Möbius Scalar Multiplication）定义为

$$\begin{aligned}
a \otimes_c \boldsymbol{x} &= \frac{1}{\sqrt{c}} \frac{\left(1 + \sqrt{c}\|\boldsymbol{x}\|\right)^a - \left(1 - \sqrt{c}\|\boldsymbol{x}\|\right)^a}{\left(1 + \sqrt{c}\|\boldsymbol{x}\|\right)^a + \left(1 - \sqrt{c}\|\boldsymbol{x}\|\right)^a} \frac{\boldsymbol{x}}{\|\boldsymbol{x}\|} \\
&= \frac{1}{\sqrt{c}} \tanh\left(a\,\mathrm{artanh}(\sqrt{c}\|\boldsymbol{x}\|)\right) \frac{\boldsymbol{x}}{\|\boldsymbol{x}\|}
\end{aligned} \qquad (7-44)$$

其特性有

$$a \otimes_c \boldsymbol{0} = \boldsymbol{0} \qquad (7-45)$$

$$n \otimes_c \boldsymbol{x} = \boldsymbol{x} \oplus_c \boldsymbol{x} \oplus_c \dots \oplus_c \boldsymbol{x} \left(n\text{个}\boldsymbol{x}\text{相加}\right) \qquad (7-46)$$

$$(a + b) \otimes_c \boldsymbol{x} = (a \otimes_c \boldsymbol{x}) \oplus_c (b \otimes_c \boldsymbol{x}) \qquad (7-47)$$

$$(ab) \otimes_c \boldsymbol{x} = a \otimes_c (b \otimes_c \boldsymbol{x}) \qquad (7-48)$$

$$\frac{|a| \otimes_c \boldsymbol{x}}{\|a \otimes_c \boldsymbol{x}\|} = \frac{\boldsymbol{x}}{\|\boldsymbol{x}\|} \qquad (7-49)$$

并且当 $c \to 0$ 时，$a \otimes_c \boldsymbol{x}|_{c \to 0} = a\boldsymbol{x}$，即普通的标量和向量相乘。

根据式（7-44），进一步将莫比乌斯标量乘法推广为莫比乌斯矩阵向量乘法（Möbius Matrix-vector Multiplication），即存在矩阵 $\boldsymbol{M} \in \mathbb{R}^d \times \mathbb{R}^{d'}$ 和 $\boldsymbol{x} \in \mathbb{H}_c^d$，有

$$M \otimes_c x = \frac{1}{\sqrt{c}} \tanh\left(\frac{\|Mx\|}{\|x\|} \operatorname{artanh}(\sqrt{c}\|x\|)\right) \frac{Mx}{\|Mx\|} \qquad (7-50)$$

4. 指数映射和对数映射

在实践中，式（7-36）中的指数映射往往使用庞加莱球的原点 $x = 0$ 的切空间 $T_0\mathbb{B}^d = \mathbb{R}^d$ 来表示。因此对于 $v \in T_0\mathbb{B}^d$，有 $\exp_0(v) \in \mathbb{B}^d$：

$$\begin{aligned}
\exp_0(v) &= \frac{\sinh(2\|v\|)}{1 + \cosh(2\|v\|)} \frac{v}{\|v\|} \\
&= \frac{\sinh(\|v\|)}{\cosh(\|v\|)} \frac{v}{\|v\|} \\
&= \tanh(\|v\|) \frac{v}{\|v\|}
\end{aligned} \qquad (7-51)$$

反过来，从庞加莱球空间 $\mathbb{B}^d$ 到其零点的切空间 $T_0\mathbb{B}^d$ 的映射是 $\exp_0(v)$ 的反函数，通常称为对数映射（Logarithmic map），即对 $v \in \mathbb{B}^d$，有 $\log_0(v) \in T_0\mathbb{B}^d$：

$$\log_0(v) = \operatorname{artanh}(\|v\|) \frac{v}{\|v\|} \qquad (7-52)$$

式（7-51）和式（7-52）的编程实现非常容易，清单 7-11 是使用飞桨框架实现的示例。

清单 7-11　指数映射和对数映射的实现示例

```
1.  import paddle
2.
3.  def artanh(x):
4.      return 0.5*paddle.log((1+x)/(1-x))
5.
6.  def expmap(v):
7.      """指数映射，参考式（7-51）"""
8.      vnorm = v.norm(axis=-1, p=2, keepdim=True).clip(min=1e-5)
9.      return paddle.tanh(vnorm) * v / vnorm
10.
11. def logmap(v):
12.     """对数映射，参考式（7-52）"""
13.     vnorm = v.norm(axis=-1, p=2, keepdim=True).clip(min=1e-5, max=1-1e-5)
14.     return artanh(vnorm) * v / vnorm
```

利用指数映射和对数映射，在 $c = 1$ 时，$a \in \mathbb{R}$ 和 $v \in \mathbb{B}^d$ 的莫比乌斯标量乘法，即式（7-44）可以简化为

$$a \otimes v = \tanh(a \operatorname{artanh}(\|v\|)) \frac{v}{\|v\|}$$
$$= \exp_0(a \log_0(v)) \qquad (7-53)$$

式（7-50）表示的莫比乌斯矩阵向量乘法可简化为

$$M \otimes v = \exp_0(M \log_0(v)) \qquad (7-54)$$

5. 庞加莱圆盘模型的树嵌入

与欧几里得空间相比，双曲空间的优势之一是，能够将树结构以任意低的失真嵌入二维的庞加莱球圆盘中。在欧几里得空间中，为了实现类似的效果，则需要无限的维度。这是由于双曲空间的距离是呈指数增长的，这与树的节点随深度指数增长相匹配，具体来说，当欧几里得空间以多项式扩张时，双曲空间会以指数扩张。比如在曲率为$-c(c > 0)$的庞加莱圆盘$\mathbb{B}^2$中，半径为r的圆的周长为$L(r) = 2\pi \sinh(cr)$，面积为$A(r) = 2\pi(\cosh(cr) - 1)$，二者都是以$e^{cr}$指数增长的。

这种周长和面积的指数增长类似于树。在b叉树中，距离树根为r的叶子节点的数量为$(b+1)b^{r-1}$，距离树根不大于r的所有节点的数量为$\frac{(b+1)b^{r}-2}{b-1}$。令$c = \ln b$，可以看出，b叉树与曲率为$-\ln b$的庞加莱圆盘中的圆的周长和面积的增长速度是一致的。从纯粹度数量的角度来看，$\mathbb{H}^2_{\ln b}$和b叉树是等价的，因此树也被认为是离散双曲空间。也就是说，树（包括无限的树）能够几乎等距嵌入（Isometric Embedding）双曲空间中。在将树结构嵌入庞加莱圆盘时，将根置于原点上，将l层的节点放置在半径为$r(r \propto l)$的圆上，小于等于l层的节点位于该圆内。一个直观的例子如图 7-13 所示，其中，根节点放在$\mathbb{B}^2$的圆心位置，叶子节点放在靠近庞加莱圆盘边界的位置。

从图 7-13 和前面对庞加莱球空间的描述中可以总结出，庞加莱球空间嵌入具备对称性和自组织性的特点。在庞加莱球空间嵌入中，空间的层次结构由距原点的距离决定，在嵌入学习中，除了能够学习出相似性，还能够很好地捕获嵌入对象的层次结构信息。这些特点使庞加莱球空间特别适合用于知识图谱的表示、建模和推理。另外，相比于欧几里得空间，庞加莱球空间的嵌入学习更高效。或者说，若要达到相同的效果，嵌入庞加莱球空间所需的维度要远小于欧几里得空间。

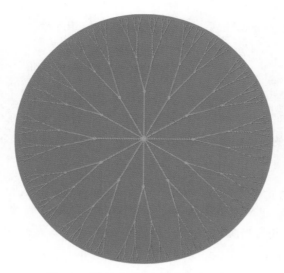

图 7-13　将树嵌入庞加莱圆盘的示意图

6. 庞加莱球空间的平移变换模型

庞加莱球多关系（Multi-Relational Poincaré，MuRP）模型是将实体和关系嵌入庞加莱球空间的一种知识图谱的表示与推理模型，它将 TransE 模型推广到双曲空间，利用双曲空间嵌入的平移变换运算进行知识的表示与推理。

在 TransE 模型中，将三元组 $< h, r, t >$ 嵌入欧几里得空间得到嵌入向量 $< \boldsymbol{h}, \boldsymbol{r}, \boldsymbol{t} >$，将头实体 h 经关系 r 平移后，用式（7-8）所示的欧几里得距离来表示实体关系的得分，并进行知识推理，即 $f_s(\boldsymbol{h}, \boldsymbol{r}, \boldsymbol{t}) = D(\boldsymbol{h} + \boldsymbol{r}, \boldsymbol{t})$。将其推广到庞加莱球空间，三元组 $< h, r, t >$ 在庞加莱球空间嵌入为 $\boldsymbol{h}, \boldsymbol{t}, \boldsymbol{r} \in \mathbb{B}^d$，头实体 h 和尾实体 t 经由关系 r 交互演算后的向量 $\boldsymbol{h}_r$ 和 $\boldsymbol{t}_r$，通过式（7-29）式（7-43）所表示的庞加莱球空间距离 $D_{\mathbb{B}}(\boldsymbol{h}_r, \boldsymbol{t}_r)$ 来定义打分函数，就得到了 MuRP 模型。定义关系特定的对角矩阵 $\boldsymbol{R} \in \mathbb{R}^{d \times d}$，头实体与关系的交互演算为

$$\boldsymbol{h}_r = \boldsymbol{R} \otimes \boldsymbol{h} \tag{7-55}$$

从几何变换的角度看，式（7-55）表示在庞加莱球空间中将向量 $\boldsymbol{h}$ 进行拉伸的变换运算。尾实体 t 与关系 r 的交互则体现为其向量表示 $\boldsymbol{t}$ 经关系向量 $\boldsymbol{r}$ 进行平移变换，因而关系向量 $\boldsymbol{r}$ 也被称为双曲平移向量。其变换过程定义为

$$\boldsymbol{t}_r = \boldsymbol{t} \oplus \boldsymbol{r} \tag{7-56}$$

参考式（7-9）中的 TransE 模型的打分函数，可得 MuRP 模型的打分函数为

$$
\begin{aligned}
f_s(\boldsymbol{h}, \boldsymbol{r}, \boldsymbol{t}) &= -D_{\mathbb{B}}(\boldsymbol{h}_r, \boldsymbol{t}_r)^2 + b_h + b_t \\
&= -D_{\mathbb{B}}(\boldsymbol{R} \otimes \boldsymbol{h}, \boldsymbol{t} \oplus \boldsymbol{r})^2 + b_h + b_t
\end{aligned}
\tag{7-57}
$$

其中，b_h 和 b_t 是偏置（Bias）。在本节陀螺向量空间的相关内容中介绍了，莫比乌斯加法和标量乘法在曲率趋于 0 时退化为欧几里得向量空间的相应运算，因此在曲率为 0 时，式（7-57）可以转化欧几里得空间的对偶模型，其打分函数为

$$
\begin{aligned}
f_s(\boldsymbol{h}, \boldsymbol{r}, \boldsymbol{t}) &= -D(\boldsymbol{h}_r, \boldsymbol{t}_r)^2 + b_h + b_t \\
&= -D(\boldsymbol{R}\boldsymbol{h}, \boldsymbol{t} + \boldsymbol{r})^2 + b_h + b_t
\end{aligned}
\tag{7-58}
$$

根据式（7-57）和式（7-58），用二维平面坐标系来表示 MuRP 在欧几里得空间的对偶模型，如图 7-14 所示。也就是说，当 $D_{\mathbb{B}}(\boldsymbol{h}_r, \boldsymbol{t}_r)^2$ 比较接近或小于 $\sqrt{b_h + b_t}$ 时，说明三元组 $< h, r, t >$ 成立；当 $D_{\mathbb{B}}(\boldsymbol{h}_r, \boldsymbol{t}_r)^2$ 远大于 $\sqrt{b_h + b_t}$ 时，说明 h 和 t 之间不存在关系 r，三元组 $< h, r, t >$ 不成立。

事实上，MuRP 模型通过加入偏置 b_h 和 b_t 来表示头实体和尾实体的影响范围，因此实体在几何空间中并非体现为一个点，而是一个超球，相应的 b_h 和 b_t 可以称为超球决策边界（Hypersphere Decision Boundary）的半径。MuRP 模型则可以解释为，嵌入庞加莱球空间的头实体 h 和尾实体 t 经关系 r 的拉伸与平移变换后，用相应的实体超球是否重叠或接近来表示关系是否成立。清单 7-12 是庞加莱球空间向量的"压扁"函数，以确保所学习出来的向量满足庞加莱球空间的定义，使用飞桨框架实现上述的 MuRP 模型，示例见清单 7-13。

在实践中，模型依赖于黎曼优化算法，而目前框架内置的优化算法都是基于欧几里得空间的，因此在具体实现时还需要实现相应的优化器，略微烦琐。优化器的实现依赖于清单 7-10、清单 7-11 和清单 7-12 等方法。限于篇幅，这里不提供黎曼随机梯度下降算法的具体实现示例。

清单 7-12　庞加莱球空间向量的"压扁"函数

```
1.  import paddle
2.  def clamp_boundary(x):
3.      """庞加莱球空间中，对边界外的点进行"压扁"
4.          确保所有的点都满足庞加莱的定义：||x||<1"""
5.      xnorm = x.norm(axis=-1, p=2, keepdim=True).clip(min=1e-5)
6.      condition = xnorm > 1 - 1e-5
7.      return paddle.where(condition, x/xnorm, x)
```

清单 7-13　MuRP 模型实现示例

```
1.  import paddle
2.  from paddle import nn
3.  import paddle.nn.functional as F
```

```
4.
5.    class MuRP(nn.Layer):
6.        '''MuRP模型的飞桨框架实现'''
7.        def __init__(self, ent_num, rel_num, dim=50):
8.            '''ent_num: 实体数量; rel_num: 关系数量; dim: 嵌入维度'''
9.            super(MuRP, self).__init__()
10.           self.dim = dim
11.           self.ent_num = ent_num
12.           self.rel_num = rel_num
13.           # 实体嵌入和关系嵌入
14.           self.ent_emb = nn.Embedding(ent_num, self.dim)
15.           self.rel_emb = nn.Embedding(rel_num, self.dim)
16.           # 关系特定的对角矩阵 R
17.           self.rel_diag = nn.Embedding(rel_num, self.dim)
18.           # 偏置
19.           self.bh = nn.Embedding(ent_num, 1)
20.           self.bt = nn.Embedding(ent_num, 1)
21.
22.       def distance(self, u, v):
23.           # 计算庞加莱距离, 参考式 (7-43) 和清单 7-10
24.           x = mobius_add(-u, v)
25.           xnorm = paddle.norm(x, p=2, axis=-1,
26.                       keepdim=True).clip(min=1e-5, max=1-1e-5)
27.           return 2 * artanh(xnorm)
28.
29.       def score(self, h, r, t):
30.           # 计算得分, 见式 (7-57) 和清单 7-12
31.           hvec = clamp_boundary(self.ent_emb(h))
32.           R = self.rel_diag(r)
33.           # 参考式 (7-55)、式 (7-54) 和清单 7-11
34.           hr = expmap( logmap(hvec) * R)
35.           hr = clamp_boundary(hr)
36.           rvec = clamp_boundary(self.rel_emb(r))
37.           tvec = clamp_boundary(self.ent_emb(t))
38.           # 莫比乌斯加法, 参考式 (7-38) 和清单 7-10
39.           tr = mobius_add(tvec, rvec)
40.           tr = clamp_boundary(tr)
41.           # 计算得分
42.           dist = self.distance(hr, tr)
43.           return -dist ** 2 + self.bh(h) + self.bt(t)
44.
45.       def forward(self, pos_h, pos_r, pos_t, neg_h, neg_r, neg_t):
46.           # 用于在训练时计算loss, 实际使用中可根据数据集和训练方法调整
47.           pos_score = self.score(pos_h, pos_r, pos_t)
```

```python
48.        neg_score = self.score(neg_h, neg_r, neg_t)
49.        pos_score = F.log_sigmoid(pos_score)
50.        neg_score = F.log_sigmoid(-neg_score)
51.        loss = -paddle.concat([pos_score, neg_score], axis=0)
52.        return loss.sum()
53.
54.    def link_prediction(self, h, r, t, k=10):
55.        # 链接预测，根据<h,t>判断实际 r 在预测前 10 个中的比例，即常见的"HITS@10"指标
56.        # 计算得分，见式（7-57）
57.        hvec = clamp_boundary(self.ent_emb(h))
58.        R = self.rel_diag(r)
59.        # 参考式（7-55）、式（7-54）和清单 7-11
60.        hr = expmap( logmap(hvec) * R)
61.        hr = clamp_boundary(hr)
62.        hr = paddle.unsqueeze(hr, 1).expand(
63.                    [hr.shape[0], self.rel_num, self.dim])
64.        embed_rel = self.rel_emb.weight.expand(
65.                    [r.shape[0], self.rel_num, self.dim])
66.        tvec = clamp_boundary(self.ent_emb(t))
67.        tvec = paddle.unsqueeze(tvec, 1).expand(
68.                    [tvec.shape[0], self.rel_num, self.dim])
69.        # 莫比乌斯加法，参考式（7-38）和清单 7-10
70.        tr = mobius_add(tvec, embed_rel)
71.        tr = clamp_boundary(tr)
72.        dist = self.distance(hr, tr)
73.        bh = paddle.unsqueeze(self.bh(h), 1).expand(
74.                    [h.shape[0], self.rel_num, 1])
75.        bt = paddle.unsqueeze(self.bt(t), 1).expand(
76.                    [t.shape[0], self.rel_num, 1])
77.        # 计算得分，参考式（7-57）
78.        score = - dist ** 2 + bh + bt
79.        score = score.reshape((score.shape[0], score.shape[1]))
80.        # 取分数最高的 10 个关系
81.        _, rpred = paddle.topk(-score, k, axis=1, largest=False)
82.        r = r.reshape([-1, 1])
83.        # 计算命中的数量
84.        return paddle.sum(paddle.equal(rpred, r).astype(int)).item()
```

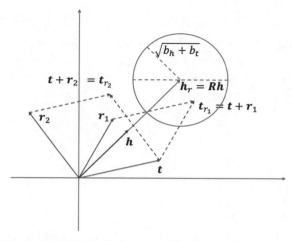

图 7-14 MuRP 对偶模型在欧几里得空间的几何意义示意图

7. 多维吉文斯变换

吉文斯（Givens）变换是常见的用于表示旋转和反射的几何运算方法，其矩阵定义为

$$G^{\text{rot}}(\theta) = \begin{bmatrix} \cos(\theta) & -\sin(\theta) \\ \sin(\theta) & \cos(\theta) \end{bmatrix} \tag{7-59}$$

$$G^{\text{ref}}(\theta) = \begin{bmatrix} \cos(\theta) & \sin(\theta) \\ \sin(\theta) & -\cos(\theta) \end{bmatrix} \tag{7-60}$$

以二维空间示例，对于任意二维向量 $x = (x_1, x_2)$，其极坐标为 (ρ, ψ)：

$$\begin{aligned} x_1 &= \rho \cos(\psi) \\ x_2 &= \rho \sin(\psi) \end{aligned} \tag{7-61}$$

相应的旋转和反射吉文斯变换表示为

$$\begin{aligned} G^{\text{rot}}(\theta)x &= \begin{bmatrix} \cos(\theta) & -\sin(\theta) \\ \sin(\theta) & \cos(\theta) \end{bmatrix} \begin{bmatrix} \rho \cos(\psi) \\ \rho \sin(\psi) \end{bmatrix} \\ &= \begin{bmatrix} \rho(\cos(\theta)\cos(\psi) - \sin(\theta)\sin(\psi)) \\ \rho(\sin(\theta)\cos(\psi) + \cos(\theta)\sin(\psi)) \end{bmatrix} \\ &= \begin{bmatrix} \rho \cos(\psi + \theta) \\ \rho \sin(\psi + \theta) \end{bmatrix} \end{aligned} \tag{7-62}$$

$$\begin{aligned} G^{\text{ref}}(\theta)x &= \begin{bmatrix} \cos(\theta) & \sin(\theta) \\ \sin(\theta) & -\cos(\theta) \end{bmatrix} \begin{bmatrix} \rho \cos(\psi) \\ \rho \sin(\psi) \end{bmatrix} \\ &= \begin{bmatrix} \rho(\cos(\theta)\cos(\psi) + \sin(\theta)\sin(\psi)) \\ \rho(\sin(\theta)\cos(\psi) - \cos(\theta)\sin(\psi)) \end{bmatrix} \\ &= \begin{bmatrix} \rho \cos(-\psi + \theta) \\ \rho \sin(-\psi + \theta) \end{bmatrix} \end{aligned} \tag{7-63}$$

即G^{rot}作用于$\pmb{x}$上，相当于逆时针旋转弧度θ；G^{ref}作用于$\pmb{x}$上，相当于先以横轴为对称轴翻转，然后逆时针旋转弧度θ，在二维坐标系的直观表示如图 7-15 所示。

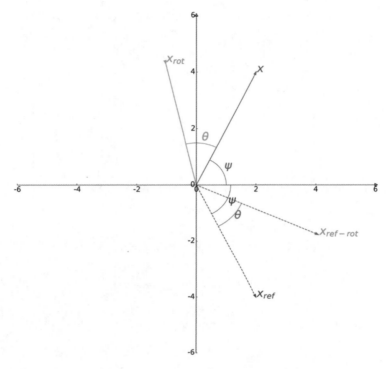

图 7-15　旋转与反射吉文斯变换的几何示意图

将式（7-62）和式（7-63）的吉文斯矩阵推广到 d 维的情况，即构建d维块对角矩阵（d需为偶数）$\pmb{M}^{\mathrm{rot}}$和$\pmb{M}^{\mathrm{ref}}$：

$$\pmb{M}^{\mathrm{rot}} = \mathrm{diag}\left(G^{\mathrm{rot}}(\theta_1), \cdots, G^{\mathrm{rot}}\left(\theta_{\frac{d}{2}}\right)\right) \qquad (7-64)$$

$$\pmb{M}^{\mathrm{ref}} = \mathrm{diag}\left(G^{\mathrm{ref}}(\phi_1), \cdots, G^{\mathrm{ref}}\left(\phi_{\frac{d}{2}}\right)\right) \qquad (7-65)$$

将其应用到d维向量中，实现 d 维的吉文斯变换，从而应用嵌入空间的几何运算进行知识推理。清单 7-14 是多维吉文斯变换的实现，在其输入参数中，分别用两个数值表示$G^{\mathrm{rot}}(\theta_i)$和$G^{\mathrm{rot}}(\phi_i)$，即$\cos(\theta_i)$、$\sin(\theta_i)$ 及$\cos(\phi_i)$、$\sin(\phi_i)$，从而减少计算。推广后的吉文斯变换可应用于各类基于旋转或反射几何运算的模型中，用来捕获特定的关系。

```
1.  def givens_rotations(rot, x):
2.      """吉文斯旋转变换运算, 参考式（7-59）、式（7-62）和式（7-64）"""
3.      pre = rot.shape[:-1]
4.      shape = pre + [-1, 2]
5.      givens = rot.reshape(shape)
6.      givens = givens / paddle.norm(givens, p=2, axis=-1,
7.                        keepdim=True).clip(min=1e-10)
8.      x = x.reshape(shape)
9.      xx = paddle.concat([-x[..., 1:], x[..., :1]], axis=-1)
10.     y = givens[..., :1] * x + givens[..., 1:] * xx
11.     return y.reshape(pre+[-1])
12.
13. def givens_reflection(ref, x):
14.     """吉文斯反射变换运算, 参考式（7-60）、式（7-63）和式（7-65）"""
15.     pre = ref.shape[:-1]
16.     shape = pre + [-1, 2]
17.     givens = ref.reshape(shape)
18.     givens = givens / paddle.norm(givens, p=2, axis=-1,
19.                        keepdim=True).clip(min=1e-10)
20.     x = x.reshape(shape)
21.     x1 = paddle.concat([x[..., :1], -x[..., 1:]], axis=-1)
22.     x2 = paddle.concat([x[..., 1:],  x[..., :1]], axis=-1)
23.     y = givens[..., :1] * x1 + givens[..., 1:] * x2
24.     return y.reshape(pre+[-1])
```

8. 双曲空间旋转与反射变换模型

ATTH 模型是一种组合了双曲空间嵌入和注意力机制的复杂模型, 利用多维吉文斯变换来捕捉特定关系的语义信息, 并使用注意力机制来融合旋转变换和反射变换的运算结果, 从而更好地表达实体间的关系。同时, ATTH 也利用了庞加莱球空间对结构信息的强大学习能力, 将实体、关系嵌入庞加莱球空间来实现推理分数的计算。通过融合几何旋转与反射变换运算, 以及庞加莱球空间对层次结构的天然自组织性, ATTH 能够学习出丰富多样的语义信息和变化多端的层次结构信息, 特别适合应用于知识推理中。这是由于知识图谱中的实体关系本身蕴含着丰富的语义信息, 同时又带有异常复杂的层级结构。

在 ATTH 模型中, 将三元组 $<h, r, t>$ 嵌入庞加莱球空间的切空间中, 嵌入向量为 $<\boldsymbol{h}, \boldsymbol{r}, \boldsymbol{t}> \in T_0 \mathbb{B}^d$。根据式（7-64）和式（7-65）在切空间构建关系 r 特定的吉文斯变换矩阵 $\boldsymbol{M}_r^{\text{rot}}$ 和 $\boldsymbol{M}_r^{\text{ref}}$, 并对头实体嵌入向量 $\boldsymbol{h}$ 进行多维吉文斯变换, 有

$$h_{T_0}^{\mathrm{rot}} = M_r^{\mathrm{rot}} h$$
$$h_{T_0}^{\mathrm{ref}} = M_r^{\mathrm{ref}} h \tag{7-66}$$

进而在切空间使用注意力机制和线性组合来融合两种变换，有

$$\alpha^{\mathrm{rot}} = \mathrm{softmax}(\boldsymbol{\alpha} \cdot h_{T_0}^{\mathrm{rot}})$$
$$\alpha^{\mathrm{ref}} = \mathrm{softmax}(\boldsymbol{\alpha} \cdot h_{T_0}^{\mathrm{ref}})$$
$$h^{\mathrm{att}} = \alpha^{\mathrm{rot}} h_{T_0}^{\mathrm{rot}} + \alpha^{\mathrm{ref}} h_{T_0}^{\mathrm{ref}} \tag{7-67}$$

其中，$\boldsymbol{\alpha}$ 为注意力机制的环境参数，由模型在训练中学习得到。式（7-66）和式（7-67）所描述的多维吉文斯变换运算过程和使用注意力机制的融合运算过程，都是在庞加莱球空间的切空间中进行的。考虑到庞加莱球空间与其切空间是共形的，旋转和反射的结果对庞加莱球空间是一样的，因此将 h^{att} 通过式（7-51）的指数映射变换到庞加莱球空间中，得到 $h^{\mathrm{adj}} \in \mathbb{B}^d$。同时，将关系 r 和尾实体 t 也通过指数变换到庞加莱球空间，得到 $r^B \in \mathbb{B}^d$ 和 $t^B \in \mathbb{B}^d$。在切空间，也就是欧几里得空间中进行吉文斯变换和基于注意力机制的融合，能够充分利用深度学习中已经存在的各种成熟的优化算法。并且，由于庞加莱球空间与其切空间是共形的，在切空间的旋转和反射变换与其在庞加莱球空间的旋转和反射变换，在本质上是一样的。

$$h^{\mathrm{adj}} = \exp_{\mathbf{0}}(h^{\mathrm{att}})$$
$$r^B = \exp_{\mathbf{0}}(r)$$
$$t^B = \exp_{\mathbf{0}}(t) \tag{7-68}$$

在庞加莱球空间中，ATTH 用 h^{adj} 经关系 r^B 平移后的向量与 t^B 的庞加莱距离来计算得分。参考式（7-57）所示的 MuRP 模型的打分函数，可定义 ATTH 的打分函数为

$$f_s(h, r, t) = -D_{\mathbb{B}}\big(h^{\mathrm{adj}} \oplus r^B, t^B\big)^2 + b_h + b_t \tag{7-69}$$

结合清单 7-14 的吉文斯变换，上述模型的编码实现示例见清单 7-15。值得注意的是，这里的实体嵌入空间（参考清单 7-15 的第 14 行：ent_emb）和关系嵌入空间（参考清单 7-15 的第 15 行：rel_emb）是庞加莱球空间的切空间，也就是欧几里得空间，因此在训练模型进行优化学习时，使用常见的优化算法即可，而不需要像 MuRP 一样使用黎曼随机梯度下降等非欧几何空间的优化算法。正是因为这个特点的存在，在模型训练时，ATTH 比 MuRP 更容易一些。

清单 7-15　ATTH 模型实现示例

```
1.  import paddle
2.  from paddle import nn
3.  import paddle.nn.functional as F
4.
5.  class ATTH(nn.Layer):
```

```python
 6.        '''ATTH 模型的飞桨框架实现'''
 7.    def __init__(self, ent_num, rel_num, dim=50):
 8.        super(ATTH, self).__init__()
 9.        self.ent_num = ent_num
10.        self.rel_num = rel_num
11.        self.dim = dim
12.        self.scale_factor = 1 / (dim ** 0.5)
13.        # 切空间的实体和关系嵌入；使用切空间嵌入有利于使用 SGD 等各种优化算法
14.        self.ent_emb = nn.Embedding(ent_num, dim)
15.        self.rel_emb = nn.Embedding(rel_num, dim)
16.        self.bh = nn.Embedding(ent_num, 1)
17.        self.bt = nn.Embedding(ent_num, 1)
18.        # 用于吉文斯反射和选择变换的矩阵，参考式（7-64）和式（7-65）
19.        self.ref_mat = nn.Embedding(rel_num, dim)
20.        self.rot_mat = nn.Embedding(rel_num, dim)
21.        # 注意力机制的环境参数，参考式（7-67）
22.        self.alpha = nn.Embedding(rel_num, dim)
23.
24.    def atten(self, hrot, href, ctx):
25.        '''注意力机制实现，参考式（7-67）'''
26.        hrot = hrot.unsqueeze(axis=-2)
27.        href = href.unsqueeze(axis=-2)
28.        ctx = ctx.unsqueeze(axis=-2)
29.        h = paddle.concat([hrot, href], axis=-2)
30.        alpha = paddle.sum(ctx * h * self.scale_factor, axis=-1, keepdim=True)
31.        alpha = F.softmax(alpha, axis=-2)
32.        return paddle.sum(alpha * h, axis=-2, keepdim=False)
33.
34.    def distance(self, u, v):
35.        # 计算庞加莱距离，参考式（7-43）
36.        x = mobius_add(-u, v)
37.        xnorm = paddle.norm(x, p=2, axis=-1,
38.                    keepdim=True).clip(min=1e-5, max=1-1e-5)
39.        return 2 * artanh(xnorm)
40.
41.    def score(self, h, r, t):
42.        # 在庞加莱球空间计算得分，参考式（7-69）
43.        hvec = self.ent_emb(h)
44.        rot_mat = self.rot_mat(r)
45.        ref_mat = self.ref_mat(r)
46.        ctx = self.alpha(r)
47.        hrot = givens_rotations(rot_mat, hvec)
48.        href = givens_reflection(ref_mat, hvec)
49.        hadj = self.atten(hrot, href, ctx)
```

```
50.         # 从切空间到庞加莱球空间的指数映射
51.         # 参考式（7-51）、式（7-52）和式（7-68），参考清单7-11
52.         hadj = expmap(hadj)
53.         rr = expmap(self.rel_emb(r))
54.         hr = mobius_add(hadj, rr)
55.         hr = clamp_boundary(hr)
56.         tr = expmap(self.ent_emb(t))
57.         # 计算庞加莱距离
58.         dist = self.distance(hr, tr)
59.         # 计算得分，参考式（7-69）
60.         score = - dist ** 2 + self.bh(h) + self.bt(t)
61.         return score
62.
63.     def forward(self, pos_h, pos_r, pos_t, neg_h, neg_r, neg_t):
64.         # 用于在训练时计算loss，实际使用中可根据数据集和训练方法调整
65.         pos_score = self.score(pos_h, pos_r, pos_t)
66.         neg_score = self.score(neg_h, neg_r, neg_t)
67.         pos_score = F.log_sigmoid(pos_score)
68.         neg_score = F.log_sigmoid(-neg_score)
69.         loss = - paddle.concat([pos_score, neg_score], axis=0)
70.         return loss.sum()
71.
72.     def link_prediction(self, h, r, t, k=10):
73.         # 链接预测，根据<h,t>判断实际r在预测前10个中的比例，即常见的"HITS@10"指标
74.         # 链接预测的逻辑与计算打分基本一致，参考上面的注释
75.         hvec = self.ent_emb(h)
76.         hvec = paddle.unsqueeze(hvec, 1).expand(
77.                     [hvec.shape[0], self.rel_num, self.dim])
78.         rot_mat = self.rot_mat.weight.expand(
79.                     [r.shape[0], self.rel_num, self.dim])
80.         ref_mat = self.ref_mat.weight.expand(
81.                     [r.shape[0], self.rel_num, self.dim])
82.         ctx = self.alpha.weight.expand(
83.                     [r.shape[0], self.rel_num, self.dim])
84.         hrot = givens_rotations(rot_mat, hvec)
85.         href = givens_reflection(ref_mat, hvec)
86.         hadj = self.atten(hrot, href, ctx)
87.         # 变换到庞加莱球空间
88.         hadj = expmap(hadj)
89.         rr = expmap(self.rel_emb.weight).expand(
90.                     [r.shape[0], self.rel_num, self.dim])
91.         hr = mobius_add(hadj, rr)
92.         hr = clamp_boundary(hr)
93.         hr = mobius_add(hadj, rr)
```

```
94.            hr = clamp_boundary(hr)
95.            tr = expmap(self.ent_emb(t))
96.            tr = paddle.unsqueeze(tr, 1).expand(
97.                    [t.shape[0], self.rel_num, self.dim])
98.        # 计算距离
99.            dist = self.distance(hr, tr)
100.           # 计算得分
101.           bh = paddle.unsqueeze(self.bh(h), 1).expand(
102.                   [h.shape[0], self.rel_num, 1])
103.           bt = paddle.unsqueeze(self.bt(t), 1).expand(
104.                   [t.shape[0], self.rel_num, 1])
105.           score = - dist ** 2 + bh + bt
106.           score = score.reshape((score.shape[0], score.shape[1]))
107.           # 判断预测值中的 top 10是否包含实际值，并计算包含实际值的数量
108.           _, rpred = paddle.topk(-score, k, axis=1, largest=False)
109.           r = r.reshape([-1, 1])
110.           return paddle.sum(paddle.equal(rpred, r).astype(int)).item()
```

7.4 知识推理的深度学习方法

近年来，深度学习发展迅速，循环神经网络、卷积神经网络、变换器网络和图神经网络等各种类型的模型层出不穷，在语音识别与语音合成、计算机视觉与图像处理、自然语言处理、机器学习控制理论、演化理论、推荐系统与搜索引擎、数学物理方程求解等方面有着广泛的应用。随着知识图谱和知识推理的理论发展和应用深入，基于深度学习的知识推理模型也大量涌现出来，并且在许多方面获得了巨大的成功。

7.4.1 卷积神经网络的知识推理方法

卷积神经网络是应用最广泛的深度神经网络模型之一，在计算机视觉和自然语言处理等领域表现出了很好的效果。经过多年研究，先进的卷积神经网络架构通过局部感知、共享参数、池化、非线性激活等特性，堆叠出数十层甚至成百上千层的卷积层，实现了从局部到全局的特征学习。在知识图谱领域，同样使用卷积神经网络进行知识的表示学习和知识推理的应用，效果也很好。

1. 二维卷积运算

卷积神经网络本质上使用二维卷积运算从矩阵或图像中提取局部特征。二维卷积运算的过程如图 7-16 所示，滤波器（也称卷积核，在图中卷积核大小是3×3）在输入矩阵中进行滑动，

滤波器与其所对应的输入矩阵的元素执行元素相乘，并将乘法的结果相加作为卷积运算的输出结果。卷积核在输入矩阵的滑动时，滑动的元素个数称为步长（Stride），图 7-16 的滑动步长为1，在实际使用时中也可设置为其他数值，比如 3 或 5 等。

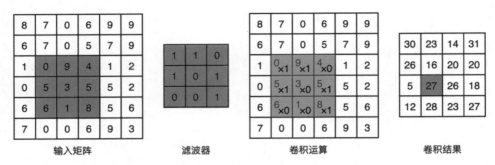

图 7-16　卷积神经网络中的二维卷积运算示例

卷积神经网络通常会堆叠多层的卷积运算，并结合多通道、池化、正则化、零填充、非线性激活等技术，实现从图像及其他数据中从局部到全局的特征提取，在计算机视觉、图像处理、自然语言处理等领域获得了成功。在知识的表示与推理方面也有许多模型使用卷积神经网络，并取得了较好的效果。

2. ConvE 模型

ConvE 模型使用二维卷积运算对知识图谱的三元组进行表示学习和推理。通过卷积神经网络学习头实体向量与关系向量的交互，捕捉从局部到全局的深层非线性特征，并将所学习出的语义向量表示与尾实体进行匹配，从而实现推理。在卷积神经网络中，卷积算子能够在不需要增加嵌入向量的维度的前提下学习出更多的深层语义特征。同时，ConvE 利用二维卷积算子的强大能力，通过精巧的设计，还能够捕获实体与关系的相互作用及其关联语义表示，从而实现了更强的知识表示能力和知识推理能力。

ConvE 的网络结构如图 7-17 所示，对于三元组 $< h, r, t >$，其向量表示为 $< \boldsymbol{h}, \boldsymbol{r}, \boldsymbol{t} >$，$\boldsymbol{h}, \boldsymbol{r}, \boldsymbol{t} \in \mathbb{R}^d$。在 ConvE 中，首先将头实体嵌入向量 $\boldsymbol{h}$ 和关系嵌入向量 $\boldsymbol{r}$ 进行重组（reshape）和拼接（concatenate），组装成二维矩阵：

$$\overline{\boldsymbol{h}} = \text{reshape}(\boldsymbol{h}, d_w, d_h)$$
$$\overline{\boldsymbol{r}} = \text{reshape}(\boldsymbol{r}, d_w, d_h) \tag{7-70}$$

其中，$d = d_w d_h$。也就是说，嵌入向量的维度选择是受约束的，要能够便于进行重组。不过这在实践中没有太大影响，选择维度 d 为偶数即可满足约束条件。将重组后的两个矩阵拼接成一个二维矩阵：

$$X = \text{concat}(\bar{h}, \bar{r}) \in \mathbb{R}^{d_w \times 2d_h} \tag{7 - 71}$$

把X作为一个卷积神经网络的输入，通过卷积、批正则化和非线性激活等运算，得到多通道特征图，并将这些特征图输出重组为一维向量。卷积神经网络可以使用在计算机视觉、自然语言处理等领域的各种网络和优化技术中。事实上，这个架构也可以使用其他类型的网络，比如注意力网络或者比较流行的变换器网络等。

在卷积神经网络中，输入为$d_w \times 2d_h \times 1$，卷积核（也称滤波器）的大小为$k_w \times k_h$，输出通道（channel）为k_c，步幅（stride）为k_s，则卷积网络输出k_c个特征图，每个特征图的大小为$\frac{d_w}{k_s} * \frac{2d_h}{k_s}$（如果用零填充并保持相同大小，即 padding="SAME"）。因此卷积神经网络输出的k维向量$y \in \mathbb{R}^k$：

$$k = \frac{d_w}{k_s} * \frac{2d_h}{k_s} * k_c \tag{7 - 72}$$

卷积网络输出的向量y，就是头实体h与关系r通过卷积网络进行交互作用后的稠密向量表示。为了能够与尾实体进行匹配，使用一个全连接网络将y映射到实体嵌入的向量空间$\mathbb{R}^d$中，得到h_r。这个h_r表示的就是头实体h与关系r交互演算的结果，类似于前面章节中出现多次头实体表示，比如式（7-13）所示的 TransR 模型中的$h_r = hM_r$、式（7-26）所示的 RotatE 模型中的$h_r = h \circ r$，以及式（7-55）所示的 MuRP 模型中的$h_r = R \otimes h$等。这里的h_r与前述其他模型的h_r类似，区别仅在于这里使用了卷积神经网络，而前面介绍的模型中使用了几何变换运算。卷积神经网络能够学习出非线性的和深层的特征，在某些场景下效果更好，而且能够充分利用近几年深度学习的研究成果来优化效果。

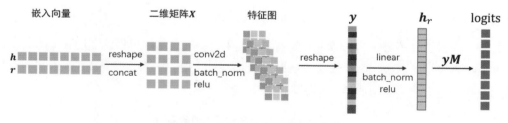

图 7-17 ConvE 的网络结构示意图

最后，计算h_r与t之间的匹配程度，即得到三元组的得分。匹配程度使用内积来计算，因此三元组的打分函数定义为

$$f_s(\boldsymbol{h}, \boldsymbol{r}, \boldsymbol{t}) = \boldsymbol{h}_r \cdot \boldsymbol{t}$$
$$= \|\boldsymbol{h}_r\|\|\boldsymbol{t}\| \cos\theta \tag{7-73}$$

其中，θ 为两个向量的夹角，其二维的几何意义如图 7-18 所示。

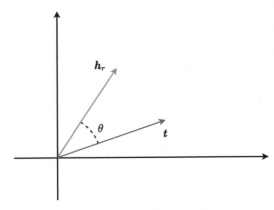

图 7-18　内积的几何意义示意图

从几何角度理解，即其分数同时依赖于二者的模和二者之间的夹角。在模一定（比如归一化后）的情况下，分数越大，θ 越小，则表明 $\boldsymbol{h}_r$ 和 $\boldsymbol{t}$ 趋向于相同；而当分数为 0 时，两个向量是正交的；当分数小于 0 时，两个向量是"背道而驰"的。因此，ConvE 的分数可以称为匹配度分数，如果 $<h, r, t>$ 三元组成立，头实体 h 经卷积神经网络与关系 r 交互，那么应当得到与尾实体 t "一样"的向量；而当 h 和 t 完全无关时，则两个向量应当正交的，即分数值趋于 0。使用内积来计算三元组得分的 ConvE 模型实现示例实现示例见清单 7-16（使用飞桨框架）。为了能够更快地训练模型，可以使用实体嵌入的权值矩阵 $\boldsymbol{M} \in \mathbb{R}^{k \times n}$（$n$ 为实体数量），将 $\boldsymbol{h}_r$ 转换到实体空间，通过 1 vs N 的多分类来训练模型并加速训练，此时可以使用交叉熵来计算训练的损失：

$$\text{logits} = \boldsymbol{h}_r \boldsymbol{M} \tag{7-74}$$

此外，在模型训练时，为了减少梯度消失的发生，提升网络的可训练深度和训练效率，在模型编码实现时加入了批正则化来改善损失分布（Loss Landscape），使用 Dropout 来防止过拟合等。具体应用方法可参考清单 7-16 的模型编码实现示例。

清单 7-16　ConvE 模型实现示例

```
1.  import paddle
2.  from paddle import nn
3.  import paddle.nn.functional as F
4.
5.  class ConvE(nn.Layer):
```

```
6.        '''ConvE 模型的飞桨框架实现'''
7.    def __init__(self, ent_num, rel_num, dimw=16, dimh=8):
8.        super(ConvE, self).__init__()
9.        self.ent_num = ent_num
10.       self.rel_num = rel_num
11.       self.dim = dim = dimw * dimh
12.       self.dimw = dimw
13.       self.dimh = dimh
14.       self.channel_num = 8
15.       self.stride = 2
16.       self.dropout = nn.Dropout(0.4)
17.       # 参考式（7-72）
18.       self.hidden_size = self.channel_num * (
19.               dimw // self.stride )* (dimh * 2 // self.stride)
20.       # 实体关系嵌入
21.       self.ent_emb = nn.Embedding(ent_num, dim)
22.       self.rel_emb = nn.Embedding(rel_num, dim)
23.       # 输入二维矩阵归一化
24.       self.bnX = nn.BatchNorm2D(1)
25.       # 卷积神经网络，kernel size = (3，3)
26.       self.conv2d = nn.Conv2D(1, self.channel_num, (3,3),
27.                       stride=self.stride, padding='SAME')
28.       self.bnFM = nn.BatchNorm2D(self.channel_num)
29.       self.dropoutFM = nn.Dropout2D(0.4)
30.       # 线性层
31.       self.bnL = nn.BatchNorm1D(dim)
32.       self.fc = nn.Linear(self.hidden_size, dim)
33.       # 损失函数
34.       self.lossf = nn.BCELoss(reduction='mean')
35.
36.    def transfer(self, h, r):
37.       # 通过卷积神经网络和全连接网络，计算 h 和 r 交互得到的向量表示 hr
38.       # 参考式（7-70）
39.       hvec = self.ent_emb(h).reshape((-1, 1, self.dimw, self.dimh))
40.       rvec = self.rel_emb(r).reshape((-1, 1, self.dimw, self.dimh))
41.       # 参考式（7-71）
42.       X = paddle.concat([hvec, rvec], axis=-1)
43.       X = self.dropout(self.bnX(X))
44.       # 卷积神经网络
45.       y = self.dropoutFM(F.relu(self.bnFM(self.conv2d(X))))
46.       y = y.reshape((y.shape[0], -1))
47.       # 全连接网络
48.       return F.relu(self.bnL(self.fc(y)))
49.
```

```
50.     def forward(self, pos_h, pos_r, pos_t):
51.         # 用于在训练时计算loss，实际使用中可根据数据集和训练方法调整
52.         hr = self.transfer(pos_h, pos_r)
53.         # 参考式（7-74）
54.         logits = paddle.mm(hr, self.ent_emb.weight.transpose([1,0]))
55.         return self.lossf(F.sigmoid(logits), F.one_hot(pos_t,
56.                                     self.ent_num))
57.
58.     def link_prediction(self, h, r, t, k=10):
59.         # 链接预测，根据<h,t>判断实际r在预测前10个中的比例，即常见的"HITS@10"指标
60.         # 链接预测的逻辑与计算打分基本一致，参考上面的注释
61.         # 构造卷积神经网络的输入矩阵 X
62.         hvec = self.ent_emb(h)
63.         hvec = paddle.unsqueeze(hvec, 1).expand(
64.                       [hvec.shape[0], self.rel_num, self.dim])
65.         hvec = hvec.reshape((hvec.shape[0],
66.                     self.rel_num, 1, self.dimw, self.dimh))
67.         rvec = self.rel_emb.weight.expand(
68.                       [r.shape[0], self.rel_num, self.dim])
69.         rvec = rvec.reshape((hvec.shape[0],
70.                     self.rel_num, 1, self.dimw, self.dimh))
71.         X = paddle.concat([hvec, rvec], axis=-1)
72.         X = X.reshape((-1, 1, self.dimw, self.dimh*2))
73.         X = self.bnX(X)
74.         # 卷积神经网络
75.         y = F.relu(self.bnFM(self.conv2d(X)))
76.         y = y.reshape((y.shape[0], -1))
77.         # 全连接网络
78.         hr = F.relu(self.bnL(self.fc(y)))
79.         tvec = self.ent_emb(t)
80.         tvec = paddle.unsqueeze(tvec, 1).expand(
81.                       [t.shape[0], self.rel_num, self.dim])
82.         tr = tvec.reshape([-1, self.dim])
83.         # 通过内积计算得分，参考式（7-73）
84.         score = paddle.dot(hr, tr)
85.         score = score.reshape((h.shape[0], self.rel_num))
86.         _, rpred = paddle.topk(score, k, axis=1, largest=True)
87.         r = r.reshape([-1, 1])
88.         return paddle.sum(paddle.equal(rpred, r).astype(int)).item()
```

7.4.2　图神经网络模型

图神经网络（Graph Neural Network，GNN）是将深度学习技术应用于图结构数据的一种方

法，也是近年来人工智能中最热门的研究领域之一。图神经网络是对递归神经网络和随机游走理论模型的扩展，相比于递归神经网络，图神经网络能够处理一般化的图，包括循环图、有向图、无向图和混合图等。相比于随机游走理论模型，图神经网络引入了学习算法（Learning Algorithm）和扩大可建模过程的类别，使算法的应用范围更加广泛，并且能够更好地从数据中学习深层特征，识别高级模式。因此，图神经网络天然地适用于知识图谱应用，特别是知识的表示与推理。基于图神经网络及日趋成熟的图学习范式，我们能够快速地实现顶点级别、边级别和图级别的预测和推理任务。

图神经网络起源于利用神经网络来分析图结构的数据。在图神经网络出现之前，就有利用递归神经网络来分析图结构数据。对神经网络与图结构数据的深入研究，成功地将递归神经网络推广为能够处理和分析图结构数据的通用的图神经网络方法。目前，图神经网络是一个应用广泛、包含诸多算法和模型的细分领域，包括图卷积网络（Graph Convolutional Network，GCN）、图注意力网络（Graph Attention Network，GAT）、图自编码器（Graph Auto-Encoder，GAE）、图生成模型（Graph Generative Model）、时空图神经网络（Spatial-Temporal Graph Neural Network，STGNN）等种类繁多的方法。这些方法具备强大的表达能力、灵活的数据模型，在各自的领域取得了卓越的成就。近些年来，与图神经网络相匹配的学习算法、训练和推理框架日趋成熟，图神经网络已经成为一个强大且实用的工具，为各行各业的研究人员所喜欢，被用在知识图谱的众多行业应用中。

1. 图卷积神经网络

由于卷积神经网络在计算机视觉和图像处理领域取得巨大的成功，众多的研究者也试图将卷积神经网络推广到其他领域，图卷积神经网络是将卷积思想应用于图结构数据分析和处理的最新成果。通常来说，图卷积网络可以分为基于谱的模型（Spectral-based Model）和基于空间的模型（Spatial-based Model）。基于谱的图卷积网络通常假定图是无向图，应用谱图理论，将图结构数据转换到谱空间，并在谱空间进行卷积变换，最后通过图傅立叶变换映射回来。基于谱的图卷积网络的理论基础是谱图理论，即用矩阵来表示图，并基于矩阵理论来处理和分析图，更多谱图理论内容可参考 6.1.4 节。基于谱的模型涉及图滤波器（Graph Filter）和图傅立叶变换（Graph Fourier Transform）等技术，相对比较复杂，所适用的图也受限颇多，而且受限于硬件条件，无法应用于大型图中。基于空间的图卷积网络，也就是更常见的图卷积网络，是直接对应用于图像处理的卷积神经网络的扩展。另外，也有观点认为，图卷积网络是基于谱的 ChebNet（一种使用切比雪夫多项式作为卷积核的深度网络）的简化和推广。

图 7-19 所示是图卷积神经网络与二维卷积神经网络的差别示意图。在二维图像中，每个顶

点（像素）都与周围 8 个顶点相关联。如图 7-19 右边所示，二维卷积神经网络通过卷积运算和池化等技术，从这 9 个（假设卷积核大小为3 × 3）顶点中捕获局部特征并产生新的特征。如果将其视为一个特殊的图，则顶点 A 周围的 8 个顶点 B 可以视为 A 的邻接顶点，卷积的过程就是对邻接顶点信息聚合的过程（参考图 7-16）。将其原理推广到邻接顶点数量不确定的图上，即图 7-19 左边所示的情形。也就是说，图卷积网络本质上是通过聚合其邻接顶点的信息来生成新的信息。如果二维卷积神经网络的卷积核大小为5 × 5，则卷积的范围包括从中心顶点 A 往外两层的顶点，即图 7-19 右边 B 和 C 标示的范围。同理，在图神经网络的聚合中，则包含邻接顶点和邻接顶点的邻接顶点，即所有一度和二度关系的顶点的聚合，如图 7-19 左边 B 和 C 标示的顶点。

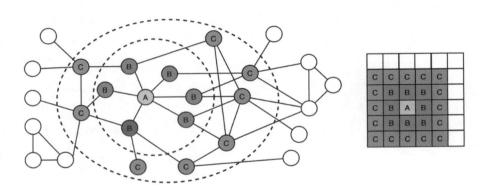

图 7-19　图卷积神经网络与二维卷积神经网络的差别示意图

因此对于一个图来说，通过顶点和边的连接，信息得以扩散、传播和聚合。在本质上，图卷积网络和二维图像上的卷积网络一样，都是通过其邻域信息来计算并得到当前顶点的信息。对于知识图谱来说，这是天然的——顶点总是受其邻接顶点的影响。这在第 6 章知识计算中也讨论过，比如特征向量中心性和 PageRank（参考 6.3.4 和 6.3.5 节）。

在图中，信息通过边和邻接顶点进行扩散与传播。基于图的这个特点进行研究，最终形成了图神经网络中通用的消息传递神经网络（Message Passing Neural Network，MPNN）框架。这个框架能够应用到许多图神经网络模型上，包括 GCN、GAT、GraphSage 等知名图神经网络模型。消息传递神经网络框架既可用于无向图，也可用于有向多重图，并且有成熟的框架实现可以直接使用。在实践中，应用图神经网络来处理和分析图结构数据是十分便捷的。消息传递神经网络框架将消息的向前传递分为消息传递阶段（Message Passing Phase）和读出阶段（Readout Phase），其中，消息传递阶段是框架的核心，读出阶段是将所学习出的图表示映射为全图的向量表示。很多场景并不需要读出阶段，或者会对读出阶段的逻辑稍作修改。在实践中，往往通过对消息传递神经网络框架的消息传递阶段进行抽象，构成消息传递的图学习范式。许多框架基于消息传递的图学习范式开发，并在知识图谱、分子与蛋白质结构、社交网络分析、计算机视觉、自然语言处理、药物发现与新药研发等诸多领域广为使用。

2. 消息传递的图学习范式

基于消息传递思想的图学习范式（Graph Learning Paradigm，GLP）适用于有向图、无向图、多重图等各类图，是当前图神经网络领域最重要的思想和应用方法之一。在图G中，顶点v与其邻接顶点u有关联边e相连，在τ时刻，相应的向量表示（即神经网络中的隐状态）分别为$\boldsymbol{v}^{(\tau)}$、$\boldsymbol{u}^{(\tau)}$和$\boldsymbol{e}^{(\tau)}$。在消息传递图学习范式中，$\tau+1$时刻顶点v的值$\boldsymbol{v}^{(\tau+1)}$由其所有邻接顶点$u \in N(v)$、关联边$e \in E(v)$及其自身$v$在$\tau$时刻的值计算得到。这个计算过程被称为消息传递（Message Passing），由3个函数级联来完成。在使用消息传递图学习范式时，对模型的定义往往也是由这3个函数来定义的。

（1）消息函数（Message Function）：计算顶点v的单个邻接顶点u和相应的关联边e传递给$\tau+1$时刻的v的消息m。

$$\boldsymbol{m}^{(\tau+1)} = \mathcal{M}\left(\boldsymbol{v}^{(\tau)}, \boldsymbol{u}^{(\tau)}, \boldsymbol{e}^{(\tau)}\right) \tag{7-75}$$

（2）汇聚函数（Confluence Function）：汇聚顶点v的所有邻接顶点和相应的关联边传递给$\tau+1$时刻的消息，$\mathcal{C}$是用于表达汇聚消息的方法，比如求和、求均值、求乘积、求多项式和，甚至复杂的神经网络等。

$$\boldsymbol{v}_*^{(\tau+1)} = \underset{u \in N(v), e \in E(v)}{\mathcal{C}}\left(\boldsymbol{m}^{(\tau+1)}\right) \tag{7-76}$$

（3）更新函数（Update Function）：即通过汇聚的消息$\boldsymbol{v}_*^{(\tau+1)}$和顶点自身的值$\boldsymbol{v}^{(\tau)}$进行计算并更新到顶点$v$上，形成顶点$v$在$\tau+1$时刻的值。

$$\boldsymbol{v}^{(\tau+1)} = \mathcal{U}\left(\boldsymbol{v}^{(\tau)}, \boldsymbol{v}_*^{(\tau+1)}\right) \tag{7-77}$$

通过式（7-75）~式（7-77）这3个函数的级联，消息传递图学习范式实现了顶点v在τ时刻的值$\boldsymbol{v}^{(\tau)}$更新为$\tau+1$时刻的值$\boldsymbol{v}^{(\tau+1)}$的过程。重复迭代这个过程，顶点的信息在图$G$中持续传递，最终传遍整个图。因而，图神经网络模型能够学习出局部和全局的特征表示，具备强大的知识表示能力和推理能力。

在实践中，消息函数$\mathcal{M}$、汇聚函数$\mathcal{C}$和更新函数$\mathcal{U}$通常是可以通过后向传播进行学习的可微函数（Differentiable Function），这样模型能够利用各类优化算法（比如随机梯度下降）从数据中学习出相应的参数。消息函数类似于卷积神经网络中的卷积运算，在对有向图进行分析建模时，可以根据场景的需要考虑出边及其邻接顶点、入边及其邻接顶点，或者所有关联边及其邻接顶点等。汇聚函数则类似于卷积神经网络中的池化运算，常见的池化有最大池化和平均池化，图神经网络中的汇聚函数通常是求和、求均值、求最大值和最小值等，也可以是其他复杂的运算，甚至是另一个神经网络。更新函数通常类比于卷积神经网络中的激活函数，也允许存在更加复杂的运算。从这个类比来看，相比于卷积神经网络，图神经网络更加灵活与自由，这是它出类拔萃的原因，也是它更加复杂、难以用好的原因。

利用上述的图学习框架，可以方便地实现不同的图神经网络，比如非常经典的图卷积网络 GCN 模型：

$$
\begin{aligned}
\boldsymbol{m}^{(\tau+1)} &= \mathcal{M}\left(\boldsymbol{u}^{(\tau)}\right) = c_{vu}\boldsymbol{u}^{(\tau)} \\
\boldsymbol{v}_*^{(\tau+1)} &= \underset{u \in N(v)}{\mathcal{C}}\left(\boldsymbol{m}^{(\tau+1)}\right) \\
\boldsymbol{v}^{(v+1)} &= \mathcal{U}\left(\boldsymbol{v}_*^{(\tau+1)}\right) = \mathrm{ReLU}\left(\boldsymbol{W}^{(\tau)}\boldsymbol{v}_*^{(\tau+1)}\right)
\end{aligned}
\tag{7-78}
$$

其中，$c_{vu} = \left(vu \text{ 的边的数量}\right) / \sqrt{v \text{ 的度数} * u \text{ 的度数}}$，对于一个固定的图来说，这是一个常数。式（7-78）中没有考虑边的情况，这是由于在经典 GCN 模型中，边都是一样的，或者说不用考虑不同的边对顶点的影响。当存在多种多样的边时，对 GCN 的扩展就是接下来要介绍的 R-GCN 模型。

3. R-GCN 模型

在 GCN 模型中，所有的边都是相同的，从而边可以被忽略。但在知识图谱中，边是多种多样的，边本身也是非常关键的要素，而且很多时候，边的方向也是重要的。考虑到边以及边的方向，图 7-19 左边所示的图卷积网络可以扩展为图 7-20 所示的多关系图卷积网络（Relational Graph Convolutional Network，R-GCN）。在 R-GCN 模型中，消息函数和汇聚函数需要根据边的类型和方向来计算所传递的消息。图 7-20 右边的小框分别演示了 r_1、r_2 和 r_3 三种不同类型的关联边及其对应的邻接顶点对当前顶点 $v = A$ 的消息传递情况。实际情况可能更复杂，在不同场景下，还要根据图结构数据的实际情况来考虑消息传递的方向，比如只考虑入边的情况。

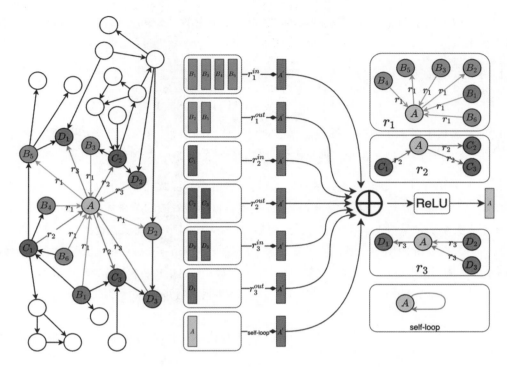

图 7-20　R-GCN 示意图

　　将关联边考虑进来后，顶点 u 和 v 之间的关联边可能是不同的类型或方向，需要根据关联边的关系类型 r 来计算消息。R-GCN 的消息函数定义为

$$m^{(\tau+1)} = \mathcal{M}\big(u^{(\tau)}\big) = \frac{1}{c_{v,r}} W_r^{(\tau)} u^{(\tau)} \tag{7-79}$$

　　其中，W_r 是关系 r 相关的参数矩阵，代表不同类型的边对所传递消息的影响。如果顶点 u 和 v 之间存在两条不同的关联边 $< u, r_1, v >$ 和 $< u, r_2, v >$，由于 $W_{r_1}^{(\tau)}$ 和 $W_{r_2}^{(\tau)}$ 的不同，其传递的消息也是不同的。众所周知，知识图谱中两个实体间可能存在多种语义关系，这个特性是非常关键的，它是图神经网络应用到知识图谱并具备强大推理能力的关键之一。$c_{v,r}$ 是一个归一化参数，通常由与顶点 v 的关系为 r 的邻接顶点的数量决定，即 $c_{v,r} = | N(v,r)|$，$N(v,r)$ 表示与顶点 v 的关系为 r 的邻接顶点集合。

　　R-GCN 的汇聚函数很简单，即按关联边和邻接顶点求和，定义为

$$v_*^{(t+1)} = \mathop{\mathcal{C}}_{u \in N(v),e \in E(v)}\big(m^{(\tau+1)}\big) = \sum_{r \in E(v)} \sum_{u \in N(v,r)} \big(m^{(\tau+1)}\big) \tag{7-80}$$

其中，$E(v)$ 表示顶点 v 的所有关联边的类型集合，使用两个求和符号表示对顶点 v 的所有邻接顶点的消息汇聚。

而 R-GCN 的更新函数为

$$v^{(\tau+1)} = \mathcal{U}\left(v^{(\tau)}, v_*^{(\tau+1)}\right) = \text{ReLU}\left(W_0^{(\tau)} v^{(\tau)} + v_*^{(\tau+1)}\right) \qquad (7-81)$$

在更新函数中考虑了自环，即顶点自己对自己传递的消息，W_0 是自环相关的参数矩阵。ReLU 是非线性激活函数，在卷积神经网络或其他类型的网络中使用广泛。

R-GCN 模型在每一次迭代中，从 $t-1$ 步到 t 步的更新由式（7-79）~式（7-81）定义。在模型中，每个关系 r 都有对应的参数矩阵 W_r，参数数量会随着图的关系数量的多少而变化。在大型图中，关系的数量可能成千上万，导致模型臃肿，模型训练时间长、效率低，容易过拟合，效果也不好。在实际使用中，通常使用基分解（Basis Decomposition）来减少参数矩阵 W_r 的数量。在基分解中，定义与关系数量独立的较少的 n 个参数矩阵 $\{V_1, V_2, \cdots, V_n\}$ 为参数矩阵 W_r 的基，同时定义线性组合因子 $\{\alpha_{r,i}, i \in [1, \cdots, n]\}$ 将基组合成关系参数矩阵 W_r，即

$$W_r = \sum_{i=1}^{n} \alpha_{r,i} V_i \qquad (7-82)$$

基分解在本质上是关系特定参数矩阵之间的参数共享。这对于关系类型众多的大型图结构数据来说，能够大幅减少参数的数量，提升模型训练和推断的效率，并且不易发生过拟合。此外，基分解还给 R-GCN 模型带来了分散决策的优点，使相近语义的关系特定权重能够从更多的数据中学习到额外的特征。清单 7-17 是 R-GCN 模型网络层实现示例，在实际使用中可根据应用需求进行相应的修改和完善。此外，也有一些开源框架实现了类似于前面介绍的消息传递的图学习范式，利用这些成熟的框架来实现 R-GCN 模型会更加简单。

清单 7-17　R-GCN 模型网络层实现示例

```
1.  import paddle
2.  from paddle import nn
3.  import paddle.nn.functional as F
4.
5.  class RGCNLayer(nn.Layer):
6.      '''R-GCN 模型的飞桨框架实现'''
7.      def __init__(self, ent_num, rel_num, dim=50, basis_num=8):
8.          super(RGCNLayer, self).__init__()
9.          self.rel_num = rel_num
10.         self.ent_num = ent_num
11.         self.dim = dim
```

```
12.        self.basis_num = basis_num
13.        self.W0 = paddle.create_parameter([dim, dim], dtype='float32')
14.        # 基和线性组合因子，参考式（7-82）
15.        self.V = paddle.create_parameter(
16.                [basis_num, dim, dim], dtype='float32')
17.        self.alpha = paddle.create_parameter(
18.                [rel_num, basis_num], dtype='float32')
19.        self.bias = paddle.create_parameter(
20.                [dim], dtype='float32')
21.
22.    def forward(self, G, u):
23.        # 由基矩阵线性组合成关系特定的参数矩阵，参考式（7-82）
24.        V = self.V.transpose([1, 0, 2])
25.        W = paddle.matmul(self.alpha, V).transpose((1, 0, 2))
26.        vlist = []
27.        for ridx, rg in G.items():
28.            '''ridx: 关系类型 id, rg: 所有关系为都为 r 的子图'''
29.            wr = W[ridx, :, :].squeeze()
30.            # 参考式（7-79）
31.            vr = paddle.matmul(u, wr)
32.            # 获取顶点 v 的所有邻接顶点，按 u->v 方向更新 v
33.            # src 和 dst 表示边 ridx 的起始顶点和终末顶点，按 dst 从小到大排序
34.            src, dst = rg
35.            # 归一化和内层求和，参考式（7-79）和式（7-80）
36.            msg = paddle.gather(vr, dst)
37.            dst_uniq, inverse_idx = dst.unique(return_inverse=True)
38.            output = paddle.incubate.segment_mean(msg, inverse_idx)
39.            # 记录哪些 v 需要更新
40.            h = paddle.zeros(shape=[self.ent_num, output.shape[-1]],
41.                            dtype=output.dtype)
42.            v = paddle.scatter(h, dst_uniq, output, overwrite=True)
43.            vlist.append(v)
44.        # 外层求和，参考式（7-80）
45.        v = paddle.stack(vlist, axis=0).sum(axis=0)
46.        # 参考式（7-81）
47.        v0 = paddle.matmul(u, self.W0)
48.        return F.relu(v+v0 + self.bias)
```

在实践中，通常会叠加L层的 R-GCN 构建多层 R-GCN 模型来学习实体的向量表示，捕获深层的全局特征。在多层 R-GCN 模型中，将 $l-1$ 层学习得到的特征表示作为l层的输入。在卷积神经网络等深度学习模型中，这种堆叠多层的方法已经被广泛使用。相比于卷积神经网络模型通常能够叠加数十层、数百层，图神经网络则有所不同，多层 R-GCN 模型通常使用 2~3 层（即$L = 2$或$L = 3$）即可。

此外，R-GCN 模型在本质上和 ConvE 模型一样，都是通过复杂的深度神经网络模型来学习实体的向量表示，包括头实体h和关系r（由关系特定的参数矩阵$\boldsymbol{W}_r$完成）交互后的向量表示。类似于 ConvE 使用内积来计算分数推理的分数，在 R-GCN 模型中，使用张量分解方法计算$<h,r,t>$ 的得分。假设头实体h和尾实体 t在第 L 层的 R-GCN 输出的向量表示为$\boldsymbol{h}_r, \boldsymbol{t}_r \in \mathbb{R}^d$，将关系 r 的向量表示$\boldsymbol{r} \in \mathbb{R}^d$转换为对角矩阵$\boldsymbol{M} \in \mathbb{R}^{d \times d}$（即矩阵$\boldsymbol{M}$的对角线上的元素$M_{(i,i)} = \boldsymbol{r}_{(i)}$，其他元素为 0），参考式（7-73），有

$$f_s(\boldsymbol{h}_r, \boldsymbol{r}, \boldsymbol{t}_r) = \boldsymbol{h}_r \boldsymbol{M} \boldsymbol{t}_r \qquad (7-83)$$

将式（7-83）结合清单 7-17 的 R-GCN 模型网络层，容易实现用于链接预测的多层 R-GCN 知识推理模型，清单 7-18 是模型的实现示例。

清单 7-18　用于链接预测的多层 R-GCN 知识推理模型实现示例

```
1.  import paddle
2.  from paddle import nn
3.  import paddle.nn.functional as F
4.
5.  class RGCN(nn.Layer):
6.      '''用于链接预测的多层R-GCN模型，飞桨框架实现'''
7.      def __init__(self, ent_num, rel_num, dim=32, num_layers=2, basis_num=8):
8.          super(RGCN, self).__init__()
9.          self.ent_num = ent_num
10.         self.rel_num = rel_num
11.         self.dim = dim
12.         self.basis_num = basis_num
13.         self.rel_emb = nn.Embedding(rel_num, dim)
14.         self.inputs = paddle.create_parameter([ent_num, dim],
15.                               dtype='float32')
16.         # 堆叠 L 层 R-GCN 层的层数，通常为 2~3 层即可
17.         self.num_layers = num_layers
18.         self.rgcns = nn.LayerList()
19.         for i in range(self.num_layers):
20.             # R-GCN 层，参考清单 7-17
21.             rgcn = RGCNLayer(ent_num, rel_num, dim=dim, basis_num=basis_num)
22.             self.rgcns.append(rgcn)
23.
24.     def forward(self, G):
25.         # L 层的 R-GCN 层
26.         v = self.inputs
27.         for i in range(self.num_layers):
28.             v = self.rgcns[i](G, v)
```

```
29.        # 记录第 L 层所学习的向量表示的输出
30.        self.ent_emb = v
31.        hs, rs, ts = [], [], []
32.        for ridx, rg in G.items():
33.            src, dst = rg
34.            r = paddle.to_tensor([ridx]*src.shape[0], dtype=src.dtype)
35.            rs.append(self.rel_emb(r))
36.            hs.append(paddle.gather(self.ent_emb, src))
37.            ts.append(paddle.gather(self.ent_emb, dst))
38.        hr = paddle.concat(hs, axis=0)
39.        tr = paddle.concat(ts, axis=0)
40.        Rr = paddle.concat(rs, axis=0)
41.        # 负样本生成，<随机 h, r, t>
42.        random_src = paddle.randint(low=0, high=self.ent_num,
43.                                shape=[hr.shape[0]])
44.        random_hr = paddle.gather(self.ent_emb, random_src)
45.        # 负样本生成，<h, r, 随机 t>
46.        random_dst = paddle.randint(low=0, high=self.ent_num,
47.                                shape=[tr.shape[0]])
48.        random_tr = paddle.gather(self.ent_emb, random_dst)
49.        # 计算得分，参考式（7-83）
50.        pos_score = paddle.sum(hr * Rr * tr, axis=-1)
51.        neg_score1 = paddle.sum(hr * Rr * random_tr, axis=-1)
52.        neg_score2 = paddle.sum(random_hr * Rr * tr, axis=-1)
53.        # 负样本得分为随机 h 和随机 t 两种的均值
54.        neg_score = (neg_score1 + neg_score2)/2
55.        # 计算损失
56.        pos_score = F.log_sigmoid(pos_score).mean()
57.        neg_score = F.log_sigmoid(-neg_score).mean()
58.        loss = -(pos_score+neg_score)
59.        return loss
60.
61.    def link_prediction(self, h, r, t, k=10):
62.        # 链接预测，根据<h,t>判断实际 r 在预测前 10 个中的比例，即常见的"HITS@10"指标
63.        # 使用第 L 层 R-GCN 的输出作为实体的向量表示
64.        hr = paddle.gather(self.ent_emb, h)
65.        hr = paddle.unsqueeze(hr, 1).expand(
66.                    [h.shape[0], self.rel_num, self.dim])
67.        tr = paddle.gather(self.ent_emb, t)
68.        tr = paddle.unsqueeze(tr, 1).expand(
69.                    [t.shape[0], self.rel_num, self.dim])
70.        # 所有的 r
71.        rr = self.rel_emb.weight.expand(
72.                    [r.shape[0], self.rel_num, self.dim])
```

```
73.        # 计算得分，参考式（7-83）
74.        score = paddle.sum(hr * rr * tr, axis=-1)
75.        # 计算预测的 topk 个 r 中包含有真实 r 的数量，用于计算比例
76.        _, rpred = paddle.topk(score, k, axis=1, largest=True)
77.        r = r.reshape([-1, 1])
78.        return paddle.sum(paddle.equal(rpred, r).astype(int)).item()
```

7.5　本章小结

推理（Reasoning）是一种与人类的思维和认知相关的能力，是符合逻辑的、明智的思维方式，包括有意识地进行思考、计算、权衡与逻辑分析。知识推理技术试图将人类的推理能力赋予机器，使机器在知识图谱的支持下能够像人们一样，做到一定程度的推理和决策。在人工智能迈向认知智能阶段，为克服以算力、算法和数据三要素为根基的深度学习的不足之处，研究者们提出了认知智能的第四要素——知识。因此，知识推理是实现认知智能的关键技术，也是当前人工智能研究的热点和难点之一。

本章开篇系统而简洁地介绍了人类的推理能力及其分类，这是一个古老且有广泛研究基础的研究领域，涉及哲学、心理学、神经科学、脑科学、认知科学、语言学、计算机和人工智能科学，甚至文学和艺术类学科等。可以说，推理能力是人类区别于其他生物的标志性能力之一，是人类试图认识自我的核心，也是人工智能孜孜以求的目标。

7.2 节介绍了基于规则和逻辑的知识推理方法。这类方法在计算机出现以前就被广泛研究，而随着计算机科学与技术的发展，二者相互结合、相互促进，形成了一门完整的学科。本节简要介绍了与知识图谱结合紧密的内容，如果要获取更为完整的逻辑推理相关内容，请查阅相关书籍，其中与语义网和本体论有关的内容可以和第 2 章的内容结合起来看。

7.3 节系统介绍了将实体关系嵌入几何空间并基于几何变换运算的知识推理方法，这是当前使用最多的方法。几何空间可以分为欧几里得空间和非欧几何空间，这两者之间存在着较大的差别，特别是非欧几何空间涉及较为深奥的数学知识。本节首先介绍了欧几里得空间中最常用的平移变换模型和旋转变换模型，接着简要介绍了非欧几何中的双曲几何，以及双曲几何中的庞加莱球空间、陀螺向量空间等数学基础。双曲几何中的庞加莱球空间是知识图谱嵌入中最常用的非欧几里得几何空间，在基于知识图谱的知识推理中比欧几里得空间更具优势。本节最后介绍了庞加莱球空间的两种经典模型。

7.4 节介绍了用于知识推理的深度学习方法。当前，深度学习发展非常迅猛，日益成熟，各

种模型层出不穷。不过万变不离其宗，循环神经网络、卷积神经网络、变换器网络、图神经网络和注意力机制等是其中的核心。本节主要介绍了最经典的用于知识推理的卷积神经网络模型和最适合知识图谱的图神经网络。特别值得一提的是，图神经网络具有灵活性和强大的表达能力，与知识图谱具有很高的匹配度，特别值得深入研究和应用。同时，本节介绍的消息传递图学习范式和 R-GCN 模型是进一步深入研究图神经网络的非常好的起点。

人类的推理能力至今还未被完全解密，而人工智能的推理能力才刚刚起步，基于知识图谱的推理技术非常值得深入研究，未来会大有可为。知识推理理论和技术博大精深，并非短短数十页的篇幅所能涵盖的，希望本章内容能够提供一个好的基础，支撑起广大学生、研究人员和工程师构建认知智能的万丈高楼。

第 8 章

知识图谱行业应用

鹤鸣于九皋，声闻于野。

鱼潜在渊，或在于渚。

乐彼之园，爰有树檀，其下维萚。

它山之石，可以为错。

鹤鸣于九皋，声闻于天。

鱼在于渚，或潜在渊。

乐彼之园，爰有树檀，其下维穀。

它山之石，可以攻玉。

——《诗经·小雅·鹤鸣》

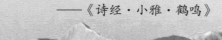

在产业应用实践中，知识图谱通常作为行业、企业或组织机构的专业知识的最佳沉淀、组织和应用的方式，用于实现知识的即时沉淀、便捷获取、有效应用和集体智慧。

本章从行业知识图谱的特点出发，梳理行业知识图谱应用的价值，为行业应用时的价值评估、场景选择提供科学的决策依据。同时，行业千千万，既有如出一辙的应用，也有截然不同之处。本着求同存异的原则，一方面，本章抽象出不同行业应用的相似点，设计了通用的应用范式，并详细描述了共通的应用程序；另一方面，本章以典型的行业为示范，梳理行业应用知识图谱的方式与特点。

"他山之石，可以攻玉"，了解各行各业的典型应用有助于启迪思路、拓宽视野和激发创新，促进知识图谱的学术研究和行业应用。"纸上得来终觉浅，绝知此事要躬行"，唯有无数的企业或组织机构真真切切地进行产业实践，才能够不断促进知识图谱乃至认知智能的繁荣发展。

本章内容概要：

- 系统总结行业知识图谱的特点。
- 阐述知识图谱行业应用的价值。
- 总结知识图谱行业应用的范式和共通的应用程序。
- 概述金融行业的七大典型应用场景。
- 概述医疗、生物医药和卫生健康领域的五大典型应用场景。
- 概述智能制造的六大典型应用场景。

8.1　行业知识图谱

知识图谱是一种最接近真实世界的知识组织结构，也是企业或组织机构对数据、信息和知识的最佳组织方法。过去，由于计算机处理能力的不足，无法做到利用图的结构来表示数据与知识，因此退而求其次，发明了诸如数据库设计范式等复杂的理论来规范数据的表达，将本源为图的结构转化为二维表的结构，保存到各种数据库中，以实现数据的高效存储和使用。近些年来，随着计算机技术的发展及算力的丰富，知识图谱被广泛应用。对于企业或组织机构来说，利用知识图谱可以更好、更自然、更高效地组织、存储和使用数据、信息及知识。同时，知识图谱由于能够表示知识原本应有的样子，也更容易为人所理解。

行业知识图谱是指一个企业或组织机构对其所拥有的数据进行组织、存储和使用，其目标是将散乱、琐碎、低价值的数据变成高价值的信息与知识，为组织赋能。与行业知识图谱对应的是通用知识图谱，它往往代表着由整个社会或人类具备的通识所构成的知识图谱。当前，通用知识图谱往往由互联网巨头公司（如谷歌、百度等）构建，并以搜索引擎、智能问答、推荐或百科的方式提供服务。行业知识图谱，也称领域知识图谱（Domain-specific Knowledge Graphs），是由某个细分领域有深度的、专业性强的知识所构建的知识图谱。行业知识图谱通常由企业或组织机构为便捷应用企业或机构内部知识或/和行业公开知识而构建，并以知识检索、智能问答、认知推荐及专有的辅助决策应用等来提供服务。因此，行业知识图谱往往会涉及非常具有深度的知识和更丰富复杂的应用。

在实践中，行业知识图谱通常会围绕着企业或组织机构的某个核心业务开始，从这些业务所关联的数据、文档资料出发，构建知识图谱并开发应用程序。通过持续地扩充所容纳的知识范围，为越来越多的业务开发应用程序，从而丰富知识图谱关联的价值圈，并为企业或组织机构赋能。

8.1.1　行业知识图谱的特点

行业知识图谱通常需要有效利用企业或组织机构的各种数据、信息和知识，并对业务需求提供有效的支撑，因此可以说，业务的需求决定了行业知识图谱的特点。

1. 专业性

行业知识图谱的专业性是由其应用的专业性要求的。利用行业知识图谱，结合企业或组织机构的知识特点为业务赋能，必然要求知识图谱的内容足够专业，而不能像简单的百科知识一样点到为止。这也是由事物发展的客观规律决定的，行业知识图谱的专业性如果不足，要么无法满足业务方的应用需求，不被认可而弃用，致使知识图谱本身消亡；要么因利用这个知识图谱而导致企业或组织机构的专业性不足，市场竞争力减弱，致使企业或组织机构因丧失竞争能力而遭淘汰，间接导致知识图谱的消亡。

在实践中，行业知识图谱如同某个领域的一系列教科书，是对专业知识的汇总，具备足够的深度和专业性。比如，银行风控知识图谱、医疗临床知识图谱和制造工艺知识图谱三者的内容截然不同，三个领域之间的使用者互相之间可能很难理解其他领域的知识图谱，特别是基于知识图谱的专业应用模型。

以制造工艺知识图谱为例，虽然知识的通常来源有领域论文和书籍，企业或组织机构积累的工艺设计手册、工程规范标准、专家经验知识等，看起来很类似。但事实上，新能源电池的制造工艺、炼油厂的炼油工艺和晶圆厂的半导体制造工艺大相径庭。炼油厂的工程师可能无法理解制胶、匀浆、涂布、卷绕、烘烤、注液、喷码、X射线检测等锂电池制造工艺及其内涵。反之，锂电池企业的工程师则可能无法理解什么是常压蒸馏、减压蒸馏、催化、裂化、焦化、催化重整、提升管、沉降器、胺液回收器、再生器、吸收塔、稳定塔、抽提塔、缓冲塔、砂滤塔、空压机、凝缩油罐、脱硫吸附罐、水洗罐、预碱洗罐、固定床、沸腾床、悬浮床等炼油工艺。而不管是炼油厂的工程师，还是锂电池企业的工程师，可能都不懂硅料提纯、晶体生长、整型、切片、抛光、化学机械研磨、化学气相沉积、介质沉积、蚀刻、离子注入、表面钝化、掺杂阻挡层、曝光、显影、薄膜沉积、烘烤、干涉位移测量、物理气相沉积等半导体制造工艺。特别的，锂离子电池制造和晶圆制造都有"烘烤"工艺，而其表达的知识却有着天壤之别，工艺内容、方法、使用的设备等都完全不同。这些专业的知识及从业务出发所构建的各种专业模型，体现了行业知识图谱的显著特点。

对于行业知识图谱来说，知识本身的专业性是一方面，另一方面还包括各类专业的模型和应用程序。这些专业的模型和应用逻辑都是不同领域的经验积累。比如，在银行风控知识图谱中，会利用中介中心性来计算一个企业实体在产业链中的关键性评分；在医疗临床知识图谱中，会根据某个专科医生的诊疗经验来编写逻辑规则，实现对一种疾病的诊断；在制造业工艺知识图谱中，通过图神经网络对从故障现象到故障原因的自动推理进行建模，辅助现场工程师进行故障归因分析。在当前的人工智能技术水平下，这种专业性的模型和经验几乎无法通过通用的算法从数据中学习出来并获得令人满意的效果，而是需要将知识计算、知识推理等模型和专家经验进行有机结合，实现专业级的应用。

2. 复杂性

行业知识图谱的复杂性来自三个方面：多源异构的复杂知识来源、业务场景和应用程序对知识图谱模式的复杂要求，以及基于知识图谱的复杂应用。

（1）多源异构的复杂知识来源

通常来说，行业知识图谱的知识来源并不是单一的，而是多种多样的，有机器自动产生的，有历史沉积的，有企业员工或组织机构成员撰写的，有利用采集工具或爬虫系统从公开或私有渠道自动爬取的。这些数据的表现形式有结构化数据、半结构化数据和非结构化数据。从数据类型来说，有二进制的、数值型的、文本类型的、图像类型的、声音类型的、视频类型的、专用的文档类型，等等。对不同来源的数据和知识进行处理及构建知识图谱本身是复杂的，组织和存储这些知识的过程和方法也是复杂的，充分应用这些知识也是复杂的。比如，物理气相沉积、溅射、溅射沉积、溅镀、磁控溅射、射频磁控溅射、Physical vapor deposition、PVD、sputtering、sputter deposition、sputter coating、Magnetic-Control Sputtering、radio frequency magnetron sputtering、RF sputtering 等知识，有时表达的可能是某种相同的工艺，需要融合为同一个知识点，在知识图谱中表示为同一个实体；有时表达的是略有不同的知识，需要对其加以区分，在知识图谱中表示为不同的实体，并且可能在这些实体间建立关联关系。这些知识的来源可能是 OA 系统中已结构化的数据库中的数据表或者 Excel 文档，也可能是某个技术分析报告或者某篇论文；报告和论文可能是 XML、docx、pptx 或 pdf 等类型的文件，也可能是 jpg、png、tiff、svg 等格式的图片，图片是对"溅射沉积"方法的说明。

（2）业务场景和应用程序对知识图谱模式的复杂要求

知识图谱模式的复杂性体现在两个方面，一方面是实体类型多，关系复杂。现代的企业或组织机构中所涉及的知识是全方位的，比如一个典型的制造企业，涉及物理、化学、机械、电子、电气、金融、财务、企业管理、物流、客户与供应商关系管理等各种不同的知识，为了很好地表达这些知识，难免要用到成百上千种实体类型。这些知识之间的联系无处不在，可能存在的成千上万种关系。另一方面，不同的人对这些知识的理解可能存在差异，同一个人在不同时候对这些知识的理解也可能存在差异，从而导致在知识粒度的划分、知识的表达、知识与知识之间是否存在关系，以及存在哪些关系等方面都可能存在差异。此外，一个知识点是作为实体属性附属于另一个知识点，还是作为独立的实体并与代表另一个知识点的实体建立合适的关联关系，也存在诸多复杂的考量因素。这些因素都导致了知识图谱模式的复杂性。

（3）基于知识图谱的复杂应用

通常来说，在应用层面，通用知识图谱往往以检索或问答的方式提供服务，这是直观而简单的，行业知识图谱也以同样的方式提供服务，以便企业员工或组织机构成员获取知识、探索知识和学习知识。但在实践中，行业知识图谱的应用往往还需要结合业务，构建专业的模型，试图模拟人类专家的工作方式进行推理、规划和决策。这就导致了应用层面的复杂性。一个简单的例子是，在汽车、电网电力、航空航天等的设备运维和维修场景中，会将故障分析和维修知识构建到知识图谱中，并基于知识推理模型实现故障的归因分析，同时结合维修步骤实现引导式的运检、保养维护和故障维修。这个归因分析和引导式实施过程几乎无法采用通用算法实现，而要结合领域的专家经验和推理逻辑实现，同时在实施过程中必须考虑场景，设计合适的交互方式，引导工程师完成工作或者提交反馈等。正是这些面向业务的复杂应用，体现了知识图谱在行业应用中的价值。

3. 演化性

在现实中，企业或组织机构的业务、数据和知识都是在不断变化的，服务于企业或组织机构的行业知识图谱也应当随之变化，做到因时因地制宜，赋能业务，不断提升竞争力，而非守着不变的知识图谱生搬硬套、削足适履，影响业务的发展。这里将知识图谱应对不断变化的情况而做出相应处理的特性称为演化性。行业知识图谱的演化性体现为以下三点。

（1）数据与知识自身的演化特性

行业知识图谱中的一些数据源本身就是不断演化的，通常表现为时间序列数据，通常会根据时间序列数据的特点进行流式处理和就地更新。比如传感器采集的数据或者具备时间属性的各类事件，这类数据或知识本身属于时间序列数据，其特点就是源源不断地产生并被使用。另一种知识的演化是知识的迭代和新陈代谢，这是所有知识的自然属性，是人类不断向前发展所派生出来的知识特点。知识点或知识点之间的联系总是随着人们对物理现实认知的深入而不断改变的，知识图谱也必须能够处理这类情况，通常的处理方法是版本控制与管理。比如在光伏发电领域中，随着半导体技术的发展，涉及的工艺知识也会随之更新，知识图谱需要有更新相应知识的机制。

（2）企业或组织机构的业务发生变化

这很常见，不管是因为外部环境发生变化，还是内部发展的诉求导致业务的改变，都会导致知识图谱在以下两方面进行调整，以满足业务变化的需要。一方面，知识图谱模式需要进行调整，以便适应新的业务所需的知识；另一方面，基于知识图谱开发的专业模型和应用程序也需要做出相应的调整。

（3）知识图谱技术的发展和企业、组织机构对知识图谱认识的深化

这是必然发生的，也可以从客观技术和主观认知两个方面来探讨。从客观技术的角度来看，知识图谱技术本身的不断发展和进步带来了两个变化。

- 以前做不了的事情，现在能做了。
- 以前成本过高而无法接受的事情，现在成本降低了，可以做了。

这些导致知识图谱模式、知识本身及基于知识图谱的应用都会发生变化。从主观认知的角度来看，企业、组织机构对知识图谱的理解是不断深入的，这在实践中更为常见，因为在几个月的时间内，技术的进步可能无关大局，但是企业或组织机构对知识图谱的认知可能天差地别，特别是在初次应用行业知识图谱时。比如，某家企业一开始可能简单地认为知识图谱就是一个知识库，构建行业知识图谱仅仅为了便于员工获取知识，主要用途是语义搜索。而经过几个月的深入了解，企业发现基于知识图谱能够进行深入的统计分析，以满足管理层对企业经营情况的实时了解。又经过几个月的学习，企业进一步发现，在某几个业务上通过知识图谱开发认知决策模型，可实现这些业务的自动化，不仅效率得以大幅提升，运营成本降低，同时质量也得以优化，极大地提升了企业竞争力。从知识获取到统计分析，再到认知决策模型，该企业对知识图谱的应用是行业知识图谱持续演化的经典案例。

"问渠哪得清如许，为有源头活水来"，实践中的行业知识图谱唯有随着变化而不断变化，才能够持续成长。从行业知识图谱停止演化的那一刻起，就注定了其未来终将"老去"，并趋于消亡；反之，不断演化的知识图谱则具备了源源不断的"生命之泉"，从而生机勃勃。

8.1.2　行业知识图谱的应用价值

对很多企业或组织机构或其内部某个团队来说，知识图谱是一个新鲜事物，对其不甚了解，因此对是否引入知识图谱技术存有疑虑，其中最核心的疑虑是投入产出比，也就是如何衡量其价值。本节对行业知识图谱的应用价值及关键点加以总结，读者在实践中可结合具体问题加以分析。

1. 工程师赋能，提升效率

知识图谱行业应用的最直接的价值是为知识型的劳动者和工程师赋能，提高工作效率。通常体现在以下两个方面。

（1）替代

即代替部分劳动者和工程师做一些较为复杂的、专业的、知识型的工作。替代所带来的价值体现为以下三个方面。

- 工作量的减少带来直接收益，这部分被解放出来的高端人力可以完成其他更具创造性的工作，比如创新型的探索、系统性的方案设计、根本性原因机理的深究，等等。
- 通常来说，重复相同的或相似的工作的时间会缩短，从而带来产品竞争力或服务美誉度的提升，并因此为企业或组织机构带来收益。
- 质量、准确率等的提升，以及由此带来的产品或服务溢价。

比如，某财务审计公司基于会计准则和财务审核规则构建审计知识图谱，并依据公司过去若干年积累的审计经验开发了专门自动审核模型，经过较为严格的测试后，能够保证审核通过的部分是满足监管要求的。这样，审计知识图谱的应用能为该公司带来以下好处。

- 节省专业的审计工作量，审计人员专注于解决没有通过自动审计的部分内容，从而提升审计质量。
- 缩短审计周期，提升了响应效率，为该公司带来了大量的新客户。
- 因审计质量和响应效率的提升，从而能够服务更多要求更高的客户，因此带来项目价格的提升。

（2）辅助

即借助可视化和交互式分析技术实现人机的高效协同。也就是说，在行业知识图谱的帮助下，工程师或知识型劳动者能够更为便捷地获取知识，降低工作门槛，提升工作的质量和效率，并因此给企业带来价值，主要体现在以下三个方面。

- 很多知识型工作要求工程师或劳动者具备丰富的经验，但这并不容易，不仅要求企业或组织机构付出更高的成本，在某些情况下甚至很难招聘到合适的人才，通过应用行业知识图谱能够有效降低门槛，并由此带来价值。
- 在实际工作中，即便非常资深的专家也常常遇到力有不逮的情况，应用行业知识图谱能够帮助这些资深专家完善知识体系，减少遇到力有不逮的情形，并由此带来相应的价值。
- 基于行业知识图谱开发专业的辅助工具，并借此来规范所提供的服务，提升工作质量，从而带来更高的用户友好性，由此带来价值。

在企业中，利用知识图谱辅助工程师、客服人员或员工是常见的做法。比如银行的客服中心，基于业务知识图谱开发客服辅助工具，能够大幅提升客服人员对业务的熟悉程度，提升客服解决问题的效率，并由此带给企业以下两个方面的价值。

- 效率提升带来的接通率提高或者人员减少所对应的价值。
- 客户好感度上升带来的黏性和美誉度所对应的价值。

在实践中，通过行业知识图谱为企业员工、组织机构的成员或其上游供应商、下游客户进行赋能，提升效率，提高产品和服务质量，并因此贡献更大的价值。

2. 管理决策支持，控制风险

现代企业、组织机构的运营和管理往往面临着复杂的环境，数据、信息和知识异常丰富，每一个决策都涉及非常多的要素，容易陷入信息过载的情形而导致不得要领，或者被困入信息茧房却不自知而导致决策偏差等。行业知识图谱具备汇聚、关联和融合企业内外部的各类信息和知识的作用，结合企业、组织机构的特色经验进行统计分析和深度建模，避免信息过载，提供全局决策知识支撑，冲破信息茧房，从而辅助管理者更全面、更深度地思考所面临的问题，做出有效的决策。

（1）全局洞察

通过行业知识图谱汇聚所有相关信息并进行关联融合，打破信息孤岛，做到全局的统计分析，避免管理者做决策时只见树木、不见森林，相应的价值体现在以下方面。

- 战略价值，通过对全局信息的掌控，避免对企业、组织机构的战略决策失误，从而带来价值。
- 持续优化的价值，通过全局分析和关联协同，找到企业、组织机构运营管理中的关键问题并进行持续优化，从而带来价值。
- 避免一叶障目、不见泰山，以致于陷入局部优化但全局变差的情形，由此所产生的价值。

这种全局洞察的例子无处不在，比如在新冠疫情中，中国的防疫政策就是从全局决策出发，阻断疫情扩散，实现动态清零，并由实践检验其决策的正确性；相反，许多国家因没有及时阻断疫情传播，导致疫情扩散，致使经济、社会发展、生活和生命健康等方方面面都受到严重影响。

（2）深度剖析

知识图谱善于挖掘不同知识之间的关联，知识推理有关的很多前沿研究都集中在如何挖掘潜在的关联关系。企业的许多决策都需要穿透多层关系，才能够发现真正的问题，并因此做出正确的决策，否则容易发生南辕北辙的情况——出发点是好的，决策看起来也没问题，但结果却不好。管理者在做决策时，不仅要考虑周全，还要深入思考，将行业知识图谱与经验相结合，将一系列的逻辑转化为专业的辅助决策模型，将隐藏的关联知识加以显式化，致使错综复杂的关系变得清晰，减少隐藏在企业、组织机构"阴暗处"的问题，避免管理者做出看似合理实则大有问题的决策。因此，行业知识图谱的价值就体现在能够深入挖掘潜在的、没被人注意的点。

在实践中，决策支持方面的价值相对比较"虚"，难以被量化，但这类应用往往能够激发管理者思考的广度和深度，甚至引发其对管理架构的思考与调整。正如很难对人的生命进行金钱量化，行业知识图谱赋能管理决策的价值也一样，这是因为管理决策的百密一疏就可能导致企业和组织机构的毁灭。应用行业知识图谱，很有可能在某些点上对管理者加以提示，使其考虑得更为周全和深远一些，因此避免重大失误，实现持久的竞争力，并由此带来巨大的价值。

3. 知识的沉淀，避免流失

如今，企业家和组织机构的管理者都已经深刻体会到知识的重要性，并付出巨大努力，试图充分利用知识来保持竞争优势，并因此获得超额的收益。行业知识图谱的应用在客观上实现了知识的即时沉淀和持续传承，为行业领先者保持优势和追赶者加速崛起赋能。

（1）即时沉淀

利用行业知识图谱随时随地沉淀知识，并且所沉淀的知识立即就能够为相关人员所使用，由此带来相应的价值。即通过综合手段促进知识的即时沉淀，实现知识的新陈代谢，避免知识的老化，具体表现为以下两个方面。

- 通过对接等自动化手段，及时从各种数据源汇集数据和信息，并通过知识图谱构建技术更新到行业知识图谱中，实时为各个应用方所使用。
- 以行业知识图谱的应用为契机，建设和完善规范化知识沉淀的管理规约并构建相应的模型，由此推进企业员工或组织机构成员自动提交、共享并沉淀知识。

（2）避免遗失

通过行业知识图谱的即时沉淀，避免知识在企业、组织机构中遗失，并由此为企业带来巨大的价值。通常，企业知识的遗失可以划分为三大类。

- 死知识，即知识虽然以某种方式沉淀下来了，但几乎无人问津，比如有些知识存储在某个共享目录上、保存于档案室中的某个文件中，理论上很多人都能访问到，但实际上却因种种原因几乎无人使用。
- 流失的知识，即知识或经验在某个专家那里，并没有总结并沉淀下来，当该专家退休或离职后，知识彻底流失。
- 未知的知识，即知识已经存在并公开（比如发表在论文中的知识），但企业的员工或组织机构的成员并未了解这些知识。

行业知识图谱能够汇聚企业或组织机构内外部的各种相关知识，具备完整和精确的记忆能力（相对来说，人的记忆则是模糊的），结合合理的管理规约开发出沉淀知识的应用程序，从而记录企业或组织机构的各种专家知识。"人生到处知何似，应似飞鸿踏雪泥"，企业和组织机构也应当如此，采用行业知识图谱沉淀专家经验，积累行业知识，聚集和拼装日常工作中所承载的不可胜数的知识与经验，形成宝贵的财富。否则，就像"泥上偶然留指爪，鸿飞那复计东西"，雪泥鸿爪虽有痕迹却易消散，知识与经验即使宝贵也未必能产生价值。

有一个拧螺丝的故事：某个工厂的机器坏了，工厂修不好该机器，于是找专家来解决问题。该专家到现场后，拧了机器上的一个螺丝就修好了，收费 1 万元（不同版本金额差别很大，不予深究）。厂长认为，这么简单的事情不值 1 万元。专家却回答说，拧螺丝只值 1 元，而知道拧哪个螺丝值 9999 元。这个故事原本的目的是体现知识的价值。反过来，这是典型的故障归因分析和维修场景。如果机器厂商特别依赖于某个专家，并且只有该专家知道"know how"知识，这其实很危险，一旦该专家因某种原因离开了机器厂商，这个知识就遗失了，未来要解决这样的问题也许要付出高昂成本，也许无法解决，并因此损害了机器厂商的声誉，降低了竞争力。如果利用行业知识图谱将专家的经验沉淀下来，并以专业诊断模型提供服务，则不仅没有知识遗失的风险，并因维护成本较低、服务好，进而提升机器厂商的声誉和竞争力，扩大市场份额，获得巨大的收益。

4. 集体智慧协同，组织进化

行业知识图谱带来的不仅是个体的知识沉淀，更最关键的是为企业、组织机构带来了集体智慧。"三人行，必有我师"，在现实世界中，并没有哪个人拥有绝对的知识；"尺有所短，寸有所长"，在企业或组织机构中，每个人既有其擅长之处，又有其知识盲区。行业知识图谱的最大收益在于避免个体专家的认知局限，为每个人提供集体智慧的佐助，从而大幅缩减盲区的范围，提升工作效率。集体智慧也能够减少企业员工或组织机构成员"重复造轮子"，更容易站在"由集体智慧构成的巨人肩膀上"进行创新。

（1）集体智慧

行业知识图谱凝聚了行业丰富的知识及企业、组织机构专家的经验，从而摆脱对个体专家的依赖，避免了个体专家的认知局限，实现了集体智慧。具体来说，有以下方面的表现。

- 行业知识图谱的知识来源丰富，既可以包含领域内不同专家的知识和观点，也包含企业或组织机构对这些知识的实践检验结果。
- 同一个知识点的可能有多个不同的来源，行业知识图谱会"忠实"记录每个来源，同时能够溯源。
- 将知识推理技术与行业实践经验相结合，能够对知识进行相互碰撞和校验，挖掘异同，包括对同一知识点的不同来源的校验，以及对不同知识点进行推理校验等。
- 以矛盾的对立统一视角看待知识融合，对互相印证相一致的知识予以强化，对矛盾所在之处予以如实记录。在应用中，遇到矛盾所在的知识时加以提示，并在矛盾解决时予以确认。

（2）巨人肩膀

企业、组织机构不同的人都可以对这些由集体智慧凝结成的行业知识加以利用，就像牛顿所说的"站在巨人的肩膀上"。对于牛顿来说，这巨人并非具体的、实在的某一个人，而是在牛顿之前的所有科学成就所组成的"巨人"。同样的，每一个企业员工或组织机构成员的业务应用和创新也站在由集体智慧所凝结的行业知识图谱这个巨人的肩膀上。行业知识图谱也因此为企业或组织机构带来了极其宝贵的价值。通常来说，包括以下方面。

- 自始至终的可持续学习，这是由于知识源源不断地输入行业知识图谱中，"巨人"得以持续成长。
- 减少重复造轮子，当人们能够方便地从行业知识图谱中获知最新的知识和经验并在业务中应用时，自然就减少甚至避免了重复的工作。
- 创新的加速、前沿知识和最新的最佳实践，经由行业知识图谱源源不断地输入企业员工或组织机构成员的大脑中，大幅减少重复造轮子的情形，减少精力和智力的双重负担，致使更多创新得以被激发。
- 日积月累带来的复利效应，在数学上，指数级增长是极其可怕的，如果"巨人肩膀"能够在每天为每个人提升千分之一的效率，一年 250 个工作日就能为每一个员工提升至少 28%（$1.001^{250} = 1.2839$）的效率，而对于具有成千上万名成员的组织来说，其效益更是不得了。

（3）组织进化

集体智慧和巨人肩膀为组织打开了全新的视野，加速组织在运营模式、管理理念和文化精髓三个层次上的变革。当知识图谱融入组织认知基因后，就开始了一个没有终点的进化过程，就像人类自从发生了认知革命之后即开始了持续的进化。同样的，就像认知革命之后的人类主宰了整个地球，而基于群体智慧的认知图谱也将驱动着组织永无止境地创新，最终主宰整个行业。笼统地说，主要体现在以下方面。

- 运营模式认知化，知识的创新、沉淀、传承、应用如同新陈代谢一样自然。
- 管理理念认知化，全局洞察、深度剖析、集体决策、知识驱动成为顺理成章的事。
- 组织的认知变革成为文化的精髓，知识图谱成为组织不断成长的阶梯。

在实践中，实现集体智慧的协同很难，组织进化更难，但集体智慧带来了 1+1>2 的价值，指数级的成长则是持续保持竞争优势的不二法宝。通过深度应用行业知识图谱，扩展企业和组织机构的认知边界，有利于形成独特的创新性产品和服务，并因此获得持久且巨大的收益。在智能化呼声此起彼伏的今天，服务创新、模式创新、质量创新、管理创新无一不依赖于行业知识图谱的深度应用。

8.2　知识图谱行业应用范式

通常来说，行业知识图谱是由专业知识构成的，具备专业性、复杂性和演化性等特点，对行业知识图谱的应用有很强的规律可循。知识图谱的行业应用范式如图 8-1 所示，这是一种复杂的系统性工程，通常使用螺旋式迭代持续演进的方法，并非毕其功于一役，而是在持续运营和持续迭代中不断进化，趋于完善。

行业应用的第一个环节是知识图谱模式设计，这是对业务知识进行抽象描述，是引导知识图谱构建和应用的关键环节。这个环节一般从业务需求出发，通过业务专家和知识图谱专家的协作，完成对知识来源的梳理，并设计出知识图谱模式。在知识图谱模式设计中使用自顶向下的方法，从业务需求和知识来源出发，由粗到细地完成知识图谱模式的设计。这个过程涉及的原则、方法论、工具和相关产出可参考第 2 章的内容。

行业应用的第二个环节是知识图谱的构建，这是知识图谱行业应用的基础。所谓"巧妇难为无米之炊"，如果知识图谱没有内容，也就无所谓知识图谱的行业应用。在构建知识图谱时，我们通常会根据知识的不同来源而选择不同的方法。从知识图谱的角度出发，将知识分为"已结构化知识"和"未结构化知识",其定义如下。

- 已结构化知识:细粒度的知识表示,将其转化为实体、关系和属性时不需要将知识进行切分和提取,通常存储在关系型数据库、二维表或标签化的 XML 中。比如人名、地名、物料清单等。
- 未结构化知识:粗粒度、文字段落或篇章知识表示,需要通过实体抽取和关系抽取才能够转化为知识图谱,通常是文本、二进制格式、pdf 文件、图片、word 文档等。比如 word 格式的合同文件、pdf 格式的产品手册或研究报告、新闻报道等。

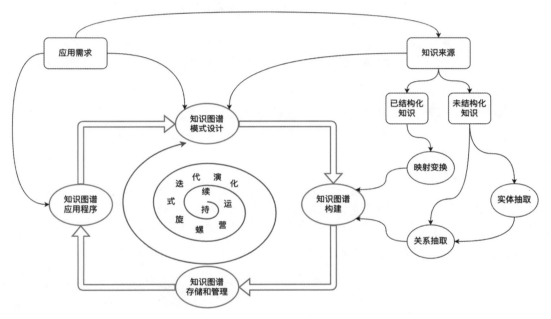

图 8-1　知识图谱的行业应用范式

知识图谱的构建过程是指根据所设计的知识图谱模式,从知识来源中获取实体、关系和属性,并将其保存到知识图谱存储系统中。对于已结构化知识,通常只需要编写变换规则,即可直接将其转化成知识图谱。这个过程比较简单,通常也称为知识图谱的映射式构建。对于未结构化知识,则需要使用第 3 章和第 4 章中介绍的方法,根据知识图谱模式从文本中抽取实体、属性和实体间的关系,并将其保存到知识图谱中。这个过程比较复杂,通常也称为抽取式构建,会用到大量的自然语言处理和深度学习算法,并可能需要标注(人工的或半自动的)大量语料来训练复杂模型。在实践中,知识的来源往往不是单一的,既有保存在数据库(比如 OA 系统、生产系统等)、二维表文件中的大量已机构化知识,也有保存在网盘、共享目录或者各个系统附件中的大量未结构化知识。因此，在知识图谱构建过程中，需要融合这两种来源的知识。

行业应用的第三个环节是知识图谱的存储与管理，这个环节的内容有两部分，分别是知识图谱存储和知识图谱管理。知识图谱存储的核心是图数据库，详情可参考第 5 章的内容。在图数据库之外，行业应用中的知识图谱往往还包括大量其他数据，比如为了溯源而保存的原始文档，进行实体抽取和关系抽取的二进制模型文件等。在小数据情况下，通常使用文件系统和关系型数据库（如 MySQL、MariaDB、PostgreSQL 等）来存储这类数据；而在大数据情况下，通常使用分布式文件系统（如 HDFS、MinIO 等）、分布式 NoSQL 数据库（如 HBase、Cassandra、MongoDB 等），以及分布式关系型数据库（如 Greenplum、OceanBase 等）。

知识图谱管理可以进一步分为两个方面，分别是共通性的内容和业务特定的内容。对于业务特定的内容，往往要具体问题、具体分析。共通性的知识图谱管理功能应当包括以下两个方面。

- 知识图谱系统的管理功能，比如权限管理、访问日志管理和审计、配置管理等功能。
- 知识图谱内容的运营功能，比如知识图谱内容的增删改查、业务规则的管理和配置、算法与模型管理、反馈机制管理、各种词表（如同义词、缩略词、领域词表等）配置等。

知识图谱的应用程序是知识图谱行业应用的直接目的，是价值的直接体现。这些应用程序基于业务的需要来选择和使用，除了可以选择共通的应用程序，通常还把第 6 章和第 7 章介绍的算法和业务经验相结合，开发业务特定的应用程序。行业知识图谱中常见的共通的应用程序将在 8.3 节中介绍，业务特定的应用程序将在 8.4~8.6 节中以典型行业为代表加以介绍。

知识图谱的行业应用是一个复杂的系统性工程，并非由单一的技术决定，它是持续运营、迭代优化、螺旋发展的过程，而不是一次性的建设工作。当企业或组织机构在规划行业知识图谱的落地应用时，应当有长期运营、持续建设的思维，并在管理规范、业务约束、应用标准等方面进行思考，遵循新技术应用的客观规律，做出相应的调整。在行业应用落地过程中，需要处理多个方面的工作，具体如下。

- 动态：知识图谱模式、内容、应用并非一成不变，而是随着环境和业务的变化而不断变化和发展的。同时，也需要避免过于频繁的变更。最适合的状态恰恰是中国人所讲求的"中庸"——欣然拥抱变化，但总是在深思熟虑后加以执行。
- 开放：体现在三个方面，分别是开放的知识图谱模式，能够不断扩充和变更以满足业务的需要；开放的知识来源，当业务需要时，总是能够接入新的知识；开放的应用程序，当业务发生变化时，应当能够以较低成本调整、改善或新增应用程序。

- 敏捷：在现代企业和组织机构中，知识的应用总伴随着创新，而创新则伴随着不确定性。或者说，失败是成功之母，多次探索和不断实践是实现成功的阶梯。知识图谱的行业应用应当支持敏捷的应用开发、低成本的创新实验，并由此实现知识驱动的发展。
- 持续改善：避免一次性建设思维，做好长期运营的准备。"逆水行舟，不进则退"，在知识图谱行业应用中，知识如果不更新，就会变得陈旧；应用程序如果没有迭代，则会跟不上业务的变化；新技术如果不被采用，则会逐渐遭到淘汰。
- 用户体验：包含管理、流程和系统使用在内的主观综合感受，而非仅由知识图谱内容和技术所决定。具体来说，用户体验包含应用程序界面美观与友好、响应速度快、应用便捷、效果佳、引导式和人机协同方便、知识更新及时、反馈及对反馈的响应、系统健壮等。

8.3　共通的应用程序

知识图谱的行业应用可以分为两类，一类是在不同行业、不同领域中共通的应用，知识图谱使用的技术、表现形式、用户界面与人机交互基本保持一致的，比如智能问答、通用的可视化和交互式分析，以及直接应用知识计算或知识推理方法等；另一类应用则是与业务场景紧密关联的业务特定应用程序，使用行业内通用的交互方式，并常用行业"黑话"来描述。在后者中，不同行业的应用即使使用了相同的或类似的算法或逻辑，但因表现形式差异巨大，不同行业的人可能也无法很好理解，比如金融行业的股权穿透和制造业质量体系领域的失效归因分析等。本节介绍常见于不同行业、不同领域共通的知识图谱应用程序。

8.3.1　数据与知识中台

信息化本质上是通过计算机、网络和软件系统等信息化工具，将企业生产经营活动和组织机构的服务活动、商业模式、业务流程等固化成业务系统，实现生产力的大幅提高。显然，在客观上，信息化会将其过程中涉及的各种数据、信息和知识保存到数据库或文档中。但是，信息化并没有关注对这些数据、信息和知识的充分利用，不同业务的数据和文档孤立地存在于各自的系统中，既不互相关联，更没有融会贯通，形成了无数的数据碎片和信息孤岛，使用不方便，价值没有得到体现，无法赋能企业和组织机构的业务规划和管理决策。为了消除数据孤岛，并便捷地应用数据，中台的概念应运而生。

在 8.2 节中提到，知识图谱既汇集数据和知识，又支持多种数据存储方式，并提供相应的运营管理工具，是企业和组织机构打造数据与知识中台的绝佳工具。依据企业和组织机构的机制、拥有数据的特点及对知识的需求，基于可运营、可管理的知识图谱源源不断地汇聚数据，夜以继日地挖掘知识，永不停息地提供服务的数据与知识中台。在数据和知识已成为关键生产要素的今天，具备中台战略、构建新型组织形态，是赢得未来的基础。这是由于碎片化的数据及孤岛化的信息得以被分析、萃取、关联和融合，重新组织成知识，并以敏捷的应用形式加以有效利用。这如同石英砂经过熔炼、提纯、切片、研磨抛光、光刻、蚀刻和封装测试形成芯片，其价值是原始石英砂的万亿倍，甚至成为大国之间科技竞争的尖刀利刃。被有效利用的知识，其价值同样是那些无法被有效利用的原始数据的万亿倍，并且是现代企业和组织机构之间的激烈竞争中克敌制胜的法宝。

行业知识图谱作为企业、组织机构的数据与知识中台的能力框架，如图 8-2 所示。

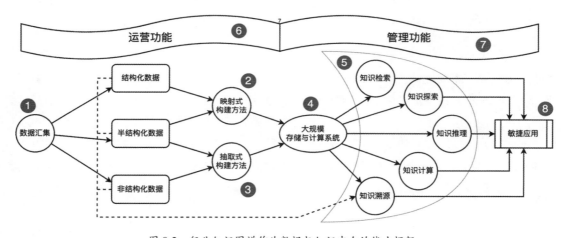

图 8-2　行业知识图谱作为数据与知识中台的能力框架

通常，为了高效地实现异构多源数据的汇聚和挖掘、大规模数据与知识的存储与计算，以及为企业丰富多样的业务提供恰如其分的应用服务，行业知识图谱为中台提供了八大核心能力。

（1）数据汇集能力：现代大型企业和组织机构的业务繁杂，信息化系统多如牛毛，行业知识图谱提供的数据汇集能力能够对接不同系统，将这些系统产生及积淀的结构化、半结构化和非结构化数据汇聚到数据与知识中台，犹如百川归海。在实践中，在数据汇集的同时，往往还伴随着数据清晰化、规范化的过程等。

（2）映射式构建知识图谱能力：通过数据治理、数据挖掘、数据变换等技术，将结构化数据和已结构化知识进行映射和关联，构建知识图谱。

（3）抽取式构建知识图谱能力：通过自然语言处理、信息抽取、深度学习、强化学习等技术，将文档等非结构化数据和未结构化知识进行实体抽取、关系抽取和知识融合等操作，构建知识图谱。

（4）大规模存储和计算能力：通过分布式存储系统实现大规模数据和知识的存储，通过分布式计算引擎提供大规模和实时流式的数据变换、数据挖掘、知识计算和知识推理等计算服务。在实践中，分布式存储通常需要支持分布式图数据库、分布式 NoSQL 数据库和分布式文件系统等，分布式计算引擎则需要支持分布式批处理计算和分布式流处理计算。

（5）探索与检索能力：具备用户友好型的可视化和人机交互功能，支持用户在图形化界面上实现对数据和知识的探索，通常要求支持简单的信息检索、语义化知识检索和问答式语义检索等功能。

（6）运营能力：支持元数据和数据字典管理，支持数据和知识的增删改查，支持数据和知识的新陈代谢，支持数据和知识的质量评估，支持各种数据源、算法模型、逻辑规则管理等。

（7）管理能力：在现代大型企业和组织机构中，知识的保密和控制知识的知悉范围是至关重要的，特别是涉及核心技术和关键业务逻辑的知识。其核心思想是，既要方便企业员工或组织机构成员有效地利用知识，又要防止或避免知识泄露带来的风险和损失。数据和知识中台汇聚了企业和组织结构中所有的数据和知识，是实施保密措施、控制知悉范围的关键所在。以行业知识图谱为核心的中台，应该支持数据与知识权限管理，支持在授权的前提下便捷分享，支持对所分享知识的流向监测和审计，确保数据与知识在物理层和逻辑层上均安全可靠。

（8）敏捷应用能力：通过知识图谱提供的知识检索、知识探索、可视化、知识计算、知识推理和知识溯源等能力，实现面向业务的敏捷应用。在智能化时代，这是知识驱动的创新型企业和组织对数据和知识的应用要求，是数据和知识中台能够满足创新的必然需要，是面向未来的智能化组织形态的基础。

利用行业知识图谱打造数据与知识平台，以灵活的应用架构拥抱变化，快速响应业务需求，提供业务所需的各种数据与知识服务，在可控和可承受的成本下满足持续不断的业务创新需要，进而扩展企业的业务边界。相比于其他中台，行业知识图谱能够实现“点线面体”的立体方案。

- 点：即以实体为中心，利用属性来描绘知识点的画像。延伸开来，则可以对业务、客户、工艺、设备、人员、环境等各方面进行画像描绘，帮助业务应用一窥知识点的全貌。以设备为例，可以通过实体及其属性，全面了解设备的说明、参数和手册文档等情况。

- 线：即通过关系表达知识点与知识点的连接、知识的新陈代谢（知识在时间维度的连接）。延伸开来，通过连接打破业务孤岛，构建产业链、供应链、价值链、资金链、资讯链等，并通过知识计算和知识推理等方法实现高价值的分析、推理和规划，实现 1+1>2。以产业链为例，可以通过产业上下游之间的联系，全面分析企业在产业链中的优势、劣势、机遇和风险等。

- 面：对业务来说，知识点及其之间的连接构成了知识面，为业务提供智能分析和辅助决策的支持。通过分析企业业务之间的联系、相同业务的竞品和伙伴的联系、不同业务之间的竞争与协作的关系等，实现从市场生态和竞合态势层面上的洞察。

- 体：为企业和组织机构的业务发展、运营、管理、资源协调等提供全方位、综合性、立体化的知识支撑，实现多维度的知识驱动创新。

8.3.2 可视化与交互式分析

知识图谱的可视化是指将知识以图形的方式直观地表示出来。交互式分析是指通过友好的人机交互实现人机协同的工作方式。通过可视化和交互式分析，人们可以在获取知识和使用知识的时候与系统进行交互，根据人们的思维逻辑不断调整展现的知识内容，最终得到分析结果。

许多现有的可视化工具都可以用在知识图谱上，比如 Python 语言中著名的可视化库 Matplotlib。使用 Matplotlib 几乎能够绘制所有类型的图，结合 Jupyter 和知识图谱应用程序接口，使用 Python 编程语言进行可视化和交互式分析，这是数据分析师常用的做法。不过这种应用方法对 Python 编程能力要求极高，对行业知识图谱的应用来说受限颇大。在实际应用中，更常用的是 JavaScript 的可视化库，通过专门的团队开发基于知识图谱的集成式可视化和交互式分析系统，以友好的用户界面提供给业务人员进行探索和分析。常用的 JavaScript 可视化库有 Apache ECharts 和 D3.js 等，几乎支持任何图形的绘制，在实际应用中，可以根据实际业务的需要，结合知识图谱的特点进行选择和使用。

在知识图谱的可视化中，最常见的实体关系图如图 8-3 所示。在这种可视化图中，通常用不同颜色来表示不同的实体类型，顶点的大小可以用于表示实体的重要性或者距离中心顶点的最短路径经过的顶点数量等。除圆形外，顶点本身的样式还有矩形、圆角矩形、表格和图片等，可以用于表达不同类型或维度的知识。

图 8-3　实体关系图

　　实体关系图在知识图谱中非常常见，是知识图谱最自然的可视化方法，在本书前面章节中也多次出现，比如图 2-1、图 4-1、图 5-3、图 6-6 和图 7-2 等，都采用了实体关系图进行可视化。在实体关系图的可视化之上，实际使用的知识图谱系统通常还支持交互式分析。比如，①以实体类型筛选，仅展现所选择的实体类型对应的实体；②双击顶点，通过关联关系扩展知识图谱，实现图谱的交互式探索；③修改顶点的形状来标识实体，以便在基于业务逻辑的分析中进行醒目的标注；④在利用最短路径算法计算从起始顶点到终末顶点的最短路径时，高亮现实路径所包含的顶点和边等。其实，图 6-5 和图 6-6 就是对最短路径所经过的顶点和边进行高亮展示，看上去一目了然。

　　实体关系图的另一种可视化方法是径向实体关系图，如图 8-4 所示，它在某些情况下提供了很好的可视化效果。

　　除了实体关系图，在很多情况下还需要表示知识的层次结构信息，树图是非常好的可视化方法。树图通常有从左到右（见图 8-5）、从右到左、从上到下（见图 2-5、图 3-1、图 6-3 和图 6-4 等）、从下到上，以及径向树图（见图 8-6）等多种表示方式。

图 8-4 径向实体关系图

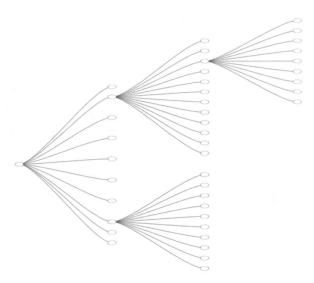

图 8-5 从左到右的树图

　　层次结构图是对树图的扩展，这是一种类似树一样的层次结构，用于表示没有根顶点的图数据，图 2-6、图 2-7 和图 2-8 就是层次结构图。在知识图谱可视化中，树图和层次结构图十分常见，比如，①在金融行业知识图谱中，用于可视化金融股权关系、产业链上下游关系等；②在智能制造知识图谱中，用于可视化设备零部件结构树、故障分析树等；③在中医药知识图谱中，用于可视化药方与配方的树形结构等。

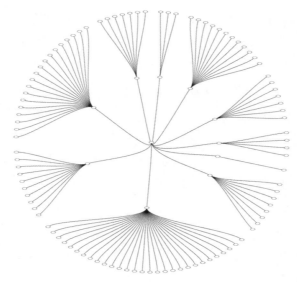

图 8-6　径向树图

知识的可视化并非都是简单地展现实体关系，许多复杂的可视化方法被开发出来，是为了满足特定业务知识的可视化需要。比如，①对于带有时间属性的知识，可以采用日历结合实体关系图的方式进行可视化；②在实体关系图中，实体可以使用复杂的环图、饼图或雷达图等表示丰富的属性信息；③对于带有地理位置信息的实体关系图，可以将其叠加到地图或地球上进行可视化。这种复合形态的可视化是非常有用的，比如在航空业知识图谱中，机场处在某个地理位置中，若要可视化两个机场之间存在的航班及航班数量，则需要用地图叠加实体关系图；而某个具体的航班还附有时间属性，再叠加日历或时间轴也是常见的可视化方法。

可视化和交互式本身是一门应用性很强的学科，需要我们在实践中不断摸索，找到最合适行业和领域应用的可视化方法。有些可视化方法只适合于某个非常专业的场景，并在该场景下发挥着巨大的价值，比如对于故障分析场景中，帕累托图是一个非常有用的可视化方法；在医疗和生物医药研究领域的知识图谱应用中，则存在像 FaceAtlas 和 SolarMap 等专门针对医疗或生物医药特点的可视化方法。在实际场景的落地应用中，充分利用这类专门的可视化图形和交互分析方法，能够大幅提升人机协同分析的效率。

8.3.3　智能问答

智能问答，也称问答系统（Question Answering，QA），是指使用自然语言提问的方式检索所需的知识，其目标是直接获取问题的答案。在基于行业知识图谱的智能问答中，用户在查询业务知识时，不需要精挑细选关键词，而是如同向专家咨询一样，使用自然语言的方式描述清楚所要解决的问题，系统就会通过一系列复杂的语义理解、信息检索、知识推理和答案生成等步骤给出准确的答案或者答案的候选集合。

智能问答有时也称语义搜索，是指使用自然语言的方式在搜索引擎上查找信息，并期望搜索引擎能够直接给出答案。实际上，知识图谱最初就是谷歌为了解决搜索引擎搜索结果不精确的问题而提出的，因其大幅提升了获取知识的效率和用户友好性，随之被所有搜索引擎、互联网各种应用和各行各业的专业应用采纳，最终发展为认知智能的核心技术之一。语义搜索范围比问答更广泛一些，不过本书中并不对此做精确的区分，可以认为在行业知识图谱应用中，语义搜索就是智能问答。

在认知智能时代，智能问答是获取信息和知识最便捷的方式。在实践中，行业知识图谱沉淀了企业和组织机构中丰富的领域知识，智能问答不仅是直接获取知识的有效方式，还是结合了专业模型进行辅助决策的自然的交互方式。在对接了语音识别、语音合成、OCR 等技术后，基于智能问答还能实现更自然的交互方式，比如类似于人类交谈的语音交互方式、类似于看书看图的拍照查询、结合对话机器人（Chatbot）技术实现多轮对话等。

从技术角度看，存在许多基于知识图谱的智能问答方法，比如基于模板的方法、基于语义解析的方法和基于向量计算的方法等。近年来，随着深度学习技术的发展，智能问答领域涌现出许多新的方法，比如基于深度学习自动生成智能问答模板的方法、基于表示学习和向量匹配的方法等。不过，这些专门的方法都只能解决智能问答中某一方面的问题。在实践中需要面对不同业务、解决各种各样问题的全能型选手，这通常由复杂的、综合的、系统性方法来实现。一种通用的智能问答 Z 形框架如图 8-7 所示，它对人类专家从接收问题到解决问题的思路进行抽象，旨在实现行业知识图谱共通的智能问答应用。

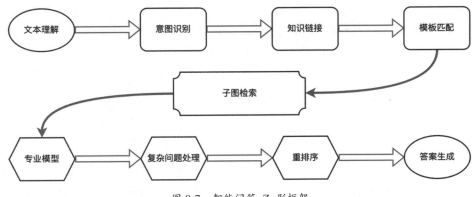

图 8-7　智能问答 Z 形框架

Z 形框架包含了九大方面的内容。

（1）文本理解

问答系统的第一步是对输入的文本进行理解，这类似于人们交流的第一步——听得懂对方在说什么。文本理解阶段需要充分利用自然语言处理技术，比如词法分析、语义相似性计算、句法分析、指代消解、机器翻译、语义角色标注、关系抽取等。第 3 章和第 4 章中介绍的相关技术皆可使用，各种成熟的词法分析、句法分析和命名实体识别的工具库（比如 Jieba、百度 LAC 等）也是经常使用的。在行业应用中，存在许多专业的领域词汇，以及企业和组织机构内部使用的词汇，通常使用行业或领域词典、缩略词表配置的方法，以及训练专门的深度学习模型来辅助实现文本理解。

以输入文本的核心词汇识别为例，可以使用领域词典结合 Jieba 分词器对输入文本进行分词，然后通过文本匹配的方法进行识别；利用第 3 章中介绍的方法训练专用的核心词汇识别模型，对输入文本进行识别等。

（2）意图识别

当问答系统"听懂"了用户的文本之后，需要进一步理解用户的意图，并据此做出合适的响应，这是返回用户友好型答案的关键步骤。意图识别通常可分为两大类，即定位输入问题所属的场景和分析输入问题的目的。场景划分是为了进一步缩小问题的范围，为更精准地获取答案做准备；分析的目的是预先对问题的答案进行分类，为生成用户友好型答案做准备。

比如，一家智能制造企业有数十个部门，当一个用户提问关于某个工艺失效的问题时，①该用户如果是产线工程师，可能关心的是失效原因、解决方法和改善措施；②该用户如果来自质量管控部门，可能关心的是失效发生频率、风险度和损失；③该用户如果来自财务或审计部门，可能关心的是失效带来的损失有多少等。根据识别出的意图，对于①，重点给出解决方法和改善措施的描述，以及对应的多媒体资料、知识来源等；对于②，给出失效频率、失效风险的统计信息，使用如专业的帕累托图等方式进行直观展示；对于③，找到相关失效点，并统计失效报告中所报告的损失。

常用的意图识别方法有基于规则和模板匹配的方法、基于统计特征的方法和基于深度学习文本分类的方法。前者适合做快速适配，以人机协同的方式长期运营；后者依赖于标注适量的数据集并训练专门的模型来识别意图。二者各有优劣，在实践中可综合使用。

（3）知识链接

在理解问题的基础上，需要将其中的核心词汇链接到知识图谱模式和知识图谱上。在实践中体现为，利用文本匹配、语义检索和实体链接等技术，为核心词汇匹配到实体类型、关系类型、属性名、实体、属性值等。使用的方法包括文本精确匹配、文本模糊匹配、通过语义向量计算 TopN、基于实体链接算法训练知识链接模型等。总的来说，知识链接是实现智能问答系统中非常关键的一环，用于将输入文本中与行业知识图谱有关的核心词汇关联到知识图谱的某个子图上，从而精确化查找问题的答案。

以智能制造失效分析场景为例，在用户输入失效现象描述的文本中，文本理解阶段抽取出"设备名称""工艺名称"和"失效原因"，知识链接则需要识别实体类型为"设备"和"工艺"，及名称与抽取的设备、工艺名称能够匹配的实体，并且将"失效原因"这个词汇链接到知识图谱模式中的"失效事件"这一实体类型上。

（4）模板匹配

模板匹配是一种基于规则和模板实现智能问答的方法，虽然看起来不那么智能，但这是一种高效率、低耗能的方法。人类在遇到问题及处理问题时也有这么一套体系，比如在考驾照学习倒车入库时，教练会给出一系列固定的步骤，让学员遵照着学习，从而能够快速"学会并熟练掌握"倒车入库技能，进而通过驾照考试。这在本质上就是基于规则和模板的应用。

同样的，基于规则和模板实现智能问答也是行业知识图谱应用中经常使用的方法。比如在处理一类高频问题时，基于规则或模板匹配的方法能够固化专家的最佳实践经验，高效率、低能耗地返回正确答案。此外，在一系列算法或模型无法很好地处理新出现的长尾问题类型时，利用专家设计合适的模板，系统能够快速处理这类问题，进而提升系统的用户友好性。在使用模板匹配时，通常需要一个好的规则引擎或模板匹配引擎来配合运营管理，也可以适当采用基于深度学习自动根据问题集合生成模板的算法。这样可以通过日志记录问题，通过人机协同的方法实现对模板的快速设计和配置，提升知识图谱问答系统的持续运营效率和用户友好性。

（5）子图检索

子图检索是指根据文本理解、意图识别、知识链接和模板匹配的处理结果，从知识图谱存储系统中检索符合条件的子图。子图检索通常有如下两种方法。

①在比较简单的情况下，通过图查询语言来检索子图。常见的图查询语言有 Gremlin、openCypher、SPARQL 等，参考第 5 章中介绍的 Gremlin 图查询语言和其他多个图数据库相关

的查询语言。

②在复杂的情况下，需要将存储系统中的知识对接到 ElasticSearch 或 Apache Solr 等搜索引擎系统中，使用搜索引擎系统提供的丰富算子和强大能力来检索子图。

如果使用 ElasticSearch 这类搜索引擎来实现子图索引，则需要构建合适的索引。在实践中，通常会构建实体索引、关系三元组<头实体，关系，尾实体>索引、属性三元组<实体，属性名，属性值>索引和关系属性索引等。并且对于实体索引，还会构建精确匹配的"String"类型索引和支持模糊搜索的"Text"类型索引。对于属性值来说，可以根据业务的需要，构建不同类型的索引，比如数值型、日期型和地理空间（GEO）型等，以便有效进行范围检索、日期检索和地理位置关系检索。此外，在检索过程中，应用一些专门的推理逻辑或推理模型，能够实现更强大的检索能力，比如 7.2.3 节介绍的定性时空推理等为问答系统提供了强大的时空推理能力。

（6）专业模型

许多行业应用都要求问答系统具备回答专业性非常强的问题的能力，这往往要用到第 6 章和第 7 章介绍的算法，结合特定业务的专家经验，开发专业的模型。比如，①在银行风控场景中，当用户的问题涉及两个企业的关系时，需要调用最短路径算法或全路径算法，从知识图谱中计算问题所包含的两个或多个企业之间的关系；②在制造业设备故障分析的场景中，当问题描述了故障现象时，通过子图检索到故障的直接原因，此时需要根据基于逻辑推理或链接预测等知识推理方法，进一步获得故障的根本原因、解决方法和长期改善措施等。

（7）复杂问题处理

有时我们会遇到一些专有的、较为复杂的问题，使用通用逻辑、方法和算法无法很好地解决这些问题，此时可以编写专门的处理方法，有针对性地处理这些复杂问题。比如，①连接其他系统实时获取数据，并进行多维统计的场景；②通过统一权限管理系统自动发起流程申请数据权限，并等待授权确认的场景；③触发某些条件进行知识推送的场景等。对于这类复杂的问题，仅靠知识图谱系统往往无法解决，需要通过特定的、专用的处理逻辑解决。利用专门的复杂问题处理模块，扩展问答系统的应用方位，使其成为知识图谱行业应用的统一入口。

（8）重排序

经过上述一系列处理过程，已根据输入的问题描述查找到了所需的知识候选集合。重排序是指根据知识与输入问题描述的语义相似性、知识的质量、知识的各种属性（比如知识的时间、来源、贡献知识的专家水平等各种维度），以及用户意图等维度，对候选集的每条知识进行评估并重新排序，使最符合预期的答案排在第一条。另外，类似搜索引擎的点击调权排序，在行业知识图谱的智能问答应用中也可以引入社区运营的思路，将点击、点赞、点踩、分享、专家推荐等行为活动数据引入答案重排序的评估中。实践是检验真理的唯一标准，引入社区运营可以将权威的、经得起实践检验的答案排在前面。

（9）答案生成

从技术研究的角度，问答系统的答案生成往往是指使用自然语言生成（Natural Language Generation，NLG），将检索出来的知识生成一段对人们友好的语言文字，最好能够根据用户意图和知识内容生成情感丰富、表现力强的文字片段。在实践中，答案生成的范围更加广泛，包括使用不同图表表现各种多维统计数据、使用高亮的实体关系图表示关系和路径、使用时间轴表示带有时间属性的知识、使用地图表示带有地理位置信息的知识，以及使用合适的信息图形（Infographics）来表达各式各样的知识，等等。比如"中国的首都是哪里？"，如果问答系统能够给出答案"中国的首都是北京"，并给出标明北京的中国地图或世界地图，那么其用户友好性要比直接给出"北京"两个字好得多。答案生成还可以采用计算机视觉和图像处理技术自动生成图像或视频，或者使用语音合成技术生成语音等。

通过问答系统这种用户友好的交互方式，行业知识图谱使知识的获取和利用更加方便，有利于企业和组织机构充分利用知识，加速创新。此外，结合各行各业的业务需求，基于问答系统可以开发各种自动化的应用。比如，用于非工作时间进行自动应答的"自动应答机器人"、直接面向终端用户的"客服机器人"、用于呼叫中心辅助客服人员使用的"业务百科机器人"，以及企业员工或组织机构成员进行智适应学习的"智能教育机器人"，等等。

8.3.4　认知推荐

推荐系统，也称个性化推荐系统，旨在根据用户或用户群体的兴趣偏好，精准地为用户提供物品[①]。推荐系统要解决的核心问题有：用户是谁？需要什么样的物品？期望是什么？等等。传统的推荐系统往往应用在面向普通消费者的领域中，比如新闻推荐、短视频推荐，以及电子商务平台的商品推荐。其关键是通过分析大量的用户行为，使用标签和协同过滤等技术，对用户的"兴趣"进行描绘，并基于兴趣和物品的匹配进行推荐。推荐技术已经广泛应用在人们的日常生活中。

我们可以从两个角度来看待知识图谱与推荐系统之间的融合。

---

① 推荐系统常用语，用于表示向用户推荐的内容，比如商品、新闻、视频、各类服务等。

其一是知识图谱为推荐系统赋能，构建知识感知推荐系统。在传统推荐系统中，有许多极具挑战性的任务，比如数据稀疏下的推荐任务、冷启动任务等，这些任务使协同过滤等经典推荐算法大幅失效。知识图谱能够为推荐系统的用户和物品提供背景知识和关联知识，通过知识增强来辅助解决数据稀疏问题，通过多维度的关联关系更好地理解用户，捕获用户的兴趣偏好，避免冷启动导致的推荐失效。

可解释性是当前人工智能发展中遇到的巨大挑战之一，同样存在于大量采用向量计算、矩阵分解和深度学习方法的推荐系统中。知识图谱是可解释性方面的天赋型选手，是推荐系统实现可解释性的有效途径，能够为推荐结果提供可解释的逻辑，这在很多行业应用中是至关重要的。此外，利用知识图谱可以挖掘用户之间或者物品之间的潜在关系，为推荐系统的其他算法（比如协同过滤等）提供高层次的、隐形的特征，提升推荐系统的精准率、召回率和最终用户满意度。

其二是行业知识图谱的推荐应用，即给用户推荐的内容都在知识图谱中，甚至用户自身的数据也在知识图谱中。这在行业知识图谱应用中很常见，知识是核心，这隐含着两层含义：推荐的内容是知识、推荐的依据也是知识。这与传统的、通过对用户兴趣偏好建模并作为推荐的依据是有区别的。关键在于在特定业务场景中对知识的需求，通过用户行为来建模并进行推荐，往往效果不佳。因此，需要将推荐系统和行业知识图谱的应用实践相结合，充分利用知识图谱无处不在的连接性，实现有知识图谱特色的认知推荐系统。

认知推荐系统（Cognitive Recommendation System）是指以知识图谱为核心，以知识为依据，利用知识图谱中无处不在、无时不有的连接给用户推荐所需知识的方法与系统。

认知推荐系统的目标是像行业专家一样工作，即在特定的场景下，基于对用户的先验认知（如用户的工作职责、所在的部门与角色、过往工作经历、所贡献的知识等）来推荐知识。在大多数情况下，用户本身就是行业知识图谱的组成部分。也就是说，认知推荐系统可以充分利用知识与知识、知识与用户、知识的版本更新和新陈代谢等丰富的关联，并基于应用场景进行精准的知识推荐。

在技术上，认知推荐系统通常分为基于图结构的方法和基于表示学习的方法。

基于图结构的方法通常是指根据知识图谱中丰富的连接和结构信息，结合领域的经验来推荐知识。推荐的关键是用户与知识之间的关联路径，可能是显式的，也可能是隐式的。从实现的角度，基于图结构的方法有以下实现方法。

- 基于专家经验或业务逻辑规则，结合第 6 章中介绍的中心性、社区分类、路径分析等图相关的算法。
- 基于深度学习或规则学习的方法，自动从知识图谱中归纳推荐规则，或者基于已有规则库进行诱导，生成规则来扩充规则库。
- 基于谱图理论（参考 6.1.4 节）将知识图谱转化为矩阵，并使用矩阵运算的方法，比如矩阵分解（Matrix Factorization，MF）、因式分解机（Factorization Machine，FM）、深度协同过滤（Neural Collaborative Filtering，NCF）或深度因式分解机（Deep Factorization Machine，DeepFM）等。
- 基于知识推理的方法，知识推理算法详见第 7 章。
- 把图结构与深度学习相结合，通过求解知识图谱的可微路径进行认知推荐等。

基于表示学习的方法则充分利用人工智能发展的最新成果，通常包含浅层表示学习和深度学习。7.3 节中介绍的基于几何嵌入的知识推理方法是浅层表示学习的代表性方法，7.4 节介绍了知识推理的深度学习方法。通过表示学习的方法，学习出知识图谱的结构信息和语义信息的向量表示，既可以直接用于认知推荐，也可以作为下游推荐算法的输入来实现认知推荐。对于前者，有如下情况。

- 如果用户是知识图谱的一部分，那么可以使用类似第 7 章介绍的用法，预测用户和被推荐知识之间关联关系，从而进行知识的推荐。
- 构建专门的认知推荐模型，并将知识图谱作为输入进行表示学习，将学习的结果直接用于认知推荐，比如模拟用户的先验知识在知识图谱中沿着连接进行传播，并与被推荐知识叠加进行概率计算，这有点像将 7.4.2 节中介绍的将消息传递的图学习范式用在认知推荐中。

对于后者，即把表示学习所习得的向量输入下游推荐算法中，并进行知识推荐。下游的推荐算法既可以是前面提到过的矩阵分解、协同过滤等，也可以是深度学习、强化学习、联邦学习等模型。事实上，在深度学习中，表示学习和下游推荐算法的结合非常常见，模型的学习方法本身就有多任务学习、联合学习或管道方法等。将强化学习与深度学习结合的深度强化学习算法，随着 AlphaGo、AlphaStar 和 AlphaFold 等模型的成功而广受关注。在认知推荐方面，基于行业专家经验设计多跳奖励策略，应用深度强化学习进行知识推荐也获得了很好的效果。

与智能问答一样，实践中的认知推荐并不是单一技术、单一算法能搞定的，而是综合多种认知推荐技术，结合模板、规则及运营工具，建设体系化的认知推荐系统。同时，认知推荐是基于具体场景的，在实践中需要划分场景以获得最佳效果。这点很好理解，推荐总是处于某个具体且明确的场景中的，比如，饭店老板或服务员向顾客推荐菜品；在制造业质量管控会议上，专家向工程师推荐过往的案例；在投资研究中，研究员向交易员推荐股票等。

认知推荐的场景划分通常依据业务的特点进行，具体问题、具体分析，分析过程也可以借鉴以下一些共通的实践经验。

- 通用推荐，即面向所有企业员工或组织机构成员，通常在系统首页、宣传栏或展示台上。
- 交互与人机协同，即在知识推荐过程中允许用户进行交互，并根据交互内容改进推荐结果，也称序列推荐。
- 多样性推荐，避免推荐结果过于单一，形成"知识茧房"。
- 权威性推荐，通常用于推行某个重要的知识，该知识由权威人士或权威机构给出。
- 多模态推荐，所谓一图胜千言，丰富的媒体能带来更优秀的用户友好度，在知识推荐中，可以考虑图表、图片、图形、音频、视频等不同媒体形态。
- 说服式推荐，这是一种带有强烈感情色彩的推荐，旨在说服企业员工或组织机构成员认可某种知识，通常要求给出足够合理及强烈的证据链。
- 给出推荐理由，这是可解释性的认知推荐的优势。
- 主动推送，即结合工作流、即时消息（IM）工具或类似 IFTTT（If This Then That）等引擎，将知识主动推送给用户，其目的是使知识利用的价值最大化。
- 社区化运营，通过点赞、点踩、分享、专家建议等社区运营思路来优化推荐效果。
- 知识保密与权限管理，控制好知识的知悉范围，避免核心知识的泄露。

总的来说，认知推荐系统建立在行业知识图谱之上，通过场景建设和主动运营，综合运用各种认知推荐算法，实现企业知识的充分利用和价值最大化，推动企业迈入知识驱动和知识赋能的新发展阶段。

以智能制造的质量与可靠性场景为例，有以下情形。

- 工程师入职没多久，根据其所在的部门、工作职责和负责的产线，推荐同类型工程师经常获取的知识，加速其成长。
- 当这个工程师使用故障归因分析时，根据当前描述的故障现象和归因分析结果，以及工程师的角色、所在的产线等信息，推荐与过往类似故障的分析报告案例。
- 当这个工程师在学习新知识时，根据其所负责的产线、设备等推荐与之相关的新出现的故障分析案例等。

对于制造类企业来说，通过设计合适的场景，不仅能很好地加速员工成长，还能够在实际工作中为员工赋能，使其能够胜任更难的工作。

8.3.5 辅助决策模型

辅助决策模型是指在特定场景下专用的模型。在不同领域、不同行业、不同企业和不同组织机构中，知识图谱要服务的业务形态不同，要解决的问题也不同。除了以上共通的应用程序，还有各式各样的专有模型，用于解决特定类型的问题，这些模型往往将业务专家经验、场景、与知识应用有关的技术相结合，种类繁多，表现形式各异，极具价值。

8.4　金融

金融行业是信息和知识密集型行业，也是广泛使用知识图谱的行业。大中型金融机构要处理的数据种类异常丰富，既有丰富的结构化数据（如各种金融交易数据等），也有繁多的非结构化数据（如各类研究报告和新闻等）。利用知识图谱能够实现数据的汇集和治理、知识的挖掘与应用，以及辅助业务分析与决策。

金融机构共通的应用场景是基于行业知识图谱搭建数据与知识中台，汇聚业务办理、投融资、证券交易、资金流水、知识产权、招投标、司法诉讼、产业链、供应链、产品售卖、竞品、新闻事件等各类数据、信息与知识，构建知识图谱，并通过智能问答、可视化与交互式分析、认知推荐等应用程序提供服务。进一步针对金融机构开展特定业务，构建专有的决策模型（如基于知识推理方法构建的企业疑似控制人模型）来赋能业务，实现效率提升、效果提升、响应加速、损失减少的目的，进而提升金融机构的总体运营效率和生产力。

8.4.1 反洗钱和反恐怖融资

反洗钱和反恐怖融资是银行业中非常重要的一项工作。2017 年，国务院发布《国务院办公厅关于完善反洗钱、反恐怖融资、反逃税监管体制机制的意见》，旨在推进监管体制的建设，完善反洗钱、反恐怖融资和反逃税"三反"监管措施。2019 年，为落实国务院的意见，预防洗钱和恐怖融资活动，做好银行业金融机构反洗钱和反恐怖融资工作，银保监会发布了《银行业金融机构反洗钱和反恐怖融资管理办法》，规定银行机构应当全面识别、评估、处理自身面临的洗钱和恐怖融资风险，履行反洗钱和反恐怖融资的义务。

要从成万上亿笔的交易记录中准确地识别可疑交易，知识图谱正好能派上用场。

一方面，在银行业中，与反洗钱和反恐怖融资有关的数据与知识是异常丰富的，比如名字、身份证件、营业执照、联系方式、地址等客户属性信息，业务、产品、品牌、知识产权、专利、财报等企业经营信息，交易记录、对手方、余额、交易设备所关联的地理位置、IP、设备属性、手机号、指纹和人脸识别等账户活动和交易信息，从各级政府或公共领域获取的舆情、处罚与奖励、招投标等各类信息，等等。

另一方面，数据与知识形态丰富，既有数值型、文本型数据，也有二进制类型、多媒体类型的数据，既有已结构化知识，又有未结构化知识等。此外，这些数据与知识散落在不同的系统中，被割裂成一个个孤岛，导致传统的反洗钱、反恐怖融资方法仅能利用一部分数据与知识，往往"不识庐山真面目"，因而存在巨大风险。知识图谱善于关联和融合这些孤岛，将所有的数据与知识都汇聚并关联起来，融为一体，如同百川归海。同时，知识图谱还可以把银行业传统风控和反洗钱常用的评分卡模型的结果视为一系列的专家经验，并融合到知识图谱中。也就是说，基于知识图谱，能够多视角、多维度、多环节、跨系统、跨业务、跨生态地分析每一笔交易，从全局角度对反洗钱和反恐怖融资进行预测、监测和识别。

洗钱和恐怖融资都是很严重的犯罪行为，为了实现反洗钱、反恐怖融资的目标，通常在三大环节中进行相应的识别。①犯罪资金进入金融系统环节；②通过复杂的、隐蔽的交易手段在交易网络中进行资金转移的环节；③犯罪资金脱离金融系统进入房地产、消费品或进入其他投资领域的环节。

在这三个环节中，知识图谱都能发挥关键的作用，提升识别效率和准确率。

- 针对环节①，通过精准画像描绘识别可疑账户，通过已知的洗钱或恐怖融资账户分析其类似的账户、关联的账户、团伙账户等。这个环节常用的方法有第 6 章介绍的社区分类算法、PageRank 等中心性算法；图聚类、分类或回归算法，连通子图模型；第 7 章中介绍的图卷积算法；其他各种深度学习模型等。
- 针对环节②，基于知识图谱进行各种关联分析的效果最为显著，第 6 章和第 7 章中介绍的各种算法都可以用在这个环节的交易分析中。比如，一笔数额较大的钱被拆分成数百、数千甚至数万笔小钱，并通过成千上万个账户进行多次中转，最终汇聚到目标账户上，可以通过路径分析算法、回路检测算法等识别；基于反洗钱、反恐怖融资的专家经验，结合图卷积网络等知识推理方法训练模型，并预测两个账户之间是否存在可疑的资金转移；每一笔交易都是带有时空属性的，通过构建时空知识图谱，并将动态性和演化性考虑进来，进行识别。

- 针对环节③，知识图谱可以汇聚交易之外的更多信息，特别是外部的一系列交易信息，比如房产交易、大额消费品消费等。通过离散时间序列对这些消费进行建模，捕获异常的消费行为，并将其作为特征，融合环节①中的可疑账户信息和环节②中的可交易账户，进而提升反洗钱、反恐怖融资的识别准确率。

除在不同环节识别可疑行为之外，还可以利用已确认的犯罪账户，在知识图谱中对犯罪账户和正常账户进行子图建模，并挖掘从犯罪账户到正常账户、从正常账户到正常账户、从犯罪账户到犯罪账户、从正常账户到犯罪账户 4 种不同类型的交易模式，快速监测可疑交易。在反洗钱、反恐怖融资犯罪活动的跨部门联合执法中，可以通过知识图谱进行跨部门信息的关联和融合，发挥信息和知识整合的效能，实现全局研判，进而提升联合执法的效率和效果。

8.4.2　个人信用评估与风险控制

个人业务是金融机构中的重要业务之一，除了像银行存取款、券商的经纪等业务，大量高附加值的业务，比如个人贷款、信用卡业务、证券投资、保险等，都涉及对个人的信用评估、风险识别与控制等。信用评估的不准确既可能导致高价值客户的流失，也可能因信用风险控制不好而产生损失。因而，金融机构对信用评估和风险控制是极其重视的，近些年各种人工智能的研究成果都被应用到信用评估和风险控制上。

知识图谱是用于个人信用评估和风险控制的最新方法，其核心优势在于融合多源异构的信息，结合专家经验和最新的人工智能研究成果，实现了更全面、更精准、更及时的信用评估。同时，知识图谱还带来了诸多额外的好处，比如，可解释性得评估结果；支持通过可视化、交互式分析和知识问答等技术实现人机协同；应用概率推理、归纳推理或基于专家经验的演绎推理模型实现自动或半自动的工作方法；从数据中学习经验的深度学习模型（比如 R-GCN 模型）与根据专家经验进行评分的模型（比如评分卡模型）的相互融合。

进一步地，基于知识图谱的演化性，数据源源不断地进入知识图谱中，构建动态信用评估的模型，并实时检测信用变化情况，进行异常挖掘和异常预测，实现风险的警告和预警，为金融机构对个人信用的持续跟踪提供高效、可靠和低成本的解决方案，并在风险发生时做出及时的响应。

在实践中，对个人信用评估的核心是构建信息全面、知识丰富的个人金融知识图谱，汇聚各种数据、信息和知识，具体如下。

- 个人名字、住址、身份证件、学历、住址等个人基础信息。
- 手机号、IP、地理位置、经常使用的 App 和网站、关心的新闻主题等日常网络信息。
- 工作单位、收入、同事、行业、工作内容等与工作有关的信息。
- 毕业学校、校友圈等与学习有关的信息。
- 家庭成员、家庭社交、公共缴费等与家庭和家庭社交有关的信息。
- 运动、电影娱乐消费、旅游、书籍消费、新闻阅读、视频、网上社区等与兴趣爱好有关的信息。
- 电商、线下消费、商品消费、通信消费、日常出行消费等与各类消费有关的信息。
- 转账、刷卡、存取款、购买的金融产品等各类金融行为信息。
- 参与营销活动、市场活动、打折促销、红包、会员等市场营销信息。
- 通过评分卡等各种模型得到的初步信用评估特征和知识。
- 专家经验、业务规则等知识。

将这些知识进行关联和融合，可以实现多视角、多维度、多关系的知识融会贯通，减少或避免因孤岛效应导致的谬误。基于个人知识图谱能够精确评估个人信用，主要体现在以下方面。

- 精确和全面描绘个人画像。
- 从不同维度和关系描绘个人的家庭圈、社交圈、校友圈和同事圈，通过 PageRank、特征向量中心性等算法以类似论文引用的思维进一步评估个人信用。
- 从不同视角描绘个人的消费习惯、兴趣爱好和活动偏好等。
- 通过知识推理的方法深度挖掘潜在关系，识别故意隐藏的风险点。
- 通过社区发现、路径分析、深度学习聚类、链接预测等方法对已确认风险个人或人群进行团伙挖掘，比如识别"羊毛党"群体、黑产圈子、骗保人群等。
- 通过各种中心性算法筛选可疑的高坏账率账户。
- 通过可视化和交互式分析，辅助风控专家查缺补漏，识别风控制度或风控流程上的漏洞。

信用评估结果可以用于办理个人信用相关的业务，比如贷款、信用卡额度管理、保险业务办理、证券类产品售卖等。除此之外，个人金融知识图谱及模型评估结果还有广泛的用途，比如挖掘高价值客户，用于营销或者提升服务质量；辅助客户经理精准理解客户，从而提供更合适的服务，提升用户体验和满意度；通过已知的高价值用户挖掘其所处的社区，设计合适的市场活动，有效触达新的用户群体，实现精准拓客。

8.4.3　企业风险识别、控制与管理

对企业的信用评估、风险识别与预测历来是金融研究工作的重点，银行业、证券业、基金业和保险业的许多关键环节都涉及对企业风险的监测与控制等。比如著名的《巴塞尔协议 III》就非常强调对风险的管理和监管等。风险管控做得不好，会带来巨大的损失，如果风险识别不准或跟进不及时，那么在银行贷款业务中，有可能因企业破产导致坏账；在投资分析中，可能因投资失败导致巨额损失等。在过去数十年，风险领域虽然使用了各种不同的方法，但由于金融风险过于复杂，高效、快速、准确识别风险的挑战依然巨大。在金融机构中，知识图谱技术因强大的数据整合能力和可解释性等特性，已被广泛应用于风险领域，进行风险的识别、控制和管理。

与个人业务类似，在金融机构的企业业务知识图谱应用中，核心同样是构建信息全面、知识丰富的企业金融知识图谱，汇聚异构多源的数据、信息和知识。不过，企业业务具备的信息和知识，其丰富程度和复杂程度都远超个人业务，主要包括以下内容。

- 企业基础信息，通常是来自国家企业信用信息公示系统的数据。
- 企业股东、法人和高管相关的信息，这部分数据一方面来自国家企业信用信息公示系统、企业财报、研究报告、新闻资讯，另一方面来自个人业务相关的信息。在大型机构中，通常将企业业务和个人业务的知识图谱进行关联与融合，以更全面地评估企业。
- 企业财务信息，通常来自银行交易流水、存款、产品或服务的销售、从供应商采购原材料或零部件等。
- 企业投融资、担保、购买的理财或金融产品、有价证券、抵押品、债务债权等信息。
- 招聘岗位、职责和工作内容等信息，用于评估企业的发展情况。
- 企业的办公信息，比如企业办公楼、办公用品采购、员工旅游等相关信息。
- 企业用电、用水、排污、碳排放、环保等信息。
- 国际业务的相关信息，比如跨境资金流动、境外产品销售、原材料和零部件进口等各类信息。
- 产业链和供应链信息，即企业所处的产业链位置、竞品、合作伙伴、客户、供应商等。对企业与产业链和供应链中的其他企业进行关联和建模，可以全面地评估企业在市场竞合态势中的情况。比如利用第 6 章中介绍的 PageRank 或第 7 章中介绍的图神经网络，都可以通过企业在图谱中的"邻居"（即与当前企业有关联的其他企业）进行风险评估，产业链和供应链可以为企业提供关键的"邻居"信息。

- 诉讼、处罚与奖励信息，比如裁判文书网中提取诉讼信息、各级政府的环保处罚、各类获奖信息，以及拉闸限电或产能清退等相关信息。
- 新闻事件和舆情信息等。
- 上市公司的股市表现、高管减持和增持、意见领袖的观点、各类研究报告等。
- 发债企业的债券评级、债券评级报告、各类研究报告等。
- 规章制度、法律法规、政策、会计准则、标准和行业规定、软著、商标等信息。
- 土地规划、城市规划、道路规划、物业、工程等相关的信息。

通过知识图谱将异常丰富的与企业有关的数据、信息和知识进行融会贯通，其挑战性要大于个人金融知识图谱，基于企业金融知识图谱构建的专业模型更丰富，价值也更高。利用这些专业的风险识别模型、风险监测模型、风险管理流程和制度审计模型等，能够及时、准确地评估企业业务中蕴含的风险，挖掘基于风险定价和投资的机会，检查风险管控流程和制度的漏洞，助力金融机构对不同企业和不同业务提供差异化服务。

具体业务应用可以分为三大块，分别是风险控制与管理、风险定价和普惠金融服务。

（1）风险控制与管理

风险控制与管理的目标是识别、监测风险，避免因风险造成的损失，具体如下。

- 全面精确科学地描绘企业画像，识别风险企业，避免因给不良企业的贷款、担保或保险而产生的损失。
- 担保圈、担保链、互保圈的识别，避免风险叠加，导致企业在经营出现波动时出现雪崩而带来的巨额损失。
- 基于产业链、供应链、资金链等进行风险传导的建模，当链条上游企业出现风险时，监测并识别风险在链条上的传导，预测或及时发现金融机构的直接企业客户因受到风险波及而产生的损失。
- 监测新闻事件或意见领袖的观点，及时发现可能存在的风险，做好相关准备，避免可能带来的损失。

（2）风险定价

许多金融机构的主要收入和利润来源就是对风险的定价，比如在银行业中，其营业收入和利润的大部分是信贷业务的利息收入。

以中国工商银行 2020 年年报披露的信息为例，其营业总收入是 8826.65 亿元，其中，利息收入是 1.09 万亿元，利息支出是 4457.56 亿元，利息净收入是 6467.65 亿元，利息净收入占营业总收入的 73% 以上，并且利息净收入本身也与信贷的风险定价有直接关系。正因如此，对于风险进行更为精细的评估能够给金融机构带来巨额的直接收入，知识图谱目前已经广泛地用在大型银行等金融机构的风险定价中。

具体到贷款业务来说，主要有以下方法。

- 贷前阶段，通过全面科学的企业画像及无所不在的企业关联信息，结合授信准入模型，判断该企业是否存在潜在的贷款客户，如果是，则应用授信额度评估模型评估在一定风险指标下的具体额度，并根据客户的信用风险情况进行差异化定价。
- 利用源源不断进入知识图谱的各种交易信息、新闻资讯舆情、诉讼奖惩信息、企业招聘与裁员信息、产业链和供应链、碳排放信息等，实时监测和预测企业的风险变化情况，科学合理地调整授信额度，做到既避免高质量客户的流失，又能减少因不可控的风险导致的损失。
- 通过企业圈子、产业链、供应链等各类信息，挖掘更多潜在的贷款客户，扩展利息收入的来源。

（3）普惠金融服务

在面向中小微企业的信贷业务中，金融机构往往不会投入大量的成本来识别、监测和管理风险。基于知识图谱精准地对企业信用评估和实时的风险监测，并辅以合适的管控策略，建立普惠金融信贷和风控辅助决策系统，能够在既定的风险管控目标下降低人工处理成本，真正实现金融的普惠。比如通过联合科技园区实现对高科技初创企业的精准支持，通过联合贫困地方政府实现精准扶贫支持等。

8.4.4 系统性金融风险

系统性金融风险管控是维护国家金融安全和社会稳定的重要环节，当发生严重的系统性金融风险时，容易导致社会紊乱。"不谋万世者，不足谋一时；不谋全局者，不足谋一域"，知识图谱能够很好地帮助金融监管机构实现"谋万世、谋全局"，实现金融监管的专业性、全面性、穿透性和及时性。通过知识图谱汇聚全时全域信息，构建系统性金融风险模型，辅助决策者了解风险所在的点线面体，高效监测金融系统性风险的波动，进而做出科学合理的政策调整。

举例说明，监管机构汇集"全时、全域"的金融信息构建知识图谱，利用中介中心性和图神经网络模型鉴别金融机构在金融系统风险传导中的作用，区分金融机构在风险传导中是"放大器""缓冲器""隔离器"，还是"转发器"，辅助监管机构做出适当的调控。

- 如果某金融机构是风险放大器，则需要关注风险传导到该金融机构时的响应策略，做出更积极的预案。
- 如果某金融机构是风险缓冲器，则需要关注风险缓冲的极值，布局风险分散策略，避免引发系统性的坍塌。
- 如果某金融机构是风险隔离器，那么系统性金融风险可能性比较小。
- 在必要时，可引导风险到缓冲器和隔离器类别的金融机构上，而避免传导到放大器类别的金融机构上，并做好科学的响应方案，从而减少或避免发生系统性金融风险。

实际上，系统性金融风险的识别、判断、监测相当复杂，信用风险、市场风险和流动性风险等发生的原因和处理方法可能导致不同的结果，制定科学合理的处置方案更是极具挑战性。应用知识图谱处理异构多源的知识和复杂的关联关系，能够为识别和处理系统性金融风险提供全方位的决策支持。

8.4.5 审计

金融机构的审计体现在多种不同的业务中，比如，在贷前风险评估中需要对企业客户提供的大量数据和文档进行审计，确保信息的准确性；在贷后管理环节，需要阶段性地审计客户所提交的材料；下级机构所制定的规章制度和业务规则是否遵循了上级机构的相应制度与规则；阶段性审计银行在执行层面上是否满足上层制度的要求。在审计过程中涉及许多专业性的知识，因此往往对业务深入了解的资深专家才能够做好。利用知识图谱技术，能够很好地降低审计人员对业务的熟知程度的要求，减少对专业审计经验的依赖，自动完成许多琐碎的审计工作，全面提升审计效率。通常来说，知识图谱在审计业务的应用体现在两大板块。

- 构建审计规则知识图谱，用于指导和辅助审计工作，提供审计知识、审计合规模型和专家经验，降低审计工作对审计人员的经验依赖，提供自动化或半自动化的审计，大幅提升审计效率。比如财务审计，将会计准则、财务审核规则和财务报表的勾稽关系等构建为财务审核知识图谱，用于指导财务类的审计，识别财务错误、纰漏或造假，避免产生相应的风险。
- 针对业务特点，从审计的视角理解业务，从业务数据和业务文档中提取审计线索、调查取证或提取审计相关事件等知识，构建业务审计知识图谱，实现业务自身"内循环"的审计。比如日志审计，将业务日志、业务办理所涉及的数据和文档等构建到知识图谱中，并通过一致性审核模型对业务办理的数据和文档的一致性进行自动审计，发现可能存在的问题或风险点，避免造成损失和发生违法行为。

在实践中，不管是专门的审计团队，还是业务部门的内审人员，通过应用审计知识图谱，通常能够完成以下工作。

- 将许多审计过程中的琐碎工作进行自动化，缩减审计工作的时间投入，提升审计效率。
- 通过辅助决策模型，构建符合审计人员习惯的可视化和交互式分析，实现人机协同的审计工作，进行深度分析与挖掘，找到"深潜"风险，提供更具洞察力的审计成果。
- 扩大审计监督的范围，实施实时的漏洞扫描和风险检测。
- 积累审计中发现的问题、风险，优化审计决策模型，封堵业务漏洞，并为下一次审计提供经验支持。

8.4.6　证券分析与投资研究

在金融行业中，证券分析与投资研究是应用知识图谱最深入的场景，能够以更低的风险获得更好的收益。在信息整合、关联分析、深度挖掘和辅助决策等方面，知识图谱具备强大的能力，能够大幅提升机构在资本市场的投资研究、量化分析、事件监测、风控计量、投资组合管理等方面的效率和效果。在资金管理公司或者银行、券商、基金和保险公司的资管部门，证券研究部门，基金和理财公司，以及各个大型公司的投资部门中，知识图谱都有广泛使用。事实上，知识图谱在证券分析和投资研究中的应用非常多，举例如下。

（1）资本系挖掘

即通过构建知识图谱，应用知识计算、知识推理等算法，挖掘出直接或间接被一个或几个实体控股的公司与机构所构成紧密关联的"家族"，并以智能问答和专门的交互式分析应用程序的形式提供服务。通常，资本系家族内部关系紧密，存在"一荣俱荣、一损俱损"的情况。如果资本系家族包含多个金融机构，当风险出现时，会对市场产生巨大影响，甚至引起系统性金融风险。在投资研究、市场监管中，资本系的分析、挖掘与监测都是关键的环节。

（2）公司实控人识别

通过股权的层层穿透，识别公司的实际控制人，并通过实控人所关联的其他公司进行关联分析，这是知识图谱在公司研究中的典型应用。

（3）金融研报知识图谱

金融研报是金融机构中专门研究投资的研究员面向特定领域（如宏观经济、行业和产业、金融政策、具体公司等）撰写的报告，通常具备专业性和高质量等特点。金融研报知识图谱兼具两方面的内容，一方面是为研究员赋能，便捷地提供全面准确的数据、信息和知识，提升研究员撰写研究报告的效率，确保报告的质量和可靠性；另一方面，研报本身也是构建知识图谱的未结构化知识源，从中可萃取专业可靠的知识，为金融机构、政府、公司、高校和研究所提供高价值、具备行业专业观点的专业知识，为智能投研、智能监管、智能规划、智慧城市等赋能。

（4）基本面分析知识图谱

基本面分析是投资领域的一个专门词汇，是指撇开市场对公司股票的定价，通过研究股票对应的公司、所处的行业和宏观环境来研究有价证券的价值。通常来说，有价证券的市场价格最终会回归到其价值所在的位置，因此研究有价证券的价值十分关键，并且能够从市场价格的"低估"或"高估"中获取收益。但准确评估有价证券的价值并不容易，传统的方法是研读财务报告。知识图谱能够为基本面分析带来全新的体验，不仅能够更便捷地从历史变更的角度分析有价证券，还能够横向对比同行业或具备某些相同属性的有价证券的情况。多维度和深层关系挖掘能够给基本面分析带来更多不一样的视角，为准确评估有价证券的价值带来更多可能。

（5）金融事件知识图谱

从新闻咨询、公告、政策发布、社交网络等非结构化数据源中抽取、关联和融合金融事件，构建金融事件知识图谱，结合产业链、供应链、股权关系、实控人、资本系等各类专业图谱，实现基于事件的传导分析和风险推演模型，并以知识问答的方式供专业研究人员使用。利用金融事件知识图谱，能够有效帮助专业分析人员发现机会和识别风险，进行专题分析，判断市场情绪，评估风险传导方向和影响范围，从而从金融市场中获取超额收益。

金融事件知识图谱的应用范围非常广泛，不仅用于投资研究、资金管理和交易，还可以在经纪业务中给客户推送新闻事件，提升用户黏度。在投行业务中，金融事件知识图谱可以在 IPO 业务中更好地分析市场和竞品的情形，选择合适的时机上市，为客户创造更大的利益。

（6）策略逻辑知识图谱

将投资研究的专家逻辑思维和策略沉淀到知识图谱中，从而实现自动化和智能化的投研分析。这类似于在审计场景中审计规则知识图谱，从分析师和交易员的视角将专业的经验符号化并沉淀到知识图谱中。

举一个简单的例子，根据交易员的风格选择多个因子，并使用最小二乘法（Ordinary least Squares，OLS）或者套索算法（Least Absolute Shrinkage and Selection Operator，Lasso）进行多因子回归融合。其中，因子选择是交易员积累的经验，最小二乘法或者套索算法是客观的数学方法，二者在知识图谱中进行融合，并配以友好的人机协同界面提供服务，提高交易员的分析效率。事实上，知识图谱可以提供成千上万的因子和数百种的融合方法供交易员选择使用，不仅有传统的分析和交易方法，还有最前沿的深度学习和强化学习方法。

（7）智能投顾

智能投顾是随着人工智能发展而来的一种新的业务模式，目的是使用人工智能技术，低成本地为所有金融市场的用户提供高质量的投资咨询服务。传统的投顾业务都是由专业人士来提供服务的，存在成本高、服务人群少的特点，智能投顾很好地解决了这个问题。在智能投顾中，知识图谱是核心技术，知识图谱中沉淀的投顾专业模型用于对客户风险偏好、财务状况和收益目标进行评估。专业的组合优化模型能够基于所评估的结果，定制个性化的资产配置方案，基于知识图谱的智能问答和认知推荐是不可或缺的用户交互界面。

（8）监管

通过跟进市场上与交易有关的分析师和意见领袖在社交媒体上所发表的观点，深度挖掘分析师或意见领袖关联的交易账户，深度挖掘或监测是否存在违法内幕交易或市场操纵行为，确保金融市场的规范有序。

8.4.7　保险

知识图谱在保险业务中也有广泛使用，比如前几节介绍的个人与企业的风险评估等，都是保险业务中的关键环节。除此之外，保险业务还有很多能够应用知识图谱的场景，举例如下。

- 在营销方面，利用知识图谱精确描绘用户画像，找到险种的目标人群，做到精准营销。同时，营销人员又能够提前获知客户的特点，在营销时做到有的放矢。因此，通过知识图谱辅助营销，能够有效提升营销业务的水平，提升整体的运营效率。
- 在保险产品设计上，影响保险险种的市场竞争力的因素特别多，比如目标客群定位、目标客户需求、竞品、定价等。通过知识图谱辅助保险产品设计，能够有效开发符合市场需要的产品，提升保险公司整体的效能。
- 在保险知识的普及上，类似于智能投顾，基于知识图谱打造保险产品知识库、保险智能顾问等产品，以智能问答和认知推荐的方式为广大消费者提供了解保险产品、学习保险知识的途径，随时随地为个人或家庭提供智能化的投保解决方案。

- 在自动理赔方面，基于保险产品、投保要求、理赔条款等构建保险理赔知识图谱，梳理理赔流程和理赔材料与理赔产品间的复杂关系。通过智能问答、表单或对话机器人的方式实现自助理赔，能够在确保准确的情况下及时为客户提供理赔自助服务，并且在无法处理时转交给人工服务，利用人机协同的方式大幅提升理赔效率，降低运营成本。

8.5 医疗、生物医药和卫生健康

医疗、生物医药和卫生健康等涉及人们健康的领域也在大量使用知识图谱，其中令人印象最深刻的当属 2019 年年底新冠疫情爆发后，学术界和工业界都推出大量的人工智能应用，帮助各级政府、医疗机构和社区做好疫情防控工作，这其中就包含很多知识图谱应用。比如，在疫情防控流行病学调查中，应用时空知识图谱，将时间属性、地理位置属性和社交关系等各类信息汇聚到同一知识图谱中，通过可视化和交互式的人机协同界面，快速高效地辅助流行病学调查，做到科学、精准、有序、及时的疫情防控。

其实，知识图谱很早就在医疗、医药和健康领域发挥着作用。知名的"医学体系化命名-临床术语"（Systematized Nomenclature of Medicine-Clinical Terms，SNOMED-CT）中涵盖了大量与疾病、诊疗和药物等相关的医学知识图谱。CMeKG 是一个从大规模医学文本中自动和半自动抽取出来的中文医学知识图谱，涵盖了数千种疾病、2 万种左右的药物、1000 多种诊疗技术和设备知识。SenseLab 是神经科学和脑科学方面的一个知识库，涵盖了从微观分子层面到宏观行为层面的，包含细胞、神经元、神经系统和大脑等多学科、多层次的知识。比如 SenseLab 中与神经元有关的膜通道、受体和神经递质知识，可用于研究神经系统细胞特性和基因组学，并支持不同神经元受体的药物开发辅助等。

8.5.1 基因知识图谱

在第 2 章中介绍的基因本体，标注了特定基因产物和概念之间的关联，并描述了基因的功能。在基因技术被广泛使用的今天，随着对基因和疾病，特别是遗传类疾病的研究越来越深入，将不同基因组合能引发的疾病组合成一个网状结构，因而知识图谱是用于研究基因、疾病和药物之间关系的最佳工具。比如，将疾病的表型和基因之间的关系、基因变异能引发的疾病、药物所能治疗的疾病与特定基因的关系等研究成果构建成知识图谱，基于深度学习等最新的算法和模型来实现辅助基因研究、提供个性化的用药指导、辅助药物靶点发现等。此外，利用智能问答和认知推荐等应用程序，研究人员能够便捷地获取特定基因、疾病或药物有关的信息，为基因相关的研究助力。

PharmGKB 是一个著名的开放基因—药物关系知识图谱，收集和管理了大量的有关人类基因变异对药物反应影响的知识。"21 世纪是生命科学的世纪"，利用知识图谱研究基因是其中不可或缺的一环。肿瘤及癌症的早期筛查和靶向精准治疗是基因技术的重要应用，对基因（如 BRCA1、BRCA2、BRIP1、FAM175A 等）、基因突变（如 CNV 拷贝数变异、SNV 单核苷酸变异、SV 结构变异等）、DNA 损伤修复机制（如 BER，NER 和 MMR 等单链损伤修复和 HRR，NHEJ 和 MMEJ 等双链损伤修复）、疾病（如白血病、淋巴瘤、结直肠癌、多发性骨髓瘤、乳腺癌、神经纤维瘤）、关键生物标记物等构建的基因突变数据库，可用于辅助疾病的预防、早期筛查、诊疗，以及对基因、疾病、药物的科学研究，辅助药物研发等。此外，知识图谱可以用于打造基因数据与知识中台，统一管理基因数据、基因诊疗经验、科研论文、临床经验、病历等。图神经网络等最新的研究成果也被用到基因知识图谱中，用于开发基因组疾病的诊断。总的来说，基因知识图谱结合前沿的深度学习技术，在基因科学相关领域发挥着重要的作用。

8.5.2 生物医药

生物医药通常包括生物技术产业和医药产业，其研究对象涉及与生命有关的微观和宏观结构，微观结构包括基因、细胞、分子结构、蛋白质等，宏观结构包括生物体、疾病、症状、药物和药物材料，涉及的知识兼具广度和深度，关系非常复杂。知识图谱及其相关技术自提出以来，就被广泛用于生物医药领域。事实上，许多与图结构相关的算法就是由生物医药领域的研究人员提出的，比如经典的 GraphSage 是从蛋白质—靶点关系预测中提出来的。第 7 章中介绍的关系图卷积网络 R-GCN 也被广泛应用于药物发现领域，比如在由蛋白质、药物、疾病和副作用构成的网络中，R-GCN 用于推断某个药物可能具有的其他副作用。也有团队从公开论文和其他文献中抽取疾病与药物相关的知识，并使用知识推理的方法，发现和挖掘可能适用于某个疾病的药物，用于辅助发现已知药物在更多疾病上的治疗用途。

知识图谱也被广泛用于各类生物医学知识的存储。DrugBank 是一个包含大量药物、药物靶点，以及与药物相关的化学、药理学和药学知识等相关信息的知识库，用于进行药物知识获取和药物研究。人类代谢组数据库（The Human Metabolome Database，HMDB）中包含与人体小分子代谢物有关的化学、临床、分子生物学和生物化学等知识。小分子通路数据库（The Small Molecule Pathway Database，SMPDB）中包含 3 万多条与人类代谢通路、代谢疾病通路、代谢物信号通路和药物活性通路等相关的小分子通路知识，并且每条通路都提供了器官、细胞器官、亚细胞组分、蛋白质/复合物共因子、蛋白质/复合物定位、代谢物定位、化学结构、蛋白质/复合物四级结构等信息。

这些不同的生物医学知识存在着普遍的联系，因而我们很容易对不同的知识库进行融合，形成统一的知识图谱。这样既能够通过智能问答应用程序提供便捷的知识获取服务，也可以应用知识计算方法或者知识推理算法构建专业模型，用于药物相互作用的研究、药物效果分析，以及辅助新药物的研发等。

事实上，辅助新药物的研发方面已广泛使用了知识图谱。在药理学中，一个重要研究方向就是药物与靶点之间的关系。药物与靶点之间并非一一对应的关系，一种药物可能与多个靶点对应，而多种不同的药物可能有相同的靶点。因此，靶点与药物之间的关系就构成了复杂的网络。知识推理的核心就是预测实体与另一个实体间可能存在的潜在关系，将其应用到药物与靶点知识图谱中，辅助发现药物的潜在靶点，挖掘已上市药物的新用途。

前面提到，不少图结构的深度学习模型就是这样被研究人员开发出来的。对于新药来说，可以通过挖掘与已知药物的相似性来预测可能的靶点，缩短靶点发现周期。同样的方法也能够用在更复杂的药物研发辅助上，比如将疾病现象、疾病病理、蛋白质、基因、药物、治疗方法等构建到同一个知识图谱中，使用知识计算或知识推理的方法，预测不同类型实体间的关系，挖掘未曾发现的潜在关系，指导新药物、新方法、新诊疗手段的开发。通过挖掘药物、疾病机理和靶点之间的关系，缩短靶点发现周期。此外，对药物、疾病、剂型（比如片剂、胶囊、粉末、颗粒、溶液、混悬剂、糖浆等口服药、液体或粉末等注射药、吸入药等）、临床效果等构建知识图谱，并通过知识推理模型挖掘不同剂型的特征，可以辅助新药的制剂研发。

药品的临床试验是药品上市前的必要环节，对药品临床试验的监管有一系列管理规范。通过监管规范知识图谱，可以以知识问答或认知推荐的应用程序的形式，提供给临床试验相关工程师使用，辅助了解临床试验的相关要求；还可以基于监管人员的专家经验构建专业模型，进行自动化和半自动化的辅助监管。

临床试验获得的数据是药物研发中非常关键的数据，也是改善药物效果实现药品上市的关键数据。知识图谱在临床试验中的应用场景也很多，比如将受试者基本信息、临床试验信息等构建到知识图谱中，通过知识计算算法分析药品对不同患者的效果，辅助研发人员找到效果好的人群和效果差的人群的特点，以便进行专门的研究。再比如临床药物实验的风险监测，将质控流程中的专家经验、规则结合相关的统计分析方法构建到知识图谱中，当有新的临床数据接入知识图谱时，可以实时跟踪是否出现了可疑的风险，并在风险出现时给出实时预警。临床试验规范中有一系列的核查要求，监管机构可通过知识图谱对核查的质量进行评估，还可以对同一家药企历史核查报告的纵向比对和同一类型药企的所有核查报告的横向比对进行建模和分析，发现其中的不合理之处并督促更改，使药品临床试验更加可靠、可信。

8.5.3 智慧医疗

医疗领域专业性强且知识面广，普通人或疾病患者，甚至是医护人员，都很难全面了解某种疾病相关的各方面知识，以及某个药物的所有知识。现代先进的医疗设备的功能和原理都异常复杂，医生也难以做到全面深入的理解。利用知识图谱，结合医生群体的智慧，将临床医学、药品和医疗器械相关的知识构建到知识图谱中，可以辅助医生更全面、精准地诊疗疾病，避免漏诊，减少误诊；更全面了解药品的性质，在用药时做到胸有成竹；更全面了解医疗器械等，进而提供权威、专业、高效和低成本的医疗服务，提升医疗效率和医疗质量，保障人民的生命健康。

通常，专业的医疗知识图谱会包含丰富的异构多源知识，列举如下。

- 药品说明书、临床指南、临床规范、中国药典、国家用药指南等。
- 医疗器械的使用手册、故障维修手册、用户 FMEA 等。
- 病历和真实临床数据，包括症状描述、诊断结果、治疗方法、处方等。
- 专门疑难疾病的分析报告等。
- 各种检验和检查报告，如血液检查、尿常规、心电图、放射科检查、B 超等。
- 医生门诊的经验、诊断方法、思维过程等。
- 论文和医药文献，比如 PUBMED 专业医药文献数据库中的大量论文。
- 行业标准、专利、诊疗规范、医学药学相关书籍、医学百科等。

通过对这些知识进行抽取、关联与融合，构建医疗专业的多模态知识图谱。一方面，以智能问答和认知推荐等方式，为医务人员和普通人提供医学知识获取服务；另一方面，基于人机协同界面辅助医生和专业医务工作者完成疾病检查、诊断、治疗、科研、教学等工作。此外，对过往病历的深入研究、分析与挖掘，有助于推断相同症状、疾病的不同治疗方案，辅助资深专家研究治疗方案，不断推动对某些疾病的治疗方案的完善。

事实上，知识图谱存在大量的智慧医疗应用场景。

（1）专病知识图谱

针对某种重大疾病（比如白血病、肿瘤）构建深度和专业的知识图谱，并利用专门的辅助决策模型结合人机交互界面，辅助医生对专病进行诊疗。专病知识图谱通过汇集大量患者的临床表现，对各种测量指标进行特征识别，根据专病特点对诊疗过程进行建模，利用关联关系挖掘算法，结合专病资深医生的诊疗经验，构建辅助决策模型，通过可视化和交互式的人机协同来辅助医生，特别是初级医生做出更准确的临床决策。

（2）病毒知识图谱

受新冠疫情的影响，人们对病毒及病毒所引起的疾病有了更多的认知。可以通过汇聚病毒基本信息、疾病、疾病症状、抗病毒药物、治疗方案、亲缘关系、基因测序、疫苗、宿主信息和特点、传播途径等，分析病毒、药物、病毒蛋白和基因、宿主蛋白和基因、基因变异、疾病与症状、病毒与疾病等之间的关系，构建知识图谱，并提供多种应用，举例如下。

- 低成本地普及病毒相关知识，有助于疫情的防控。
- 当疫情爆发时，需要大量的医务人员支援，这些医务人员并不一定是相关领域的专家，病毒知识图谱也能够便于帮助这些医务人员开展工作。
- 面对层出不穷的变异病毒，病毒知识图谱能够帮助专家更快、更高效、更全面地分析病毒，进而辅助科研和解决疑难杂症。
- 通过自动、持续、实时地构建知识图谱，结合专家经验与算法模型，开发可用于辅助临床决策和辅助科学研究的专业模型，加速疫苗、药物和诊疗方法的开发。

（3）临床医疗知识图谱

将病历、临床数据、医学文献、医生的专业经验等作为知识来源，构建临床医疗知识图谱。在医疗服务中，知识图谱可以提供可解释性的辅助决策，解决医生不熟悉的临床问题。在遇到疑难杂症的时候，临床医疗知识图谱可推荐具有相似症状的历史病历供医生参考，使医生做出更准确的诊断。将医生诊疗结论和知识图谱中的相似病历进行校验，可以发现矛盾之处并做出预警，提醒医生关注这些矛盾点，减少和避免误诊情况的发生。另外，临床医疗知识图谱也能够帮助医生和医学科研人员从过往病例中挖掘医疗临床价值和科研价值，推进整体医疗水平。

（4）精神疾病知识图谱

以抑郁症为例，将抑郁症医生的诊疗经验、抑郁症临床试验、医学论文、抗抑郁症药物说明书、心理学知识、百科、心理危机干预资料等作为知识来源，结合抑郁症患者的基本信息、家庭信息、工作信息、社交网络信息等，构建抑郁症知识图谱，并根据医生诊疗和心理干预经验建立专门的辅助决策模型，以智能问答和认知推荐的方式为抑郁症患者及其家属提供服务，能够有效帮助抑郁症患者获取所需知识，在出现不良状态时及时进行自我干预或者在家庭和社会的帮助下进行干预，避免出现极端情绪或发生悲剧。

（5）智能导诊

患者通常只知道所患疾病的现象和症状，而无法确定患了什么病。在去医院时，三甲医院大多为专科门诊，患者往往不确定应该挂哪个科室的号，因而需要咨询医务人员；在网上挂号时，可能会面临无人可咨询的情况。基于临床医疗知识图谱和知识推理算法开发导诊模型，以智能问答应用程序的形式提供导诊、分诊建议，能够很好地解决这类问题。将导诊建议、预约和挂号信息，以及后续的医疗服务过程所产生的信息一并汇集到知识图谱中，可以实现候诊智能调度、预估候诊时间。这样既方便了患者，也节省了医院的人力，不仅降低了成本，还提升了患者的满意度。

（6）用药助手

药学专业知识关系复杂，对于不同年龄、人群、疾病，同一药物有不同的用量，并且大量药物存在各种禁忌、副作用等。根据药物的使用手册、分析报告和论文等构建知识图谱，以智能问答的方式提供给普通病人、护士和医生，方便他们了解用药知识，辅助安全合理用药。

8.5.4 公共卫生

公共卫生是指通过社会组织、社区和个人的努力来增进人民健康和延长寿命。公共卫生通常需要协调政府、社会组织和社区等资源，为公众提供医疗知识服务、疾病预防服务和促进健康相关的服务。在这方面，知识图谱能够派上巨大的用场。

在医疗知识服务方面，人们对医疗和卫生知识有着广泛的需求。将疾病的症状表现、临床知识、药物和医疗器械的使用方法、医生诊疗经验等各种医疗知识构建成知识图谱，以智能问答的形式为广大人民群众提供医疗知识服务，是公共卫生领域重要的服务内容。不合格的药品和医疗用品会对人们的健康和生命造成巨大的伤害，对不合格品的跟踪和追责是公共卫生领域非常重要的职能。基于知识图谱能够便捷地实现对不合格药品、医疗器械、医用卫生材料的追踪、追溯和追责。同时，以智能问答、认知推荐和主动推送等方式，让人们便捷地获得不合格品信息，减少因药品和医疗用品的质量问题造成的伤害。

传染病的防控是公共卫生领域最为重要的事情，正在肆虐的新冠肺炎疫情充分说明了这一点。知识图谱在传染病疫情防控方面的应用场景也非常多，比如基于知识图谱的传染病监测预警系统和传染病流行病学调查系统。针对国内或全球公共卫生突发事件的构建传染病监测预警知识图谱，汇聚各种传染病患者、诊疗、影响等事件的数据，为研究公共卫生的异常事件及提供监测预警赋能，增强国家和省市有关部门对重大传染病的全面感知，实现对重大传染病的及时、准确评估，并做出有效的决策。在重大传染病发生时，可以通过知识图谱实现对医疗产品的调度。在特定传染病的诊断方面，基于传染病知识图谱对已确诊的病例进行建模，挖掘患病症状的特征，根据临床诊疗经验构建预测模型，以智能问答、对话机器人等人机交互方式为人们提供服务，帮助人们通过症状来判断是否可能染病，协助患者在染病后及时得到治疗。

众所周知，为了控制传染病的传播，流行病学调查非常关键。知识图谱辅助流行病学调查，能够大幅提升效率、降低成本。在传染病发生、发展和传播的过程中，为了确保疫情防控工作有序开展，阻断传染病持续传播，需要及时找到确诊病例的密切接触人群。通过知识图谱汇聚确诊病例在患病期间可能的途经地点，并通过时空知识图谱建模，快速找到一度（密切接触者）、二度（次密切接触者）和三度的接触人群，及时进行隔离和监测，能够有效切断病毒传播途径。当发生大规模人群感染时，利用知识计算和图神经网络等技术，分析其中的关键节点，在人员和资源有限的情况下开展重点突出、点面结合的防控措施。在传染途径分析中，对已知传染链进行分析，并基于知识计算和知识推理算法，识别其中的关键路径，制定科学合理的政策，切断传播链，能够在更低成本下实现对疫情的精准防控。在常规防控、动态清零的防控策略下，当发现零星病例时，通过知识图谱计算可能被传染的重点人群，对不同地区采取分级、分类管控措施，实现对疫情的动态精准防控。自 2020 年新冠疫情防控工作开展以来，知识图谱在流行病学调查的应用已发挥了巨大的作用。

在现代社会中，人们工作节奏快、生活压力大，易发生各类精神疾病。对精神类疾病的关注也是公共卫生中重要的一环，知识图谱在这方面也有许多的应用场景。比如，许多人会在社交网络上表达自己的想法和情绪，其中一些患有特定精神疾病的人群往往会表现出一定的模式，因此从社交网络的发文中能够识别和监测患有精神类疾病的群体。利用知识抽取技术，抽取特定的标签，结合社交网络的关系信息和其他信息（如手机号、IP 地址等），构建知识图谱，通过知识计算、知识推理等技术构建精神疾病患者识别和状态监测模型，及时准确发现有不良状态的人群并进行干预。比如，根据社交网络发布的信息，识别抑郁症患者并监测其状态，并及时做出干预。

8.5.5　中医药知识图谱

中医和中药是具备自身特点的领域。中医依靠大量的经验，利用知识图谱将这些经验显式化和符号化，有助于中医知识的传播，辅助医生更好地利用不同专家的经验。同时，通过知识推理挖掘其中的矛盾之处和不足之处，辅助中医学科进行实验和研究，进一步完善中医理论和实践经验。中药往往以药方的形式存在，药方与其原料存在复杂的关系，同时，重要的原料还涉及植物学、农业等方面的知识。知识图谱善于处理复杂关系，在中医药领域能够充分发挥作用。

比如，将复杂的中药知识，包括药材的栽培知识、重要原料的植物学知识、中药品质的监测数据、药材的制作过程、中药配方、中药能治疗的疾病及其症状、临床数据、历史病历数据、中医文献等，构建成中药知识图谱。进而基于中药知识图谱开发专门的应用程序，比如，以智能问答应用程序提供中药知识的获取服务；使用知识推理方法分析中药的异常之处，完善中药适用的疾病；将老中医的专家经验固化为专业模型，辅助中医诊疗；基于知识推理辅助中药科学研究，为中药的长期发展提供帮助；利用人机协同的方法，辅助专家深度分析药方、病例和效果的关系，发现中药知识中的不足之处，辅助科研人员对药方进行优化。

8.6　智能制造

智能制造领域体系庞大，生产的产品越来越复杂和精密，研发生产过程中使用的大量机器设备也越来越先进，这对工程师和产线工人的知识和经验要求越来越高。在一个典型的智能制造企业中，从产品的功能规划、设计研发，到生产制造、质量管控，再到售后服务、故障分析和使用反馈，每一个环节都可能涉及数学、材料、物理、化学、配方、电子电气、机械、生物、水务、能源、碳排放等不同学科的大量知识，以及工艺、设备、物料、失效、故障、模型、维修方法、模具、环境参数、成本评估等不同领域的实践经验。作为认知智能的核心技术，知识图谱也越来越多地被用在智能制造企业中，用于数据与知识的沉淀、传承、分享、管理，为工程师和产线工人提供知识相关的服务，为产业升级赋能。

事实上，知识图谱在智能制造领域的应用早已遍地开花。场景丰富、数据庞大、知识结构复杂、专业性高是智能制造领域知识图谱的特色。一个典型的例子是在制造过程中的工艺知识。工艺涉及的知识面很广，在具体应用点上的知识又很高深，知识与知识之间还存在大量的事理逻辑。而且，不同角色的人的背景不同、能力存在差异，对同一知识点的描述和表达也不尽相同。因此，在处理和利用智能制造工艺知识时，传统的方法面临巨大的挑战，很多时候显得无能为力，而知识图谱能够很好地应对这样的挑战。利用知识图谱技术对"面广点深"的工艺知识进行识别、抽取、消歧、关联、融合，构建工艺知识图谱，一方面能够实现知识的规范化和标准化；另一方面，以智能问答、认知推荐和人机交互协同等应用程序的方式提供知识服务，使工艺知识的应用范围和应用价值最大化，在产品需求分析、功能规划、设计研发、试产试制、生产制造、设备运维、质量管控、营销售后等不同环节为工程师和产线工人赋能，提升知识和经验的利用效率。

8.6.1　设计研发

在制造类企业中，不管是产品的设计研发，还是工艺的设计研发，都是企业核心竞争力的体现，十分依赖行业知识、专家经验与创新。作为人工智能领域专门面向知识的处理和应用工具，行业知识图谱能够显著提升企业研发人员的效率，激活创新热情，从而提升企业的核心竞争力。

在辅助设计研发方面，共通的应用是通过知识图谱技术汇聚与公司核心产品、技术相关的领域知识，包括产品设计文档、方案设计文档、工艺文档、产品手册、设备手册、物料清单、FMEA 资料、论文、标准规范、法律法规、竞品信息、产业链上下游的新技术、新产品等信息，以及企业内部与设计研发有关的其他各类信息，构建全要素的研发支持知识图谱，辅助需求分析人员、设计人员、研究人员和开发人员方便获取所需知识，打破知识传播的时空限制，实现知识的可管理、可运营、可追溯、可更新。

同时，知识计算和知识推理等技术也可以用在研发支持知识图谱中，结合研发经验，构建专业模型，优化生产制造过程，预测可能发生的故障，保障产品在生产过程处于良好的状态，实现设计研发工作跨部门、跨区域、跨企业的协同等。此外，将知识图谱和物联网 IoT、工业互联网、数字孪生等技术相结合，一方面可以关联及融合传感器采集的数据，通过专业模型识别潜在的异常并进行预警；另一方面，可以为 IoT 的数据规范化、数字孪生的标准化提供支持，保持采集数据的一致性和数字孪生的信息同步。

除了智能制造领域的共通的应用，知识图谱技术也在不同细分领域发挥着更专业且重要的作用。这些应用着眼于各自细分领域的专业特点，是将知识图谱与领域经验深度融合的结果。

在半导体领域，对于大规模集成电路芯片的功能设计、综合、验证、物理设计来说，电子设计自动化（Electronic Design Automation，EDA）工具是必不可少的。现代的芯片非常复杂，将知识图谱技术与芯片设计特点相结合的应用，能够发挥更大的价值。在芯片设计流程的布局和布线环节，将芯片视作一系列门的组合，那么如何选取门，以及如何进行层规划、布局和连线就是一门图优化的技术，第 6 章和第 7 章中介绍的算法可以用于解决这类问题。

比如，芯片的平面规划（Floor Planning）是在遵循设计规则的前提下，将网表（Netlist）的块（Block）合理地放置在二维网格上，实现最佳的功耗、性能和面积（Power, Performance, and Area，PPA）。放置（Placement）过程是指将所设计的门（Gate）放置到芯片布局的精确位置。路由连线（Routing）是指将放置好的组件、门和时钟信号在遵循设计规范的条件下连接起来。因此，设计芯片的平面规划、放置和连线的过程，可以转化为带有地理位置信息的知识图谱，将门、块表示为实体或顶点，连线表示为边或关系，图神经网络（如 R-GCN 等）方法可以用于辅助设计人员完成更加高效的规划、放置和连线，并获得比资深专家人工设计结果更优的 PPA。

在航空航天领域，知识图谱在基于模型定义（Model Based Definition，MBD）技术的研发设计中发挥着巨大的作用。通常，MDB 定义了产品、工艺和装配流程的设计模型，这些模型往往与产品的零部件和原材料、生产制造的设备、工艺、质量和可靠性工程领域的失效模式等有关，并由此关联各种已结构化知识（如零部件的参数和指标、失效模式等）和未结构化知识（如设备手册、工艺说明书等）。通过知识图谱汇集这些知识并进行抽取、消歧、关联、融合，构建航空航天研发设计领域的模型定义知识图谱，以知识问答、认知推荐等技术为基础，开发应用程序接口，并对接到 MDB 相关软件系统，辅助航空航天产品的研制。典型的应用方法如下。

- 基于智能问答技术实现提问式方法来检索模型，而不需要记忆模型的编码或名称，或者猜想其他工程师对模型的命名，这对于航空航天领域具有大量零部件的产品（比如大飞机 C919 有百万级别数量的零部件）来说非常有用，能够大幅提升研制工程师的工作效率和用户体验。
- 在创建、设计、优化、使用模型时，基于认知推荐，为工程师推荐与模型有关的工艺、案例、失效模式等，帮助工程师更高效地完成基于 MDB 的设计研发工作。
- 将标准规范、专家经验等固化为辅助决策模型，实现自动分析和审查，对可能发生异常和产生失效的地方进行提示和预警。

8.6.2　质量与可靠性工程

产品质量是制造业的生命线，可靠性是保障生产优质产品的关键。质量和可靠性工程的目标是持续改进产品设计和生产工艺，提高设备描述、仿真诊断、预测维护的精密度和准确率，预防失效的发生，达到如疫苗一般"治未病"的效果。在实践中，保证产品质量和生产可靠性的核心在于知识，比如需要跨学科知识来解决产品设计和生产工艺问题，而知识来自对实践经验的总结、沉淀、共享和传承等。

事实上，在过去数十年时间中，制造业在质量和可靠性工程领域积累了许多方法并开发了相应的工具，比如潜在失效模式及后果分析（Failure Mode and Effects Analysis，FMEA），潜在失效模式、影响及危害性分析（Failure Mode Effects and Criticality Analysis，FMECA），故障树分析（Fault Tree Analysis，FTA），事件树分析（Event Tree Analysis，ETA），功能危险性分析（Functional Hazard Analysis，FHA），潜在通路分析（Sneak Circuit Analysis，SCA），佩特里网分析（Petri Net Analysis，PNA），蒙特卡洛模拟（Monte Carlo Simulation，MCS），统计过程控制（Statistical Process Control，SPC），可靠性框图（Reliability Block Diagrams，RBD）等。其中，FMEA 在汽车行业、半导体行业、医疗器械行业和新能源行业被广泛使用，FTA 和 FMECA 在航空航天领域被广泛使用。

随着知识图谱技术的发展，知识图谱也被引入质量和可靠性工程领域，从认知智能的视角，结合如 FMEA、FTA、PNA、SPC 等传统的方法，实现了智能化的质量和可靠性工程，提升质量管控人员的工作效率，增强生产制造过程的可靠性，提高产品质量，从而增强市场竞争力。

以 FMEA 为例。FMEA 是许多智能制造企业的核心"Know how"知识。FMEA 虽然已有数十年的历史，并且形成了完善的方法论，以及丰富的配套工具。但在实践中，制作和应用 FMEA 还存在诸多问题。许多细分领域的头部企业在实践中发现，产品出现故障或失效的根源都可以追溯到 FMEA 本身的不完善上。知识图谱技术与 FMEA 的结合，为此带来新的希望。企业根据产品、产线特点，设计 FMEA 知识图谱模式，梳理并汇集与质量和可靠性工程有关的已结构化知识和未结构化知识。这些知识包括以下内容。

- 生产工艺手册、设备手册、产品质量检测数据、质量分析报告、工程标准、行业标准规范等。
- 零部件参数、零部件手册、各种物料清单及其参数属性、零部件加工工艺知识、厂房环境信息等。
- 各种失效分析报告，比如 8D 报告、A3 报告、5Why 报告、最佳实践报告等。
- 售后服务收集到的客户反馈、维修工单、疑难杂症分析报告。
- 设备操作手册、技能培训教程、工作职责定义。
- 所有的 FMEA 资料等。

进而，通过知识图谱构建技术从人（人员，Manpower）、机（机器，Machine）、料（物料，Material）、法（工艺方法，Method）、环（环境，Mother Nature）、测（测量仪器，Measurement）、财（财务费用，Money Power）、管（管理，Management）、维（维护保养，Maintenance）等多维度、多视角对这些知识进行抽取、挖掘、消歧、关联与融合，构建 FMEA 知识图谱。

基于 FMEA 知识图谱，结合质量和可靠性工程中积累的领域经验和企业内部的专家实践，可实现诸多应用，举例如下。

- 基于智能问答，辅助工程师和产线工人进行故障排查和失效分析。
- 基于知识推理技术，实现新失效模式的自动挖掘，持续更新和完善 FMEA，确保生产可靠性，持续提升产品质量。
- 根据 FMEA 制作专家的经验和逻辑，开发专业的 FMEA 辅助制作应用程序，实现一键式生成 FMEA 初稿，提升效率并缩短工期。
- 基于产品质量有关的标准规范，结合在企业质量管控方面积累的经验，开发自动审查和审计模型，辅助审计产品质量。
- 根据历史发生的案例，分析和预测探测度、严重度、频度、风险顺序数等，挖掘其中的不合理之处，提升 FMEA 的质量。
- 基于 FMEA 知识图谱所形成的集体智慧，实现更完善的 FMEA 制作，从而减少产品交付后的故障与失效的发生，提升企业效益与美誉度。

在实践中，除了 FMEA 知识图谱，其他类型的质量和可靠性工程知识图谱也被大量使用。总之，知识图谱与质量和可靠性工程相融合，认知智能技术用于辅助工程师和产线工人进行质量管控，减少失效的发生，或者在失效发生时能够及时解决，极大提升生产过程的可靠性和产品质量，进而增强企业产品的市场竞争力。

8.6.3 设备的管理、维护与维修

设备的故障预测与健康管理（Prognostics Health Management，PHM）、视情维修（Condition-Based Maintenance，CBM）和预测性维护（Predictive Maintenance，PdM）等制造业中的先进理念，强调设备管理中的即时监测、状态感知、深度分析、智能预测，其目标是实现自主保障和自主诊断，以显著提升设备管理和维护的效率。

知识图谱正是实现 PHM、CBM、PdM 等理念的最佳工具。将设备的基本信息、设备的维修手册、设备 FMEA、传感器所采集的设备状态数据、设备的维修记录、设备的故障分析报告等进行汇集、映射、抽取、关联和融合，构建成知识图谱。以智能问答的形式提供设备知识的即时获取，将认知推荐和可视化相结合，提供状态感知，基于专业模型实现对设备的深度分析和智能预测。在实践中，基于知识图谱实现的设备管理、故障诊断、设备维护与维修，可以分为单点、片区和网状 3 个层次。

（1）单点

单点意味着对单台设备的维护和维修，比如对汽车和飞机的保养与维修。在汽车行业，传统意义上，主机厂负责提供汽车保养和维修的知识，通常每种车型有数千页或数万页的维修手册。4S 店的维修人员根据主机厂提供的手册和自身经验对汽车进行保养和维修。这种方式不仅存在知识获取效率低下、知识更新不及时等问题，而且维修人员几乎不可能记住成百上千种车型、总计数百万页的维修手册上的知识，在维修过程中也几乎不可能翻看，因此维修人员主要根据自身经验完成汽车保养和维修工作，但维修人员的经验参差不齐、知识水平有高有低，导致总体效率不高、效果随机、用户体验差。

知识图谱能够很好地解决这些问题。通过提取维修手册、维修记录、维修案例和专家经验，构建售后维修知识图谱。进而基于售后维修知识图谱，并利用智能问答和认知推荐技术开发专门的应用程序，辅助故障诊断和提供引导式维护维修方案。具体来说，根据输入的故障现象描述，结合汽车诊断软件从日志提取的信息和传感器采集的信息，自动推荐维护和维修方案。进一步的，维修工程师可以通过人机交互界面选择维修方案，确定维修策略，并在知识图谱的引导下实施维护维修工作。同时，主机厂还可以构建专业的辅助模型，自动分析维修人员反馈的疑难杂症，分发给主机厂的研发人员对这些疑难杂症进行分析，设计解决方案，更新到知识图谱中，实现维修知识的快速迭代更新。此外，还可以对维修过程的工时和成本进行统计分析，实现精细化核算等。

飞机的维护和维修也属于单台设备，可以应用知识图谱来提升效率与质量。飞机的构造极其复杂，涉及知识面非常广，而且对于安全性要求极高。利用知识图谱，融合数据模型、预测性维护数理模型、维护维修专业知识，以及飞机维修规范制度等，构建飞机维修知识图谱。通过制定专门模型或者人机协同来制定保养维护方案，确保在保养维护时做到全面覆盖、重点突出。在发生故障时，基于辅助决策模型推荐维修方案，并利用人机协同的引导式检测与维修，提升维修的效率和质量，减少或避免错误和安全事件的发生。

（2）片区

片区意味着对一系列设备的集中管理与维护，比如风力发电场中风电机组的管理与维护、太阳能发电厂中光伏组件的管理与维护等。以风力发电为例，风力发电场是由一系列升压站、风电机组、静止无功发生器等组成的，并且位于位置偏僻、人烟稀少的地区，比如海洋、戈壁、草原、山谷等。风电机组本身包含传动链、轴承、齿轮箱、逆变器、卸荷器、控制器等多种机械和电子电气零部件，并长期全天候运行，对可靠性要求高。一旦停机，会带来较大损失。

基于知识图谱的风电设备管理与维护，是指利用风电机组的 FMEA 资料、设备零部件使用手册、设备信息、运维工单、气象报告、地理空间、卫星图像、故障分析报告、应急预案与运行指导手册、故障处理流程与规范，以及数据采集与监控系统（Supervisory Control and Data Acquisition，SCADA）采集的风机运行数据，对它们进行汇集与融合，构建成风电设备知识图谱。基于风电设备知识图谱，可实现以下功能。

- 建立故障智能诊断模型，实现故障精准定位，同时智能推荐解决方案，实施引导式故障排查与维修。
- 构建包含地理、气候、气象等因素在内的设备预测性维护模型，对风力资源进行模拟与预测，对轴承、齿轮等关键部件的变化趋势和潜在风险进行预测，实施风电设备零部件的主动更换，抢占维修窗口期，减少或避免发生风电机组的停机、飞车和倒塔等现象，降低总体运营成本。
- 利用风场中不同风电机组的地理位置和拓扑信息，实现巡检与排故的智能调度，打造风场级整体的智能化运营管理，提升风场的总体收益。

（3）网状

在网状层级方面，典型的场景有电网、通信网络和轨道交通网络等。其特点是拥有种类非常丰富的设备，并且通过复杂的拓扑结构将这些设备组成网络，对外提供服务。当设备出现故障后，一方面要利用专业知识来推断故障发生在网络的哪个或哪些设备上，另一方面需要定位设备发生故障的具体原因，同时还要考虑在维修过程中，设备停止运转是否会对网络中的其他设备产生影响等。相比于单点和片区，对网状的大型设备网络的运检、维护、故障排查和维修要复杂得多。

以电网为例，知识图谱能够明显促进网状设备的运维和智能化排故。首先，电网本身就构成了复杂结构的知识图谱，其中，各式各样的设备（如杆塔、电力变压器、避雷器、电抗器、电力电缆、继电保护装置、互感器、传感器、断路器等）是不同实体类型的实体，设备间的关系是实体间的关系。其次，设备都是处在某个地理位置上的，因此又具备了空间属性。在电网设备拓扑上，设备运行状态的数据组成了具备时间演化属性的数据。也就是说，电网本身就是一个复杂的时空知识图谱。再次，设备及电网相关的各种知识也非常丰富，比如设备手册、设备零部件基础信息和详细参数、检修标准规范、设备故障分析报告、设备 FMEA 资料、设备维修工单和故障记录、电网巡检规范、设备和输电线的影像资料、气象数据，以及与地理和环境有关的数据等。

利用知识图谱构建技术，对与故障有关的知识（比如故障设备、登机、部位或零部件、责任单位、原因、处理情况、检测方法等）进行抽取和识别，关联到具体的设备或电网局部，并融合电网本身的时空知识图谱，可以构建统一的电网知识图谱。基于电网知识图谱，实现对设备状态的即时感知、故障自动定位、智能推荐故障排查和维修解决方案等专业应用，辅助或指导相关人员的运营、管理、巡检、维护、故障排查和维修等工作，提升效率，保障基础设施持续、高效和健康的运转，全方位升级基础设施的智能化水平。具体功能列举如下。

- 对设备状态的实时跟踪与评价，做到即时感知。
- 跟踪发电、输电、配电、供电、用电各端的设备状态，为智能调度、资源优化提供决策支持。
- 设备检修的精细化管理，深度分析和规划因检修导致的停电范围，缩短停电时间，提升电网运转效率。
- 建立预测性巡检模型，利用启发式模型，结合专家经验，对设备健康状态进行综合评估和预测，辅助制定科学合理的巡检方案，做到统筹施策、有序覆盖、重点保障、成本可控、绿色节约。
- 利用设备状态数据和故障描述，结合专家经验，建立决策模型，用于评估故障发生的原因、影响范围，并规划维修时间，制定维修方案，尽量减少对耦合设备的影响和停电的范围，并以引导式排故流程辅助维修人员开展维修工作。
- 建立疑难杂症智能在线会诊应用程序，当电网或设备中出现维修人员无法解决的问题时，对问题进行语义分析，结合知识图谱对该设备过往故障的知识储备，利用认知推荐算法，推荐可能熟知该故障的专家，通过专家会诊的方式来解决问题，并将故障排查和维修方案更新到知识图谱中。

8.6.4　BOM 物料清单管理

在制造业中，物料清单（Bill of Material，BOM）是企业研制产品中用到的最基础的数据，是连接产品设计和制造的桥梁。在产品的全生命周期中，几乎每个环节都与 BOM 有关，比如，在设计研发阶段有工程 BOM（Engineering BOM，EBOM），在工艺计划和工艺设计环节有工艺 BOM（Process BOM，PBOM），在生产制造环节有制造 BOM（Manufacturing BOM，MBOM），在成本管理和控制环节涉及成本 BOM（Costing BOM，CBOM）等。事实上，在制造业中，在一个产品从规划设计到生产成品的全生命周期中，每个环节都可能与 BOM 有关。传统方法大多只关注单个环节内部的 BOM（比如 EBOM 或 MBOM）的管理和应用，而不同环节之间则形成了一个个孤岛。各自的信息和应用方式被割裂开，不仅不能综合全局数据进行深度分析和管控，还带来了不同环节之间各种 BOM 的转换的巨大成本。更严重的是，许多企业依赖人工实现不同环节的 BOM 之间的转换，工时长、效率低，而且过程中容易出错，影响了企业的综合运营效益，进而降低企业的竞争力。

将知识图谱与 BOM 的结合，引入通用 BOM（Generic BOM，GBOM）的概念。GBOM 知识图谱覆盖了所有 BOM，以及与 BOM 有关的数据、信息和知识。每个环节的 BOM 都是 GBOM 的一个子集。一个产品从规划阶段起，其后经历的每个环节都在给 GBOM 知识图谱不断补充和完善数据与知识，直到最终生成 MBOM，并输入制造执行系统（Manufacturing Execution System，MES）中，实现产品的生产。

基于 GBOM 知识图谱并开发相应的智能化应用，能够大幅提升企业在产品全生命周期中每个环节的效率，缩短工期，降低失误，及时做出更精准的评估和决策，从而提升市场竞争力。举例来说，通常有如下情况。

- 利用特定 BOM 的模板可以自动创建、生成、更新和维护相应的 BOM，比如 MBOM、供应商 BOM 等。
- 根据历史 BOM、专家经验和物料成本的变化，制定成本评估模型，实现自动或人机协同的成本预测与评估。
- 通过对 BOM 的相似性分析与建模，在新产品研制过程中，给出模具、设备、工艺复用的建议，降低产品生产过程中的成本，提升运营收益。
- 根据 BOM 和生产工艺的能耗，构建专门的模型，自动评估能源消耗与碳排放，并基于 BOM 相似性推荐更低碳排放的工艺，为实现"碳达峰、碳中和"的双碳目标赋能，并因此提升企业的品牌美誉度和市场竞争力。
- 根据相同产品或类似产品的历史 BOM，对产品成本变化进行分析，以可视化、人机协同界面或认知推荐的方式提供服务，为企业决策做支持。
- 利用 8.6.2 节介绍的产品质量和可靠性工程相关的知识图谱，通过建模实现 BOM 中不同物料、不同供应商的失效统计，为产品设计和制造采购的物料优化提供支持。
- 在工程变更管理与控制中，自动比对变更的差异并给出提醒，结合成本、工艺和制造执行对变更内容进行预警，从而控制工程变更导致的各种风险，保障生产制造的有序进行。
- 以智能问答的应用程序提供服务，在产品的需求分析、概念设计、工程设计、生产制造和售后服务的过程中，提供与 BOM 有关的知识。

事实上，GBOM 知识图谱在不同环节都能提供大量的智能化应用。从全局来说，这些应用能够方便各类概念验证、工程评估、辅助决策，提供精准和敏捷的制造反应能力，降低产品多样性和工艺差异对成本的影响，助力实现柔性制造。

8.6.5 供应链管理

在介绍金融行业应用时，多次提到了产业链和供应链，即通过整合供应链、产业链等知识，为证券分析、投资研究、风险识别与控制等提供更精准的建模分析，减少损失或者获得收益。在智能制造领域，供应链是体现企业核心竞争力的关键一环，在某些行业，可以说供应链是企业的命脉。事实上，现代智能制造愈加复杂，供应链遍布全球，导致对风险管控能力的要求急剧上升，产品精密度的提升对供应链的要求愈加苛刻，激烈的竞争对成本控制提出了很高的要求，这些都使供应链管理面临巨大的挑战。供应链智能化是应对这些挑战的利器，而知识图谱是企业实现供应链智能化的核心基础设施，是企业打造高效率、低风险、善协同的供应链的有效手段。

通过融合供应商的基本信息、经营信息、股权关系、政府奖惩、诉讼、招投标、产品舆情、采购有关的法律法规、特定行业的物资采购监督管理办法、供应商评价管理方法与细则、气象信息、新闻资讯事件、物流知识、交通知识等各种数据，构建供应商知识图谱。利用知识计算、知识推理等算法和模型，结合供应商管理的专家经验，实现以下功能。

- 对供应商的资质能力、履约能力、供需依存度和服务质量等进行评估，防止出现损害企业利益的风险。
- 深度分析供应商之间的关系，防止因相互依存或紧密耦合导致供应商过于集中，当一家供应商出现风险时，化解出现某个/某些物料的供应商一损俱损的情况，防范突发事件的风险传递带来的巨变，保障供应链的稳定和安全。
- 通过智能问答等应用，为招标采购、产品质量管控和供应链金融等业务人员提供支持，准确评估供应商能力与风险，实现智能招标与采购等。
- 通过可视化、数据大屏展示或人机协同界面，为财务、法务、人力资源等相关的职能部门工作赋能。
- 实时监视供应链的风险情况，构建供应链调整的专门模型，当风险（如供应商出现问题、暴雪等极端天气导致物流中断、疫情突发导致防疫管控等）出现时，能够及时调整供应链，保障生产制造的有序进行。
- 对接产品质量、售后等部门，实现对产品质量问题的根因追溯，当发现产品的瑕疵或制造过程发生可靠性风险来自供应商时，能够及时预警，推荐解决方案，同时根据全局信息提供完整证据链，从而对供应商进行追责。

8.6.6 售后服务

从使用者的角度，智能制造产品可以分为两大类：终端消费品、中间的生产资料。在这两种类型产品的售后服务领域，知识图谱有着两种略微不同的应用。

（1）终端消费品

产品的使用者是终端消费者。在传统意义上，产品知识的提供方式主要有两种——产品手册和人工客服。前者对消费者来说极其不方便，而后者对厂商来说成本巨大，并因成本控制等原因，往往导致电话等无法接通，消费体验差。利用产品有关的知识，构建知识图谱，并以智能问答或认知推荐的方式提供服务，可以为终端消费品的售后服务带来全新体验。具体来说，将产品手册及其他有关知识构建为知识图谱，一方面通过智能问答、客服机器人或智能助手等，方便终端消费者获取知识；另一方面以认知推荐技术为支撑，为人工客服提供智能助手，在呼叫中心给消费者提供服务时，实时提供客服所需的知识，提升服务的效率和质量，降低厂商的成本，提升消费体验。

（2）中间的生产资料

产品可能是下游产品的零部件或原材料，以及下游企业的生产设备。以生产设备为例，利用设备手册、设备 FMEA 资料及其他相关知识，构建设备知识图谱。基于设备知识图谱实现以下功能。

- 以智能问答的方式提供知识服务，方便下游企业获取知识，提升企业的美誉度。
- 以知识图谱的形式为下游企业提供知识，方便下游企业对接、融合进自身的知识图谱，提升企业之间的亲密度和依赖度，增强企业核心竞争力。
- 如果上下游企业的知识图谱实现了对接和融合，那么下游企业对设备应用的问题反馈会更加顺畅，设备失效能够通过知识图谱进行及时反馈，推进上下游企业共同解决，既提升了下游企业生产过程的可靠性，又加速了上游设备企业的更新迭代，建立了紧密、双赢的伙伴关系。

8.7 本章小结

本章系统介绍了知识图谱的行业应用，是对第 2~7 章中介绍的技术的综合应用。知识图谱的应用场景千千万，但万变不离其宗，知识图谱行业应用的典型场景对各行各业不同场景的应用都有参考价值。基于此，8.1 节详细分析了行业知识图谱的特点和应用价值，目的是以点带面，纲举目张，为不同行业的应用提供参考。

众所周知，知识图谱分为通用知识图谱和行业知识图谱，行业知识图谱是与某个具体的行业或应用场景紧密结合的，因而它具备 8.1.1 节中介绍的三大鲜明的特点——专业性、复杂性和演化性。基于这三大特点，在 8.1.2 节中总结了行业应用的四大价值。

8.2 节承接 8.1 节介绍的特点和价值，从行业应用的视角总结了行业知识图谱的应用范式。该应用范式是由行业知识图谱的三大特性与实践经验相结合总结出来的，其中明确指出，行业知识图谱应用是一个持续迭代、不断演化的过程，而非静止的、一次性的产物。因此，当我们在应用行业知识图谱时，应当遵循"精益"（Lean）文化中"持续改善"的理念。

8.3 节介绍了知识图谱行业应用共通的 4 个应用程序，分别为数据与知识中台、可视化与交互式分析、智能问答和认知推荐。这 4 个应用几乎在任何行业、任何场景中都是适用的，是一个知识图谱系统/平台所应当具备的模块或功能组件。也许，你初步感知到的行业知识图谱，就与这 4 个应用中的部分或全部有关。

8.4~8.6 节分别介绍了知识图谱在金融领域，医疗、生物医药和卫生健康领域，以及智能制造领域的应用。这三大领域都是广泛应用知识图谱的领域，应用场景远远多于本书介绍的这些。本书选择了每个领域中的典型场景，通过阅读这些场景的应用介绍，你可能会觉得有很多类似之处。确实如此，也正因为如此，通过对这些典型场景进行扩展和迁移，能够很方便地将它们应用在其他场景中。由于篇幅所限，8.4~8.6 节没有深入具体行业的不同应用的细节，而是概括性地描述了各自行业的典型应用场景、应用方法和应用程序。后续的系列书籍中将详细讲解不同行业的完整应用案例，敬请期待。

知识图谱是一个很新的技术领域，是认知智能的核心技术。科学合理地应用知识图谱能够为企业和组织机构带来智力的解放、生产力的提升，进而激活创新活力，占领发展先机，获得市场竞争优势，赢得未来。希望本书能够帮助你入得其门，并悟道而出。